Sven Tietjen
Edgar Voss

Objektorientierte Programmierung mit VisualSmalltalk

Sven Tietjen
Edgar Voss

Objektorientierte Programmierung mit VisualSmalltalk

Grundlagen, Systemstrukturen und praktische Einführung

2., verbesserte und erweiterte Auflage

1. Auflage 1994
2., verbesserte und erweiterte Auflage 1997

Alle Rechte vorbehalten
© Springer Fachmedien Wiesbaden 1997
Ursprünglich erschienen bei Friedr. Vieweg & Sohn Verlagsgesellschaft mbH,
Braunschweig/Wiesbaden 1997
Softcover reprint of the hardcover 1st edition 1997

Gedruckt auf säurefreiem Papier

Additional material to this book can be downloaded from http://extra.springer.com.

ISBN 978-3-322-87275-3   ISBN 978-3-322-87274-6 (eBook)
DOI 10.1007/978-3-322-87274-6

Vorwort

Mittlerweile ist es zwei Jahre her, daß wir uns nach dem Schreiben des Manuskripts für die erste Auflage dieses Buches Gedanken über das Vorwort machten.

Unser Ziel bei der ersten Auflage war es – nach mehreren Jahren Arbeit mit objektorientierter Programmierung und mit Smalltalk sowie Beobachtung der doch recht unterschiedlichen Entwicklungstendenzen in Europa und den USA – zu versuchen, aufgrund der Vorzüge, die wir beim Einsatz von objektorientierter Programmierung unter Verwendung einer reinen objektorientierten Sprache wie Smalltalk kennengelernt hatten, diese Methodik auch hierzulande bekannter zu machen, als sie es bis dahin war.

Wir wollten dieses erreichen, indem wir ein Buch schrieben; ein Buch, das bekannt macht mit der Objektorientierung und mit Smalltalk. Ein Buch, das praxisorientiert ist und an einem konkreten Beispiel, für jeden nachvollziehbar, die Entwicklung eines Anwendungsprogramms zeigt. So kann jeder selbst sehen, wie einfach das in Smalltalk möglich ist!

Dieses Buch ist auf großes Interesse gestoßen. Weil auf dem Softwaremarkt zwei Jahre eine lange Zeit sind, war es notwendig, für die vorliegende zweite Auflage viele Punkte zu aktualisieren. Wir können nun auch einiges berücksichtigen, das wir in der ersten Auflage noch im Kapitel „Ausblick" behandelt haben, das aber mittlerweile in aktuellen Systemen Realität geworden ist.

Wir sind sicher, mit dieser zweiten Auflage noch besser und umfangreicher über Smalltalk und die zahlreichen Möglichkeiten der darauf basierenden Systeme zu informieren.

So möchten wir jetzt die Gelegenheit nutzen, Ihnen viel Freude bei der Lektüre dieses Buches zu wünschen. Über Anmerkungen und Anregungen würden wir uns sehr freuen, wenn Sie diese über den Verlag an uns richten.

Ein Dank gilt der Firma *ParcPlace Systems GmbH* für die zeitweise Überlassung einer Visual Smalltalk Enterprise Lizenz. Durch diese

Unterstützung war es uns möglich, auch die in dem Produkt realisierten Konzepte der Teamarbeit zu beschreiben.

Braunschweig, im Dezember 1996
Sven Tietjen und Edgar Voss

Einführung

Objektorientierte Programmierung mit Smalltalk ist bei uns – im Gegensatz zu den USA, wo dieses seit einiger Zeit ein Multimillionen-Dollar-Markt ist – gerade erst dabei, das Dasein in einer Nische zu verlassen. Wenn bei uns von objektorientierter Programmierung gesprochen wird, ist damit auch fast immer die Programmierung in einer klassischen, prozeduralen Programmiersprache gemeint, die um objektorientierte Eigenschaften erweitert wurde. Dabei wird oft übersehen, daß solche hybriden Sprachen in der Regel nicht die Möglichkeiten einer reinen objektorientierten Sprache wie Smalltalk bieten können, die nicht nur Sprache, sondern auch Softwareentwicklungsumgebung und umfangreiche Klassen- und Methodenbibliothek umfaßt. Häufig wird auch bei einer hybriden Sprache der objektorientierte Zusatz nicht oder nur kaum genutzt, sondern es wird weiter wie gewohnt prozedural programmiert.

Für diese Unterschiede zwischen Europa und den USA gibt es verschiedene Gründe. Zum einen war es schon immer so, daß die in den USA aktuellen Trends Europa erst mit einigen Jahren Verspätung erreichen. Weiterhin erfordert der Wechsel von klassischer Programmierung auf reine, objektorientierte Programmierung doch einiges an Umdenken und Umgewöhnung. Es muß ein Wechsel stattfinden von einer stärker DV-technisch geprägten Denkweise zu einer Denkweise, die sich mehr an den Anwendungsproblemen orientiert. Schließlich ist für Entwickler, die Smalltalk einführen wollen, in Deutschland immernoch wenig Unterstützung zu finden. Auch die deutschsprachige Fachliteratur zu dem Thema ist nicht sehr umfangreich. Während es Hunderte von Büchern gibt, die sich mit hybriden Sprachen beschäftigen, gibt es nur wenige ganz aktuelle Bücher zum Thema Smalltalk. Um hier mit einem praxisorientierten Konzept Smalltalk und der reinen objektorientierten Programmierung zu einer doch etwas weiteren Akzeptanz zu verhelfen, entstand dieses Buch. Ziel dabei ist es, die grundlegenden Konzepte und den Aufbau des Smalltalk-Systems zu verdeutlichen und die Möglichkeiten und Vorteile der Softwareentwicklung mit Smalltalk an einem durchgängigen Beispiel zu zeigen. Dieses Buch wendet sich dabei sowohl an Einsteiger mit geringen Programmierkenntnissen wie auch an erfahrene Programmierer und in der Softwareentwicklung theoretisch arbeitende Anwender (beispielsweise Software-Projektleiter). Als Smalltalk-Version wird dabei die aktuelle *Visual Smalltalk* Version der Firma *Parcplace-Digitalk* beschrieben, eine Version, die sicherlich eine weite Verbreitung hat. Das durchgängige Beispiel wurde auf der OS/2-Version von *Visual Smalltalk* entwickelt, ist aber ebenso auf der Windows-Version lauffähig, so daß sich dieses Buch auch dafür als Einführung eignet.

Im ersten Kapitel sollen zunächst die allgemeinen Grundlagen der Objektorientierung und objektorientierter Programmierung vermittelt werden. Es werden wichtige Grundkonzepte wie Klassen, Exemplare, Vererbung und Polymorphismus dargestellt und erläutert.

Das zweite Kapitel beschäftigt sich mit der Sprache Smalltalk. Die wesentlichen syntaktischen Grundkonzepte und Grundelemente sowie die unterschiedlichen Arten von Variablen werden dabei besprochen.

Die Entwicklungsoberfläche des Smalltalk-Systems steht im Mittelpunkt des dritten Kapitels. Dabei werden die vorhandenen, umfangreichen Entwicklungswerkzeuge wie *Workspace*, *ClassHierarchyBrowser*, *Debugger* und *Inspector* vorgestellt und im Detail erklärt. Außerdem werden die *Parts-Workbench* für die visuelle Programmierung und die *Enterprise*-Erweiterung von *Visual Smalltalk* für Entwicklungsteams im Überblick beschrieben.

Im vierten Kapitel geht es um den Systemaufbau des Smalltalk-Systems und um Programmierstrategien in Smalltalk. Es werden dabei die Zusammenhänge zwischen den einzelnen Komponenten des Systems vermittelt sowie das Vorgehen beim Programmieren in Smalltalk erläutert.

Das fünfte Kapitel führt in die im folgenden, sechsten Kapitel zu bearbeitende Problemstellung ein. Die Problemstellung wird analysiert und objektorientiert modelliert. Dabei werden ein Lösungskonzept und eine Strukturierung in Objektklassen durchgeführt.

Die Implementierung des im fünften Kapitel konzipierten Programms erfolgt schrittweise im sechsten Kapitel. Dabei werden auch die wichtigsten Elemente der im System vorhandenen Klassenbibliothek verwendet und erklärt.

Inhaltsverzeichnis

1 Objektorientierte Programmierung

In diesem Kapitel sollen die Grundlagen, die zum Verständnis für die objektorientierte Programmierung unbedingt notwendig sind, aufgeführt und erläutert werden.

Der erste Abschnitt beschäftigt sich dabei mit einer allgemeinen Beschreibung der Programmentwicklung mit objektorientierten Programmiersprachen. Dabei wird kurz auf die sich daraus ergebenden Vorteile unter Verwendung des Softwareentwicklungssystems Smalltalk eingegangen.

Im zweiten Abschnitt wird eine Übersicht über die in der objektorientierten Programmierung verwendeten Begriffe gegeben. Zur Verdeutlichung dieser Begriffe werden sowohl Beispiele aus der realen Welt als auch aus dem täglichen Arbeiten mit dem Computer verwendet.

1.1 Motivation

Hinter Smalltalk steht die Idee, Gegenstände aus der realen Welt im Computer abzubilden, um mit ihnen wie in der Realität umgehen zu können. Der Prozeß der Software-Entwicklung soll durch diese Realitätsnähe verbessert werden. Neben der Übersichtlichkeit der Software steht dabei auch die Produktivitätssteigerung während der Entwicklung im Vordergrund.

Eine Modularisierung fördert den Prozeß der Software-Entwicklung, da kleinere Teile besser zu handhaben sind und somit auch weniger Fehler entstehen. Vorhandene Fehler können schneller analysiert und behoben werden. Mit der Modularisierung verbunden ist der Gedanke, ähnlich wie in der Hardwaretechnik mit ihren integrierten Bauelementen, Softwaremodule zu schaffen, so daß bereits implementierte Verfahren nicht mehr neu implementiert werden müssen. Sicher ist auch heute schon eine starke Modularisierung beispielsweise durch Bibliotheken vorhanden, aber die objektorientierte Programmierung geht hier gerade bei der Verwendung von Smalltalk einen wesentlichen Schritt weiter. Änderungen an Bibliotheken oder Modulen stehen ohne neues Übersetzen beziehungsweise Binden sofort zur Verfügung. Diese Tatsache führt zu einer erheblichen Verkürzung der Compilezeiten.

Smalltalk ist nicht nur eine Programmiersprache, es ist ein Software-Entwicklungssystem. Mit Smalltalk werden Werkzeuge zur Verfügung gestellt, die ein sofortiges Testen und Debuggen ermöglichen. Darüberhinaus steht zu fast allen Funktionen der vollständige Programmtext zur Verfügung, so daß nicht nur die Werkzeuge erweitert werden können, sondern auch bereits implementierte Verfahren analysiert und verbessert beziehungsweise diese als gute Voraussetzung für Neuimplementierungen herangezogen werden können.

Smalltalk ist zu 100% objektorientiert. Es gibt nur eingeschränkt die Möglichkeit diese Objektorientierung zu durchbrechen. Dadurch kann sichergestellt werden, daß die Software-Entwicklung in allen Bereichen den gleichen Qualitätsstand aufweist und Programmiertricks nicht zu Schwierigkeiten bei der späteren Analyse führen.

Ein sehr wichtiger Punkt, der in vielen anderen Programmiersprachen zu einem erheblichen Aufwand bei der Programmentwicklung führt, ist die Speicherverwaltung. Smalltalk verfügt über eine automatische Speicherverwaltung. Der Benutzer muß sich nicht um die Reservierung oder Freigabe von Speicherbereichen kümmern. Ein integrierter Garbage-Collector übernimmt diese Aufgabe vollständig.

Bei der Arbeit mit Smalltalk kann sich der Software-Entwickler voll und ganz seiner eigentlichen Aufgabe widmen, ohne sich mit lästigen und oftmals zeitraubenden Arbeiten zu belasten. Dieses führt zu einer erheblichen Verbesserung der Softwarequalität und zu einer Reduktion der Entwicklungszeiten, somit auch der Kosten.

1.2 Begriffsbestimmung

Mit der objektorientierten Programmierung sind viele neue Begriffe verbunden, die nicht nur bekannt sein müssen, sondern deren Zusammenhang auch verstanden werden muß. Es ist nicht nur wichtig, Strukturen und Funktionen wie in anderen Programmiersprachen zu definieren und zu implementieren, es ist ebenso wichtig, diese auch richtig einzuordnen. Nur dadurch kann sichergestellt werden, daß mit der Objektorientierung das erreicht wird, was von dieser Art der Softwareerstellung erwartet wird.

In diesem Abschnitt sollen daher die verwendeten Begriffe und die sich dahinter verbergenden Strukturen und Verfahren eingeführt und erläutert werden. Die Begriffe werden dabei aufeinander aufbauend schlüssig entwickelt. Am Ende dieses Kapitels sollte der Leser die objektorientierte Denkweise nicht nur kennengelernt, sondern auch verstanden haben, um sie sinnvoll einsetzen zu können.

Kleine Exkursionen in das Smalltalk-System sollen dem Leser bereits erste Eindrücke vermitteln, wie speziell in Smalltalk die einzelnen Strukturen und Verfahren realisiert sind und welche Möglichkeiten sich dem Programmierer damit bei der Erstellung von Programmen bieten.

1.2.1 Objekte

Wie die Bezeichnung „Objektorientierte Programmierung" aussagt, so steht ein „Objekt" im Mittelpunkt der Softwareerstellung. Betrachten wir unsere Umgebung, so können wir verschiedene Gegenstände oder Objekte erkennen.

Neben den sichtbaren Objekten wie beispielsweise Häuser, Straßen, Autos oder Menschen gibt es auch nicht sichtbare Objekte. Dazu gehören zum Beispiel Temperaturen, Längen und Gewichte oder aus der Mathematik die natürlichen Zahlen, die reellen Zahlen, die komplexen Zahlen oder die Brüche. Diese Objekte gilt es in der objektorientierten Programmierung in einem Programm abzubilden.

Allgemein ausgedrückt ist alles das ein Objekt, was mit einem Sub-

Bild 1.1:
Objekte in der Umgebung des Menschen

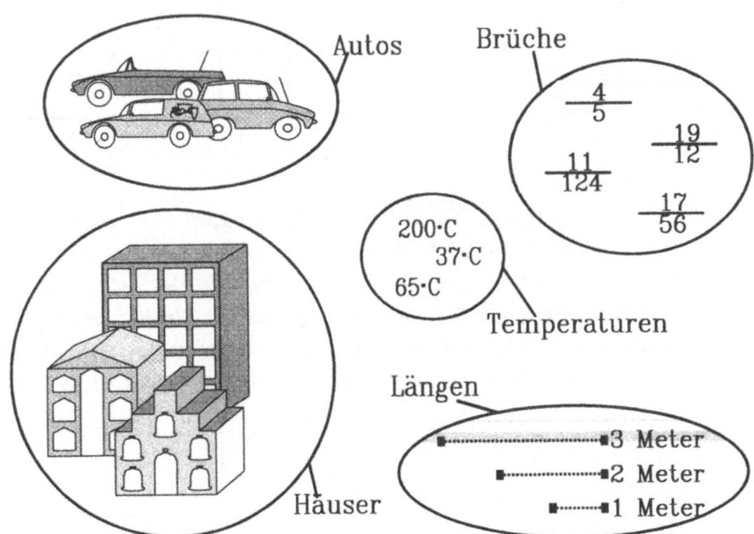

stantiv bezeichnet werden kann. In Smalltalk wird alles als Objekt angesehen: jede Zahl stellt ein Objekt dar, der *nil-* oder *null-*Zeiger ist als Objekt realisiert. Jedes Zeichen ist ein Objekt. Sogar die booleschen Werte *true* und *false* sind jeweils als Objekt vorhanden.

Alle Objekte verfügen über bestimmte Eigenschaften. Diese bilden die Grundlage für die Datenverarbeitung und die Notwendigkeit der Kommunikation zwischen verschiedenen Objekten.

Bild 1.2: Eigenschaften von verschiedenen Objekten

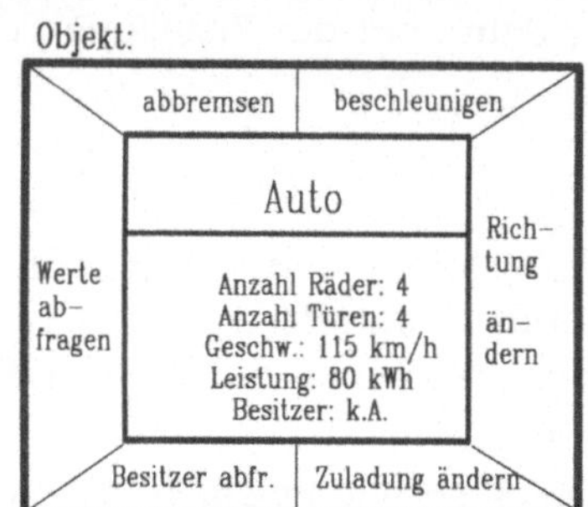

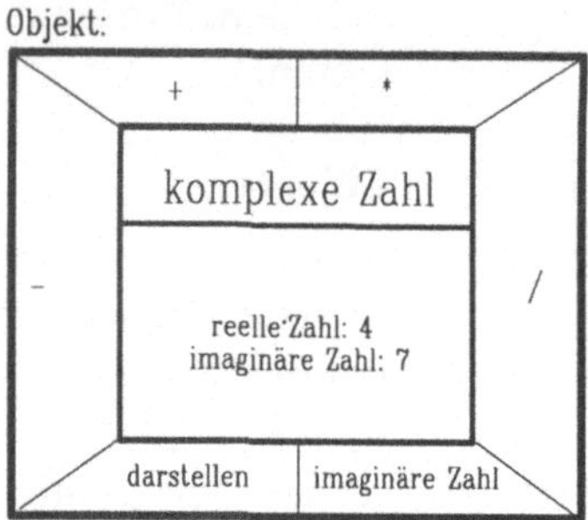

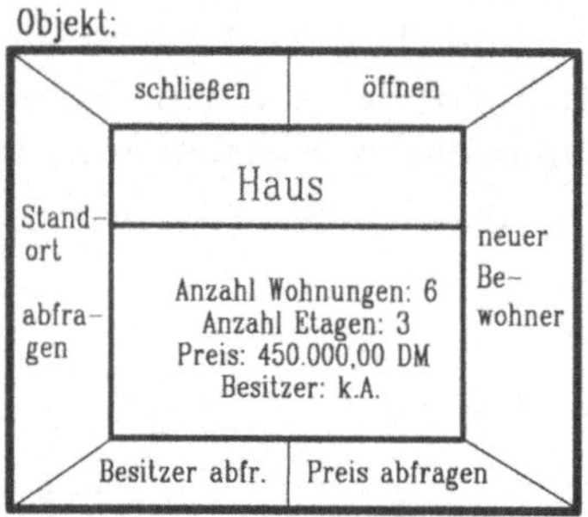

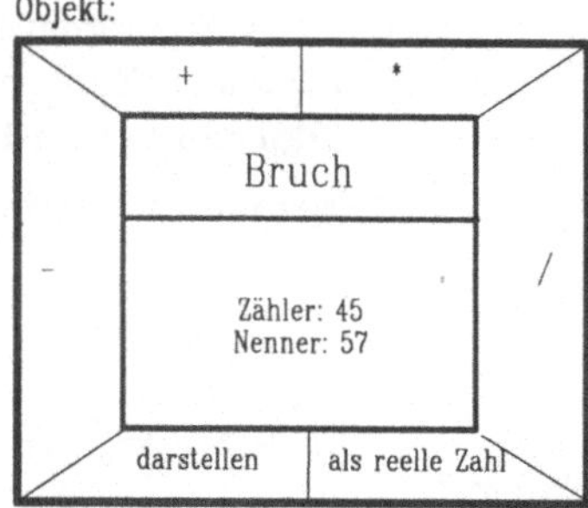

Beispiel:

Ein Auto besitzt eine bestimmte Anzahl von Rädern. Eine Straße ist ein ebener Bereich einer bestimmten Länge, auf dem sich Autos und andere Fahrzeuge mit ihren Rädern oder sonstigen beweglichen Objekten fortbewegen können. Menschen wohnen in einem Haus und können sich mit einer bestimmten Geschwindigkeit in einem Auto von einem Ort zu einem anderen Ort bringen lassen.

Zur genaueren Betrachtung von Objekten kommen wir zu den zwei neuen Begriffen „Klasse" und „Exemplar".

1.2.2 Klasse und Exemplar

Alle Objekte unserer Umwelt können gruppiert und damit einer sogenannten „Klasse" zugeordnet werden: Alle wie auch immer gearteten Stühle gehören zur Klasse *Stuhl*, alle Arten von Tischen zur Klasse *Tisch*. Die Zahlen *1, 2, 3* usw. gehören zur Klasse der *natürlichen Zahlen*.

Jede Klasse beschreibt bestimmte Eigenschaften, die alle Objekte besitzen müssen, die dieser Klasse zugeordnet werden sollen beziehungsweise dazu gehören. Mit diesen Klassen wird bei der objektorientierten Programmierung gearbeitet. Zwar ist bei der Festlegung von Klassen und ihren Eigenschaften die reale Welt das Vorbild, jedoch können die unterschiedlichsten Klassen aus ein und demselben Objekt abgeleitet werden. Während in der realen Welt ein Objekt je nach Funktion zu mehreren Klassen gehören kann (so kann beispielsweise ein *Stuhl* auch gleichzeitig eine *Ware* sein, wenn er einem neuen Eigentümer zugeordnet werden kann, der einen bestimmten Gegenwert dafür gibt) gehört in der objektorientierten Programmierung jedes Objekt zu genau einer Klasse. Ist die Klasse einmal festgelegt, dann kann sie nicht mehr geändert werden.

Die Eigenschaften, die (bei der Programmierung) zu einer Klasse zusammengefaßt werden sollen, ergeben sich aus dem Zusammenhang mit der geplanten Anwendung, also dem Bereich, in dem die Klasse verwendet werden soll. Unter dem Aspekt der „Wiederverwendbarkeit von Programmen" muß bei der Definition einer Klasse sehr darauf geachtet werden, das richtige Maß an Eigenschaften zu treffen. Ist die Klassendefinition zu speziell, ist die Wiederverwendung nur schwer möglich. Aber auch eine zu umfangreiche Spezifizierung führt zu Problemen, da dadurch das Programm zu mächtig und somit fehleranfällig wird. Außerdem besteht die Gefahr, daß viele Eigenschaften implementiert aber nie genutzt werden, sei es, weil sie einfach vergessen werden, oder weil die sich ergebenden Nebeneffekte nicht mehr überschaubar sind oder verstanden werden können.

Verhält sich ein Objekt entsprechend einer bestimmten Klassendefinition, so wird dieses Objekt als „Exemplar der Klasse" oder einfach als „Exemplar" bezeichnet. In der objektorientierten Programmierung sind alle Objekte gleichzeitig auch Exemplare einer Klasse, da für jedes Exemplar eine Klasse existiert.

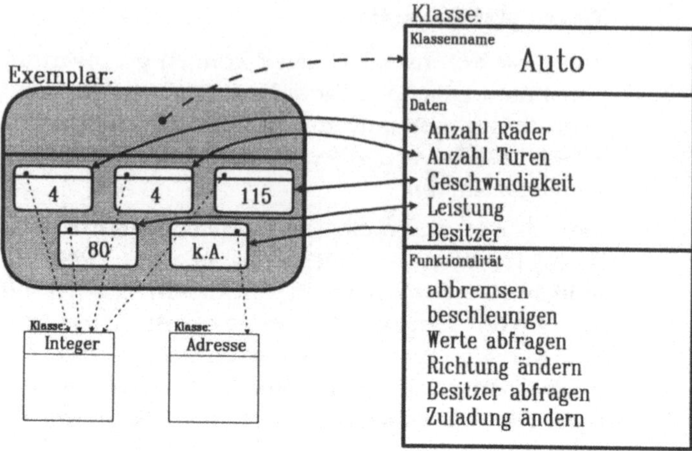

Bild 1.3:
Trennung
der Eigen-
schaften in
Exemplar
und Klasse

Hinweis:

Oftmals wird in der deutschsprachigen Literatur für das Wort
„Exemplar" der Begriff „Instanz" verwendet, der sich direkt aus dem
im Englischen verwendeten Wort „instance" ableitet. In diesem Buch
wird ausschließlich der Begriff „Exemplar" benutzt. Auch in später
verwendeten Wortkombinationen wie „Exemplarvariable" kommt
das Wort „Exemplar" zum Einsatz. Für „Exemplarvariable" wird in
anderer Literatur häufig der Begriff „Instanzvariable" verwendet.

Die Trennung der Begriffe „Objekt" und „Exemplar" ist nicht leicht
einzusehen. Sie wird jedoch dadurch festgelegt, daß einem Objekt
direkt die Eigenschaften zugesprochen werden, die eigentlich in der
Klasse definiert sind, während ein Exemplar nur den Gegenstand an
sich bezeichnet. Ein Exemplar verfügt selbst über keine festgelegten
Eigenschaften. Nüchtern gesprochen entspricht ein Exemplar einem
gewissen Speicherbereich im Computer. Unter dem Begriff „Objekt"
werden Exemplar und Funktionalität zusammengefaßt.

Zu den Eigenschaften von Exemplaren gehören sowohl die in ihnen
enthaltenen Daten oder Informationen als auch ein bestimmtes Verhalten oder eine bestimmte Funktionalität.

Einige Beispiel für Informationen, die in einem Objekt gespeichert
werden:

*   Häuser haben eine *Dachform*, eine bestimmte *Anzahl von Fen-
    stern* und *Türen*. Ein Haus hat einen bestimmten *Preis*.

*   Alle Stühle haben eine bestimmte *Anzahl von Beinen*.

*   Ein Auto hat eine *Anzahl von Rädern* und eine *Höchstge-
    schwindigkeit*.

- Alle komplexen Zahlen haben einen *realen* und einen *imaginären Anteil*.

- Alle Brüche haben einen *Nenner* und einen *Zähler*.

Beispiele für die Funktionalität von Objekten:

- *Türen* und *Fenster* von Häusern lassen sich *schließen*. Der *Preis* eines Hauses kann sich durch Renovierung *ändern*.

- Alle Stühle können ihre *Farbe* durch Anstreichen *ändern*.

- Autos können *fahren*.

- Alle komplexen Zahlen können zu anderen komplexen Zahlen *addiert* werden.

- Alle Brüche können mit anderen Zahlen *multipliziert* werden.

Die objektorientierte Programmierung basiert auf der Definition von Klassen. Diese Definition teilt sich analog der beschriebenen Eigenschaften in die Festlegung der benötigten Informationen und der benötigten Funktionalität auf. Dieses Aufteilung ist wiederum vergleichbar mit prozeduralen Programmiersprachen, in denen Datenstrukturen und darauf operierende Funktionen definiert werden. Unabhängig von der Programmierumgebung kann nicht immer eindeutig festgelegt werden, was als Information und was als Funktionalität implementiert werden soll.

Die Definition einer *Uhrzeit* kann so aussehen, daß in einer Struktur Stunde, Minute und Sekunde gespeichert sind. Es ist aber auch möglich, nur die Sekunden seit Mitternacht zu speichern und die Stundenangabe durch eine Berechnung zu ermitteln.

Zu einer Klassendefinition gehört immer ein Name, der als „Klassenname" bezeichnet wird. Dieser Name muß im gesamten Programm eindeutig sein, da Mehrdeutigkeiten, wie sie tagtäglich auftreten und dann meistens aus dem Kontext heraus aufgelöst werden können, bei der Programmierung nicht handhabbar sind. Der Klassenname sollte so gewählt werden, daß mit ihm die wesentlichen Eigenschaften der Exemplare dieser Klasse bezeichnet werden, beziehungsweise deutlich wird, um welche Art von Objekt es sich handelt. Einige Beispiele für Klassennamen, wie sie in Smalltalk verwendet werden:

- *Object* ist die allgemeinste Bezeichnung für ein Objekt.

- *String* ist die Klassenbezeichnung für Zeichenketten.

- *LargePositiveInteger* heißt die Klasse für „große" positive ganze Zahlen.

- *Rectangle* definiert Rechtecke.

- *TextPane* bezeichnet eine Klasse für Fenster zur Text-Darstellung.

Zur übersichtlicheren Beschreibung des Verhaltens der Exemplare einer Klasse wird im folgenden Abschnitt zunächst die Speicherung der Informationen innerhalb der Exemplare einer Klasse beschrieben. Im darauffolgenden Abschnitt wird dann auf die Definition der Funktionalität eingegangen.

1.2.3 Datenspeicherung in Objekten

In einem Objekt werden Informationen gespeichert, die für die Arbeit mit diesem Objekt notwendig sind und die dieses bearbeiten kann. Die Definition der zur Verfügung stehenden Platzhalter oder Feldnamen, unter denen bestimmte zu einem Objekt gehörende Informationen gespeichert werden, ist vergleichbar mit der Strukturdefinition in anderen Programmiersprachen.

Wird in C oder Pascal eine Struktur *Bruch* definiert, so könnte diese die Platzhalter *zaehler* und *nenner* enthalten. In der objektorientierten Programmierung wird analog eine Klasse namens *Bruch* angelegt, und in dieser Klasse die Variablen *zaehler* und *nenner* definiert.

Unter dem Namen eines Platzhalters kann später bei der Programmierung der zugehörige Wert angesprochen werden. Dieser Wert ist wieder ein Exemplar. In der objektorientierten Programmierung werden die Platzhalter als „Exemplarvariablen" bezeichnet. Die Definition eines Platzhalters ist in den meisten Programmiersprachen immer mit der Angabe eines Datentyps verbunden (*Datentyp* soll hier gleichbedeutend mit *Klasse* verstanden werden, da es nur um die Struktur geht. In C++ können unter einem Platzhalter sowohl Exemplare als auch Werte eines klassischen Datentyps gespeichert werden. In Smalltalk werden ausschließlich Exemplare abgelegt). In der objektorientierten Programmierung wird diese Typisierung sehr unterschiedlich gehandhabt.

In C++ wird beispielsweise eine *Starke Typisierung* verwendet, was bedeutet, daß einer Exemplarvariablen nur ein bestimmter Datentyp beziehungsweise ein Exemplar einer bestimmten Klasse zugewiesen werden darf. In Smalltalk werden dagegen keine Angaben zu einer geforderten Klasse gemacht. Dieses Verfahren wird als *Schwache Typisierung* bezeichnet und hat zur Folge, daß grundsätzlich jeder Exemplarvariablen ein Exemplar einer beliebigen Klasse zugewiesen werden kann.

Beide Arten der Typisierung haben Vor- und Nachteile, die sich überwiegend aus der Gegenläufigkeit der „Flexibilität bei der Programmierung" (Schwache Typisierung) und „Prüfbarkeit der Korrektheit des Programms" (Starke Typisierung) ergeben. Diese Gegebenheit bedeutet nicht, daß objektorientierte Programme fehleranfälliger sind als beispielsweise prozedurale, sondern lediglich, daß Prüfungen durch den Compiler bei schwacher Typisierung nicht den gleichen Umfang haben können wie bei starker Typisierung. Kapitel 4 geht noch einmal genauer auf die Typisierung von Variablen ein.

Neben der Speicherung von Informationen in den einzelnen Objekten können in den verschiedenen objektorientierten Programmiersystemen Daten auf vielfältige Weise abgelegt werden. Smalltalk bietet hier zum Beispiel die Möglichkeit, Objekte mit numerisch indizierbaren Feldern aufzubauen oder Informationen in sogenannten „Klassenvariablen" abzulegen, die für alle Exemplare dieser Klasse identisch sind. „Globale Variablen" können Informationen aufnehmen, die für alle Objekte des Programms erreichbar sind. Auf die unterschiedlichen Verfahren wird in Kapitel 2 näher eingegangen.

1.2.4   Methoden, Nachrichten und Polymorphismus

Eigenschaften von Objekten sind durch die Informationen, die in ihnen gespeichert sind, und ihre Funktionalität, die mit den Informationen arbeitet, festgelegt.

Die Definition der Funktionalität eines Objektes erfolgt durch die Implementierung von prozedur- oder funktionsähnlichen Programmteilen, die jeweils als „Methode" bezeichnet werden. Anders als in klassischen Programmiersprachen, in denen alle Funktionen zu einem großen Programm zusammengefaßt und gemeinsam compiliert werden, erfolgt die Programmierung von Methoden in der objektorientierten Programmierung klassenbezogen. Das heißt, daß zu einer Klasse eine Reihe von Methoden implementiert werden, die hauptsächlich die Informationen der Exemplare dieser Klasse verarbeiten.

Jede Methode erhält einen Namen, den „Methodennamen", über den sie innerhalb der Klasse eindeutig identifiziert werden kann. Wie in klassischen Programmiersprachen auch, kann eine Methode über Parameter mit weiteren Informationen versorgt werden. In Methoden können eigene lokale Variablen verwendet werden. Sowohl bei Parametern als auch bei lokalen Variablen gelten in den verschiedenen objektorientierten Programmiersprachen die gleichen

Bedingungen bezüglich der Typisierung, wie sie bei den Exemplarvariablen bereits beschrieben wurden.

Das Ausführen einer Methode erfolgt im Gegensatz zu prozeduralen
Programmiersprachen nicht durch einfaches Aufrufen der Methode
durch Verwendung des Methodennamens. Vielmehr wird bei der
objektorientierten Programmierung einem Objekt eine „Nachricht"
geschickt. Diese Bezeichnungsweise lehnt sich an die abzubildende
reale Welt an, in der Objekte mit anderen Objekten kommunizieren
und umgehen, indem sie Nachrichten verschicken.

Beispiele:

* Ein Autofahrer beschleunigt sein Auto durch Betätigen des Gaspedals. Welche Abläufe der Fahrer damit in Gang setzt, muß er
  nicht wissen. Der Autofahrer schickt dem Auto die Nachricht
  „fahre schneller". Ein Elektroauto verfügt ebenso wie eines mit
  Verbrennungsmotor über ein Gaspedal. Jedoch ist der technische
  Ablauf des Beschleunigens vollkommen anders.

Bild 1.4:
Ein *Auto*
erhält die
Nachricht, zu
beschleunigen

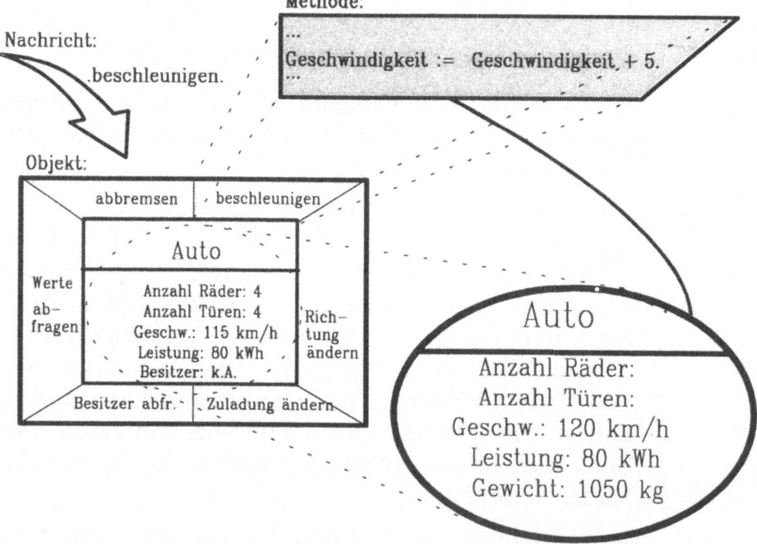

* Erhält eine Person die Nachricht, einen Brief zu schreiben, muß
  sie Wissen darüber haben, ob sie den Brief mit einem Computer
  oder einer Schreibmaschine erstellen kann (je nachdem, was sie
  zur Verfügung hat). Für den Absender der Nachricht ist es unbedeutend, wie der Brief erstellt wird.

- Erhält eine Zahl die Nachricht, daß sie sich in einem Fenster darstellen soll, dann „weiß" diese Zahl, wie sie das machen muß. Ein Bruch „weiß", daß er zuerst den Zähler und dann den Nenner, durch ein bestimmtes Zeichen getrennt voneinander ausgeben muß. Eine reelle Zahl „weiß", ob sie ein Komma oder einen Punkt zwischen Vor- und Nachkommastellen ausgeben muß.

Wie in der Realität wird das Objekt, das eine Nachricht erhält, als „Empfänger" bezeichnet, das Objekt, das eine Nachricht abschickt

Bild 1.5: Eine Zahl erhält die Nachricht „stelle dich dar". Abhängig von der Klasse des Exemplares wird eine Methode ausgeführt.

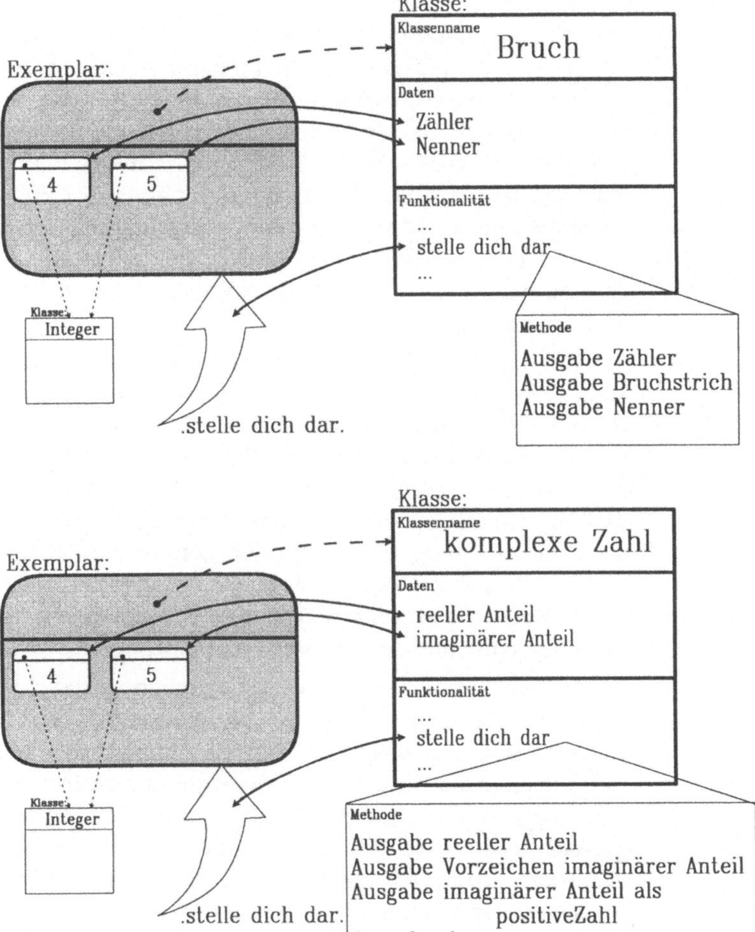

als „Sender". Sender und Empfänger können durchaus identisch sein. Der Begriff „Nachricht" spricht dem Empfängerobjekt die Eigenschaft zu, aktiv handeln zu können, da das Empfängerobjekt eine Nachricht verarbeiten muß. Diese Verarbeitung, die stark vom Empfänger abhängt, erfolgt in den einzelnen Methoden. In den Methoden ist definiert, wie sich ein Objekt im Falle einer bestimmten Nachricht verhalten muß. Bei der objektorientierten Programmierung werden somit alle Objekte, selbst Zahlen, Uhrzeiten, boolesche Werte, Listen, Rechnungen oder Dateisysteme als handelnde Objekte angesehen.

Nachrichten haben die Eigenschaft, daß sie, wenn sie an unterschiedliche Empfänger geschickt werden, auch unterschiedlich verarbeitet werden (können). Betrachten wir dazu noch einmal das oben genannte Zahlenbeispiel, so lautet die Nachricht für alle Zahlen „stelle dich in einem Fenster dar". In der klassischen Programmierung würde das für den Programmierer bedeuten, daß an einer Stelle in seinem Programm eine Untersuchung (Fallunterscheidung) stattfinden muß, welche ermittelt, von welchem Datentyp die auszugebende Zahl ist. Abhängig davon wird dann eine entsprechende Funktion aufgerufen.

Bei der objektorientierten Programmierung ist dieser Umstand sehr leicht zu lösen. In den Klassen der verschiedenen Zahlen wird jeweils eine Methode implementiert, die bei der Nachricht „stelle dich in einem Fenster dar" ausgeführt wird. Der Methodenname ist in allen Klassen der gleiche. Wird nun einer Zahl die Nachricht „stelle dich in einem Fenster dar" geschickt, so führt das Zahl-Objekt die Methode aus, die in der zur ihr gehörenden Klasse implementiert ist. Der Programmierer muß sich nicht um die Ausführung der richtigen Methode kümmern. Die Möglichkeit dieser Art der Programmierung wird mit dem Begriff „Polymorphismus" bezeichnet.

Sie bietet dem Programmierer bezüglich unterschiedlicher Aspekte viele Vorteile. Ein Vorteil ist die Reduktion des zu schreibenden Programmcodes, was wiederum zur Übersichtlichkeit und Lesbarkeit des Programms und zur Fehlervermeidung führt. Sollen neue Klassen eingesetzt werden, so sollte davon ausgegangen werden, daß gleiche oder zumindest ähnliche Vorgänge über identische, bereits bekannte und verwendete Methodennamen erreichbar sind. Der Programmierer muß sich dadurch wesentlich weniger Methodennamen merken als bei der klassischen Programmierung. Bei dieser wären zum Beispiel die Funktionen mit den Namen *ausgabeInteger, ausgabeBruch*, *ausgabeReeleZahl* anstelle des Namens *ausgabe* notwendig gewesen. Von einer anderen Seite betrachtet, kann der Programmierer bei gleicher Anzahl von Methodennamen von viel mehr Funktionalität Gebrauch machen.

Zur guten Integration neuer Klassen und Methoden ist es erforderlich, daß der Programmierer sich den Namenskonventionen des übrigen Systems anpaßt, damit seine Neuentwicklungen verstanden und sinnvoll genutzt werden können. Damit steigt ebenfalls der Grad der Wiederverwendbarkeit. Neben der Anpassung der Methodennamen an die Inhalte der Methoden unterliegt der Programmierer bei der Namensvergabe mehr oder weniger einer weiteren Beschränkung. In vielen objektorientierten Programmiersprachen gehören bestimmte Namen direkt zum Sprachumfang. Dazu zählen zum Beispiel die arithmetischen Operatoren +, *, - und /. Für diese Operatoren kennt der entsprechende Compiler bestimmte Umsetzungen, so daß die Verwendung als Name in eigenen Methoden umständlich oder unmöglich ist. In Smalltalk dagegen gibt es solche Beschränkungen nicht, da hier keine Unterscheidung zwischen Operatoren, Prozeduren oder Funktionen erfolgt. Alles ist als Methode implementiert, wodurch auch die Verarbeitung einheitlich über das Versenden von Nachrichten erfolgt. Sowohl „+" als auch *ausgabe* sind Namen einer Nachricht.

Voraussetzung für die effektive Verwendung des Polymorphismus ist, daß in einer Variablen Exemplare unterschiedlicher Klassen enthalten sein können, wie es in Smalltalk mit seiner schwachen Typisierung möglich ist. Wird nämlich einem Exemplar eine Nachricht geschickt, so wird grundsätzlich die Methode ausgeführt, die in der Klasse implementiert ist, zu der das Exemplar gehört. Es kann bei schwacher Typisierung geschehen, daß erst zur Laufzeit eines Programms die auszuführende Methode ermittelt werden kann. Diese Methode kann zudem noch innerhalb des Programmlaufs variieren, wenn in einer Variablen Exemplare unterschiedlicher Klassen gespeichert sind. Starke Typisierung hat hingegen den Vorteil, daß bereits zur Compilezeit ermittelt wird, welche Methode ausgeführt werden muß. Es kann dann auch geprüft werden, ob die zugehörige Methode überhaupt existiert. Diese Prüfung kann bei schwacher Typisierung nicht erfolgen.

1.2.5   Ereignisse

Ereignisse (*Events*) stellen eine Erweiterung des Nachrichtenmechanismus dar, den Objekte benutzen, um zu signalisieren, daß sich bei ihnen Veränderungen ergeben haben die von Interesse für andere Objekte sein können. Es kann für andere Objekte notwendig sein, auf diese Veränderungen zu reagieren und selbst eine oder mehrere Aktionen durchzuführen.

Ein typisches Beispiel im Smalltalk ist ein Schaltknopf (*Button*) in einem Bildschirmfenster. Immer wenn ein Benutzer den Schaltknopf mit der Maus drückt, wird das Schaltknopf-Objekt einen *Event* mit der Bezeichnung *clicked* anstoßen. Andere Objekte müssen gegebenenfalls auf dieses Ereignis reagieren, beispielsweise das Bildschirmfenster dadurch, daß es sich schließt.

Ereignisse realisieren eine lockerere Kopplung zwischen Objekten, als Nachrichten dies tun. Wenn ein Objekt eine Nachricht an ein anderes Objekt schickt, erwartet es vom Empfängerobjekt, daß es auf eine bestimmte Weise reagiert. Falls der Empfänger die Nachricht nicht versteht oder nicht existiert, tritt ein Fehler auf. Erzeugt ein Objekt dagegen einen *Event,* muß es sich nicht darum kümmern, ob zu dem Ereignis überhaupt Empfängerobjekte existieren. Ein Ereignis ist damit mehr eine Art Veröffentlichung als eine Serviceanforderung.

Ist ein Objekt daran interessiert, über Veränderungen an einem anderen Objekt durch *Events* informiert zu werden, muß es sich bei dem sogenannten *Event Handler* für das sendende Objekt registrieren. Dabei kann das interessierte Objekt angeben, bei Auftreten welcher Ereignisse es benachrichtigt werden möchte. Diese Benachrichtigung erfolgt üblicherweise so, daß der *Event Handler* bei Auftreten des Events eine Nachricht verschickt. Diese Nachricht muß im Empfängerobjekt definiert und dem *Event Handler* bekannt sein. Das den *Event* anstoßende Objekt dagegen benötigt keine Kenntnis von der durch den *Event Handler* ausgelösten Nachricht. Sind beim *Event Handler* mehrere Objekte registriert, können durch einen einzigen *Event* eine entsprechende Anzahl gegebenenfalls auch objektspezifisch unterschiedlicher Nachrichten erzeugt werden.

Von Ereignissen wird in modernen Smalltalk-Systemen intensiver Gebrauch gemacht, da dieser Mechanismus ein gutes, allgemeines Vorgehen für die Interaktion zwischen Objekten realisiert.

1.2.6 Kapselung und Protokoll

Jede Methode gehört zu genau einer Klasse. In objektorientierten Programmiersprachen wird zuerst eine Klasse mit einem Klassennamen angelegt und die zugehörigen Exemplarvariablen festgelegt. Danach werden zu dieser Klasse die benötigten Methoden implementiert. Innerhalb einer Methode sind nur die Exemplarvariablen des aktuellen Objektes sowie die Parameter und lokalen Variablen bekannt. Darüberhinaus besteht noch Zugriff auf globale Variablen. Jede Methode läuft somit ausschließlich im Informationsumfeld eines Objektes.

Wird der Inhalt einer Exemplarvariablen eines Exemplares benötigt, das als Parameter an eine Methode übergeben wird, so muß dem Parameter-Exemplar in der Methode eine Nachricht geschickt werden, die als Ergebnis den Inhalt der Exemplarvariablen liefert. Es gibt keinen allgemein gültigen Mechanismus, um auf den Inhalt einer Exemplarvariablen eines anderen Objektes zuzugreifen. In C oder Pascal besteht im Vergleich dazu immer die Möglichkeit, über eine Dereferenzierung auf den Wert eines Feldnamens einer Struktur zuzugreifen. Dieses Verhalten in der objektorientierten Programmierung wird als „Kapselung" bezeichnet.

Wird nun die Information eines anderen Objektes benötigt, so muß in der Klasse dieses Objektes eine Methode implementiert sein, die den Inhalt der Exemplarvariablen zurückliefert. Gleiches gilt für das Ändern einer Exemplarvariablen. Soll dieses von außerhalb des Objektes geschehen, so muß eine Methode existieren, die den neuen Wert als Parameter enthält und in der die Exemplarvariablen den Wert zugewiesen bekommt.

Ein Beispiel aus der realen Welt ist hierfür das Erfragen einer Uhrzeit. Wenn jemand von einem anderen die Uhrzeit wissen möchte, so wird dieser andere nach der Uhrzeit gefragt (dem anderen wird eine Nachricht geschickt, mit der Bitte, die Uhrzeit zu nennen). Der Gefragte wird nun in geeigneter Weise reagieren. Es wird nicht so sein, daß der Fragesteller selbst den Gefragten nach einer Uhr absucht, um diese dann abzulesen.

Die Absicht der Kapselung besteht darin, den Aufbau eines Objektes zu verbergen. Dadurch wird zum einem verhindert, daß ein Exemplar von außen verändert oder zerstört wird, andererseits wird dadurch die Modularisierbarkeit drastisch erhöht. Veränderungen an der Klassendefinition sind durchführbar, ohne umfangreiche Änderungen am gesamten restlichen Programm vornehmen zu müssen.

Alle Nachrichten, die von einem Objekt verstanden werden, bezeichnet man als „Protokoll" oder „Methodenprotokoll". Unter Beibehaltung eines bestehenden Methodenprotokolls kann der innere Aufbau eines Exemplares bezüglich seiner Eigenschaften beliebig verändert werden, ohne daß Rücksicht auf den restlichen Teil des Programms genommen werden muß.

Greifen wir zum Thema Kapselung das Beispiel einer *Uhrzeit,* diesmal jedoch in einem Programm, noch einmal auf:

Die Klasse *Uhrzeit* könnte entweder die Exemplarvariable *stunde,* *minute* und *sekunde* haben, aber auch nur aus der Exemplarvariablen *sekundenSeitMitternacht* bestehen. Soll jetzt der Stundenwert, der in einem Exemplar *Uhrzeit* enthalten ist, weiterverarbeitet werden, so wird an das Exemplar beispielsweise die Nachricht *stunde* gesendet. Im ersten Fall kann einfach der Wert der Exemplarvariablen *stunde* zurückgeliefert werden. Im zweiten Fall wird der Stundenwert durch Division des Wertes in der Exemplarvariablen *sekundenSeitMitternacht* mit 3600 ermittelt und das Ergebnis als abgerundete ganze Zahl zurückgegeben.

Ist weiter definiert, daß ein *Uhrzeit*-Exemplar seinen Wert, den es repräsentiert, nicht ändern kann, so muß für eine andere Uhrzeit ein anderes Exemplar benutzt werden. Wenn keine Methode existiert, mit der der Inhalt der Exemplarvariablen verändert werden kann, ist der Inhalt des Exemplares vor Veränderungen von außen sicher.

Bei der Definition von Klassen und Methoden werden in Smalltalk keinerlei Angaben darüber gemacht, zu welcher Klasse ein Parameter-Exemplar oder der Inhalt einer Exemplarvariablen gehören muß. Einzig und allein die Nachrichten, die einem Parameter oder einer Exemplarvariablen geschickt werden, definieren die zugehörige Klasse. Das Methodenprotokoll muß übereinstimmen. So können beispielsweise in einem Parameter die Exemplare enthalten sein, die auf grund des Polymorphismus alle auf die abgesendeten Nachrichten reagieren können. Dieses Verhalten führt nur anscheinend zu Problemen. Viel größer ist dadurch der Vorteil, sehr effizient Methoden zu implementieren.

1.2.7   Klassenhierarchie, Ober- und Unterklasse, Vererbung

Eine wichtige Aufgabe bei der Konzeption eines objektorientierten Programms ist die Festlegung einer „richtigen" oder zumindest „guten" Klassendefinition. Ein Haus kann ebensogut als Bauwerk, ein Stuhl als Einrichtungsgegenstand oder Möbel bezeichnet werden. Komplexe Zahlen und Brüche könnten einfach als Größen in einem Programm erscheinen. Die Klassifizierung der zu verarbeitenden Objekte geschieht in einer Analyse. In dieser Analyse wird festgestellt, welche Informationen zu einem Objekt gespeichert werden müssen. Dabei wird geprüft, wie abstrakt das Objekt sein muß, das im Computer beschrieben wird. Sicherlich ist es niemals sinnvoll, ein Haus bis auf den letzten Stein im Computer abzubilden. Andererseits ist es vielleicht notwendig, weitere Abstufungen in der Klasse der Häuser vorzunehmen. Diese Spezifizierungen könnten beispielsweise mit den Klassen Hütte, Villa, Burg und Schloß geschehen. In der objektorientierten Programmierung existiert hierzu ein Verfahren, das solche Mehrfachklassifizierungen unterstützt. Dazu werden die Klassen in einer „Klassenhierarchie" angeordnet.

Betrachtet man die Begriffe, die bislang im Zusammenhang mit einem Haus verwendet wurden, so kann man diese in einer Hierarchie anordnen, wobei mit zunehmender Tiefe die Spezifizierung der zugehörigen Objekte immer feiner und besser wird. Umgekehrt wird die Spezifizierung ungenauer, je höher man in der Hierarchie steigt. Ganz oben in der Hierarchie steht die allgemeinste Klasse, zu der ein Objekt gehören kann. Diese „Wurzelklasse" erhält den Klassennamen *Objekt*.

Für die Klassifizierung von Häusern kann sich somit folgende Klassenhierarchie ergeben:

```
Objekt
    Bauwerk
        Haus
            Burg
            Hütte
            Schloß
            Villa
```

Objekt ist die (direkte) „Oberklasse" von *Bauwerk*, *Bauwerk* ist sowohl eine (direkte) „Unterklasse" von *Objekt*, wie auch die (direkte) Oberklasse von *Haus*. *Haus* hat als indirekte Oberklasse die Klasse *Objekt*. Analog dazu kann noch von indirekten Unterklassen gesprochen werden. In Smalltalk hat jede Unterklasse genau eine Oberklasse, eine Oberklasse hingegen kann beliebig viele Unterklassen besitzen. Die Wurzelklasse *Objekt* wird in Smalltalk mit dem Namen *Object* bezeichnet. Sie hat keine Oberklasse. Es können weitere Hierarchien mit einer eigenen Wurzelklasse angelegt werden.

Die Angabe der Oberklasse ist Bestandteil einer Klassendefinition (dazu gehört gegebenenfalls auch die Information, daß keine Oberklasse existiert). Während die Oberklasse, sofern sie existiert, bekannt sein muß, ist der umgekehrte Fall, also die Kenntnis über die Unterklassen, eher unbedeutend. Diese Umstand wird im nächsten Absatz deutlich.

Der größte Vorteil, den der Programmierer von einer Klassenhierarchie hat, ist die „Vererbung" der Eigenschaften der direkten und indirekten Oberklassen. Ist in einer Oberklasse eine Exemplarvariable definiert, so besitzen auch die Exemplare einer Unterklasse diese Exemplarvariable. Die Methoden, die zu einer Oberklasse gehören, stehen auch in den Unterklassen zur Verfügung. Die Erweiterung einer Klassendefinition einer Unterklasse hinsichtlich der Exemplarvariablen und Methoden erfolgt durch Hinzufügen zur entsprechenden Unterklasse. In Smalltalk darf in einem Pfad von einer Klasse aufwärts zur Wurzelklasse jeder Exemplarvariablenname nur einmal verwendet werden. Für Methodennamen gilt dieses wegen des Polymorphismus nicht.

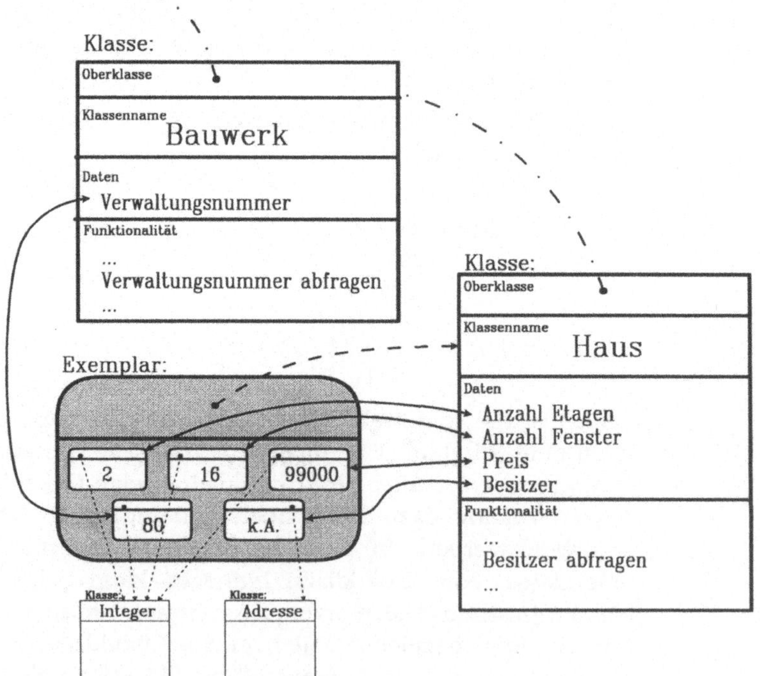

Bild 1.6: Hierarchie und Vererbung

Mit der Einführung der Hierarchie muß auch der Ausdruck „gehört zu einer Klasse" neu festgelegt werden. Eine Methode gehört zu einer Klasse und somit zum Methodenprotokoll, wenn sie in dieser Klasse selbst oder aber in einer Oberklasse implementiert ist. Gleiches gilt für Exemplarvariablen. Ist eine Methode jedoch „in einer Klasse implementiert", so ist ihre Definition in der Klasse selbst enthalten. Hierzu ein kleines Beispiel anhand der Haus-Hierarchie:

In der oben aufgezeigten Hierarchie möge die Klasse *Bauwerk* die Exemplarvariablen *baubeginn* und *fertigstellung* festlegen. Der Inhalt von *baubeginn* wird bei der Erzeugung eines Exemplares automatisch mit dem aktuellen Datum belegt. Ist *fertigstellung* nicht initialisiert, dann sind die Arbeiten am Bauwerk noch nicht beendet. Der Inhalt von *fertigstellung* wird durch das Versenden der Nachricht *bauEnde*, einer Methode, die in der Klasse *Bauwerk* definiert ist, auf das dann aktuelle Datum gesetzt. Exemplare der Klassen *Haus*, *Burg*, *Hütte*, *Schloß*, und *Villa* besitzen wegen der Vererbung ebenfalls die Exemplarvariablen *baubeginn* und *fertigstellung*. Durch Versenden der Nachricht *bauEnde* wird ebenfalls die Exemplarvariable *fertigstellung* in diesen Exemplaren gesetzt.

Da in einem Haus – und natürlich auch einer Burg, Hütte, Schloß oder Villa, Menschen wohnen können, müssen diese nach der Fertigstellung benachrichtigt werden, daß sie einziehen können. Dazu könnte in der Klasse *Haus* z.B. eine Methode *informiereBewohner* definiert werden, die zusätzlich zur Methode *bauEnde* als Nachricht gesendet wird. Eleganter wäre es aber, dieses gleich mit der Nachricht *bauEnde* zu verbinden. Dazu wird jetzt in der Klasse *Haus* ebenfalls eine Methode *bauEnde* definiert, die genau die Funktionalität zum Informieren der Bewohner enthält.

Mit dem Bilden von Hierarchien wird auch das Empfangen einer Nachricht etwas komplizierter. Ein Objekt muß jetzt nicht mehr nur in seiner Klassendefinition nach einer geeigneten Methode suchen, sondern auch in seinen direkten und indirekten Oberklassen. Wenn hier eine Methode gefunden wird, so wird diese ausgeführt, ist die Suche hingegen erfolglos, so wird eine Fehlerbehandlung eingeleitet.

Wird einem Objekt von einem anderen eine Nachricht geschickt, so wird die zuerst ermittelte, also die am tiefsten in der Hierarchie stehende Methode ausgeführt. Schickt sich ein Objekt selbst eine Nachricht, so existiert ein Mechanismus, der auch das Ausführen von in der Hierarchie höher gelegenen Methoden erlaubt. Damit kann auf die

Funktionalität der Methode *bauEnde* aus der Klasse *Bauwerk* innerhalb der Methode *bauEnde* aus der Klasse *Haus* zugegriffen werden.

Das Definieren einer Methode, deren Namen in einer Oberklasse bereits für eine Methode verwendet wurde, wird mit „Redefinition" oder „Overriding" bezeichnet.

Bei der Spezifikation einer Klassenhierarchie kann es vorkommen, daß eine Klasse mit Exemplarvariablen und Methoden so definiert wird, daß nur die Erweiterung in den Unterklassen zur konkreten Spezifikation von Exemplaren führt. Von solch einer Klasse können keine sinnvollen Exemplare gebildet werden. Diese Klassen werden als „abstrakte Oberklassen" bezeichnet.

Nehmen wir dazu zum Beispiel die Hierarchie für die booleschen Werte *true* und *false*, wie sie in Smalltalk realisiert ist:

```
Object
    Boolean
        True
        False
```

Die Klassen *True* und *False* enthalten die Definitionen für die zugehörigen Exemplare. Die Klasse *Boolean* enthält Methodendefinitionen, die für beide Unterklassen gültig sind. *Boolean* ist eine abstrakte Oberklasse, da es keine Exemplare der Klasse *Boolean* geben wird.

In Smalltalk können von der Klasse *Object* zwar Exemplare gebildet werden, da die in *Object* implementierten Methoden aber zu speziell sind, um die Funkionalität eines verwertbaren Exemplares zu definieren, kann auch die Klasse *Object* als abstrakte Oberklasse bezeichnet werden.

Die Definition abstrakter Oberklassen ist sehr häufig zu finden. In diesen ist ein Maximum an gemeinsamen Eigenschaften der Exemplare der Unterklassen implementiert, so daß die Unterklassen nur noch für die Realisierung spezieller Eigenschaften verantwortlich sind.

1.2.8   Mehrfachvererbung

Bei der Erstellung einer Hierarchie kann es vorkommen, daß eine neue Klasse nicht genau zu einer bestimmten Hierarchie zugeordnet werden kann. Diese Mehrdeutigkeit ist dann der Fall, wenn die Objekte dieser Klasse Eigenschaften in sich vereinen, die sehr unterschiedlich ausfallen und in verschiedenen anderen Klassen bereits definiert sind.

Nimmt man zum Beispiel die Klasse *Amphibienfahrzeug*, so vereinen die Exemplare dieser Klasse die Fähigkeiten, sowohl wie ein Auto zu fahren als auch sich wie ein Boot auf dem Wasser bewegen zu können. Sind bereits die Klassen *Auto* und *Boot* definiert, so fällt die Entscheidung für die Einordnung in die richtige Hierarchie schwer. Unter Verwendung der oben beschriebenen Vererbung müßte ein Großteil der Funktionalität einer Klasse neu implementiert werden.

In vielen objektorientierten Programmiersprachen kann eine Klasse mehrere Oberklassen besitzen. Man bezeichnet dieses Verfahren als „Mehrfachvererbung". In Smalltalk existiert die Mehrfachvererbung nicht. Sie soll daher hier nur kurz der Vollständigkeit halber aufgeführt werden.

Bei der Mehrfachvererbung erhält die Unterklasse die Eigenschaften aller seiner Oberklassen. Dieses auf den ersten Blick sehr mächtige Mittel der Programmierung birgt aber auch viele Schwierigkeiten in sich. Was soll beispielsweise geschehen, wenn in den direkten Oberklassen von *Amphibienfahrzeug*, also *Auto* und *Boot*, die Methode *hoechstgeschwindigkeit* existiert? Welche Methode soll dann ausgeführt werden, wenn einem Amphibienfahrzeug diese Nachricht geschickt wird? Oder was geschieht, wenn in den direkten Oberklassen Exemplarvariablen mit gleichem Namen definiert sind? Eine Lösung dieser Problematik, die sich hinter diesen Fragen verbirgt, kann wohl gefunden werden, jedoch wird sie von Fall zu Fall neue Probleme aufwerfen.

1.3   Zusammenfassung

In diesem Kapitel wurden Erklärungen zu den Begriffen der objektorientierten Programmierung gegeben. Alles wird bei dieser Art der Programmierung als Objekt angesehen. Zur Unterscheidung von Objekten werden Klassen verwendet. Während einem Objekt auch Fähigkeiten zugesprochen werden, besitzen Exemplare nur Informationen, das Verhalten ist in eigenen Klassen festgelegt. Jedes Exemplar gehört zu genau einer Klasse, die diesem Exemplar auch bekannt ist.

Das Verhalten von Objekten wird durch Methoden festgelegt, die speziell für eine Klasse geschrieben werden. Diese Methoden werden nicht direkt aufgerufen, sondern über einen Nachrichtenmechanismus oder das Anstoßen von Ereignissen erreicht. Jede Methode besitzt einen Namen, der nur innerhalb einer Klasse eindeutig sein muß. Diese Mehrfachverwendung wird mit Polymorphismus bezeichnet.

In Methoden kann nur auf die Informationen des aktuellen Objektes zugegriffen werden. Informationen sind durch die Kapselung vor unberechtigtem Zugriff von außen geschützt. Der Zugriff kann nur über Methoden erfolgen.

Klassen werden in Klassenhierarchien angeordnet, wobei mit zunehmender Hierarchietiefe auch die Spezifizierung der Klassen zunimmt. Je höher eine Klasse in der Hierarchie steht, desto allgemeiner sind die Eigenschaften, die die Objekte dieser Klasse haben. Besitzt eine Klasse mehrere Oberklassen, so spricht man von Mehrfachvererbung.

Das gesamte und richtige Zusammenspiel der hier beschriebenen Mechanismen und Verfahren ergibt die Mächtigkeit von objektorientierten Programmiersprachen.

2 Objekte in Smalltalk und Syntax von Smalltalk

In diesem Kapitel werden die syntaktischen Grundelemente der Sprache Smalltalk vorgestellt und im Detail erläutert.

Dieses Kapitel beschäftigt sich dazu mit der formalen Syntax von Smalltalk und den verschiedenen möglichen Variablentypen, die jeweils anhand von Beispielen erklärt werden. Für Leser mit Programmiererfahrung sind außerdem dieselben Konstrukte in der relativ weit verbreiteten Programmiersprache „C" zum Vergleich angegeben.

Wenn in diesem Kapitel Beispielcode gezeigt wird, dient dieser lediglich dazu, Zusammenhänge oder die syntaktische Formulierung bestimmter Konstrukte darzustellen. Bei diesen Beispielen handelt es sich nicht immer um vollständige, direkt ausführbare Smalltalk-Programme.

2.1 Aufbau von Exemplaren im Smalltalk-System

Die Exemplare in einem Smalltalk-System setzen sich aus Daten und Programmcode zusammen. Die Daten enthalten dabei die Informationen, die das Exemplar ausmachen, vergleichbar mit den entsprechenden Daten in einer klassischen Programmiersprache oder den Attributen in einer relationalen Datenbank. Der Programmcode sind die Smalltalk-Methoden, das sind zur Klasse und den Exemplaren der Klasse gehörende Unterroutinen, die die Verarbeitung der Daten und damit das Verhalten von Klassen und Exemplaren beschreiben.

Datenstruktur und Smalltalk-Methoden sind nicht für jedes einzelne Exemplar getrennt vorhanden, sondern jeweils für eine Klasse solcher Objekte, die eine gemeinsame Grundstruktur und ein gemeinsames Verhalten haben.

Es wird dabei weiter unterschieden zwischen objektspezifischen Methoden und Variablen (bezeichnet als Exemplarmethoden und Exemplarvariablen) und klassenspezifischen Methoden und Variablen (bezeichnet als Klassenmethoden und Klassenvariablen).

Die Datenstruktur der einzelnen Exemplare wird durch eine Sammlung von Exemplarvariablen angegeben, die wiederum vollständige, komplexe Exemplare beliebiger Art enthalten können.

Die gemeinsamen Daten aller Exemplare einer Klasse werden durch Klassenvariablen beschrieben, bei denen der Wert der Variablen für alle Exemplare der Klasse und alle Exemplare ihrer Unterklassen gleich ist.

Die Namen von Variablen und Methoden sind klassenspezifisch. In unterschiedlichen Klassen kann es Variablen und Methoden gleichen Namens geben (eine Ausnahme bilden die Variablen bei der Vererbung, wie im entsprechenden Abschnitt später näher erläutert).

2.2   Erzeugung und Verwendung von Exemplaren in Smalltalk

Bei der Erzeugung eines konkreten Exemplares einer Klasse werden die Exemplarvariablen des Exemplares initialisiert. Die Datenstruktur steht damit zur Verfügung und kann mit exemplarspezifischen Werten gefüllt werden. Bei der erstmaligen Erzeugung eines Exemplares einer Klasse sollte auch darauf geachtet werden, daß gegebenenfalls die Klasse selber beziehungsweise eventuell vorhandene Klassenvariablen initialisiert werden müssen.

Die Daten in den Exemplarvariablen jedes Exemplares sind nur dem einzelnen Exemplar selbst bekannt, auf sie kann von außen nicht zugegriffen werden. Dieses Verhalten wird als Datenkapselung bezeichnet. Werden die Daten eines Exemplares außerhalb dieses Exemplares benötigt, müssen für die Klasse des Exemplares Exemplarmethoden geschrieben werden, die quasi innerhalb des Exemplares auf die gewünschten Daten zugreifen und sie als Ergebnis dieser als Zugriffsmethode bezeichneten Exemplarmethode zurückliefern. Sollen die Daten eines Exemplares von außerhalb verändert werden, müssen analog Exemplarmethoden geschrieben werden, an die die Daten als Parameter übergeben werden und die dann innerhalb des Exemplares die Daten in den gewünschten Exemplarvariablen speichern.

Analog sind die Daten in den Klassenvariablen der Klasse bekannt und über die Klasse auch allen Exemplaren dieser jeweiligen Klasse sowie den Unterklassen und den Exemplaren der Unterklassen dieser Klasse, nicht aber allen anderen Klassen oder den Exemplaren anderer Klassen. Nur die Klasse selbst kann auf ihre Klassenvariablen zugreifen, und analog zu den Exemplarmethoden zum Zugriff auf Exemplarvariablen werden Klassenmethoden als Zugriffsmethoden zum Lesen und Schreiben der Daten in den Klassenvariablen benötigt.

Außer zum Zugriff auf die Exemplarvariablen eines Exemplares dienen weitere Exemplarmethoden der jeweiligen Klasse zur Festlegung der Fähigkeiten jedes Exemplares der Klasse, der das Exemplar angehört. Weitere Klassenmethoden dienen zur Festlegung von Fähigkeiten der Klasse selbst.

2.3   Literale in Smalltalk

Es gibt verschiedene Literale im Smalltalk-System, die ebenfalls Exemplare mit allen Eigenschaften von Exemplaren sind, bei denen aber der Exemplarname im weitesten Sinne gleichzeitig dem Wert des Exemplares entspricht und die daher direkt in den Smalltalk-Programmcode geschrieben werden können. Folgende Literale existieren in Smalltalk:

- Numerische Literale sind alle Zahlen, wie sie unter anderem in mathematischen Ausdrücken vorkommen. Die Klasse des jeweiligen Literals ist dabei die entsprechende Klasse unter *Number*. Beispielsweise sind die Zahlen *1, -100000, 1234.56* solche numerischen Literale.

- Character-Literale sind einzelne Zeichen des Zeichenvorrats, denen ein Dollarzeichen vorangestellt wird. Die Klasse eines Character-Literals ist die Klasse *Character*. Beispielsweise sind *$a, $A, $1* und *$$* Character-Literale.

- Zeichenketten-Literale oder Strings sind Folgen von Zeichen des Zeichenvorrats, eingeschlossen in Hochkommata. Die Klasse eines Zeichenketten-Literals ist die Klasse *String*. Zeichenketten-Literale sind beispielsweise *'Dies ist ein Zeichenketten-Literal'* und *'1234.56'* .

- Symbolische Literale oder Symbole sind Folgen von Zeichen des Zeichenvorrats, denen ein Hash-Zeichen („#") vorangestellt wird. Die Klasse eines symbolischen Literals ist die Klasse *Symbol*. Beispiele für symbolische Literale sind *#Startsymbol* und *#Stopsymbol*.

- Feld-Literale oder Arrays sind Literale, die mit einem Hash-Zeichen beginnen und bei denen andere Literale, in Klammern eingeschlossen und getrennt durch Leerzeichen, ein Datenfeld definieren. Die Klasse eines Feld-Literals ist die Klasse *Array*. Ein Beispiel für ein Feld-Literal ist *#(123 $A 'abcd' (Start Stop))* . In

diesem Beispiel wird ein Feld-Literal mit vier Elementen defi-
niert. Das erste Element ist das numerische Literal *123*, zweites
Element ist das Character-Literal *$A*, das dritte Element ist das
Zeichenketten-Literal *'abcd'*, und als viertes Element ist wieder-
um ein Feld-Literal enthalten, das seinerseits die beiden Symbole
#Start und *#Stop* als Elemente enthält. Bei diesem Beispiel ist zu
bemerken, daß bei in einem Feld-Literal enthaltenen, anderen
Feld-Literalen und Symbolen das Hash-Zeichen entfällt.

2.4   Kommentare im Smalltalk-Code

Kommentare können in Smalltalk-Methoden und in im *Workspace*
geschriebenen Smalltalk-Code stehen und werden in doppelte Anführungszeichen („"") eingeschlossen. Die Kommentare können an
beliebiger Stelle im Programmcode stehen. Üblich ist dabei, direkt
nach dem Methodenkopf einen Kommentar einzufügen, der beschreibt, was die Methode tut. Bei längeren Methoden sollten diese
natürlich auch an weiteren Stellen im Programmcode durch Kommentare genauer dokumentiert werden.

2.5   Nachrichten als Kommunikationsmechanismus

Das Ansprechen der Methoden von Exemplaren oder Klassen erfolgt durch das Senden von Nachrichten an das jeweilige Exemplar
oder die jeweilige Klasse. Dabei ist es möglich, einer Nachricht Exemplare als Parameter mitzugeben.

Das Exemplar, an das die Nachricht geschickt wird, prüft, ob es zu
dieser Nachricht eine korrespondierende Methode besitzt. Da Methoden vererbt werden, besitzt das Exemplar genau dann eine korrespondierende Methode, wenn diese in der Vererbungshierarchie
vorhanden ist, also in seiner Klasse oder in einer seiner Oberklassen definiert wurde. Wenn ein Exemplar zu einer empfangenen
Nachricht keine Methode besitzt, so „versteht" es diese Nachricht
nicht und reagiert mit der Fehlermeldung *„message not understood"*.

Besitzt das Exemplar eine dem Namen und der Anzahl der Parameter nach korrespondierende Methode, so wird diese Methode ausgeführt. Die beim Aufruf der Methode übergebenen, aktuellen Parameter werden dabei in die entsprechenden formalen Parameter der
Methode übertragen. Die Entsprechung ergibt sich dabei aufgrund
der Position der Parameter.

Beispiel:
Gesendete Nachricht:

```
21 gcd: 7.
```

Dazugehöriger Methodenkopf mit formalem Parameter *anInteger* und Kommentar:

```
gcd: anInteger
        "Answer the greatest common divisor
        between the receiver and anInteger."
```

Im obigen Beispiel wird die Zahl „7" beim Methodenaufruf durch Senden der Nachricht als aktueller Parameter aufgrund der Position in den formalen Parameter *anInteger* übertragen.

Als Ergebnis der Abarbeitung einer Methode wird der Empfänger selbst wieder zurückgeliefert. Soll ein anderes Exemplar, beispielsweise ein in einer temporären Variablen gespeichertes Exemplar das Ergebnis sein, so muß diese Rückgabe explizit durch eine Rückgabeanweisung erfolgen. Nach dem Ausführen einer Rückgabeanweisung wird die Methode verlassen.

Der Nachrichtenaustausch ist der einzige Kommunikationsmechanismus zwischen Exemplaren und Klassen. Jeglicher Datenaustausch, wie auch das Anfordern von „Dienstleistungen" anderer Exemplare, erfolgt über das Senden von Nachrichten. Auch wenn ein Exemplar seine Daten auf bestimmte Weise verändern will oder sich auf bestimmte Weise verhalten will, tut es dies, indem es sich selbst eine Nachricht sendet.

2.6   Syntaktischer Aufbau und Präzedenzen von Nachrichten

Syntaktisch wird das Versenden einer Nachricht an ein Exemplar immer in einem Grundschema formuliert, bei dem zunächst das Empfängerexemplar und dahinter die zu sendende Nachricht geschrieben wird.

Beispiel:

```
16 sqrt.
```

Es wird die Nachricht *sqrt* an das Exemplar „16" geschickt und dadurch die in der Klasse des Exemplares implementierte Exemplarmethode *sqrt* angestoßen.

Prinzipiell können drei verschiedene Arten von Nachrichten unterschieden werden, die sich in ihrem syntaktischen Aufbau und in ihrer Präzedenz unterscheiden:

* Unäre Nachrichten bestehen aus einem Schlüsselwort, dem keine weiteren Parameter folgen. Der Nachrichtenname (und damit

auch der Name der entsprechenden Methode) muß mit einem Buchstaben beginnen, der üblicherweise ein kleiner Buchstabe ist und dem weitere Buchstaben oder Zahlen folgen können. Unäre Nachrichten haben die höchste Präzedenz. Das obige Beispiel *16 sqrt.* ist ein Beispiel für eine unäre Nachricht.

- Binäre Nachrichten verwenden ein oder zwei Sonderzeichen (beispielsweise „+", „-", „*", „/" für arithmetische Operationen, „=", „<", „>" für Vergleiche und „==" für Identitätsvergleiche), denen genau ein Parameter folgt. Im Rahmen des Polymorphismus kann dabei die gleiche binäre Nachricht in unterschiedlichen Klassen unterschiedlich implementiert werden. Beispielsweise ist das „+" allgemein für Zahlen definiert, zusätzlich aber auch speziell für Bruchzahlen der Klasse *Fraction.* Ebenso ist der Vergleich mit „=" zwischen zwei Exemplaren in verschiedenen Klassen unterschiedlich implementiert und kann auch für eigene, dem System hinzugefügte Klassen speziell definiert werden. Binäre Nachrichten haben eine mittlere Präzedenz. Typische Beispiele für binäre Nachrichten finden sich im Bereich der Arithmetik, beispielsweise *1 + 1.* An das Exemplar „1" der Klasse *Integer* wird die Nachricht „+" geschickt, die als Parameter ebenfalls ein Exemplar „1" mitbekommt.

- Schlüsselwort-Nachrichten bestehen aus einem oder mehreren Nachrichtenteilen. Ein Nachrichtenteil muß mit einem Buchstaben beginnen, der üblicherweise ein kleiner Buchstabe ist und dem weitere Buchstaben oder Zahlen folgen können, und er muß mit einem Doppelpunkt enden. Hinter jedem dieser Nachrichtenteile der Schlüsselwort-Nachricht steht dabei ein Exemplar als Parameter, das mitgeschickt werden soll. Schlüsselwort-Nachrichten haben die niedrigste Präzedenz. Ein Beispiel, ebenfalls aus dem Bereich der Arithmetik, ist die Methode *gcd:* zur Ermittlung des größten gemeinsamen Teilers (gcd = greatest common divisor) zweier Zahlen: *21 gcd: 6.* ermittelt den größten gemeinsamen Teiler der beiden Zahlen „21" und „6", indem an das Exemplar „21" die Schlüsselwort-Nachricht *gcd:* geschickt und das Exemplar „6" als Parameter mit übergeben wird. Ein weiteres Beispiel ist folgende Nachricht mit zwei Parametern: *15 between: 10 and: 20.* In dieser Nachricht wird an das Exemplar „15" die Nachricht *between:and:* mit den beiden Parametern „10" und „20" geschickt. Die Antwort ist ein *true*-Exemplar, falls das Zielexemplar zwischen den beiden Parameterexemplaren liegt, und ein *false*-Exemplar, falls es nicht dazwischen liegt.

2.7   Nachrichtenketten

Bei der Ausführung einer Nachricht, die an ein Exemplar geschickt wird, liefert das Smalltalk-System ein implizites oder ein explizit in der Methode angegebenes Ergebnisexemplar zurück, an das wiederum eine Nachricht geschickt werden kann. Dadurch ist es möglich, eine Kette von Nachrichten zu formulieren. Den Abschluß einer Nachricht oder einer Nachrichtenkette bildet dabei immer ein Punkt.

Beispiel:
```
16 sqrt * 5.
```

Es wird zunächst die unäre Nachricht *sqrt* an das Exemplar „16" geschickt. Das Ergebnisexemplar ist die Zahl „4", an die wiederum die binäre Nachricht „*" mit dem Parameter „5" geschickt wird.

Bei Nachrichtenketten sind die Präzedenzen der einzelnen Nachrichtentypen zu beachten. Außerdem ist darauf zu achten, daß bei gleicher Präzedenz die Auswertung streng von links nach rechts erfolgt. Dies gilt insbesondere auch für die arithmetischen Operationen, die als binäre Nachrichten implementiert sind.

Die aus der Mathematik bekannte und in vielen anderen Programmiersprachen berücksichtigte Regel *Punktrechnung vor Strichrechnung* gilt in Smalltalk damit nicht!

Beispiel:
```
21 gcd: 6 * 5.
```

In diesem Beispiel wird zunächst die Nachricht „*" mit dem Parameter „5" an das Exemplar „6" geschickt, da die binäre Nachricht „*" eine höhere Präzedenz als die Schlüsselwortnachricht *gcd:* hat. Das Ergebnisexemplar der Multiplikation, „30", wird als Parameter mit der Nachricht *gcd:* an das Exemplar „21" geschickt.

Beispiel:
```
2 + 3 * 4.
```

In diesem Beispiel wird zunächst die Nachricht „+" mit dem Parameter „3" an das Exemplar „2" geschickt, da bei Nachrichten gleicher Präzedenz streng von links nach rechts ausgewertet wird. An das Ergebnisexemplar wird dann die Nachricht „*" mit dem Parameter „4" geschickt. Als Ergebnis erhält man „20".

Soll die Auswertung einer Kette von Nachrichten in einer anderen Reihenfolge erfolgen, als dies durch die Präzedenzen und durch die Auswertung von links nach rechts festgelegt wird, können dazu runde Klammern verwendet werden. Diese Klammern haben eine höhere Präzedenz als alle anderen Konstrukte. Bei geschachtelten Klammern erfolgt die Auswertung von innen nach außen.

Beispiel:
```
(21 gcd: 6) * 5.
```

In diesem Beispiel wird, bedingt durch die Klammerung, zunächst die Nachricht *gcd:* mit dem Parameter „6“ an das Exemplar „21“ geschickt. Das Ergebnisexemplar der Nachricht, „3“, ist das Zielexemplar, an das die Nachricht „*“ mit dem Parameter „5“ geschickt wird.

Beispiel:
```
2 + (3 * 4).
```

In diesem Beispiel wird, bedingt durch die Klammerung, zunächst die Nachricht „*“ mit dem Parameter „4“ an das Exemplar „5“ geschickt. Das Ergebnisexemplar „12“ wird als Parameter der Nachricht „+“ an das Exemplar „2“ geschickt. Als Ergebnis erhält man „14“.

Bei einer Kette von Schlüsselwort-Nachrichten können diese nicht direkt hintereinandergeschaltet werden, sondern es ist nötig, sie zu klammern, da das Smalltalk-System diese Nachrichtenkette sonst als eine einzige Nachricht mit mehreren Nachrichtenteilen und Parametern versteht.

Beispiel:
```
21 gcd: 24 gcd: 4.
```

Dieses Beispiel führt zu einer Fehlermeldung, da das Smalltalk-System eine Nachricht *gcd:gcd:* mit den Parametern „24“ und „4“ an das Zielexemplar „21“ schickt. Das Zielexemplar besitzt zu dieser Nachricht aber keine Methode und reagiert mit der Fehlermeldung *„message not understood“*.

Beispiel:
```
21 gcd: (24 gcd: 4).
```

In diesem Beispiel wird dem Smalltalk-System durch die Klammerung mitgeteilt, daß zunächst die Nachricht *gcd:* mit dem Parameter „4“ an das Exemplar „24“ geschickt werden soll. Das resultierende Ergebnisexemplar „6“ wird als Parameter für die Nachricht *gcd:* verwendet, die an das Exemplar „21“ geschickt wird.

2.8   Kaskadierung von Nachrichten

Außer einer Nachrichtenkette, bei der als Resultat einer Nachricht ein Ergebnisexemplar zurückgeliefert wird, an das wiederum eine Nachricht geschickt wird, ist auch die Kaskadierung von Nachrichten an immer dasselbe Exemplar möglich. Die bei den einzelnen Nachrichten der Kaskade zurückgelieferten Ergebnisexemplare werden bei der weiteren Verarbeitung nicht berücksichtigt, sondern ignoriert. Der wesentliche Sinn der Kaskade sind in der Regel nicht die einzelnen zurückgelieferten Ergebnisexemplare, sondern eine Zustandsänderung des Zielexemplars oder das bei der letzten Nachricht der Kaskade zurückgelieferte Ergebnisexemplar oder beides. Syntaktisch muß das Zielexemplar bei der Kaskade nur einmal geschrieben werden. Die einzelnen zu einer Kaskade gehörenden Nachrichten werden durch jeweils ein Semikolon getrennt, hinter der letzten Nachricht muß als Abschluß der Kaskade der Punkt stehen. Die einzelnen Nachrichten der Kaskade werden immer von links nach rechts ausgeführt, auch wenn es sich dabei um Nachrichten unterschiedlichen Typs und damit unterschiedlicher Präzedenz handelt.

Beispiel:
```
2 * 3; * 4; * 5.
```

Das Ergebnis dieser Kaskade ist „10". Zunächst wird an das Exemplar „2" die Nachricht „*" mit dem Parameter „3" geschickt. Das Ergebnisexemplar „6" wird ignoriert. Die zweite Nachricht „*" geht wieder an das Exemplar „2" und erhält als Parameter „4". Auch das hierbei resultierende Exemplar „8" wird ignoriert. Die letzte Nachricht „*" der Kaskade geht natürlich ebenfalls wieder an das Exemplar „2" und erhält als Parameter „5". Das Ergebnisexemplar „10" dieser Nachricht wird bei Ausführung der Kaskade als Ergebnisexemplar der gesamten Kaskade zurückgeliefert.

Beispiel:
```
Transcript show: 'A';
          show: 'B';
          show: 'C'.
```

In diesem Beispiel wird an ein Exemplar mit dem Namen *Transcript* (dabei handelt es sich um ein Exemplar der Klasse *TranscriptWindow*, das in einer globalen Variablen gespeichert ist) zunächst die Nachricht *show:* mit dem Parameter 'A' , danach nochmals die Nachricht *show:*, aber diesmal mit dem Parameter *'B'* und abschließend wiederum die Nachricht *show:* mit dem Parameter *'C'* geschickt. Die Reaktion des *Transcript* bei der Auswertung dieser

Nachrichtenkaskade besteht in der Ausgabe der Buchstabenfolge
ABC im *Transcript*-Fenster auf dem Bildschirm. Außerdem wird als
Ergebnisexemplar der *show:*-Methode das Transcript zurückgeliefert.
Damit wäre es in diesem Fall auch möglich, statt der Kaskade eine
Nachrichtenkette zu schreiben:

```
((Transcript show: 'A') show: 'B') show: 'C'.
```

Das Zielexemplar, an das kaskadiert weitere Nachrichten geschickt
werden, kann natürlich auch erst als Ergebnis einer Nachrichtenkette oder einer anderen Kaskade entstehen. Außerdem können in den
einzelnen Nachrichten, die kaskadiert an ein Zielexemplar geschickt
werden, die Parameter als Ergebnis einer Nachrichtenkette oder einer anderen Kaskade entstehen. Es ist also eine beliebige Schachte-
lung möglich, wobei sinnvoll geklammert werden sollte, auch in den
Fällen, in denen dies syntaktisch nicht unbedingt nötig wäre.

Beispiel:
```
(Array new: 5)
        at: 1 put: 'Eins';
        at: 2 put: 'Zwei';
        at: (4 - 1) put: 'Drei'.
```

In diesem Beispiel entsteht als Zielexemplar der Kaskade zunächt
durch das Senden der Nachricht *new:* mit dem Parameter „5" an die
Klasse *Array* ein Datenfeld-Exemplar mit fünf Speicherplätzen. An
dieses Exemplar wird dann in einer Kaskade dreimal die Nachricht
at:put: geschickt. Bei der ersten Nachricht werden als Parameter „1"
und *'Eins'* mitgeschickt und bei der zweiten Nachricht „2" und
'Zwei' . Bei der dritten Nachricht ist der zweite Parameter *'Drei'*,
und der erste Parameter ergibt sich als das Ergebnisexemplar „3" der
als Senden der Nachricht „-" mit dem Parameter „1" an das Exemplar „4" dargestellten Differenz *4 minus 1*. Bei dieser Kaskade wird
in dem Datenfeld mit fünf Speicherplätzen also auf dem ersten
Speicherplatz die Zeichenkette *'Eins'* , auf dem zweiten Speicherplatz die Zeichenkette *'Zwei'* und auf dem dritten Speicherplatz die
Zeichenkette *'Drei'* gespeichert. Als Ergebnisexemplar der gesamten Kaskade wird die Zeichenkette *'Drei'* zurückgeliefert. Dies ist
das Ergebnis, das sich bei der letzten Nachricht ergibt. Bei Erzeugen
und Füllen eines Datenfeldes möchte man sicher oft dieses Datenfeld auch als Ergebnis der Kaskade erhalten. Wie dies möglich ist,
wird in einem späteren Abschnitt gezeigt.

2.9   Zuweisungen an Variablen

Die Zuweisung an eine Variable erfolgt durch die Zeichenkombination :=. Die Variablenzuweisung ist dabei keine Nachricht, sondern der Sonderfall einer im Smalltalk-System fest implementierten Funktionalität.

Beispiel:
```
a := 1.
```

Der Variablen a wird als Wert die Integerzahl „1" zugeordnet.

Beispiel:
```
b := 2.
```

Der Variablen b wird als Wert die Integerzahl „2" zugeordnet.

Beispiel:
```
c := a + b.
```

Der Variablen c wird als Wert die Summe der Werte der Variablen a und b zugeordnet.

Die Variablenzuweisung hat im Smalltalk-System die geringste Präzedenz, wobei es eine Besonderheit bei der Auswertungsrichtung von Zuweisungsfolgen an Variablen gibt. Solche Zuweisungsfolgen werden ausnahmsweise nicht wie generell üblich von links nach rechts, sondern von rechts nach links ausgewertet.

Beispiel:
```
a := b := c := 5.
```

In diesem Beispiel wird zunächst der Variablen c der Wert „5" zugewiesen, danach der Variablen b der Wert von c und schließlich der Variablen a der Wert von b.

Wird einer Variablen als Wert eine andere Variable zugewiesen, so wird vom Smalltalk-System keine Kopie des Exemplares angelegt, das dieser Wert ist, sondern es erfolgt ein Verweis auf dasselbe Wertexemplar, auf das auch die ursprüngliche Variable zeigt. Wird dieses Wertexemplar manipuliert und verändert, so wirkt sich die Veränderung in allen Variablen aus, die auf ein Wertexemplar zeigen. Dies ist weniger wichtig bei einfachen Exemplaren wie beispielsweise Integerzahlen, die als Wert immer genau die entsprechende Zahl haben, gewinnt aber an Bedeutung bei komplexer strukturierten Exemplaren, bei denen Teile der Struktur manipuliert werden können. In späteren Beispielen wird auf diese Eigenschaft zurückgekommen und auch gezeigt, wie es zu bestimmten Zwecken doch möglich ist, Kopien anzulegen, bei deren Änderung sich das Original dann nicht verändert.

Insgesamt ergibt sich für das Smalltalk-System folgende Übersicht über die Auswertungsreihenfolge, dargestellt von höchster Präzedenz zu niedrigster Präzedenz:

1. Geschachtelte Klammerausdrücke von innen nach außen

2. Unäre Nachrichten vor binären Nachrichten

3. Bei mehreren unären Nachrichten von links nach rechts

4. Binäre Nachrichten vor Schlüsselwort-Nachrichten

5. Bei mehreren binären Nachrichten von links nach rechts

6. Variablenzuweisungen

2.10   Folgen von syntaktischen Ausdrücken

Das Trennzeichen für Folgen von voneinander unabhängigen syntaktischen Ausdrücken ist der Punkt. Der Punkt steht dabei hinter jedem Ausdruck mit Ausnahme von Ausdrücken, die explizit eine Methode verlassen und damit auch ein explizites Ergebnisexemplar zurückliefern. Hinter dem letzten Ausdruck einer Folge von syntaktischen Ausdrücken ist der Punkt optional.

Beispiel:
```
x := 0.
y := 'Test'.
z := x
```

Es wird zunächst der Variablen x als Wert das Integerexemplar „0“ zugewiesen, danach der Variablen y als Wert das Zeichenkettenexemplar *'Test'* . Schließlich wird der Variablen z der Wert der Variablen x zugewiesen.

2.11   Funktionsaufrufe mit einem Argument

Den Funktionsaufrufen in klassischen Programmiersprachen, bei denen einer Funktion als Argument die zu verarbeitenden Daten mitgegeben werden, entspricht in Smalltalk das Senden einer unären Nachricht an ein Empfängerexemplar. Das Empfängerexemplar entspricht dabei den im klassischen Beispiel als Argument übergebenen Daten, während die unäre Nachricht dem Funktionsaufruf entspricht.

Beispiel:
```
x := array size.
```

Dem Exemplar mit dem Namen *array* wird die Nachricht *size* geschickt. Das daraus resultierende Ergebnisexemplar wird der Variablen x zugewiesen.

In der Programmiersprache C sähe der entsprechende Funktionsaufruf so aus:

```
x = size (array);
```

2.12 Funktionsaufrufe mit zwei Argumenten

Den Funktionsaufrufen mit zwei Parametern aus klassischen Programmiersprachen entspricht in Smalltalk das Senden einer binären Nachricht oder das Senden einer Schlüsselwort-Nachricht mit genau einem Schlüsselwort. Das Empfängerexemplar entspricht dabei bereits den als ersten Parameter übergebenen Daten im klassischen Beispiel, während der Parameter der Nachricht den als zweiten Parameter übergebenen Daten entspricht. Die binäre Nachricht oder die Schlüsselwort-Nachricht entsprechen schließlich dem Namen der aufgerufenen Funktion.

Beispiel:
```
maximum := zahl1 max: zahl2.
```

Es wird an das Zielexemplar *zahl1* die Schlüsselwort-Nachricht *max:* mit dem Parameterexemplar *zahl2* geschickt. Das resultierende Ergebnisexemplar wird der Variablen *maximum* zugewiesen.

In C sähe der entsprechende Funktionsaufruf folgendermaßen aus:

```
maximum = max (zahl1, zahl2);
```

Beispiel:
```
produkt := faktor1 * faktor2.
```

In diesem Beispiel wird die binäre Nachricht „*" mit dem Parameterexemplar *faktor2* an das Zielexemplar *faktor1* geschickt. Das resultierende Ergebnisexemplar wird der Variablen *produkt* zugewiesen.

In C ist die Multiplikation mit dem Sonderzeichen „*" kein Funktionsaufruf, da „*" in C ein Operator ist:

```
produkt = faktor1 * faktor2;
```

2.13 Funktionsaufrufe mit drei und mehr Argumenten

Den Funktionsaufrufen mit drei Parametern aus klassischen Programmiersprachen entspricht in Smalltalk das Senden einer Schlüsselwort-Nachricht mit genau zwei Schlüsselworten. Das Empfängerexemplar entspricht dabei bereits den als ersten Parameter übergebenen Daten im klassischen Beispiel. Der dem ersten Nachrichtenteil folgende Parameter entspricht den als zweiten Parameter übergebenen Daten des klassischen Beispiels, und der dem zweiten Nachrichtenteil folgende Parameter entspricht den als dritten Parameter übergebenen Daten. Die Schlüsselwort-Nachricht selbst entspricht schließlich dem Funktionsnamen.

Beispiel:

```
zwischenwert := wert1 between: wert2 and: wert3.
```

An das Zielexemplar *wert1* wird die Nachricht *between:and:* geschickt. Dabei folgt dem ersten Nachrichtenteil *between:* das Parameterexemplar *wert2* und dem zweiten Nachrichtenteil *and:* das Parameterexemplar *wert3*. Die Nachricht selbst entspricht dem Funktionsaufruf im klassischen Fall.

In C sähe der entsprechende Funktionsaufruf so aus:

```
zwischenwert = between (wert1, wert2, wert3);
```

Zu diesem C-Code sollte auf jeden Fall ein Kommentar hinzugefügt werden, der angibt, daß der erste Parameter der Wert ist, für den ermittelt werden soll, ob er zwischen den beiden folgenden Parametern liegt. Im Gegensatz zum Smalltalk-Code, der hier deutlich leichter zu verstehen ist, geht dies aus dem C-Code nämlich nicht hervor.

Grundsätzlich lassen sich weitere Parameter dadurch übergeben, daß Schlüsselwort-Nachrichten mit weiteren Nachrichtenteilen definiert werden, da hinter jedem Nachrichtenteil ein weiterer Parameter folgt. Allgemein hat eine Schlüsselwort-Nachricht so immer einen Nachrichtenteil weniger als Exemplare beziehungsweise Parameter im klassischen Fall betroffen sind, da das Zielexemplar selbst immer dem ersten Parameter entspricht. Ab einer gewissen Anzahl Parameter ist es nicht mehr sinnvoll, für diese Parameter einzelne Nachrichtenteile vorzusehen. Stattdessen sollte dann eine Datenstruktur (beispielsweise ein Datenfeld) vorgesehen werden, in das die einzelnen Parameter eingefüllt werden und das dann als ein Parameterexemplar bei einer Nachricht mitgeschickt wird.

2.14 Rückgabe von Funktionsresultaten

Beim Beenden von Methoden wird vom Smalltalk-System implizit das Empfängerexemplar selbst als Ergebnis der Methode zurückgegeben. Darüberhinaus ist die explizite Rückgabe von Exemplaren durch Verwendung des Zeichens „^" möglich. Dieses Zeichen, beim Vorlesen von Quellcode als *return* gesprochen, wird einfach dem zurückzuliefernden Exemplar vorangestellt.

Beispiel:

```
summe := 40 + 20.
produkt := 40 * 20.
differenz := 40 - 20.
quotient := 40 / 20.
^summe
```

In diesem Beispiel werden nacheinander die Summe, das Produkt, die Differenz und der Quotient der Zahlen „40" und „20" gebildet. Zurückgegeben wird von dem Programm aber explizit die Summe durch Verwenden des Return-Symbols „^".

Das entsprechende Programmfragment sähe in C folgendermaßen aus:

```
int berechnung()
{ summe = 40 + 20;
  produkt = 40 * 20;
  differenz = 40 - 20;
  quotient = 40 / 20;
  return (summe);
}
```

2.15 Zugriff auf indizierte Variablen

Der Zugriff auf indizierte Variablen wie beispielsweise ein Datenfeld erfolgt in Smalltalk durch Senden von Schlüsselwort-Nachrichten, die beim Lesen als Parameter den Index und beim Schreiben als Parameter den Index und den zu schreibenden Wert an das Datenfeldexemplar übermitteln. Der erste Eintrag eines Datenfeldes hat in Smalltalk den Index „1", im Gegensatz zu C und verschiedenen anderen Programmiersprachen, bei denen der erste Eintrag den Index „0" hat.

Beispiel:

```
wert := feld at: i.
feld at: i + 1 put: wert.
feld at: i + 1 put: (feld at: i).
```

In der ersten Zeile dieses Beispiels wird mittels der an die Variable *feld* geschickten Nachricht *at:* mit dem Parameter „i" der Wert, der an dem Index „i" im Datenfeld *feld* gespeichert ist, zurückgegeben und der Variablen *wert* zugewiesen. In der zweiten Zeile wird dem in der Variablen *feld* enthaltenem Datenfeld die Nachricht *at:put:* geschickt, wobei der erste Parameter das Ergebnis der Berechnung *i + 1* ist und der zweite Parameter der Inhalt der Variablen *wert*. Es wird dadurch im Datenfeld unter dem Index *i + 1* der in der Variablen *wert* enthaltene Wert gespeichert. In der dritten Zeile dieses Beispiels wird dem Datenfeld wiederum die Nachricht *at:put:* geschickt. Dabei ist der erste Parameter das Ergebnis der Berechnung *i + 1* und der zweite Parameter das Ergebnis, das bei Senden der Nachricht *at:* mit dem Parameter „i" an das Feld zurückgeliefert wird. Das bedeutet, in dieser Zeile wird der Wert an der Stelle „i" des Feldes zusätzlich auch an der Stelle *i + 1* gespeichert.

Die entsprechenden Anweisungen würden in der Programmiersprache C wie folgt formuliert werden:

```
wert = feld [i];
feld[i + 1] = wert;
feld[i + 1] = feld [i];
```

2.16   Blöcke

Blöcke sind Zusammenfassungen von Smalltalk-Code beliebiger Länge, die in eckige Klammern eingeschlossen werden. Ein solcher Block ist selbst wieder ein einziges, syntaktisches Smalltalk-Exemplar, welches als Parameter bei Nachrichten mitgeschickt werden kann. Außerdem kann ein Block vom Smalltalk-System zur Laufzeit evaluiert werden, indem an diesen Block beispielsweise die Nachricht *value* geschickt wird. Das Ergebnis einer Evaluierung ist dabei immer das Ergebnisexemplar des letzten Ausdrucks im Block.

Beispiel:
```
[1 + 2] value.
```

In diesem Beispiel wird ein Block formuliert, in welchem die Nachricht „+" mit dem Parameter „2" an das Exemplar „1" geschickt wird. An diesen Block wird die Nachricht *value* geschickt, wodurch das Smalltalk-System den Block ausführt und das Ergebnisexemplar der Evaluation, in diesem Fall „3", zurückliefert.

Es ist auch möglich, Blöcke zu definieren, die einen Parameter erwarten. In diesem Fall ist am Anfang des Blockes eine formale Blockvariable zu definieren, an die ein Wert bei der Evaluation des

Blockes übergeben wird. Dies wird syntaktisch durchgeführt, indem nach Öffnen der Blockklammer ein Doppelpunkt direkt gefolgt von einem Variablennamen geschrieben wird. Dahinter trennt ein senkrechter Strich die Blockvariablendefinition von den Anweisungen des Blocks.

Beispiel:
```
[:summand1 | summand1 + 2] value: 5.
```

Für den Block in diesem Beispiel wird eine Blockvariable namens *summand1* definiert. Als Operation wird die Summe aus dem Wert der Variablen *summand1* und dem Exemplar „2" gebildet. An diesen Block wird jetzt die Nachricht *value:* mit dem Exemplar „5" als Parameter geschickt, wodurch das Smalltalk-System die Evaluation des Blockes mit dem übergebenen Parameter durchführt und das Ergebnisexemplar der Evaluation, in diesem Fall „7", zurückliefert.

Entsprechend sind auch Blöcke mit mehr Parametern zulässig, wobei ab einer gewissen Anzahl von Parametern für die Evaluierung eine Nachricht verwendet wird, die ein *Array*-Exemplar als einzigen Parameter mitbekommt, in dem die eigentlichen Parameter für den Block die einzelnen Feldelemente sind.

2.17 Bedingte Anweisungen

Bei einer bedingten Anweisung in Smalltalk wird zunächst ein Statement formuliert, das ein boolesches Exemplar ergibt, oder es wird direkt ein boolesches Exemplar eingesetzt. An dieses Exemplar können dann die verschiedenen Nachrichten geschickt werden, die eine bedingte Ausführung bewirken. Diese Nachrichten sind *ifTrue:*, *ifFalse:*, *ifTrue:ifFalse:* und *ifFalse:ifTrue:*. Bei der Nachricht *ifTrue:* folgt als Parameter ein Block, der ausgeführt wird wenn das Zielexemplar ein boolesches Wahr ist, sonst nicht. Bei der Nachricht *ifFalse:* folgt als Parameter ein Block, der nur ausgeführt wird, wenn das Zielexemplar ein boolesches Falsch ist. Bei der Nachricht *ifTrue:ifFalse:* ist der erste Parameter ein Block, der ausgeführt wird, wenn das Zielexemplar ein boolesches Wahr ist, während der zweite Parameter ein Block ist, der ausgeführt wird, wenn das Zielexemplar ein boolesches Falsch ist. Bei der Nachricht *ifFalse:ifTrue:* ist umgekehrt der erste Parameter ein Block, der ausgeführt wird, wenn das Zielexemplar ein boolesches Falsch ist, während der zweite Parameter ein Block ist, der ausgeführt wird, wenn das Zielexemplar ein boolesches Wahr ist.

Beispiel:
```
a < b
    ifTrue:[a := a + 1].
```

In der ersten Zeile dieses Beispiels wird an das Zielexemplar „a" die Nachricht „<" mit dem Parameterexemplar „b" geschickt. Das Ergebnisexemplar ist ein boolesches Exemplar, das entweder Wahr oder Falsch ist. An dieses Ergebnisexemplar wird dann die Nachricht *ifTrue:* mit dem auszuführenden Block als Parameter geschickt. Handelt es sich bei dem Ergebnisexemplar um ein boolesches Wahr, wird der Block ausgeführt.

Diese Anweisungen würden in der Programmiersprache C wie folgt formuliert werden:

```
if (a < b)
    a = a + 1; /* alternativ: a++ */
```

Beispiel:
```
daten atEnd
    ifTrue:[daten reset]
    ifFalse:[eingabe := daten next].
```

In der ersten Zeile dieses Beispiels wird an das Zielexemplar *daten* die Nachricht *atEnd* geschickt, mit der festgestellt wird, ob die Eingabedaten ihr Ende erreicht haben. Das Ergebnisexemplar ist ein boolesches Exemplar, das entweder Wahr oder Falsch ist. An dieses Ergebnisexemplar wird dann die Nachricht *ifTrue:ifFalse:* geschickt. War das Exemplar ein boolesches Wahr, wird der Block ausgeführt, der als Parameter des *ifTrue:*-Nachrichtenteils mitgeschickt wurde, und durch Senden der Nachricht *reset* an das Exemplar *daten* wird dieses zurückgesetzt. War das Ergebnisexemplar dagegen ein boolesches Falsch, wird der Block ausgeführt, der als Parameter des *ifFalse:*-Nachrichtenteils mitgeschickt wurde, wobei durch Senden der Nachricht *next* an das Exemplar *daten* zunächst neue Daten gelesen und diese dann durch die Zuweisung an die Variable *eingabe* zugewiesen werden.

Diese Anweisungen würden in der Programmiersprache C wie folgt formuliert werden:

```
if (atEnd(daten))
    reset (daten);
    else eingabe = next (daten);
```

2.18 Iterationen und Schleifen

In Smalltalk werden für die Iteration die Nachrichten *whileTrue:* oder *whileFalse:* verwendet. Für die jeweilige Nachricht dient als Zielexemplar ein Block, der im folgenden als Bedingungsblock bezeichnet wird. Als weiterer Parameter wird ein weiterer Block übergeben, der den auszuführenden Programmcode enthält und der solange ausgeführt wird, wie die im Bedingungsblock formulierte Iterationsbedingung zutrifft. Dieser Block wird als Wiederholungsblock bezeichnet. Das Smalltalk-System evaluiert diese Nachricht wiederholt und überprüft dabei jeweils die Iterationsbedingung. Bei einer *whileTrue:*-Iteration wird der Wiederholungsblock solange ausgeführt, wie die Evaluation der Bedingungsblocks ein boolesches Wahr als Ergebnis hat. Sobald ein boolesches Falsch auftritt, wird die Iteration in diesem Fall beendet. Bei einer *whileFalse:*-Iteration wird umgekehrt der Wiederholungsblock solange ausgeführt, wie das Ergebnis der Evaluation des Bedingungsblocks ein boolesches Falsch ist. Sobald ein boolesches Wahr auftritt, wird die Iteration in diesem Fall beendet.

Beispiel:

```
[i < 10]
    whileTrue:
    [
    sum := sum + i.
    i := i + 1
    ].
```

In diesem Beispiel ist das Zielexemplar der Bedingungsblock, an den die Nachricht *whileTrue:* mit dem Wiederholungsblock als Parameter geschickt wird. Innerhalb des Wiederholungsblocks wird zunächst eine Summe in der Variablen *sum* berechnet, und zwar als Addition des bisherigen Werts der Variablen *sum* und des Werts der Variablen *i*. Anschließend wird die Variable *i* inkrementiert. Diese Operation wird solange durchgeführt, wie der Bedingungsblock, in dem einfach geprüft wird, ob die Variable *i* kleiner als „10" ist, bei der Auswertung ein boolesches Wahr ergibt. Diese Iteration sähe in C folgendermaßen aus:

```
while (i < 10)
    {   sum = sum + i;
        i++;
    };
```

Eine Schleife in Smalltalk besteht aus zwei Komponenten, einem Steuerausdruck und einem Wiederholungsblock. Der Wiederholungsblock ist in diesem Fall ein Block mit einer Blockvariablen. Der Steuerausdruck kann dabei ein Datenstrukturexemplar sein, wie beispielsweise ein *Array*, das einzelne Exemplare enthält, für die die Anweisungen im Wiederholungsblock ausgeführt werden. In diesem Fall wird syntaktisch an das Datenstrukturexemplar einfach die Nachricht *do:* mit dem Wiederholungsblock als Parameter geschickt. Beim Senden dieser Nachricht wird der Wiederholungsblock für alle in dem Datenstrukturexemplar enthaltenen Exemplare durchgeführt, wobei die Exemplare nacheinander in der Blockvariablen des Wiederholungsblocks eingesetzt werden. Der Steuerausdruck kann auch eine Nachricht sein, die an eine Zahl geschickt wird und an die als letzter Parameter der Wiederholungsblock übergeben wird. Diese Nachrichten sind die Nachrichten *to:do:* und *to:by:do:*, wobei der erste Parameter der Nachricht *to:do:* die obere Schleifengrenze darstellt. Auch bei der Nachricht *to:by:do:* ist der erste Parameter die obere Schleifengrenze, während der zweite Parameter die Schrittweite bei jedem Schleifendurchlauf angibt. Beim Senden dieser Nachrichten wird in der dazugehörigen Methode durch die Schleife gelaufen und der entsprechende Wiederholungsblock ausgewertet, wobei als Parameter in der Blockvariablen der jeweils nächste Schleifenwert übergeben wird.

Beispiel:

```
1 to: 20 do:
    [ :index |
    array at: index put: 0.
    ].
```

In diesem Beispiel wird über eine Schleife von „1" bis „20" gelaufen. Weil der Nachrichtenteil *by:* für die Schrittweite fehlt, wird für diese implizit „1" angenommen. Die einzelnen Exemplare von „1" bis „20" werden nacheinander für die Blockvariable *index* eingesetzt und die Operationen im Schleifenblock durchgeführt. Im Beispiel wird in einem in der Variablen *array* gespeicherten Datenfeld jeweils an der durch die Variable *index* angegebenen Position der Wert „0" gespeichert. Dieses Beispiel ließe sich damit verwenden, um die Elemente in dem Datenfeld auf „0" zu initialisieren.

In C würde eine entsprechende Schleife wie folgt formuliert:

```
int index;
int array[20];

for (index = 1; index <= 20; index++)
    array[index] = 0;
```

2.19   Variablen in Smalltalk

In Smalltalk gibt es sechs verschiedene Arten von Variablen. Allen sechs Variablenarten sind die Zeichen gemeinsam, aus denen der Name der Variablen bestehen darf. Dies sind Ziffern oder Buchstaben, wobei das erste Zeichen ein Buchstabe sein muß. Jegliche Sonderzeichen, wie beispielsweise der Doppelpunkt, das Komma, der Bindestrich oder der Unterstrich, aber auch die deutschen Umlaute, sind im Variablennamen nicht zulässig. Der Name einer Variablen kann beliebig lang sein, und alle im Namen verwendeten Zeichen sind signifikant. Aus diesem Grund ist es möglich und empfiehlt sich auch, sprechende Namen zu verwenden (wie zum Beispiel *Produkt* oder *DataArray*). Bei erfahrenen Smalltalk-Programmierern ist es üblich, längere Variablennamen aus mehreren Wörtern zu bilden, wobei jedes einzelne Wort mit einem Großbuchstaben beginnt (zum Beispiel *ArrayForData*). Es ist ebenfalls üblich, den formalen Parametern in Methodendefinitionen, in die beim Methodenaufruf die mit der Nachricht gesendeten Parameter übertragen werden, Variablennamen zu geben, aus denen die erwartete Exemplarklasse des als Parameter übergebenen Exemplares hervorgeht.

Beispiel: Methodenkopf der Methode *at:put:* in der Klasse *Object*:

```
at: anInteger put: anObject
```

In diesem Beispiel deuten die Variablennamen der formalen Parameter darauf hin, daß im ersten formalen Parameter ein Exemplar der Klasse *Integer* und im zweiten formalen Parameter ein Exemplar der Klasse *Object* erwartet wird. Insbesondere der zweite Fall läßt aber auch eine andere, in diesem Fall zutreffendere Interpretation zu, nämlich die, daß als Parameter ein beliebiges Exemplar erwartet wird (also formal ein Exemplar der Klasse *Object* oder einer Unterklasse davon). In jedem Fall ist der Variablenname nur ein Hinweis auf den erwarteten Typ, eine Typprüfung durch das System findet bei der Übersetzung der Methode nicht statt.

Die wesentlichen Unterschiede zwischen den sechs verschiedenen Arten von Smalltalk-Variablen finden sich in der Lebensdauer der Variablen, die bestimmt wird durch syntaktische Details bei ihrer Deklaration, und ihrer Lokalität und damit Erreichbarkeit im System. Es sollen daher im folgenden die möglichen Variablenarten einzeln vorgestellt werden.

2.19.1　Globale Variablen

Globale Variablen sind Variablen, die global im System definiert werden und allen im Smalltalk-System vorhandenen Exemplaren zur Verfügung stehen. Globale Variablen existieren solange, bis sie explizit gelöscht werden. Namen globaler Variablen müssen mit einem Großbuchstaben beginnen. Als Variablennamen dürfen keine Namen von bereits im System vorhandenen Klassen verwendet werden. Umgekehrt können keine Klassen mit Namen definiert werden, die bereits als globale Variablen definiert sind, da sowohl Klassen als auch globale Variablen im Smalltalk-Systemverzeichnis mit dem Namen Smalltalk gespeichert sind. Eine Möglichkeit, globale Variablen zu deklarieren, besteht darin, einfach den gewünschten Variablennamen im Programmcode zu verwenden; das Smalltalk-System erkennt aufgrund des Großbuchstabens am Anfang des Variablennamens, daß eine globale Variable deklariert werden soll, und bittet den Benutzer um Bestätigung. Mit Bestätigung wird die Variable deklariert, ansonsten erfolgt eine Fehlermeldung. Eine andere Möglichkeit, globale Variablen zu deklarieren, besteht im direkten Einfügen des Variablennamens in das Smalltalk-Systemverzeichnis. Diese Möglichkeit wird in der Regel dann gewählt, wenn eine globale Variable ohne Benutzerinteraktion deklariert werden soll.

Beispiel:

```
Transcript show: 'A';
          show: 'B';
          show: 'C'.
```

Die im System bereits vordefinierte, globale Variable *Transcript* haben wir in Abschnitt 2.1.7 bereits kennengelernt.

Beispiel:

```
Symboltabelle := OrderedCollection new.
Symboltabelle add: #Startsymbol.
Symboltabelle add: #Rechensymbol.
Symboltabelle add: #Stopsymbol.
```

In diesem Beispiel wird (nach Rückfrage durch das Smalltalk-System) eine globale Variable *Symboltabelle* deklariert und als Exemplar der Klasse *OrderedCollection* definiert. Danach werden in die Symboltabelle durch jeweiliges Senden der Nachricht *add:* die Symbole *#Startsymbol*, *#Rechensymbol* und *#Stopsymbol* eingefügt.

2.19.2 Poolvariablen

Poolvariablen sind vom Verwendungszweck her mehr Konstanten als Variablen. Poolvariablen sind in speziellen Verzeichnisdatenstrukturen, sogenannten Pooldictionaries gespeichert, die wiederum globale Variablen sind. Die Schlüssel dieser Pooldictionaries sind Strings. Die Namen von Pooldictionaries müssen ebenfalls mit einem Großbuchstaben beginnen und werden in einem speziellen Feld bei der Definition einer Klasse deklariert. Diese Pooldictionaries sind in der Regel im System bereits vorhanden und mit Konstantennamen und entsprechenden Werten gefüllt, die in den Klassen- oder Exemplarmethoden der Klasse verwendet werden sollen. Falls eigene, im System nicht vorhandene Pooldictionaries deklariert werden, ist darauf zu achten, daß diese auch initialisiert und mit Werten gefüllt werden müssen. Dabei sollte eine Zusammenfassung sinnvoll zusammenhängender Konstanten erfolgen, und gegebenenfalls sollten mehrere Pooldictionaries definiert werden. Eine Besonderheit der Pooldictionaries ist die Tatsache, daß Pooldictionaries nicht im Rahmen der in Smalltalk üblichen Vererbung von einer Oberklasse auf Unterklassen vererbt werden, sondern daß die gewünschten Pooldictionaries in der Klassendefinition jeder Klasse, in der sie verwendet werden sollen, explizit angegeben werden müssen. Nur so ist ein Zugriff auf die gespeicherten Poolvariablen möglich. Pooldictionaries werden ebenfalls im Smalltalk-Systemverzeichnis gespeichert, weshalb es nicht möglich ist, für Pooldictionaries Namen zu verwenden, die bereits als Variablennamen von globalen Variablen oder als Klassennamen existieren, und umgekehrt. Pooldictionaries existieren solange, bis sie explizit aus dem System gelöscht werden.

2.19.3 Klassenvariablen

Klassenvariablen werden bei der Definition von Klassen in dem entsprechenden Feld deklariert und dienen zur Aufnahme von Daten, die in der Klasse und ihren Unterklassen jeweils gleich sind. Die Namen von Klassenvariablen beginnen mit einem Großbuchstaben. Definierte Klassenvariablen existieren solange im System, wie die entsprechende Klasse mit der Klassenvariablendefinition existiert. Klassenvariablen werden von einer Oberklasse auf ihre Unterklassen vererbt, weshalb in einer Teilhierarchie der entsprechende Variablenname nur einmal deklariert sein darf. In parallelen Hierarchien ist es aber möglich, Klassenvariablen gleichen Namens zu verwenden.

Beispiel: Klassendefinition der Klasse *TextPane*

```
SubPane subclass: #TextPane
  instanceVariableNames:
    ' textHolder selection changedArea reserved modified priorSe-
lection priorText newSelection evaluate '
  classVariableNames:
    ' CaseSensitive CopyBuffer Forward LeftBrackets NewString Prior-
Command RightBrackets SearchString UndoBuffer '
  poolDictionaries:
    ' CharacterConstants VirtualKeyConstants WinConstants '
```

Beim *TextPane* gibt es unterschiedliche Variablen, die von allen Exemplaren der Klasse gemeinsam genutzt werden. Typisches Beispiel dafür ist der *CopyBuffer*, in den in ein Textfenster-Exemplar etwas hineinkopiert werden kann. Auf diesen Inhalt des *CopyBuffer* kann dann ebenfalls von allen anderen Textfenster-Exemplaren zugegriffen werden. Als Pooldictionary wird hier beispielsweise das Pooldictionary *CharacterConstants* benutzt. Hierdurch werden spezielle Zeichen wie beispielsweise *Escape* oder *Backspace* unter symbolischen Namen definiert, unter denen sie in den Methoden der Klasse benutzt werden können.

2.19.4   Klassenexemplarvariablen

Klassenexemplarvariablen sind eine spezielle Art von Variablen, die erstmals in *Smalltalk/V for Win32* eingeführt wurden und bei früheren Smalltalk-Versionen bisher fehlten. Die Namen von Klassenexemplarvariablen beginnen mit einem Kleinbuchstaben, sie werden in einem speziellen Feld der Klassendefinition deklariert, existieren solange, wie die Klassendefinition mit dem entsprechenden Variablennamen existiert, und werden von einer Oberklasse auf ihre Unterklassen vererbt. Der Unterschied zu Klassenvariablen besteht darin, daß die Werte in der Klassenexemplarvariablen für jede Klasse einer Hierarchie, in der sie vorkommt, unterschiedlich sein können, während die Klassenvariable genau einen Wert für die gesamte Hierarchie annimmt.

Beispiel: Klassendefinition der Klasse *Window*

```
Object subclass: #Window
  instanceVariableNames:
    ' handle owner children parent rect. graphicsTool style properties'
  classVariableNames:
    ' ControlKeys DefaultBackColor DefaultForeColor NewWindow '
poolDictionaries:
    ' CharacterConstants ColorConstants GraphicsConstants
         SystemColorConstants VirtualKeyConstants WinConstants ' !
Window class instanceVariableNames: ' eventsTriggered '  !
```

In diesem Beispiel ist die Klassendefinition der Klasse *Window* im sogenannten *Chunk*-Format dargestellt, wie sie beim Herausschreiben auf Datei erzeugt wird. Zu erkennen ist zunächst die normale Smalltalk-Klassendefinition, die im *Chunk*-Format mit einem Ausrufungszeichen endet. Daran schließt sich die Deklaration der Klassenexemplarvariable *eventsTriggered* als separate Zeile an. Die Variable *eventsTriggered* ist ein typisches Beispiel für die Verwendung einer Klassenexemplarvariablen. Die Variable enthält für jede Klasse der *Window*-Hierarchie Informationen darüber, welche Systemereignisse von den Exemplaren dieser Klasse unterstützt werden. Diese Informationen können in den einzelnen Klassen unterschiedlich sein, sind aber für alle Exemplare der jeweiligen Klasse gleich.

2.19.5   Exemplarvariablen

Die Exemplarvariablen, die Exemplare einer Klasse besitzen sollen, werden in dem entsprechenden Feld der Klassendefinition angegeben und legen damit die Datenstruktur fest, die einzelne Exemplare der Klasse besitzen sollen. Die Namen von Exemplarvariablen müssen mit einem kleinen Buchstaben beginnen. Exemplarvariablen werden von einer Oberklasse an ihre Unterklassen vererbt und dürfen daher in einer Teilhierarchie nur einmal deklariert werden. Die Verwendung der gleichen Exemplarvariablennamen in parallelen Hierarchien ist möglich. Die Lebensdauer einer Exemplarvariablen ist die Lebensdauer des jeweiligen Exemplars der Klasse.

Beispiel: Klassendefinition der Klasse *Fraction*

```
Number subclass: #Fraction
   instanceVariableNames:
    ' numerator denominator '
   classVariableNames: ''
   poolDictionaries: ''
```

In diesem Beispiel wird die Klasse *Fraction* als Unterklasse der Klasse *Number* mit den beiden Exemplarvariablen *numerator* und *denominator* definiert. Ein einen mathematischen Bruch repräsentierendes Exemplar besteht also intern aus zwei Teilen, die den Zähler und den Nenner des Bruches darstellen.

Beispiel: Die Methode + in der Klasse *Fraction*

```
+ aNumber
       "Answer sum of the receiver and aNumber."
    ^((numerator * aNumber denominator) +
       (denominator * aNumber numerator)) /
         (denominator * aNumber denominator)
```

Diese Methode dient zur Addition von zwei Exemplaren der Klasse *Fraction*. Dabei ist der erste Summand der Addition das Empfängerexemplar selbst, während der zweite Summand im formalen Parameter *aNumber* enthalten ist. Der Zugriff auf *numerator* und *denominator* erfolgt beim Empfängerexemplar direkt. Beim in *aNumber* gespeicherten Bruchexemplar muß dagegen der Zugriff aufgrund der Kapselung mittels entsprechender Nachrichten erfolgen. Unter Berücksichtigung der Klammerstruktur werden zunächst jeweils der Nenner des einen Bruches mit dem Zähler des anderen Bruches multipliziert. Diese beiden Ergebnisse werden addiert, und die Summe wird durch das Produkt der beiden Nenner geteilt. Das Ergebnis dieser Operation wird von der Methode zurückgeliefert.

Wenn man dieses Beispiel mit den beiden Brüchen *1/3* und *2/5* durchgeht, ergibt sich für die erste Klammerstufe die Summe aus *numerator * aNumber denominator* mit *1 * 5* und *denominator * aNumber numerator* mit *3 * 2* zum Wert *11*. Dieser Wert wird durch den sich aus dem Produkt *denominator * aNumber denominator* mit *3 * 5* zu *15* ergebenden Wert geteilt und liefert als korrektes Ergebnis den Bruch *11/15*.

2.19.6   Lokale Variablen

Lokale Variablen sind Variablen, die nur temporär während der Laufzeit einer Methode oder der Bearbeitung eines Blockes vorhanden sind. Sie dienen zum Speichern von Zwischenergebnissen, die während der Abarbeitung der Methode entstehen.

Die Namen lokaler Variablen müssen mit einem Kleinbuchstaben beginnen und sind nur lokal innerhalb der Methode bekannt. Außerdem dürfen für lokale Variablen nicht die Namen von Exemplarvariablen verwendet werden.

Die lokalen Variablen lassen sich noch weiter aufteilen in

- lokale Variablen, die eingeschlossen in senkrechten Strichen direkt hinter dem Methodenkopf zu Beginn einer Methode deklariert werden müssen,

- Blockvariablen, die zu Anfang eines Blockes, beginnend mit einem Doppelpunkt, deklariert werden,

- formale Parameter im Methodenkopf, in denen die aktuellen Parameter der Nachricht übergeben werden. Diese Parameter können aber innerhalb der Methode nicht verändert werden und sind somit innerhalb der Methode als Konstante anzusehen.

Beispiel: Die Methode *collect:* für Exemplare der Klasse *Collection*

```
collect: aBlock
        "For each element in the receiver, evaluate aBlock with
        that element as the argument.  Answer a new collection
        containing the results as its elements from the aBlock
        evaluations."

    | answer |

    answer := self species new.
    self do: [ :element |
        answer add: (aBlock value: element)].
    ^answer
```

In dieser Methode werden die drei unterschiedlichen lokalen Variablenarten verwendet. Die Variable *aBlock* ist ein formaler Parameter, in den beim Aufruf der Methode der entsprechende aktuelle Parameter übergeben wird. Die Variable *answer* dient zum Aufnahme eines Ergebnisses, das am Ende der Methode zurückgegeben wird. Sie wird am Anfang des Methodentextes in senkrechten Strichen deklariert und anschließend durch eine Zuweisung initialisiert. Die Variable *element* ist eine Blockvariable, die am Anfang des Blockes deklariert wird.

2.20 Pseudovariablen

In Smalltalk existieren insgesamt fünf im System vordefinierte, sogenannte Pseudovariablen, die bestimmte Funktionalität realisieren oder die einzelne Exemplare bestimmter Klassen repräsentieren. Sie sind systemweit bekannt und verwendbar. Die Namen dieser Pseudovariablen sind reserviert und dürfen daher nicht für Exemplarvariablen oder lokale Variablen verwendet werden. Die fünf Pseudovariablen werden im folgenden vorgestellt.

2.20.1 self

Mit Hilfe der Pseudovariablen *self* spricht das aktuelle Exemplar in einer Methode sich selbst wieder an. Das Exemplar ist damit in der Lage, sich selbst weitere Nachrichten zu schicken, und so auch im Sinne einer Modularisierung und Kapselung eigene Methoden anzusprechen, die im Rahmen der aktuellen Methode weitere Teilaufgaben übernehmen. Ebenso ist unter Verwendung von *self* ein rekursiver Aufruf derselben Methode möglich.

Beispiel: Die Methode factorial für Exemplare der Klasse *Integer*

```
factorial
    "Answer the factorial of the receiver."
self > 1
    ifTrue: [^(self - 1) factorial * self].
self < 0
ifTrue: [^self error: 'negative factorial'].
^1
```

Bei dieser rekursiven Definition der Fakultät wird intensiver Gebrauch vom Senden von Nachrichten an das Exemplar selbst und von der Abfrage des Exemplares selbst gemacht. Beides wird durch die Verwendung der Pseudovariablen *self* realisiert.

2.20.2   super

Die Funktionalität der Pseudovariablen *super* ist fast die gleiche wie die der Pseudovariablen *self*. Der Unterschied besteht in der Art, wie die Suche nach der zu einer gesendeten Nachricht passenden Methode erfolgt. Während bei *self* die Suche in der Klasse des Exemplares selbst beginnt, setzt die Suche bei *super* erst in der Oberklasse der Klasse des Exemplares auf. Dadurch wird es möglich, die Redefinition von Methoden in einer Klasse zu umgehen und in bestimmten Fällen auf die Methodendefinition der Oberklasse zuzugreifen. Dies findet seine Anwendung beispielsweise in Zugriffs- oder Initialisierungsketten, bei denen unter Ausnutzung des Polymorphismus in einer Unterklasse die Initialisierungsmethode für die Initialisierung zusätzlich vorhandener Variablen redefiniert wird, in der aber für die Initialisierung geerbter Variablen unter Verwendung von *super* einfach auf die gleichnamige Methode der Oberklasse zugegriffen wird. Diese Vorgehensweise hat den Vorteil, daß jede Klasse nur für die Initialisierung ihrer Variablen zuständig ist und bei Änderungen in der Struktur einer Klasse auch nur die Initialisierungsmethode der entsprechenden Klasse geändert werden muß, da beim Zugriff aus Unterklassen automatisch die jeweils aktuelle Methode verwendet wird.

Beispiel:

```
initialize
    "Initialisierung der objektspezifischen Variablen"
    super initialize.
    additionalArray := Array new: 100.
    1 to: 100 do:
      [:index | additionalArray at: index put: 0].
    additionalMarker := false.
```

In diesem Beispiel wird eine *initialize*-Methode definiert, die ihrerseits zunächst eine übergeordnete *initialize*-Methode aufruft, so daß in der Oberklasse definierte Initialisierungen durchgeführt werden. Anschließend werden die als für Exemplare dieser Klasse zusätzlich angenommenen Exemplarvariablen *additionalArray* und *additionalMarker* auf ein Datenfeld der Größe *100* beziehungsweise auf *false* initialisiert. Außerdem werden die einhundert Speicherplätze von *additionalArray* in einer Schleife jeweils mit dem Wert „0" belegt.

2.20.3 nil

Die Pseudovariable *nil* ist das einzige Exemplar der Klasse *UndefinedObject* und repräsentiert im System ein undefiniertes Objekt oder einen undefinierten Zustand. Es ist möglich, anderen Variablen die Pseudovariable *nil* zuzuweisen sowie auf die Pseudovariable *nil* zu testen. Solange Variablen nur deklariert sind, ihnen aber noch nicht durch eine Zuweisung ein Wert zugewiesen wurde, haben sie standardmäßig den Wert *nil*.

Beispiel:
```
| wert |
(wert isNil)
   ifTrue:[Transcript show: 'Variable undefiniert'.].
```

In diesem Beispiel wird die Variable *wert* deklariert, aber nicht initialisiert. Wenn die Nachricht *isNil* an *wert* geschickt wird, ist die Antwort ein logisches Wahr, da *wert* ja *nil* ist. Somit wird der *True*-Fall ausgeführt und auf dem *Transcript* der angegebene Text ausgegeben.

Beispiel:
```
| feld |
feld := Array new: 100000.
1 to: 100000 do:
   [:index | feld at: index put: index printString].
feld := nil.
```

In diesem Beispiel wird die Variable *feld* deklariert und als *Array* mit *100000* Speicherplätzen definiert, welches dann in einer Schleife mit Werten gefüllt wird. Abschließend wird *feld* auf *nil* gesetzt und damit das Array gelöscht.

2.20.4 true und false

Die Pseudovariablen *true* und *false* stellen die booleschen Wahrheitswerte Wahr und Falsch dar. Die Pseudovariable *true* ist das einzige Exemplar der Klasse *True,* und die Pseudovariable *false* ist das einzige Exemplar der Klasse *False*. Es ist möglich, *true* und *false* anderen Variablen zuzuweisen und auf *true* und *false* zu testen.

Beispiel:

```
gesucht := 'Suchstring'.
gefunden := false.
1 to: datenfeld size do:
   [:index |
      ((datenfeld at: index) = gesucht)
         ifTrue:[gefunden := true].
   ].
^gefunden
```

In diesem Beispiel werden zunächst die Variablen *gesucht* und *gefunden* definiert, wobei *gesucht* als Wert eine Zeichenkette *'Suc hstring'* erhält und *gefunden* auf *false* gesetzt wird. Dann wird in einer Schleife von „1" bis zur Größe von *datenfeld*, ermittelt durch die Nachricht *size*, gelaufen. In der Schleife wird jeweils geprüft, ob der Inhalt von *datenfeld* an der Position *index* gleich dem in *gesucht* gespeicherten Suchwert ist. Falls ja, wird die Variable *gefunden* auf *true* gesetzt. Schließlich wird der Wert der Variablen *gefunden* als Ergebnis zurückgegeben.

2.21   Zusammenfassung

In diesem Kapitel wurden die wichtigsten, syntaktischen Grundlagen von Smalltalk erläutert. Damit ist die Grundlage gelegt, um im sechsten Kapitel im Rahmen des Beispielprogramms selbst Smalltalk-Programmcode formulieren zu können.

3 Die Smalltalk-Entwicklungsumgebung

Dieses Kapitel beschäftigt sich mit der Ausführung von Programmcode im Workspace, dem interaktiven „Arbeitsplatz" innerhalb des Systems, mit der Arbeit mit dem *ClassHierarchyBrowser* als Entwicklungswerkzeug, *Debugger* und *Inspector* als Debuggingwerkzeuge sowie den weiteren im System vorhandenen Werkzeugen, die die Basis der Programmentwicklung in Smalltalk bilden.

Ein eigener Abschnitt beschreibt die *PARTS-Workbench*, mit der es möglich ist, aus vorhandenen Komponenten, den *Parts*, auf einfache Weise Programme zusammenzustellen.

Ein dritter Abschnitt stellt die Teamentwicklungskomponenten von *Visual Smalltalk Enterprise* vor, durch die es möglich ist, in einem Team von Programmierern zu arbeiten.

Wenn Sie dieses Kapitel lesen, ist es hilfreich, wenn Sie Ihr Smalltalk-System bereits installiert haben, wie vom Hersteller in dessen Handbuch zum Programm beschrieben. Es ist dann möglich, die folgenden Erklärungen zu den einzelnen Entwicklungswerkzeugen an Ihrem Computer nachzuvollziehen. Ziel dieses Kapitels ist es, einen Überblick über und einen Eindruck von den Werkzeugen und den mit ihnen zusammenhängenden Funktionen zu geben sowie ihre Benutzung zu erklären. Eine intensivere Beschäftigung mit den wichtigeren Werkzeugen findet dann bei der Realisierung des Beispielprogramms statt.

3.1   Start des Smalltalk-Systems

Visual
Smalltalk 3.0

Wenn Sie Ihr Smalltalk-System gemäß der Beschreibung installiert haben, wurde auch eine Gruppe für das Smalltalk-System angelegt. Wenn Sie das entsprechende Fenster öffnen, sehen Sie das Programm-Icon für das Smalltalk-System. Durch einen Doppelklick auf dieses Icon starten Sie die Smalltalk-Entwicklungsumgebung.

3.2   Das Transcript-Fenster

Beim Starten des Systems bekommen Sie zunächst ein Fenster mit einer Copyright-Notiz angezeigt, welches nach kurzer Zeit automatisch wieder geschlossen wird. Schließlich öffnet sich das sogenannte *Transcript*-Fenster als immer vorhandenes Basisfenster der Smalltalk-Entwicklungsumgebung.

Bild 3.1:
Das
Transcript-
Fenster als
Basisfenster
des
Smalltalk-
Systems

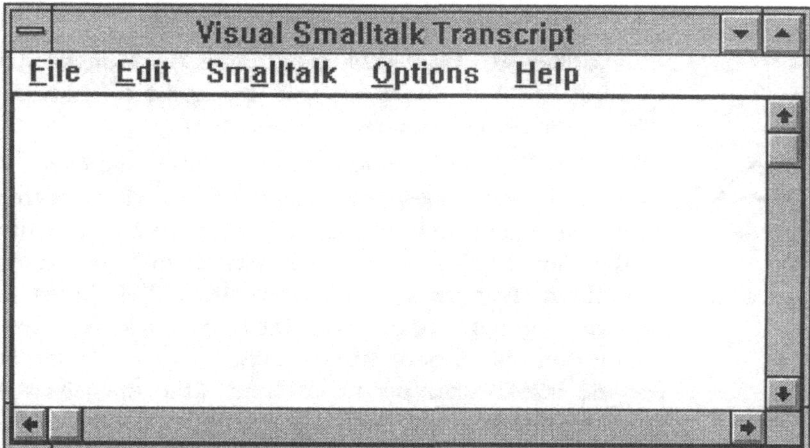

Das *Transcript* ist dabei das einzige Fenster, das immer zur Verfügung steht, solange die Smalltalk-Entwicklungsumgebung auf dem Rechner läuft. Es dient zur Ausgabe von Systemmeldungen, von Meldungen, die benutzerinitiiert ausgedruckt werden sollen, und kann, ebenso wie der etwas später vorgestellte *Workspace*, zum direkten Eingeben und Testen von Smalltalk-Code verwendet werden.

Das *Transcript*-Fenster ist das einzige Fenster seiner Art im Smalltalk-System und als einziges in der Lage, die Smalltalk-Entwicklungsumgebung wieder zu beenden. Dazu besitzt es im *File*-Menü statt des normalen *Close*-Menüpunktes einen Menüpunkt *Exit*. Wird dieser Menüpunkt angewählt, fragt Smalltalk mit einem Hinweisdialog nach, ob beim Verlassen des Systems der aktuelle Systemzustand, bezeichnet als aktuelles *Image* des Systems, gespeichert oder verworfen werden soll. Außerdem kann in diesem Hinweisdialog noch angekreuzt werden, daß beim Speichern eine Sicherheitskopie des jeweils vorhergehenden *Images* angelegt wird, und es ist möglich, das Beenden des Systems abzubrechen.

Bild 3.2:
Der Hinweis-
dialog beim
Verlassen
von Smalltalk

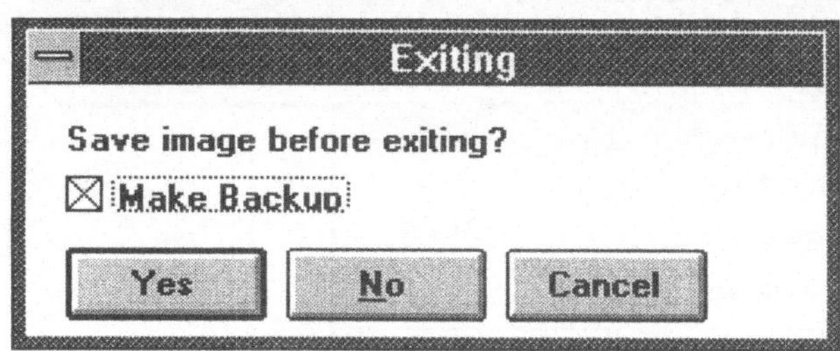

Das Beenden von Smalltalk kann auch mit der Tastenkombination Alt+F4 und über den normalen Fensterschließknopf (im Fenster oben links) angewählt werden.

Soll das Beenden des Systems abgebrochen werden, drücken Sie den rechts stehenden *Cancel*-Knopf. Sie bleiben dann in der Smalltalk-Entwicklungsumgebung. Für die Erzeugung einer Sicherheitskopie beim Speichern und Verlassen kreuzen Sie das Kästchen mit der Maus an. Das Speichern und Verlassen erfolgt dann durch Drücken des *Yes*-Knopfes links. Soll das System verlassen werden, ohne das aktuelle *Image* zu speichern, drücken Sie den in der Mitte stehenden *No*-Knopf.

Im *Transcript* stehen verschiedene, weitere Menüs zur Verfügung, die sich auch in den anderen Fenster der Smalltalk-Entwicklungsumgebung wiederfinden. Diese Menüs werden daher im folgenden im einzelnen besprochen.

3.2.1   Das *File*-Menü

Das *File*-Menü ist ein Standardmenü der Smalltalk-Entwicklungsumgebung und steht damit in allen Fenstern der Entwicklungsumgebung zur Verfügung.

Das *File*-Menü umfaßt verschiedene Funktionen, die mit der Handhabung von Dateien und dem Drucken zu tun haben. Zu den Dateioperationen zählen dabei das Einlesen und das Speichern von Dateien sowie das Speichern des *Images*. Wenn im weiteren Verlauf von einem Textfenster geschrieben wird, umfaßt dies auch das *Transcript*- und *Workspace*-Fenster. Folgende einzelnen Menüpunkte werden vom *File*-Menü angeboten, wobei sich verschiedene Menüpunkte außer mit der Maus auch über die hinter dem Menüpunkt angegebene Tastenkombination auswählen lassen.

Bild 3.3:
Das File-
Menü

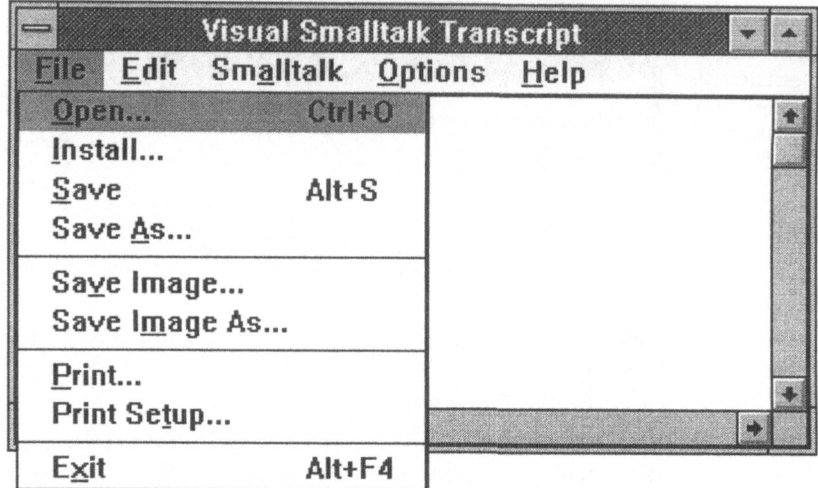

Open

Der Menüpunkt *Open* dient zum Öffnen einer Datei zur Bearbeitung in einem dem *Transcript* oder einem *Workspace* ähnlichen Textfenster der Entwicklungsumgebung. Nach Anwahl dieses Menüpunktes öffnet sich eine aus dem Windows-System bekannte Verzeichnis- und Dateiauswahlselektion, in der die gewünschte Datei ausgewählt werden kann. Nach Auswahl und Bestätigung einer Datei wird diese in das System eingelesen und in einem Textfenster zur Bearbeitung dargestellt. Dabei ist bei großen Dateien zu beachten, daß Smalltalk diese zunächst nicht vollständig einliest. Stattdessen erscheint rechts neben dem *Smalltalk*-Menü ein weiteres Menü mit dem Titel *Partial-File*. Dieses Menü enthält als einzigen Menüpunkt den Menüpunkt *Read-Entire-File*. Bei Anwahl dieses Menüpunktes wird dann die gewählte Datei vollständig eingelesen.

Install

Ähnlich wie der Menüpunkt *Open* kann bei dem Menüpunkt *Install* eine Datei ausgewählt werden. Diese Datei wird dann aber nicht in einem Textfenster zur Bearbeitung dargestellt, sondern sie wird im

System installiert. Voraussetzung ist dabei natürlich, daß diese Datei in einem installierbaren Format vorliegt. Installierbare Dateien sind entweder Dateien mit Smalltalk-Quellcode im speziellen, später noch etwas näher erläuterten *Chunk-Format* oder an das System anbindbare DLL-Dateien, auf die ebenfalls später noch eingegangen wird. Nach Selektion einer Datei versucht das System, diese zu installieren. Falls das nicht gelingt, erfolgt ein Fehlerabbruch, von dem der Benutzer in Kenntnis gesetzt wird. Läßt sich die Datei installieren, erfolgt möglicherweise keine weitere Meldung, oder es erfolgt eine Mitteilung über die Installation. Ob und welche Meldung während und nach der Installation erfolgt, wird in der installierten Datei festgelegt.

Save

Der Menüpunkt *Save* dient zum Speichern eines aus einer Datei eingelesenen und in einem Textfenster bearbeiteten Textes unter dem auch bisher verwendeten Dateinamen. Dabei ist beim Speichern darauf zu achten, daß die Datei beim Öffnen vollständig eingelesen wurde. Während bei früheren Smalltalk-Versionen längere Dateien, die zunächst nur teilweise eingelesen wurden, wieder gespeichert werden konnten, wobei nur der eingelesene Teil gespeichert wurde und alle nicht eingelesenen Teile verlorengingen, ist seit *Smalltalk/V for Win32* das Speichern nur teilweise eingelesener Dateien mit *Save* nicht mehr möglich.

Bei einigen Werkzeugen des Systems, wie beispielsweise beim *ClassHierarchyBrowser*, dient dieser Menüpunkt auch zum Compilieren von Klassendefinitionen oder Methoden in das System.

Save As

Der Menüpunkt *Save As* dient zum Speichern eines in einem Textfenster bearbeiteten Textes. Bei dem Textfenster kann es sich dabei um das *Transcript* handeln oder um einen *Workspace*, in den Text aus einer Datei eingelesen wurde oder Text von Hand eingegeben wurde. Bei Anwahl dieses Menüpunktes wird der Benutzer vom System nach dem gewünschten Dateinamen gefragt. Im Dialog ist eine Auswahl des Verzeichnisses und die Eingabe des gewünschten Dateinamens möglich, unter dem der Text gespeichert werden soll. Bei weiterem Speichern mit *Save* wird dann dieser neue Name verwendet.

Save Image

Der Menüpunkt *Save Image* dient zum Speichern des aktuellen Systemzustands. Dabei wird die Smalltalk-Entwicklungsumgebung nicht verlassen. Wie beim Beenden der Smalltalk-Entwicklungsumgebung wird der Benutzer um Bestätigung des Speicherns ersucht. Auch hierbei ist es möglich, die Erzeugung einer Sicherheitskopie des letzten, gespeicherten Systemzustandes auszuwählen.

Bild 3.4:
Der Dialog
bei *Save
Image*

Save Image As

Der Menüpunkt *Save Image As* dient zum Speichern des aktuellen Systemzustands unter einem neuen Namen. Bei Anwahl dieses Menüpunktes wird der Benutzer vom System nach dem gewünsch-

Bild 3.5:
Der Dialog
bei Save
Image As

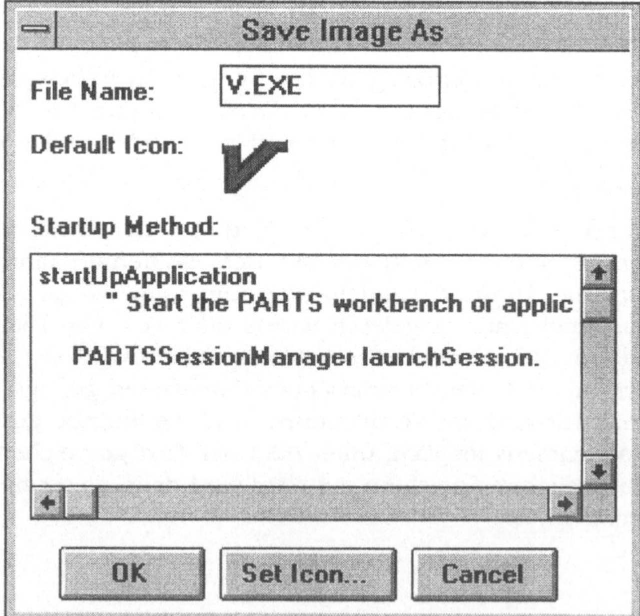

ten Dateinamen gefragt. Im Dialog ist eine Auswahl des gewünschten Dateinamens möglich, unter dem das Image gespeichert werden soll. Bei weiterem Speichern mit *Save Image* wird dann dieser neue Name verwendet.

Außerdem werden das aktuelle Icon und die aktuelle *Startup*-Methode angezeigt, die für das Image verwendet werden. Es ist nach Drücken des *Set-Icon*-Knopfes auch möglich, ein anderes Icon für das Image einzustellen. Mit dem *OK*-Knopf wird das Speichern ausgeführt und mit dem *Cancel*-Knopf kann diese Funktion abgebrochen werden.

Print

Der Menüpunkt *Print* dient zum Ausdrucken des im Textfenster vorhandenen Textes. Dabei werden die Druckdienste des Windows-Systems zu Hilfe genommen.

Printer Setup

Der Menüpunkt *Printer Setup* erlaubt die Auswahl und Konfiguration eines Druckers.

Exit

Der Menüpunkt *Exit* dient beim *Transcript*-Fenster zum Beenden der Smalltalk-Entwicklungsumgebung wie bereits oben beschrieben. Bei allen anderen Fenstern des Smalltalk-Systems wird mit diesem Menüpunkt das aktuelle Fenster geschlossen.

3.2.2   Das *Edit*-Menü

Das *Edit*-Menü ist ebenfalls ein Standardmenü der Smalltalk-Entwicklungsumgebung und steht damit ebenfalls allen Fenstern der Entwicklungsumgebung zur Verfügung.

Das *Edit*-Menü enthält die üblichen, auch aus Textverarbeitungsprogramen bekannten Funktionen zum Editieren von Texten sowie einige zusätzliche, in Smalltalk nützliche Funktionen. Alle Funktionen lassen sich außer über die Maus auch mit Hilfe der hinter dem Menüpunkt stehenden Tastenkombination anwählen. Die zur Verfügung stehenden Menüpunkte werden im einzelnen erläutert.

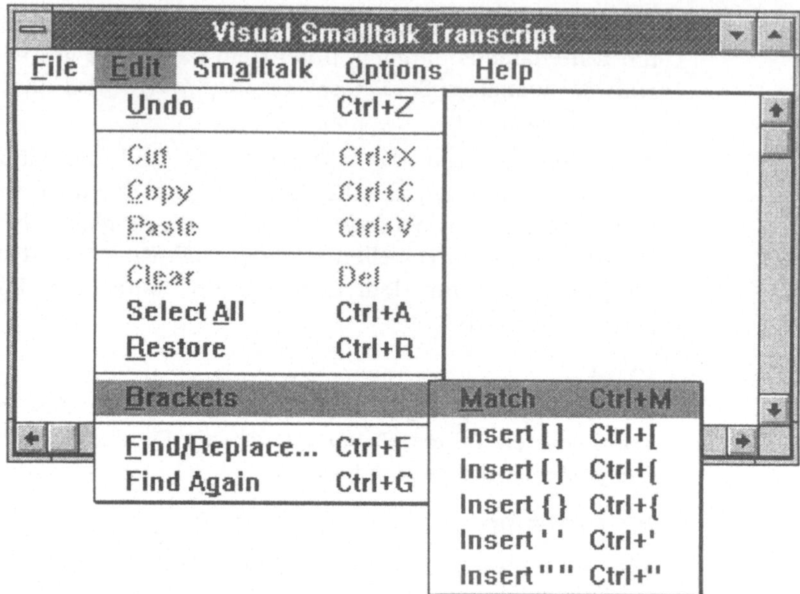

Undo

Der Menüpunkt *Undo* dient dazu, den letzten Editiervorgang rückgängig zu machen. Zu solchen Vorgängen zählen insbesondere das
Ausschneiden, Überschreiben oder Einfügen von Text. Bei wieder-
holter Anwahl von *Undo* wird zwischen dem neuesten Zustand
(nach der Änderung) und dem vorhergehenden Zustand (vor der
Änderung) umgeschaltet. Ein mehrstufiges *Undo*, das es ermöglicht,
mehrere Vorzustände wiederherzustellen, ist im Smalltalk-Editor
nicht implementiert.

Cut

Der Menüpunkt *Cut* steht nur zur Verfügung, wenn im aktuellen
Textfenster ein Text markiert wurde. Dieser Menüpunkt dient dann
dazu, den markierten Text an der aktuellen Stelle auszuschneiden
und in die Zwischenablage zu kopieren.

Copy

Wie auch der Menüpunkt *Cut* steht auch *Copy* nur zur Verfügung,
wenn im aktuellen Textfenster ein Text markiert wurde. *Copy* dient
dann dazu, den markierten Text in die Zwischenablage zu kopieren, wobei der Text an der aktuellen Stelle erhalten bleibt.

Paste

Der Menüpunkt *Paste* steht nur zur Verfügung, wenn vorher aus dem aktuellen Fenster oder einem beliebigen anderen Fenster Text in die Zwischenablage bewegt wurde. Der Menüpunkt *Paste* dient dann dazu, den Text aus der Zwischenablage an der aktuellen Cursorposition einzufügen oder anstelle eines markierten Textes einzusetzen.

Clear

Der Menüpunkt *Clear* dient dazu, markierten Text zu löschen. Anders als beim Menüpunkt *Cut* wird dabei der Text nur gelöscht, nicht aber in die Zwischenablage kopiert.

Select All

Der Menüpunkt *Select All* dient dazu, den gesamten im aktuellen Textfenster befindlichen Text auszuwählen.

Restore

Der Menüpunkt *Restore* dient dazu, nach Änderungen im Text den letzten in einer Datei gespeicherten Zustand des Textes wiederherzustellen. Dazu wird die Datei neu eingelesen, und alle seit dem letzten Speichern durchgeführten Änderungen gehen verloren.

Brackets

Der Menüpunkt *Brackets* dient zur Durchführung verschiedener Operationen auf paarweise verwendeten Klammern oder Anführungszeichen und besitzt dazu verschiedene Untermenüpunkte.

Mit dem ersten Untermenüpunkt *Match* ist es möglich, die zu einer im Textfenster markierten Klammer entsprechende öffnende oder schließende Klammer zu finden. Das Smalltalk-System markiert dabei den von den Klammern definierten Textteil.

Mit den folgenden Untermenüpunkten ist es möglich, einen markierten Textteil jeweils entweder in ein Paar eckiger Klammern, runder Klammern, geschweifter Klammern, einfacher Anführungszeichen oder doppelter Anführungszeichen einzuschließen.

Find/Replace

Der Menüpunkt *Find/Replace* ruft einen Dialog auf, in dem eine Suchzeichenkette eingegeben werden kann, nach der der Text im aktuellen Fenster, beginnend bei der momentanen Cursorposition, durchsucht wird. Als zusätzliche Wahlmöglichkeit kann eine Ersetzungszeichenkette eingegeben werden, die die Suchzeichenkette ersetzt. Außerdem kann die Suchrichtung von vorwärts (*Forward*) auf rückwärts (*Backward*), also von der aktuellen Cursorposition zum Anfang des Textes, umgestellt werden. Zwei Wahlkästchen erlauben es schließlich, die Unterscheidung von Groß-/Kleinschreibung einzuschalten (*Case sensitive*) und eine Bestätigung jedes Ersetzungsvorgangs (*Confirm*) auszuwählen. Diese Optionen sind in kraft, wenn die entsprechenden Kästchen angekreuzt sind. Durch Drücken des *Find*-Knopfes wird die angegebene Suche gestartet, der *Replace-All*-Knopf startet die Textersetzung, und mit dem *Cancel*-Knopf wird die Funktion abgebrochen.

Find Again

Der Menüpunkt *Find Again* wiederholt die Suche nach der letzten beim Menüpunkt *Find/Replace* eingetragenen Suchzeichenkette oder wiederholt den letzten Such- und Ersetzungsvorgang.

3.2.3   Das *Smalltalk*-Menü und Programme im Textfenstern

Auch das *Smalltalk*-Menü ist ein Standardmenü der Smalltalk-Entwicklungsumgebung, und so steht auch dieses Menü in allen Fenstern der Entwicklungsumgebung zur Verfügung.

Bild 3.7:
Das
Smalltalk-
Menü

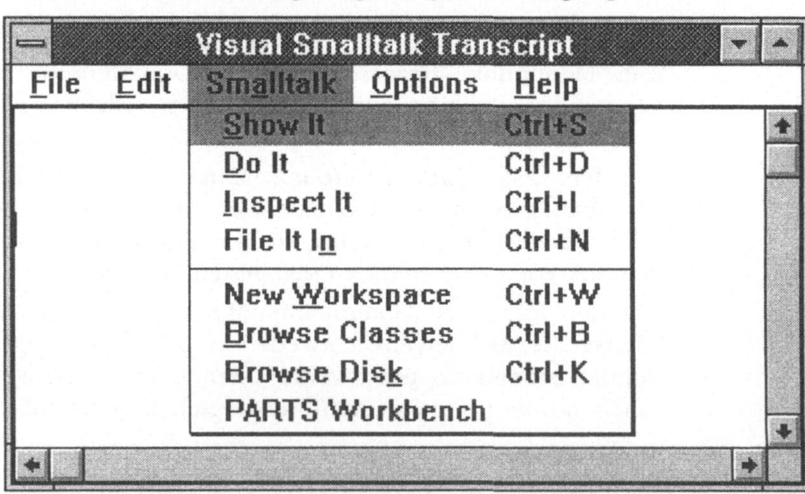

Das *Smalltalk*-Menü enthält zwei wesentliche Gruppen von Menüpunkten. Mit der ersten Gruppe, bestehend aus den ersten vier Menüpunkten, kann Smalltalk-Programmcode, der sich in einem Textfenster befindet, auf unterschiedliche Weise bearbeitet werden. Außerdem ist die Übertragung von Programmcode in das Smalltalk-System möglich, wenn dieser Programmcode im Textfenster im *Chunk*-Format vorliegt. Mit der zweiten Gruppe, die die letzten vier Menüpunkte umfaßt, können weitere Smalltalk-Werkzeuge geöffnet werden.

Im folgenden soll die Ausführung von Programmcode in einem Textfenster und die Überführung von Programmcode in das System und damit die ersten vier Menüpunkte gemeinsam erklärt werden, bevor die Menüpunkte zum Öffnen weiterer Smalltalk-Werkzeuge im einzelnen beschrieben werden.

Smalltalk-Programmcode in Textfenstern

Wie bereits erwähnt ist es möglich, in einem Textfenster Smalltalk-Programmcode einzugeben. Dies wird in der Regel dazu benutzt, kurze Programmfragmente einzugeben und zu testen oder im Smalltalk-System vorhandene Programme zu starten. Bei den Programmen gelten die üblichen Syntaxregeln, wobei lokale Variable im *Transcript* ebenfalls wie üblich in senkrechten Strichen („|") definiert werden. Bei der Eingabe von Programmen in *Workspace*-Fenstern werden die senkrechten Striche und die Variablendeklaration dagegen nicht benötigt.

Bild 3.8:
Programm-
code im
Workspace

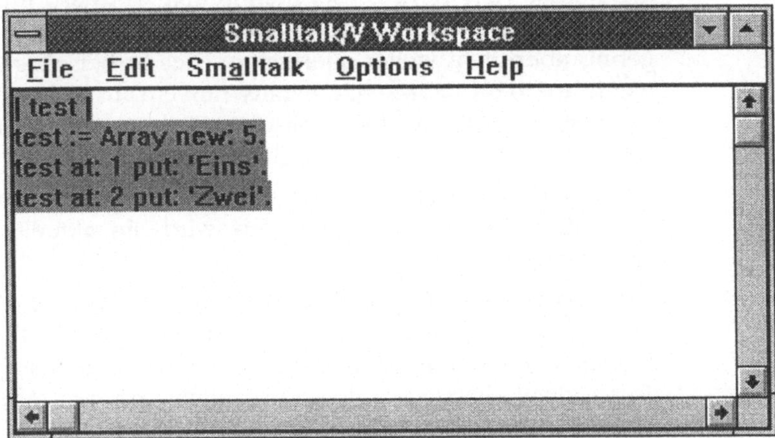

Obwohl die Eingabe von Programmen auch im *Transcript* möglich ist, sollte dies trotzdem dort nicht erfolgen. Das *Transcript* sollte seiner eigentlichen Aufgabe vorbehalten bleiben, der Ausgabe von

Meldungen, insbesondere Systemmeldungen und -protokollen. Stattdessen sollten zur Ausführung von Programmen *Workspace*-Fenster verwendet werden, die bereits kurz erwähnt wurden und später noch weiter erläutert werden.

In Bild 3.8 ist das Programm bereits in einem *Workspace* eingegeben, die Verwendung des *Transcript* wäre aber auch möglich.

Der auszuführende Programmcode ist im *Workspace* zunächst mit der Maus zu selektieren, bevor mit einem der ersten vier Menüpunkte die Ausführung dieses Programmcodes erfolgen kann. Die ersten drei Menüpunkte unterscheiden sich nur in der Präsentation des Ergebnisses der Auswertung des Programms, der vierte Menüpunkt *File It In* dagegen hat auch eine andere Funktionalität. Bei den Menüpunkten *Do It*, *Show It* und *Inspect It* wird der Programmcode jeweils bei der Auswahl des entsprechenden Menüpunktes vom Smalltalk-Compiler übersetzt und wenn dies problemlos möglich war, vom Smalltalk-System gestartet. Es wird dabei immer nur der aktuell selektierte Programmcode verwendet, nicht der gesamte Inhalt des Textfensters. Aus diesem Grund ist es möglich, in einem Fenster mehrere Programme oder Programmaufrufe zu schreiben und nur jeweils das Gewünschte auszuwählen und zu starten.

Bei *Do It* wird dabei das Ergebnis, welches das Programm als Rückgabe erhält, ignoriert. Dieser Menüpunkt wird also immer dann gewählt, wenn es auf die Ausführung des Codes ankommt, das Ergebnis aber nicht weiter interessiert. Dies ist beispielsweise der Fall, wenn aus dem *Workspace* heraus nur ein im System vorhandenes Programm gestartet wird, das die Benutzerkommunikation einschließlich Ergebnispräsentation selbst abwickelt.

Beim Menüpunkt *Show-It* wird dagegen das Ergebnisexemplar, welches als Rückgabe zurückgeliefert wird, im aktuellen Textfenster ausgedruckt.

Beim Menüpunkt *Inspect-It* schließlich wird ein *Inspector*-Werkzeug auf dem zurückgelieferten Ergebnisexemplar geöffnet, so daß dieses Ergebnis genau angeschaut werden kann. Die genaue Erklärung des *Inspector*-Werkzeuges erfolgt in einem späteren Abschnitt dieses Kapitels.

Der vierte Menüpunkt, *File It In*, besitzt eine etwas andere Funktionalität. Wenn dieser Menüpunkt ausgewählt wird, versucht der Smalltalk-Compiler nicht, aus dem selektierten Programmcode ein direkt ablauffähiges Programm zu machen und dieses dann auch auszuführen. Stattdessen übersetzt der Compiler den Programmcode als Klassen- oder Methodendefinitionen in das System. Dazu müssen aber im Programmcode Informationen darüber enthalten sein, wo dieser Code in das System eingefügt werden soll (beispielsweise muß eine Angabe der gewünschten Klasse vorhanden sein). Diese Information muß darüberhinaus im sogenannten *Smalltalk-Chunk-Format* vorliegen, das im nächsten Kapitel beschrieben wird. In der Regel wird ein Smalltalk-Programmierer selbst kein *Chunk*-Format schreiben, aber wenn ein Benutzer das Speichern von Klassen oder Methoden aus dem System auf eine externe Datei wählt, erfolgt dieses Speichern im *Chunk*-Format.

Daraus ergibt sich die gebräuchlichste Verwendung des Menüpunkts *File It In*. Dieser Menüpunkt wird am häufigsten dazu verwendet, aus einer in ein Textfenster eingelesenen Datei im *Chunk*-Format Programmcode ins System zu übernehmen. Diese Vorgehensweise, Herausschreiben von Programmcode im *Chunk*-Format aus einem *Image* und Einlesen dieses Codes in einem anderen *Image*, ist zur Übertragung von Programmen die gebräuchlichste Form. Eine weitere Datei, die im *Chunk*-Format vorliegt, ist die Smalltalk-Logdatei, die ebenfalls im nächsten Kapitel besprochen wird und die gelegentlich auch in ein Textfenster eingelesen wird, um Teile aus ihr in das System zu übertragen.

New Workspace

Der Menüpunkt *New Workspace* dient dazu, ein neues *Workspace*-Fenster zu öffnen. Der *Workspace* wird in einem der nächsten Abschnitte nochmals angesprochen.

Browse Classes

Der Menüpunkt *Browse Classes* öffnet den *ClassHierachyBrowser*, eines der wichtigsten Werkzeuge des Smalltalk-Systems. Der *Class-HierarchyBrowser* erlaubt das interaktive Anlegen, Bearbeiten und Sichten der Smalltalk-Klassenstruktur einschließlich Variablen und Methoden sowie dazugehörigem Programmcode. Aufgrund seiner zentralen Bedeutung wird der *ClassHierarchyBrowser* in einem der nächsten Abschnitte nochmals ausführlich erläutert.

Browse Disk

Der Menüpunkt *Browse Disk* öffnet den *DiskBrowser* des Smalltalk-Systems, ein Werkzeug, das zum Navigieren über die vorhandenen Laufwerke, Verzeichnisse und Dateien dient und auch erlaubt, Dateien zur Bearbeitung in ein integriertes Textfenster einzulesen. In der Funktionalität ähnelt der *DiskBrowser* dem bekannten Dateimanager des Windows-Systems. Auch der *DiskBrowser* wird in einem der nächsten Abschnitte etwas näher beschrieben.

PARTS Workbench

Der Menüpunkt *PARTS Workbench* öffnet die *PARTS Workbench* des *Visual Smalltalk*, mit der es möglich ist, aus vorhandenen Komponenten, den *PARTS*, auf einfache Weise Programme zusammenzustellen. Die *PARTS Workbench* wird in einem eigenen Abschnitt näher beschrieben.

3.2.4   Das *Options*-Menü

Das *Options*-Menü ist ein weiteres Standardmenü von Smalltalk, das damit allen Fenstern zur Verfügung steht. Während die drei Menüs *File*, *Edit* und *Smalltalk* immer von links in die Menüleiste erscheinen, sind das *Options*-Menü und das noch folgende *Help*-Menü die beiden Menüs, die am weitesten rechts stehen. Wenn die Fenster zu anderen Werkzeugen weitere Menüs besitzen, befinden sich diese in der Menüleiste zwischen diesen beiden Gruppen.

Das *Options*-Menü stellt verschiedene Menüpunkte zum Aufruf von Funktionen zur Verfügung, die das Aussehen der Benutzeroberfläche verändern. Die einzelnen Menüpunkte und die dazugehörenden Funktionen werden im folgenden im einzelnen erläutert.

Bild 3.9:
Das Options-
Menü

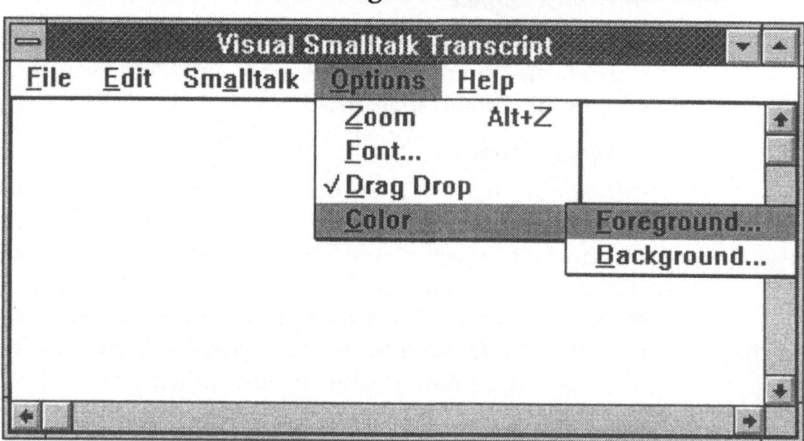

Zoom

Der Menüpunkt *Zoom* wird bei Fenstern, die aus mehreren Teilfenstern, sogenannten *Fensterkomponenten* (*Panes*), bestehen, dazu verwendet, die aktuell angewählte Fensterkomponente auf die volle Fenstergröße zu bringen und damit die weiteren Fensterkomponenten temporär auszublenden. Ein nochmaliges Auswählen des Menüpunktes schaltet diese *Zoom*-Funktion aus und zeigt wieder alle Fensterkomponenten des Fensters.

Font

Mit dem Menüpunkt *Font* ist es möglich, den in den Fensterkomponenten des aktuellen Fensters verwendeten Zeichensatz, die Darstellungsart und die Schriftgröße zu ändern. Diese Änderung bezieht sich dann auf das aktuelle Fenster sowie auf alle danach geöffneten Fenster des Smalltalk-Systems, nicht aber auf die anderen Fenster des Smalltalk-Systems oder die Fenster anderer Programme. Nach Auswahl dieses Menüpunktes öffnet sich ein Dialog, in dem die gewünschten Einstellungen durchgeführt werden können.

Drag Drop

Mit dem Menüpunkt *Drag Drop* wird die Drag- und Drop-Option ein- und ausgeschaltet. Bei eingeschalteter Option ist es möglich, Objekte von einem Fenster in ein anderes zu ziehen („Drag") und dort „fallenzulassen" („Drop"). Ist beispielsweise bei zwei *ClassHierarchyBrowsern* diese Option aktiviert, kann eine Methode aus dem Methoden-Teilfenster des einen Browsers in das Methoden-Teilfenster des anderen Browsers gezogen und damit übertragen werden.

Color

Der Menüpunkt *Color* dient zur Einstellung der Vordergrund- und der Hintergrundfarbe der Fensters. Wie bei der Änderung des Zeichensatzes bezieht sich diese Änderung auf das aktuelle Fenster sowie auf alle danach geöffneten Fenster des Smalltalk-Systems, nicht aber auf die anderen Fenster des Smalltalk-Systems oder die Fenster anderer Programme. Nach Auswahl der jeweiligen Untermenüpunkte *Foreground* oder *Background* öffnet sich jeweils ein Dialog, in dem die gewünschte Farbe ausgewählt werden kann.

Word Wrap

Der Menüpunkt *Word Wrap* ist nicht bei allen Visual Smalltalk Werkzeugen vorhanden. Bei den Werkzeugen, bei denen er vorhanden ist, dient er zur Einstellung des Zeilenumbruchs im Editor-Teilfenster. Bei eingestelltem Zeilenumbruch wird der Text im Editor-Teilfenster so formatiert, daß er innerhalb der linken und rechten Textbegrenzungen des Fensters dargestellt wird. Bei nachträglichem Aktivieren des Zeilenumbruchs wird der Text im Editor-Teilfenster gegebenenfalls neu formatiert.

3.2.5 Das *Help*-Menü

Bild 3.10:
Das Help-
Menü

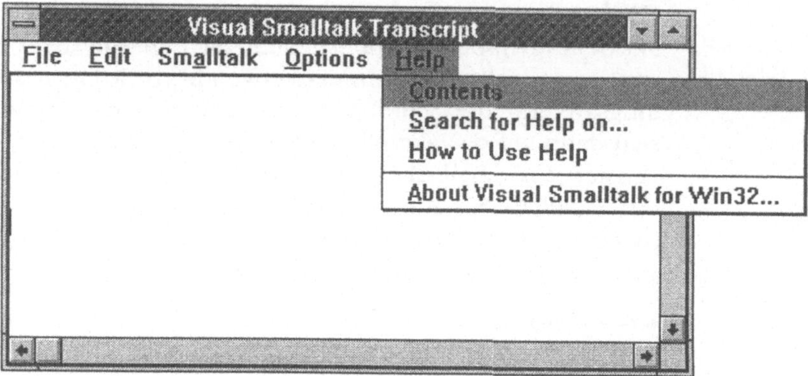

Das letzte Menü, das in allen Fenstern des Smalltalk-Systems verwendet wird, ist das *Help*-Menü.

Das *Help*-Menü bietet (zur Zeit) englischsprachige Hilfe-Informationen über das Smalltalk-System an. Es stützt sich dabei auf das Hilfesystem des darunterliegenden Window-Systems, von dem auch die grundsätzliche Bedienung der Hilfe übernommen wurde. Es sind verschiedene Hilfefunktionen möglich, die über die im folgenden erläuterten Menüpunkte ausgewählt werden.

Contents

Der Menüpunkt *Contents* öffnet ein Fenster mit einer Übersicht über die in der Hilfe zur Verfügung stehenden Kapitel. Wie im zugrundeliegenden Hilfesystem üblich können die Kapitel gewählt werden und stellen dann weitere Informationen dar.

Search for Help on

Mit dem Menüpunkt *Search for Help on* wird ein Suchdialog gestartet, in dem zunächst ein Thema eingegeben oder aus einer Liste ausgewählt werden kann. Zu diesem Thema werden dann die vorhandenen Hilfetexte durchsucht, und die gefundenen Hilfen zu diesem Thema können dann in einer weiteren Liste ausgewählt werden.

How to Use Help

Dieser Menüpunkt öffnet die vom Windows-System zur Verfügung gestellte Bedienungsanleitung zur Benutzung der Hilfefunktion. Da diese Anleitung vollständig vom Windows-System zur Verfügung gestellt wird, ist sie in der Sprache, in der auch das Windows-System ist.

About Visual Smalltalk...

Dieser Menüpunkt zeigt das Smalltalk-Logo mit Copyright-Vermerk, das auch beim Start des Smalltalk-Systems kurzzeitig angezeigt wird. Durch Klicken auf das Logo wird das Fenster wieder geschlossen.

3.3 Workspace-Fenster

Workspace-Fenster werden verwendet, um kurze Programmteile oder Programmaufrufe zu schreiben und mit einem der Menüpunkte *Do It*, *Show It* oder *Inspect It* auszuführen. Außerdem ist die Bearbeitung beliebiger ASCII-Textdateien möglich.

Bild 3.11: Workspace-Fenster

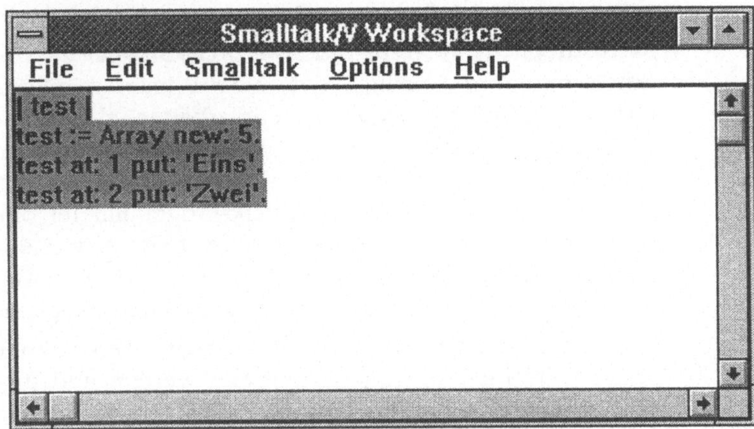

Bei der Eingabe von Programmen im *Workspace* ist zu beachten, daß für die dabei verwendeten, lokalen Variablen keine Variablendeklaration in senkrechten Strichen erfolgen muß. Vom Smalltalk-System im Programmcode entdeckte Variablen werden automatisch deklariert und stehen dann, gewissermaßen für das *Workspace*-Fenster, solange zur Verfügung, bis der *Workspace* wieder geschlossen wird. Dies kann in Ausnahmefällen zu Problemen führen, wenn das *Image* gespeichert wird, während ein solches *Workspace*-Fenster mit Variablen offen ist, und damit auch die in den Variablen „versteckten" Exemplare speichert. Es empfiehlt sich daher, sehr sorgfältig darauf zu achten, welchen Inhalt implizit deklarierte Variablen haben, und gegebenenfalls den *Workspace* vor dem Speichern des *Image* zu schließen.

Neue *Workspace*-Fenster werden mit dem Menüpunkt *New Workspace* des *Smalltalk*-Menüs geöffnet. Mit der Ausnahme der Ausgabe von Systemmeldungen, die nur ins *Transcript* geschrieben werden, hat der *Workspace* dieselbe Funktionalität wir das *Transcript*. Auch die Menüs des *Workspace* sind dieselben wie beim *Transcript*. Es können beliebig viele, unterschiedliche *Workspace*-Fenster geöffnet werden.

3.4   Der ClassHierarchyBrowser

Der *ClassHierarchyBrowser* ist eines der zentralen Werkzeuge im Smalltalk-System. Er dient zur Eingabe und Bearbeitung sowie zum Sichten von Smalltalk-Klassen einschließlich deren Variablendeklarationen und zum Sichten und Bearbeiten von Smalltalk-Methoden.

Es ist möglich, mehrere *ClassHierarchyBrowser* zu öffnen. Bei der Arbeit mit dem Smalltalk-System wird man mindestens mit zwei *ClassHierarchyBrowsern* gleichzeitig arbeiten, einem zum Sichten der vorhandenen Klassen und Methoden und zum Suchen nach nützlichen Klassen und Methoden, einem zum Eingeben eigener Klassen und Methoden. Erfahrene Smalltalk-Programmierer öffnen oft noch einige weitere *ClassHierachyBrowser*, beispielsweise zum Vergleichen von vorhandenem Smalltalk-Code in mehreren Klassen oder zur parallelen Eingabe von eigenem Code in unterschiedlichen Klassen.

Der *ClassHierarchyBrowser* besitzt mehrere Fensterkomponenten, in denen verschiedene Daten angezeigt werden und fügt eigene Menüs zu den in allen Fenstern des Systems vorhandenen Menüs hinzu. Sowohl die unterschiedlichen Fensterkomponenten als auch die zusätzlichen Menüs werden im folgenden ausführlich beschrieben.

3.4.1   Die *Klassen-Fensterkomponente*

Die *Klassen-Fensterkomponente* ist die linke obere *Fensterkomponente* des *ClassHierarchyBrowsers* und zeigt eine hierarchische Liste der im Smalltalk-System vorhandenen Klassen an.

Beim ersten Öffnen eines *ClassHierarchyBrowsers* sind die sich
rechts an die *Klassen-Fensterkomponente* anschließenden Fensterkomponenten sowie die Textkomponente, die den unteren Teil des
Browsers einnimmt, leer. In der Liste der Klassen kann nun durch
Anklicken mit der Maus eine Klasse ausgewählt werden, zu der
dann in den anderen Fensterkomponenten weitere Informationen
angezeigt werden. Mit den Rollbalken rechts der *Klassen-*
Fensterkomponente kann die Klassenliste nach oben oder unten ge-
rollt werden, da sie in aller Regel nicht vollständig in die *Klassen-*
Fensterkomponente paßt. Sind hinter dem Namen einer Klasse drei
Punkte angegeben (also beispielsweise *Collection...*) bedeutet dies,
daß unterhalb dieser Klasse weitere Klassen folgen, die momentan
nicht dargestellt werden. Durch ein Doppelklicken mit der Maus auf
diese Klasse wird der unterhalb dieser Klasse befindliche Klassenbaum in der Anzeige mit aufgeführt, wobei entsprechend der Unterhierarchie Einrückungen der Klassen erfolgen. Besitzt eine Klasse
weitere Unterklassen, die in der Liste auch dargestellt werden, kann
dieser Unterbaum durch Doppelklicken auf die Klasse auch un-
sichtbar gemacht werden.

Bild 3.12:
Der Class-
Hierarchy-
Browser

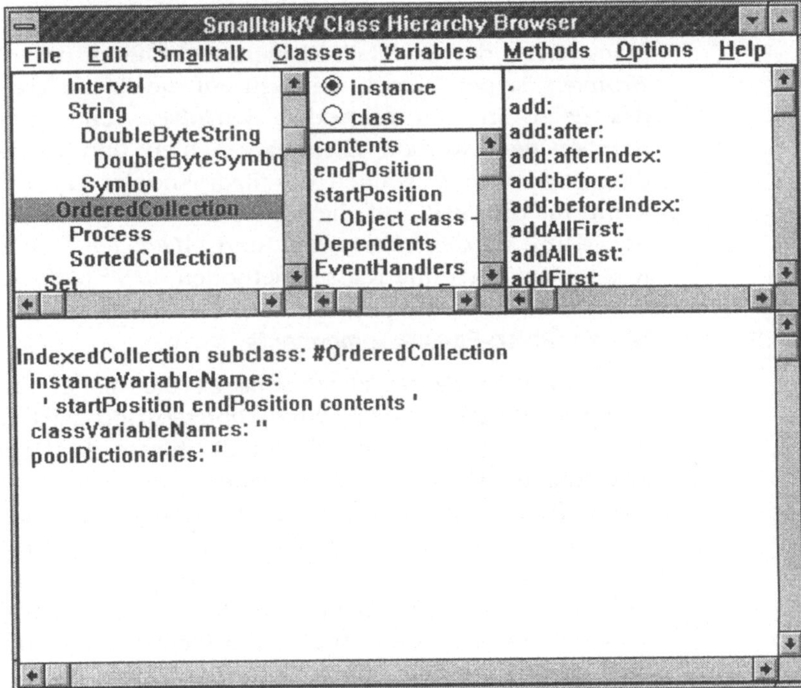

Zur Anzeige, daß die Klasse weitere Unterklassen besitzt, werden dann in der Liste an ihren Namen die schon bekannten drei Punkte angehängt. Ist die *Klassen-Fensterkomponente* die aktuell angewählte Fensterkomponente, kann auch durch Drücken einer Buchstabentaste zur nächsten Klasse in der Klassenliste, die mit dem entsprechenden Buchstaben beginnt, gesprungen werden. Ist dies eine momentan nicht angezeigte Klasse wird automatisch die entsprechende Unterhierarchie aufgeschaltet. Die gefundene Klasse wird dabei gleichzeitig, wie bei einem Mausklick auf sie, ausgewählt.

Ein Beispiel: Im in Bild 3.12 dargestellten *ClassHierarchyBrowser* wurde die Klasse *OrderedCollection* ausgewählt. Dazu mußte nach Öffnen des Browsers zunächst durch Doppelklicken auf die Klasse *Collection* deren Unterbaum dargestellt werden. Durch Auswahl der Klasse *OrderedCollection* werden die folgenden Fensterkomponenten mit Informationen zu dieser Klasse gefüllt.

3.4.2   Die *Klassen/Exemplar-Fensterkomponente*

Die *Klassen/Exemplar-Fensterkomponente* ist die mittlere obere Fensterkomponente des *Class-HierarchyBrowsers* und ermöglicht das Umschalten zwischen der Sicht auf die Exemplarseite oder die Klassenseite der Smalltalk-Klassen. Bei Öffnen des *ClassHierarchyBrowsers* ist per Default die Sicht auf die Exemplarseite eingestellt, das heißt, in den folgenden *Variablen-* und *Methoden-Fensterkomponente*n werden Exemplarvariablen und Exemplarmethoden dargestellt. Durch Wählen des Radioknopfes (*RadioButtons*) *Class* kann auf die Sicht auf die Klassenseite umgeschaltet werden, bei der dann in den *Variablen-* und *Methoden-Fensterkomponenten* Klassenvariablen und Klassenmethoden dargestellt werden.

3.4.3   Die *Variablen-Fensterkomponente*

Die *Variablen-Fensterkomponente* ist die mittlere untere Fensterkomponente des *ClassHierarchyBrowsers* und zeigt alle für die Exemplare der Klasse oder alle für die Klasse definierten und direkt erreichbaren Variablen an. Bei einem Exemplar sind dies beispielsweise die Exemplarvariablen, die Klassenexemplarvariablen und die Klassenvariablen, bei einer Klasse sind es die Klassenexemplarvariablen und die Klassenvariablen. Dabei werden die in der Klasse selbst definierten Variablen in der Liste oben angezeigt und ererbte Variablen weiter unten, wobei die Oberklasse, von der die Variablen geerbt werden, durch Striche markiert jeweils oberhalb der

Variablen steht, die sie definiert. In der Liste wird die Vererbungshierarchie also den Vererbungsbaum aufwärts, von der Unterklasse
zur Oberklasse, dargestellt. Zusammen mit dem *Variables*-Menü
besitzt die Variablenliste weitere Funktionalität, die bei der Erklärung des Menüs beschrieben wird.

3.4.4   Die *Methoden-Fensterkomponente*

Die *Methoden-Fensterkomponente* ist die rechte obere Fensterkomponente des *ClassHierarchyBrowsers* und zeigt die Liste der für Exemplare der Klasse definierten Exemplarmethoden oder der für die
Klasse definierten Klassenmethoden an. Ist die *Methoden-
Fensterkomponente* die aktuell angewählte Fensterkomponente,
kann auch durch Drücken einer Buchstabentaste zur nächsten Methode in der Liste, die mit dem entsprechenden Buchstaben beginnt, gesprungen werden. Diese Methode wird dabei gleichzeitig,
wie bei einem Mausklick auf sie, ausgewählt. Zusammen mit dem
Methods-Menü besitzt die Methodenliste weitere Funktionalität, die
bei der Erklärung dieses Menüs beschrieben wird.

3.4.5   Die *Source-Fensterkomponente*

Die *Source-Fensterkomponente* ist die Fensterkomponente des
ClassHierarchyBrowsers, die die untere Hälfte des Browsers einnimmt. Diese Fensterkomponente dient zur Darstellung und Eingabe von Klassendefinitionen und von Methoden, die beide einfach in
die Fensterkomponente eingegeben und von dort in das System
compiliert werden können.

Sobald eine Klasse in der *Klassen-Fensterkomponente* angewählt
wird, wird die dazugehörige Klassendefinition in der *Source-
Fensterkomponente* angezeigt und kann dort geändert und neu ins
System compiliert werden. Wird in der *Methoden-Fensterkomponente* eine Methode ausgewählt, wird statt der Klassendefinition der
entsprechende Sourcecode der Methode angezeigt. Dieser kann
ebenfalls verändert und in das System compiliert werden.

Oft werden neue Methoden als Varianten einer bestehenden Methode erzeugt, indem eine bestehende Methode angezeigt und dann
nicht nur der Methodenrumpf, sondern auch der Methodenkopf
verändert werden, wodurch Smalltalk diese Methode unter dem neu
im Methodenkopf angegebenen Methodennamen zusätzlich in das
System compiliert. Das Compilieren erfolgt über den Menüpunkt

Save des *File*-Menüs, der für den *ClassHierarchyBrowser* damit eine andere Bedeutung hat als beispielsweise für ein *Workspace*-Fenster.

3.4.6   Das *Class*-Menü

Das *Class*-Menü besitzt verschiedene Menüpunkte zum Einrichten und Löschen von Klassen, zum Herausschreiben von einzelnen Klassen und Klassenbäumen einschließlich der in ihnen definierten Methoden auf Dateien im *Chunk*-Format und zur Suche nach Klassen. Die einzelnen Menüpunkte und Funktionen werden im folgenden einzeln vorgestellt.

Bild 3.13:
Das Class-
Menü

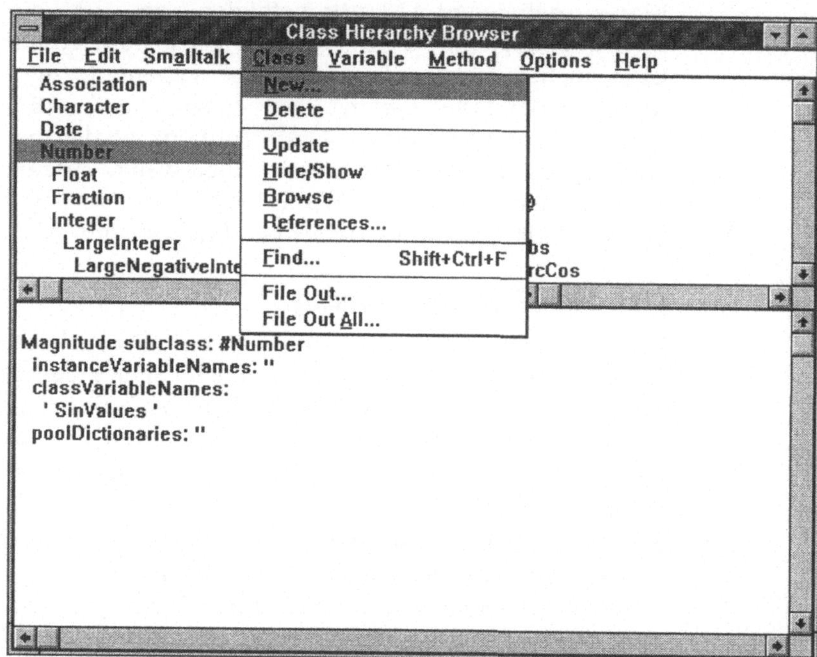

New

Zur Auswahl des Menüpunktes *New* muß zunächst in der *Klassen-Fensterkomponente* des Browsers eine Klasse angewählt werden. Die Auswahl dieses Menüpunktes öffnet dann einen Dialog, in dem eine neue Klasse als Unterklasse der ausgewählten Klasse eingerichtet werden kann. Dazu wird in dem Dialogfeld einfach der Name der einzurichtenden Klasse eingegeben und mit dem *OK*-Knopf bestätigt. Für Klassennamen gelten dieselben Syntaxregeln wie für globale Variablen; sie müssen mit einem Großbuchstaben beginnen

und dürfen danach beliebige alphanumerische Zeichen, aber keine
Sonderzeichen enthalten. In dem Dialog können durch Schalten des
Radioknopfes (Radiobuttons) im Feld *Indexed* auf *Yes* noch weitere
Optionen bezüglich der einzurichtenden Klasse eingestellt werden.
Damit ist es möglich, Klassen mit variablen Datentypen einzurichten, sogenannte *variableSubclasses* oder *variableByteSubclasses*.
Wird im Feld *Contains* der *Radioknopf* auf *Pointer* gestellt, wird eine *variableSubclass* angelegt. Bei den *variableSubclasses* enthalten
die Exemplare der Klasse selbst Zeiger auf Datenelemente. Über
diese Zeiger können in den Exemplaren der Klasse Daten gespeichert werden, ohne daß hierfür eine Exemplarvariable benötigt
wird. Ein Beispiel für eine *variableSubclass* ist die Klasse *Array*, in
deren Exemplaren Datenelemente gespeichert werden, ohne daß
dafür eine Exemplarvariable verwendet wird. Wird im Feld *Contains*
der *Radioknopf* auf *Bytes* gestellt, wird eine *variableByteSubclasses*
angelegt. Exemplare von Klassen vom Typ *variableByteSubclass*
enthalten selbst Bytes, die nicht in einer Exemplarvariablen gespeichert werden. Ein Beispiel für eine *variableByteSubclass* ist die Klasse *String*. Die einzelnen Zeichen oder Bytes eines *Strings* werden
nicht in einer Exemplarvariablen gespeichert. Zusätzlich können in
Klassen vom Typ *variableSubclass* auch normale Exemplarvariablen
definiert und verwendet werden. Beide Typen von Klassen sind für
den Anwendungsprogrammierer nicht interessant, und daher sollte
die Voreinstellung nicht verändert werden. Das System richtet die
entsprechende Klasse ein und zeigt ihre Klassendefinition in der
Source-Fensterkomponente. Diese Klassendefinition enthält noch
keine Klassenvariablen, Pooldictionaries oder Exemplarvariablen.
Diese können aber leicht hinzugefügt werden, indem sie in den
entsprechenden Feldern der Klassendefinition, getrennt durch Leerzeichen, eingegeben werden und dann die Klassendefinition noch-
mal compiliert wird.

Delete

Zur Auswahl des Menüpunktes *Delete* muß zunächst in der *Klassen-
Fensterkomponente* des Browsers eine Klasse angewählt werden.
Nach Anwahl dieses Menüpunktes werden Sie mit einem Hinweisdialog um die Bestätigung gebeten, daß die gewählte Klasse tatsächlich aus dem System gelöscht werden soll. Wenn Sie dieses bestätigen, wird überprüft, ob die Klasse noch an irgendeiner Stelle im
System referenziert wird. Ist dies der Fall, erscheint eine Liste mit
den Verwendungen, und Sie werden nochmals um Bestätigung der

Löschung gebeten. Wenn Sie auch dieses wieder bestätigen, wird die Klasse einschließlich aller Methoden gelöscht. Beachten Sie bitte: Es ist nicht möglich, eine gelöschte Klasse wieder zurückzuholen. Vergewissern Sie sich also, ob Sie wirklich die richtige Klasse zum Löschen ausgewählt haben. Falls eine Klasse noch Unterklassen hat oder von dieser Klasse noch Exemplare existieren, läßt sich diese Klasse nicht löschen. Falls noch Unterklassen existieren, müssen Sie zunächst diese Unterklassen löschen.

Update

Der Menüpunkt *Update* dient zum Neueinlesen der in den einzelnen Fensterkomponenten des Browsers dargestellten Informationen. Dies ist von großer Wichtigkeit, wenn mit mehreren *ClassHierarchy-Browsern* gearbeitet wird, da es sonst vorkommen kann, daß in unterschiedlichen Browsern Informationen fehlen oder daß sich in der *Source-Fensterkomponente* noch eine ältere Version eines in einem anderen Fenster bereits bearbeiteten Sourcecodes befindet. Wählen Sie einfach diesen Menüpunkt an, und der angewählte Browser wird aktualisiert.

Hide/Show

Zur Auswahl des Menüpunktes *Hide/Show* muß zunächst in der *Klassen-Fensterkomponente* des Browsers eine Klasse angewählt werden. Abhängig davon, ob die Unterklassen der gewählten Klassen sichtbar sind oder nicht, erscheint entweder der Menüpunkt *Show Subclasses* (Unterklassen sind momentan nicht sichtbar) oder der Menüpunkt *Hide Subclasses* (Unterklassen sind momentan sichtbar). Durch Anwahl von *Show Subclasses* werden dann die Unterklassen mit in der Liste in *Klassen-Fensterkomponente* angezeigt, durch Anwahl von *Hide Subclasses* werden die Unterklassen nicht angezeigt und die gewählte Klasse wird mit drei angehängten Punkten in der Liste dargestellt. Die Funktionalität dieses Menüpunktes entspricht damit genau dem Doppelklick auf einer Klasse in der *Klassen-Fensterkomponente*, weshalb dieser Menüpunkt kaum Verwendung findet.

Browse

Zur Auswahl des Menüpunktes *Browse* muß zunächst in der *Klassen-Fensterkomponente* des Browsers eine Klasse angewählt werden. Durch Anwahl dieses Menüpunktes wird dann ein *Klassenbrowser* auf der gewählten Klasse geöffnet. Dieser *Klassenbrowser* entspricht im wesentlichen einem *ClassHierarchyBrowser*, es fehlen lediglich die *Klassen-Fensterkomponente* und das *Class*-Menü. Da die sonstige Funktionalität der hier beschriebenen Funktionalität entspricht und der *Klassenbrowser* wesentlich seltener eingesetzt wird, da er aufgrund der fehlenden *Klassen-Fensterkomponente* keine Auswahl einer Klasse und somit keinen Klassenwechsel erlaubt, soll hier nicht näher auf ihn eingegangen werden.

References

Der Menüpunkt *References* öffnet eine Eingabeanforderung (*Prompter*), in der als Suchbegriff der Name einer Klasse oder einer globalen Variablen eingegeben werden kann. Nach Bestätigung wird das System durchsucht, und es wird eine Liste erzeugt, in der alle Vorkommen des Suchbegriffs in Methoden des Smalltalk-Systems in der Form *Klasse>>Methode* in einem *Implementors-Browsers* angezeigt werden. Aus dieser Liste können Methoden ausgewählt werden, deren Sourcecode dann in der *Source-Fensterkomponente* des *Implementors-Browsers* angezeigt wird. Der *Implementors-Browser* wird in einem späteren Abschnitt nochmals genauer erklärt.

Find

Der Menüpunkt *Find* dient zum Auffinden von Klassen innerhalb der Klassenhierarchie. Dazu öffnet sich nach Anwahl dieses Menüpunktes eine Eingabeanforderung, in der der Name der gesuchten Klasse eingegeben werden kann. Dabei muß der exakte Name, einschließlich korrekter Groß-/Kleinschreibung eingegeben werden. Nach Bestätigung wird eine Klasse dieses Namens im System gesucht.

War die Suche erfolgreich, wird diese Klasse automatisch zur angewählten Klasse in der *Klassen-Fensterkomponente*. Wird sie nicht gefunden, erfolgt eine Meldung, daß eine Klasse dieses Namens nicht im System vorhanden ist. Sie sollten dann gegebenenfalls überprüfen, ob Sie wirklich den exakten Klassennamen in der Eingabeanforderung eingegeben haben.

File Out

Zur Auswahl des Menüpunktes *File Out* muß zunächst in der *Klassen-Fensterkomponente* des Browsers eine Klasse angewählt werden. Die Auswahl dieses Menüpunktes öffnet dann einen Dialog, in dem der Benutzer vom System nach dem gewünschten Dateinamen gefragt wird. Im Dialog ist eine Auswahl des Verzeichnisses und die Eingabe des gewünschten Dateinamens möglich, unter dem die

Klasse gespeichert werden soll. Nach Auswahl und Bestätigung wird
der Programmcode der Klasse einschließlich ihrer Methoden im
Chunk-Format gespeichert.

File Out All

Dieser Menüpunkt ähnelt den Menüpunkt *File Out*, mit dem Unterschied, daß hier nicht nur die gewählte Klasse, sondern zusätzlich
auch der gesamte Baum der Unterklassen gespeichert wird, also eine
komplette Klassenhierarchie. Auch zur Auswahl des Menüpunktes
File Out All muß zunächst in der *Klassen-Fensterkomponente* des
Browsers eine Klasse angewählt werden und im folgenden Dialog
Dateiname und Pfad zum Speichern eingestellt werden. Nach Bestätigung wird dann der Programmcode des Klassenbaums, beginnend bei der selektierten Klasse, im *Chunk*-Format gespeichert.

3.4.7 Das *Variable*-Menü

Das *Variable*-Menü enthält drei Menüpunkte, die angeben, für welche Zugriffsoperationen auf Variablen Referenzen in den Methoden
angezeigt werden sollen.

Bild 3.14:
Das Variable-
Menü

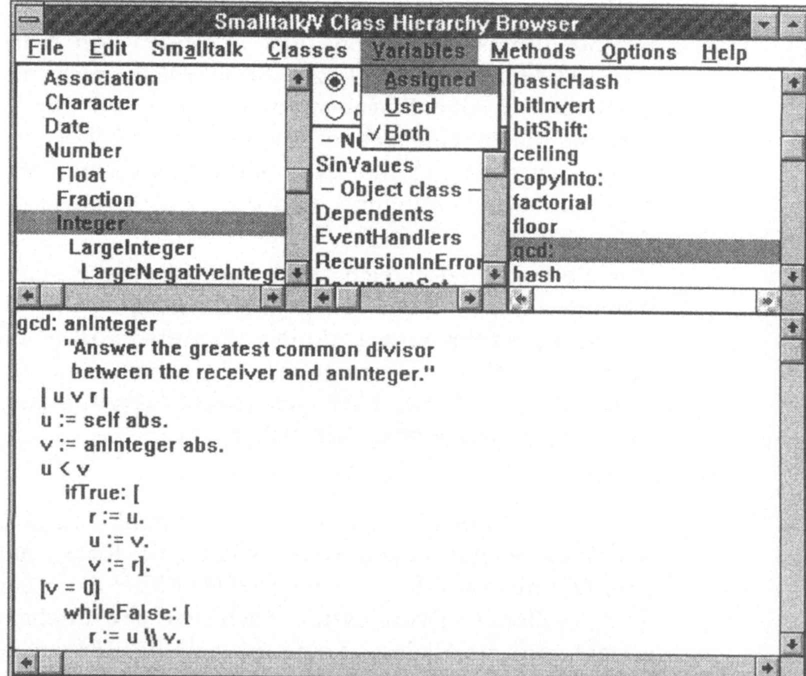

Dabei kann alternativ einer der drei Menüpunkte *Assigned*, *Used* oder *Both* angewählt werden. Diese Wahl wird berücksichtigt, wenn in der *Variablen-Fensterkomponente* eine der dort aufgelisteten Variablen selektiert wird. Der *ClassHierarchyBrowser* stellt darauf in der *Methoden-Fensterkomponente* nur noch die Methoden dar, die eine Referenz auf diese Variable haben. Wurde im *Variables*-Menü *Assigned* ausgewählt, werden nur die Methoden aufgelistet, in denen eine Zuweisung an die selektierte Variable erfolgt. Wurde *Used* gewählt, werden die Methoden mit einer Abfrage der Variable angezeigt, und bei der Auswahl *Both* werden die Methoden gezeigt, in denen entweder eine Zuweisung oder eine Abfrage erfolgt. Sollen wieder alle Methoden gezeigt werden, müssen Sie mit der Maus nochmals auf die selektierte Klasse in der *Klassen-Fensterkomponente* klicken. Dies macht die Auswahl einer Variablen in der *Variablen-Fensterkomponente* rückgängig und zeigt damit wieder alle Methoden.

3.4.8   Das *Method*-Menü

Bild 3.15:
Das Method-Menü

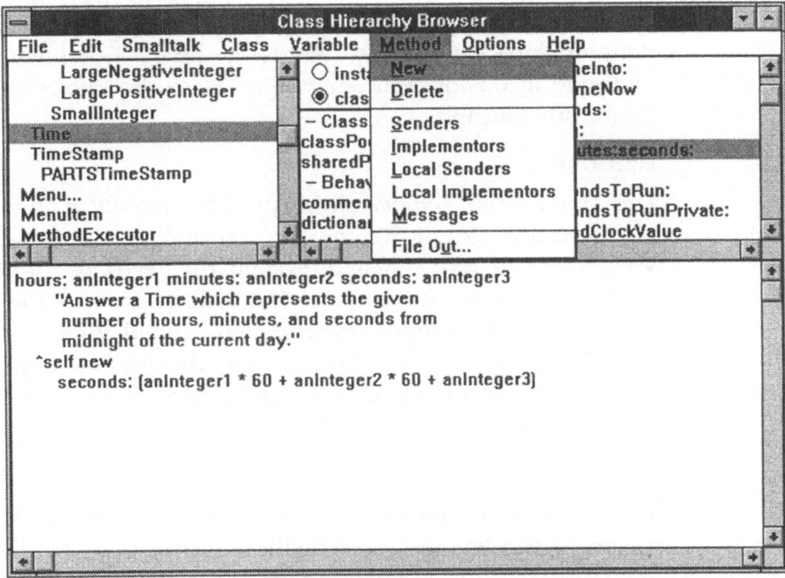

Das *Method*-Menü verfügt über Menüpunkte zum Einrichten und zum Löschen von Methoden sowie über verschiedene Möglichkeiten, Querverweise zu erstellen. Die meisten Menüpunkte sind bei diesem Menü erst sinnvoll und können daher erst dann gewählt werden, wenn in der *Methoden-Fensterkomponente* des Browsers eine Methode selektiert wurde. Die einzelnen Funktionen der Menüpunkte werden im folgenden im Detail beschrieben.

New

Der Menüpunkt *New* dient zum Einrichten einer neuen Methode im System. Nach Anwahl dieses Menüpunktes gibt das System in der *Source-Fensterkomponente* ein Schema vor, das den Grundaufbau einer Methode widerspiegelt und in das jetzt die konkrete Methode eingesetzt werden kann. Sobald die Methode vollständig und syntaktisch richtig ist, kann sie durch den Menüpunkt *Save* im *File*-Menü compiliert und damit in das System übernommen werden. Sie erscheint dann auch in der Methodenliste in der *Methoden-Fensterkomponente* des aktuellen Browsers. Ein anderer Weg, um eine neue Methode zu erzeugen, besteht darin, eine bestehende Methode zu selektieren und damit ihren Code in der *Source-Fensterkomponente* anzeigen zu lassen. Die Methode kann dann bearbeitet werden, und wenn bei der Bearbeitung auch der Methodenkopf verändert wird (beispielsweise durch Einfügen eines weiteren Nachrichtenteils oder durch Änderungen in bestehenden Nachrichtenteilen), wird die Methode beim Compilieren als neue Methode in das System eingefügt. Die vorher ausgewählte Methode bleibt unverändert.

Remove

Der Menüpunkt *Remove* dient zum Löschen der momentan selektierten Methode. Seien Sie mit der Anwahl dieses Menüpunktes sehr vorsichtig, da das Smalltalk-System die Methode ohne nochmalige Rückfrage löscht. In den meisten Fällen gibt es dann keinen Weg, diese Methode wiederzubekommen. Lediglich wenn sie noch im *Smalltalk-Logfile* steht, kann sie aus diesem wiederhergestellt werden. Die dafür notwendige Vorgehensweise wird im vierten Kapitel beschrieben.

Senders

Der Menüpunkt *Senders* veranlaßt eine systemweite Suche nach anderen Methoden, die eine Methode desselben Namens wie die selektierte Methode verwenden. Dieser Suchvorgang kann einige Zeit in Anspruch nehmen. Die Ergebnisse der Suche werden dann in einem *Senders-Browser* im Format *Klasse>>Methode* aufgelistet. Wird ein solcher Listeneintrag selektiert, wird der dazugehörige Programmcode in der *Source-Fensterkomponente* des *Senders-Browsers* angezeigt. (*Senders-Browser* und der im folgenden noch eingeführte *Implementors-Browser* werden in einem der späteren Abschnitte noch erläutert).

Hinweis: Die Suche erfolgt aufgrund des in der *Methoden-Fensterkomponente* selektierten Methodennamens. Für die im *Senders-Browser* gefundenen Methoden bedeutet dies nicht, daß sie die ausgewählte Methode benutzen, nur daß sie eine Methode gleichen Namens wie die ausgewählte verwenden. Aufgrund des im Smalltalk realisierten Polymorphismus-Konzeptes der objektorientierten Programmierung kann dies aber eine völlig andere Methode sein. Hier ist der Programmierer gefordert zu überlegen, welches das jeweilige Zielexemplar ist, an das die Nachricht geschickt wird, um so mögliche Methoden zu identifizieren.

Implementors

Der Menüpunkt *Implementors* veranlaßt eine systemweite Suche nach anderen Klassen, die eine Methode desselben Namens wie die selektierte Methode implementieren. Dieser Suchvorgang kann einige Zeit in Anspruch nehmen. Die Ergebnisse der Suche werden dann in einem *Implementors-Browser* im Format *Klasse>>Methode* aufgelistet. Wird ein solcher Listeneintrag selektiert, wird der dazugehörige Programmcode in der *Source-Fensterkomponente* des *Implementors-Browsers* angezeigt. Der Menüpunkt *Implementors* kann also verwendet werden, um Methoden gleichen Namens im System zu finden.

Local Senders

Die Funktionalität des Menüpunktes *Local Senders* entspricht der des Menüpunktes *Senders*. Der Unterschied liegt darin, daß in diesem Fall die Suche nach den die selektierte Methode sendenden Methoden auf die Unterklassen der aktuell gewählten Klasse begrenzt wird, also keine systemweite Suche stattfindet.

Local Implementors

Die Funktionalität des Menüpunktes *Local Implementors* entspricht der des Menüpunktes *Implementors*. Der Unterschied liegt darin, daß in diesem Fall die Suche nach anderen, die selektierte Methode ebenfalls implementierenden Klassen auf die Unterklassen der aktuell gewählten Klasse begrenzt wird. Mit dieser Funktionalität kann also festgestellt werden, welche Unterklassen eine Methode redefinieren.

Messages

Der Menüpunkt *Messages* dient dazu, eine Liste der in der selektierten Methode gesendeten Nachrichten auszugeben. Diese Liste wird in einem *Nachrichten-Browser* ausgegeben, der im Zusammenhang mit *Senders-* und *Implementors-Browsern* noch beschrieben wird.

File Out

Die Auswahl des Menüpunktes *File Out* öffnet einen Dialog, in dem der Benutzer vom System nach dem gewünschten Dateinamen gefragt wird, unter dem die Methode gespeichert werden soll. Im Dialog sind eine Auswahl des Verzeichnisses und die Eingabe des gewünschten Dateinamens möglich. Nach Auswahl und Bestätigung wird die Methode im *Chunk*-Format gespeichert.

3.5   Der DiskBrowser

Der *DiskBrowser* ist ein Werkzeug des Smalltalk-Entwicklungssystems, mit dem Laufwerke, Verzeichnisse und Dateien gesichtet und bearbeitet werden können.

Bild 3.16:
Der Disk-
Browser

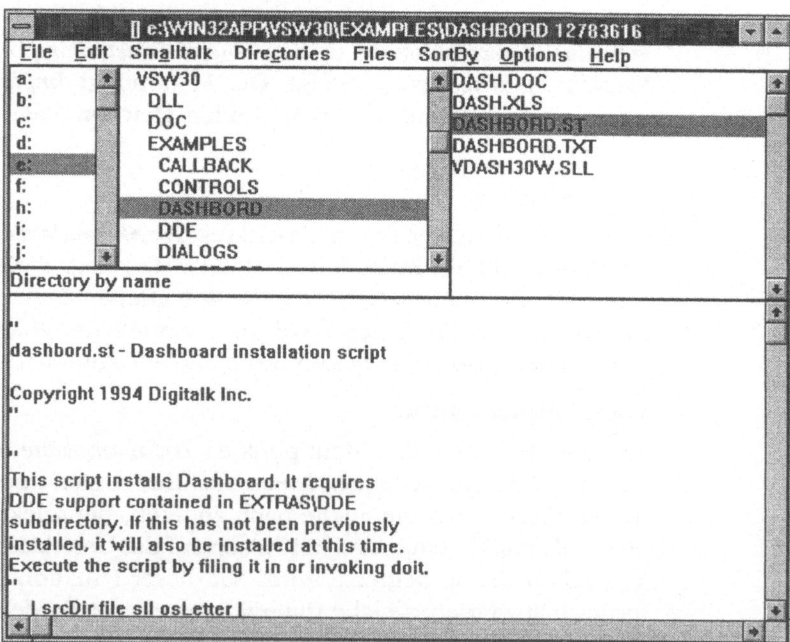

Der *DiskBrowser* besitzt verschiedene Fensterkomponenten und einige zusätzliche Menüs für die Darstellung und Bearbeitung, die kurz vorgestellt werden sollen.

3.5.1   Die Fensterkomponenten des *DiskBrowser*

Der *Diskbrowser* besitzt vier Fensterkomponenten, die zur Darstellung von Laufwerken, Verzeichnissen, Dateien sowie Detailinformationen zu Dateien oder des Dateiinhalts dienen.

In der ganz linken *Laufwerks-Fensterkomponente* werden bei Öffnen des Browsers zunächst die vom Betriebssystem verwalteten Laufwerke dargestellt.

Nach Anwahl eines Laufwerkes mit der Maus werden die Verzeichnisse des gewählten Laufwerks in der mittleren *Verzeichnis-Fensterkomponente* dargestellt. Dabei wird zunächst, beginnend beim Wurzelverzeichnis, eine Verzeichnisebene gezeigt. Besitzt ein Verzeichnis weitere Unterverzeichnisse, wird dies durch drei an das Verzeichnis angefügte Punkte dargestellt. Durch Doppelklicken auf solch ein Verzeichnis wird die nächste Verzeichnisebene dieses Verzeichnisses dargestellt. Werden umgekehrt die Unterverzeichnisse eines Verzeichnisses dargestellt, werden diese durch einen Doppelklick auf das Verzeichnis wieder aus der Anzeige entfernt, und das Verzeichnis erscheint wieder mit drei angehängten Punkten.

Durch Anwählen eines Verzeichnisses mit der Maus werden die im angewählten Verzeichnis vorhandenen Dateien in der rechten *Datei-Fensterkomponente* gezeigt. Zusätzlich werden Detailinformationen zu den Dateien wie beispielsweise Größe, Erstelldatum und Erstellzeit in der unteren *Detail/Inhalts-Fensterkomponente* dargestellt.

Wird schließlich in der *Datei-Fensterkomponente* eine Datei angewählt, wird diese in die untere *Detail/Inhalts-Fensterkomponente* eingelesen und kann dort bearbeitet werden. Dabei ist, wie beim Öffnen von Dateien über den *Open*-Menüpunkt, zu beachten, daß große Dateien nicht vollständig eingelesen werden. Erst durch den Menüpunkt *Read Entire File* im *File*-Menü wird die Datei vollständig eingelesen.

3.5.2   Die Menüs des *DiskBrowser*

Der *DiskBrowser* besitzt zusätzlich zu den Menüs, die alle Fenster besitzen, die drei Menüs *Directories*, *Files* und *SortBy*.

Das Menü *Directories* besitzt die Menüpunkte *Remove*, *Update*, *Hide/Show* und *Create*. Die Menüpunkte dieses Menüs wirken dabei auf das jeweils in der *Verzeichnis-Fensterkomponente* selektierte Verzeichnis. Der Menüpunkt *Remove* dient zum Entfernen eines selektierten Verzeichnisses. Voraussetzung ist dabei, daß das Verzeichnis leer ist, also keine Unterverzeichnisse oder Dateien enthält. Das Verzeichnis wird dann ohne weitere Rückfrage entfernt. Der Menüpunkt *Update* dient zum Aktualisieren des *DiskBrowsers* und sollte jeweils verwendet werden, wenn von einem anderen *DiskBrowser* oder von einem Werkzeug des Betriebssystems Veränderungen an Laufwerken, Verzeichnissen oder Dateien vorgenommen wurden oder wenn ein wechselbarer Datenträger (zum Beispiel eine Diskette) gewechselt wurde. Der Menüpunkt *Hide/Show* dient zum Zeigen oder Verstecken der Unterstruktur von Verzeichnissen und entspricht in seiner Funktionalität dem bei den Fensterkomponenten beschriebenen Doppelklick auf Verzeichnisse. Der Menüpunkt *Create* dient zum Erzeugen eines neuen Verzeichnisses im Dialog mit dem Benutzer.

Das *Files*-Menü besitzt die Menüpunkte *Remove*, *Rename*, *Copy*, *Print*, *Create*, *Mode* und *Read Entire File*. Die Funktionen dieses Menüs beziehen sich auf die jeweils in der *Datei-Fensterkomponente* ausgewählte Datei. Der Menüpunkt *Remove* dient zum Entfernen der selektierten Datei. Bei Anwahl dieses Menüpunktes bittet das System mit einer Nachfrage um die Bestätigung der Löschung. Der Menüpunkt *Rename* dient zum Ändern eines Dateiamens. Der neue Dateiname wird vom Benutzer erfragt. Der Menüpunkt *Copy* dient zum Duplizieren einer Datei. Der Name der Kopie wird vom Benutzer erfragt. Nach dem Kopieren wird die neue Datei noch nicht in der *Datei-Fensterkomponente* angezeigt. Sie müssen zunächst nochmals in der *Verzeichnis-Fensterkomponente* das Verzeichnis selektieren, damit die Dateiliste in der *Datei-Fensterkomponente* neu aufgebaut wird. Der Menüpunkt *Print* druckt die gewählte Datei auf dem Drucker aus. Es wird dabei der Standard-Druckdialog des zugrundeliegenden Betriebssystems verwendet. Der Menüpunkt *Create* dient zum Erzeugen einer neuen Datei, deren Name vom Benutzer erfragt wird. Der *Mode*-Menüpunkt dient zum Verändern der Datei-Attribute der gewählten Datei, beispielsweise kann damit eine Datei versteckt oder eine versteckte Datei sichtbar gemacht werden. Der Menüpunkt *Read Entire File* kann gewählt werden, um eine nur teilweise in die *Detail/Inhalts-Fensterkomponente* eingelesene Datei vollständig einzulesen.

Bei dem *SortBy*-Menü kann jeweils ein Menüpunkt aus den Möglichkeiten *Date*, *Name* und *Size* gewählt werden. Diese Auswahl legt wie die Verzeichnisse und Dateien in den Listen des aktuellen *Diskbrowsers* sortiert werden sollen. Die Sortierung kann entweder nach Datum, nach dem Dateinamen (dies ist die Default-Einstellung) oder nach der Größe erfolgen.

3.6   Senders-, Implementors- und Nachrichten-Browser

Die *Senders-*, *Implementors-* und *Nachrichten-Browser* sind Werkzeuge zum Sichten und Verfolgen von Querverweisen durch das Smalltalk-System. Dabei sind der *Senders-* und der *Implementors-Browser* vom Grundaufbau gleich, während der *Nachrichten-Browser* gegenüber diesen beiden etwas erweitert ist.

3.6.1   *Senders- und Implementors-Browser*

Diese beiden Browser besitzen jeweils zwei Fensterkomponenten, wobei in der oberen *Referenz-Fensterkomponente* die Klassen und Methoden stehen, zu denen die gesuchte Referenz besteht.

Die Einträge in dieser Liste sind im Format *Klasse>>Methode*. Beim *Senders-Browser* stehen damit alle Klassen und Methoden in der Li-

Bild 3.17:
Senders-
bzw. Im-
plementors-
Browser

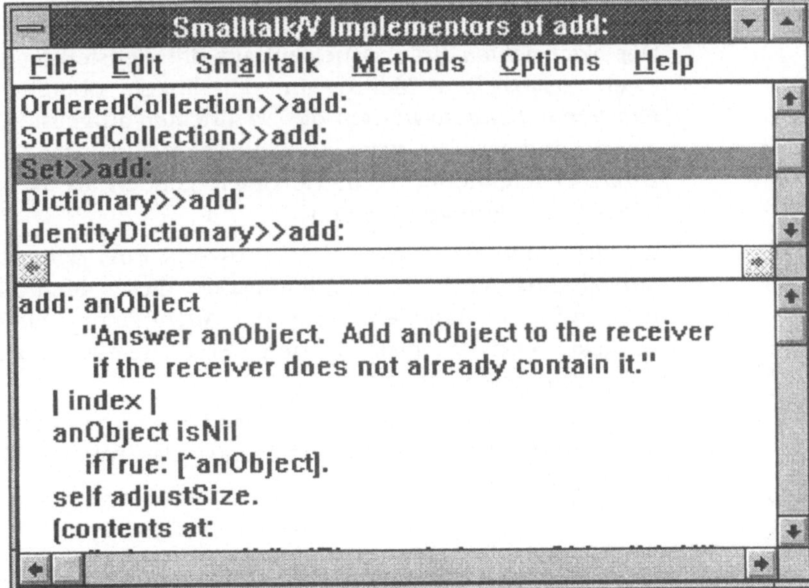

ste, die eine Nachricht des vorher in einem anderen Browser (beispielsweise einem *ClassHierarchyBrowser*) ausgewählten Namens senden.

Beim *Implementors-Browser* stehen die Klassen in der Liste, die eine Methode gleichen Namens wie eine vorher in einem anderen Browser (beispielsweise einem *ClassHierarchyBrowser*) ausgewählte Methode implementieren.

Wird auf einen Listeneintrag in der *Referenz-Fensterkomponente* geklickt, wird der Programmcode der dazugehörenden Methode in der unteren Hälfte des Browsers, der *Source-Fensterkomponente*, angezeigt. Beim *Senders-Browser* wird dabei das erste Senden der in einem anderen Browser gewählten Nachricht im Programmcode markiert.

Zusätzlich zu den Basis-Menüs jedes Smalltalk-Fensters besitzen *Senders-* und *Implementors-Browser* das auch im *ClassHierarchy-Browser* vorhandene und dort beschriebene *Methods*-Menü. Dieses besitzt aber gegenüber dem *ClassHierarchyBrowser* etwas veränderte Menüpunkte. So fehlen die beiden Menüpunkte *New Method* und *Remove*, stattdessen ist als erster Menüpunkt *Remove from List* vorhanden. Dieser Menüpunkt entfernt den in der Liste in der *Referenz-Fensterkomponente* selektierten Eintrag aus der Liste.

3.6.2   *Nachrichten-Browser*

Der *Nachrichten-Browser* besteht aus drei Fensterkomponenten und zwei zusätzlichen Menüs. In der linken oberen *Nachrichten-Fensterkomponente* werden die Nachrichten aufgelistet, die in der in einem anderen Browser (beispielsweise einem *ClassHierarchy-Browser*) selektierten Methode (im folgenden als aktuelle Methode bezeichnet) gesendet werden.

In der unteren Hälfte des Browsers, in der *Source-Fensterkomponente* wird der Programmcode dieser Methode angezeigt. Wird auf einen Listeneintrag in der *Nachrichten-Fensterkomponente* geklickt, wird das erste Senden der so selektierten Nachricht im Programmcode markiert.

Zusätzlich zu den Basis-Menüs jedes Fensters verfügt der *Nachrichten-Browser* über zwei weitere Menüs, das *Selectors*-Menü und das *Methods*-Menü.

Bild 3.18.:
Der Nach-
richten-
Browser

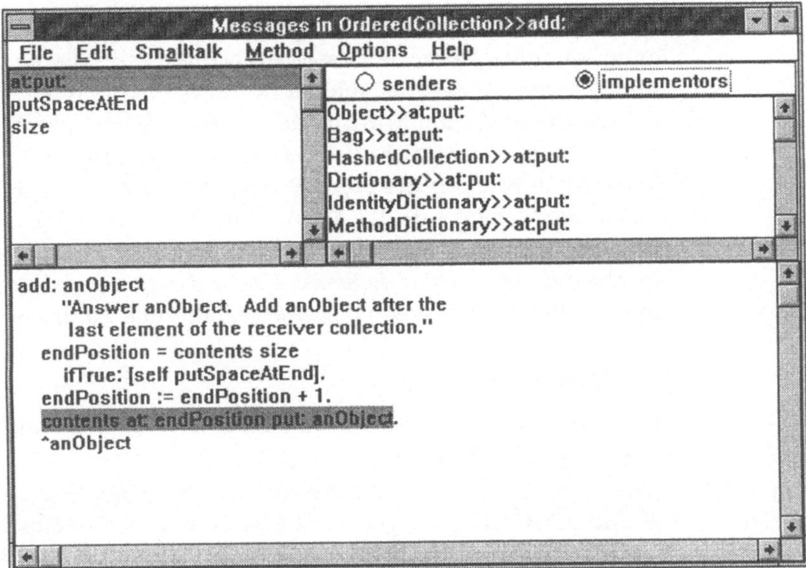

Das *Methods*-Menü besitzt dieselben Menüpunkte wie das *Methods*-Menü im *ClassHierarchyBrowser* mit derselben Funktionalität. Diese Menüpunkte (beispielsweise *Senders* oder *Implementors*) beziehen sich dabei auf die aktuelle Methode, deren einzelne Nachrichten dargestellt werden. Wird beispielsweise der Menüpunkt *Implementors* gewählt, werden alle Methoden angezeigt, die ebenfalls eine Methode gleichen Namens implementieren. Das Ergebnis dieser Suche wird in der rechten oberen *Referenz-Fensterkomponente* in einer Liste angezeigt, deren einzelne Einträge das Format *Klasse>>Methode* haben. Wird auf ein Element dieser Liste geklickt, wird der zu der damit gewählten Methode gehörende Programmcode in der unteren *Source-Fensterkomponente* angezeigt. Das Klicken auf eine Nachricht in der *Nachrichten-Fensterkomponente* löscht die Liste in der *Referenz-Fensterkomponente* wieder und stellt in der *Source-Fensterkomponente* die aktuelle Methode dar.

Wenn in der Liste in der *Nachrichten-Fensterkomponente* eine Nachricht ausgewählt wurde, sind die beiden Menüpunkte des *Selectors*-Menüs aktiviert. Mit dem Menüpunkt *Senders* lassen sich alle Methoden suchen, die ebenfalls eine Nachricht senden, die denselben Namen wie die in der *Nachrichten-Fensterkomponente* ausgewählte hat. Das Ergebnis dieser Suche wird in der *Referenz-Fensterkomponente* in einer Liste im Format *Klasse>>Methode* angezeigt. Mit dem Menüpunkt *Implementors* lassen sich alle Klassen suchen, die eine Methode desselben Namens wie die in der *Nachrichten-Fensterkomponente* selektierte implementieren. Auch das Ergebnis dieser Suche wird in der *Referenz-Fensterkomponente* in einer Liste im Format *Klasse>>Methode* angezeigt. In beiden Fällen wird durch Klicken auf einen Eintrag in der Liste der Programmcode zu dieser Methode in der *Source-Fensterkomponente* dargestellt. Das Klicken auf eine Nachricht in der *Nachrichten-Fensterkomponente* löscht die Liste in der *Referenz-Fensterkomponente* wieder und stellt in der *Source-Fensterkomponente* die aktuelle Methode dar.

3.7   Der Inspector

Der *Inspector* ist ein Werkzeug zum Untersuchen und Ändern von beliebigen Exemplaren.

Bild 3.19: Der Standard-Inspector

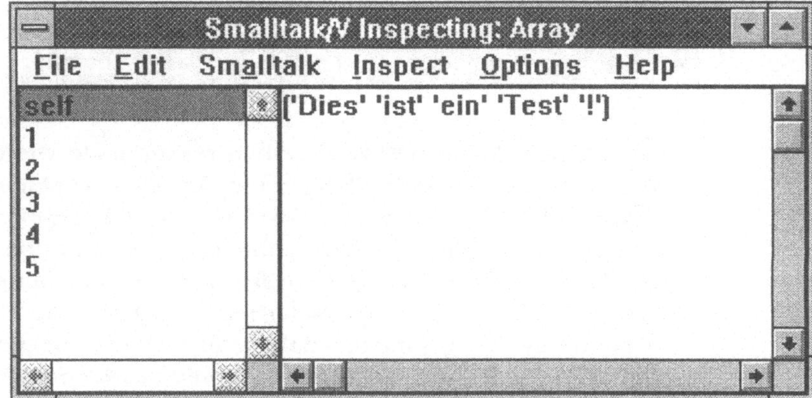

Dabei wird für die meisten Exemplare ein Standard-*Inspector* verwendet. Für einige Exemplare, wie beispielsweise Exemplare der Klasse *Dictionary*, ist dagegen ein spezieller *Inspector* mit erweiterter Funktionalität definiert. Prinzipiell ist es auch möglich, eigene *Inspectoren* für Exemplare zu definieren, wovon aber in der Praxis selten Gebrauch gemacht wird, da die Funktionalität des Standard-*Inspectors* und des *Dictionary-Inspectors* in den meisten Fällen ausreicht. Zum Öffnen eines *Inspectors* auf einem Exemplar kann beim Bearbeiten von Exemplaren über Entwicklungsfenster, wo vorhanden der Menüpunkt *Inspect* oder *Inspect It* verwendet werden. Darüberhinaus können *Inspectoren* auch durch Senden der Nachricht *inspect* geöffnet werden, die von beliebigen Exemplaren verstanden wird.

Sowohl Standard-*Inspector* als auch *Dictionary-Inspector* bestehen aus zwei Fensterkomponenten, der links stehenden *Strukturliste* und der rechts stehenden *Inhalts-Fensterkomponente*. Im Titel des *Inspector*-Fensters wird angezeigt, was für ein Exemplar inspiziert wird (in Bild 3.19 wird beispielsweise ein Exemplar der Klasse *Array* inspiziert). In der Strukturliste werden die einzelnen Strukturelemente angezeigt, aus denen das Exemplar besteht. Wird auf eines dieser Strukturelemente geklickt, wird der Inhalt dieses Strukturelementes in der *Inhalts-Fensterkomponente* angezeigt. Dabei bestimmt das als Inhalt in einem Strukturelement vorhandene Exemplar über seine *printString*-Methode selbst, wie es sich anzeigt. Wird auf ein Strukturelement mit der Maus doppelgeklickt oder bei einem vorher mit einem einfachen Klick gewählten Strukturelement der einzige unter dem Menü *Inspect* vorhandene Menüpunkt *Inspect* gewählt, wird auf diesem Strukturelement ein weiterer *Inspector* geöffnet. Auf diese Weise kann man sich durch mehrfaches Öffnen von *Inspectoren* durch komplex aufgebaute Exemplare bewegen. Der in der *Inhalts-Fensterkomponente* dargestellte Inhalt von Strukturelementen kann direkt manipuliert und so der Inhalt und Aufbau des Exemplares geändert werden. Nach einer Änderung müssen die geänderten Daten durch Wahl des Menüpunktes *Save* im *File*-Menü gespeichert werden.

Beispiel:

```
(Array new: 5)
  at: 1 put: 'Dies';
  at: 2 put: 'ist';
  at: 3 put: 'ein';
  at: 4 put: 'Test';
  at: 5 put: '!';
  inspect.
```

Der in diesem Beispiel gezeigte Programmcode öffnet bei Ausführung in einem *Workspace* den im Bild 3.19 gezeigten *Inspector*.

Zu erkennen sind die Zahlen 1 bis 5 als die fünf Strukturelemente, aus denen das *Array*-Exemplar besteht. Zusätzlich ist in der Strukturliste noch der Eintrag *self* vorhanden, der bei Selektion das gesamte Exemplar in der *Inhalts-Fensterkomponente* druckt.

Der *Dictionary-Inspector* entspricht vom Grundaufbau zunächst dem Standard-Inspector (realisiert ist *DictionaryInspector* auch als eine Unterklasse von *Inspector*), auch er besitzt eine Liste und eine *Inhalts-Fensterkomponente*. Während die *Inhalts-Fensterkomponente* dieselbe Funktionalität wie beim Standard-*Inspector* besitzt, handelt es sich bei der Liste nicht um eine Strukturliste, sondern um eine *Schlüsselliste*.

Die einzelnen Listenelemente sind also die Schlüsselexemplare des
Dictionaries, zu denen jeweils ein Wertexemplar gehört.

Bild 3.20:
Der
Dictionary-
Inspector

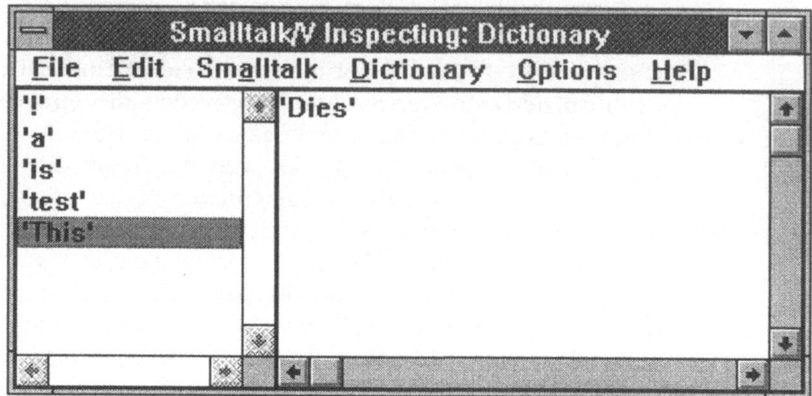

Weitere Unterschiede liegen im Menübereich und der dort implementierten Funktionalität. So besitzt der *Dictionary-Inspector* kein
Inspect-Menü, sondern stattdessen ein *Dictionary*-Menü. Dieses
Dictionary-Menü besitzt die drei Menüpunkte *Inspect*, *Add* und *Remove*.

Wird in der Schlüsselliste ein Eintrag selektiert und der Menüpunkt
Inspect verwendet oder wird auf ein Element der Schlüsselliste mit
der Maus doppelgeklickt, so wird auf dem unter diesem Schlüssel
im *Dictionary* gespeicherten Exemplar ein weiterer *Inspector* geöffnet. Der Doppelklick und der Menüpunkt *Inspect* haben hier eine
ähnliche Funktionalität wie beim Standard-*Inspector*.

Wird der Menüpunkt *Add* angewählt, erfragt das System über eine
Eingabeanforderung einen neuen Schlüssel. Nachdem Sie diesen
eingegeben und mit der *OK*-Taste bestätigt haben, wird er als
Schlüsselexemplar eingefügt, taucht auch im *Inspector* sofort auf
und ist dort in der Liste selektiert. Durch die Selektion ist erkenn-
bar, daß das Wertexemplar zu dem Schlüssel zunächst das Exemplar
nil ist. Über den Browser können jetzt Änderungen in der *Inhalts-
Fensterkomponente* vorgenommen und damit ein anderes Wertexemplar erzeugt werden.

Durch Anwahl des Menüpunktes *Remove* wird das aktuell selektierte
Paar aus Schlüsselexemplar und Wertexemplar aus dem *Dictionary*
gelöscht.

In *Visual Smalltalk* sind als spezielle Inspectoren noch *ByteArray-Inspector*, *DoubleByteStringInspector*, *FieldInspector*, *Graphic-Inspector*, und *OrderedCollectionInspector* implementiert, die hier aber nicht näher beschrieben werden sollen.

3.8 Der Walkback

Immer wenn im Smalltalk-System ein Fehler auftritt, aber auch wenn andere Umstände eine Unterbrechung erforderlich machen, öffnet das Smalltalk-System ein *Walkback*-Fenster (ein sogenanntes „rotes Fenster", weil der Hintergrund des Fensters rot ist), in dem der Fehler gemeldet und wobei die aktuelle Bearbeitung einer Programmausführung, aber nicht des Smalltalk-Systems insgesamt, zunächst unterbrochen wird. Insgesamt können dabei vier Fälle unterschieden werden, in denen das System einen *Walkback* öffnet:

- Es wurde eine Standard-Methode namens *error:* zur Fehlerbehandlung angesprochen. Diese *error:*-Methode wird von jedem Exemplar verstanden und bildet den Basismechanismus der Fehlerbehandlung in Smalltalk. Für eigene Anwendungen kann dieser Mechanismus zum Abfangen des Fehlers und für eine eigene Fehlerbehandlung durch Redefinieren der *error:*-Methode genutzt werden. Wird der Fehler nicht abgefangen, öffnet das System einen *Walkback*.

- Es wurde die Nachricht *halt* an ein beliebiges Exemplar geschickt. Auch diese Nachricht wird von jedem Exemplar verstanden und veranlaßt das Smalltalk-System, die Programmausführung anzuhalten und einen *Walkback* zu öffnen.

- Es wurde die Tastenkombination Strg+Pause (bewirkt die Unterbrechung) gedrückt. Diese Tastenkombination veranlaßt das Smalltalk-System, die Programmausführung an der Stelle anzuhalten, an der es sich bei der Bearbeitung dieser Tastenkombination befindet, und einen *Walkback* zu öffnen.

- Es ist ein Fehler im Smalltalk-System selbst aufgetreten. Dieser Fall tritt relativ selten auf. Ein typisches Beispiel dafür ist ein Überlauf des Stapelspeichers, beispielsweise verursacht durch eine Endlos-Rekursion.

In der Titelzeile des Fensters erfolgt die Fehlermeldung, während im Fenster in einer Liste die Reihenfolge der letzten im System abgelaufenen Operationen angezeigt wird. Dabei stehen die zuletzt abgearbeiteten Operationen oben in der Liste (meist ist dies schon die Fehlerbehandlung), während ältere Operationen weiter unten in der Liste stehen; die chronologische Reihenfolge ist von unten nach oben. Das Format in der Liste ist wieder das schon bekannte *Klasse>>Methode*-Format. Falls hinter einer Klasse in runden Klammern eine weitere Klasse steht, bedeutet dies, daß die angegebene Nachricht eigentlich an die vor den Klammern stehende Klasse gesendet wurde, die entsprechende Methode aber erst im Rahmen der Vererbung in einer höheren, nämlich in der in Klammern stehenden Klasse gefunden wurde.

Bild 3.21:
Der
Walkback

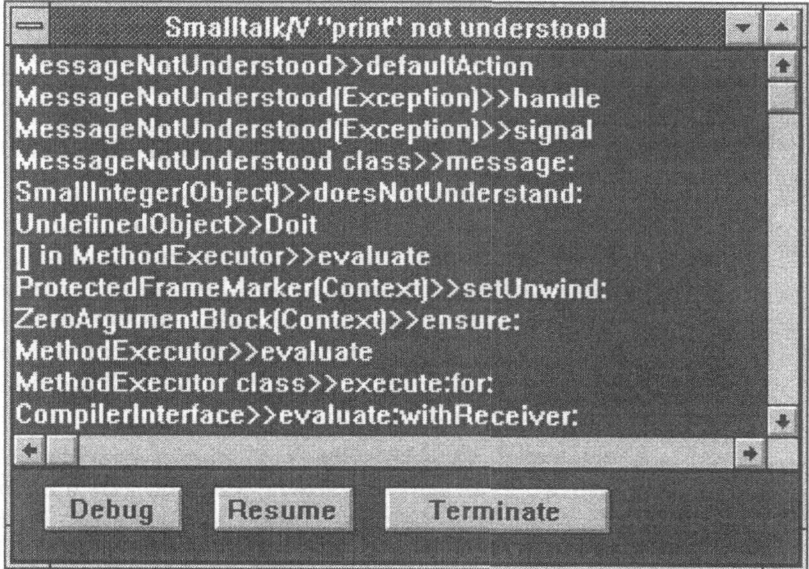

In der Auflistung der Methoden lassen sich keine Einträge auswählen, da es sich dabei nicht um eine echte Liste, sondern die Ausgabe einer Liste in einem Textfenster handelt. Schließlich befinden sich im *Walkback* noch drei Auswahlknöpfe.

Der *Debug*-Knopf startet den im nächsten Abschnitt noch genau beschriebenen *Debugger*, in dem eine genauere Analyse des Programmablaufs erfolgen kann.

Der *Resume*-Knopf führt die Programmausführung fort. Dies ist beispielsweise möglich, wenn der *Walkback* durch Senden der Nachricht *halt* oder durch Drücken der Tastenkombination Strg+Pause vom Benutzer hervorgerufen wurde. Eine Fortsetzung der Programmausführung ist dagegen in der Regel nicht möglich, wenn der *Walkback* durch einen Fehler in einem Smalltalk-Programm oder dem Smalltalk-System verursacht wurde.

Der *Terminate*-Knopf beendet die Ausführung des unterbrochenen Programms endgültig. Dieselbe Funktionalität kann auch einfach durch Schließen des *Walkback*-Fensters erreicht werden.

3.9   Der Debugger

Der *Debugger* des Smalltalk-Systems ist eines der wichtigsten Programmentwicklungswerkzeuge in Smalltalk. Der *Debugger* wird von einem *Walkback*-Fenster aus geöffnet, indem dort der *Debug*-Knopf gedrückt wird. Mit Hilfe des *Debuggers* ist es möglich, den Programmablauf bis zu der Stelle nachzuverfolgen, an der die Abarbeitung unterbrochen wurde und ein *Walkback*-Fenster geöffnet wurde. Dabei können einzelne Methoden in der Liste der zuletzt abgearbeiteten ausgewählt und dargestellt werden. Der *Debugger* zeigt dabei an, an welcher Stelle in der Methode sich das System momentan befindet.

Bild 3.22:
Der
Debugger

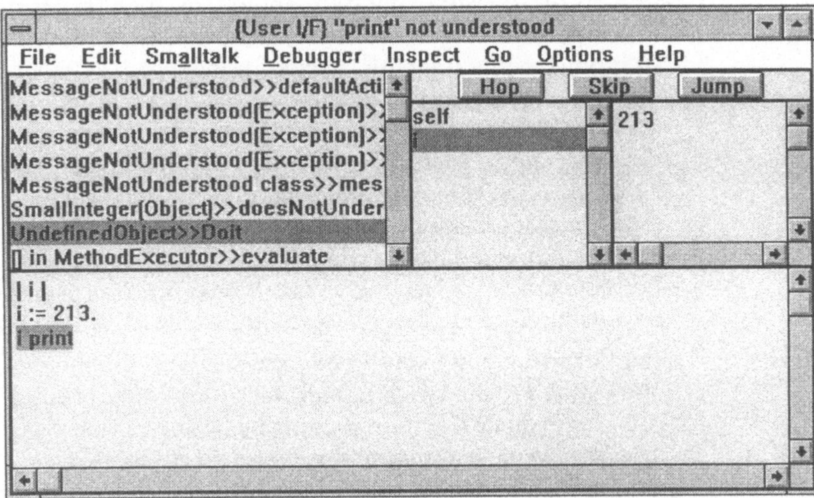

Mit dem integrierten *Inspector* ist es möglich, alle in einer ausgewählten Methode vorhandenen Variablen sowie alle Variablen des Exemplares, dem diese Methode gehört, zu sichten und zu bearbeiten. Außerdem ist die Änderung und Neuübersetzung des Programmcodes von Methoden direkt im *Debugger* möglich. Nach Änderungen des Programmcodes oder wenn die Programmausführung aufgrund eines Fehlers unterbrochen wurde, kann das unterbrochene Programm neu gestartet werden, wobei das Smalltalk-System selbst die richtige Methode zum Wiederaufsetzen ermittelt. Falls nur Änderungen an den Variablen vorgenommen wurden und falls die Programmunterbrechung mit der Nachricht *halt* oder die Tastenkombination [Strg]+[Pause] verursacht wurde, kann die Bearbeitung des Programms fortgesetzt werden. Dabei ist auch ein schrittweises Vorgehen durch das Programm in unterschiedlicher Schrittweite möglich.

Der *Debugger* besteht aus vier Fensterkomponenten, mehreren Auswahl- und Schaltknöpfen sowie drei zusätzlichen Menüs.

3.9.1 Die Fensterkomponenten des *Debuggers*

Bei der linken oberen *Walkback-Fensterkomponente* wird, wie im *Walkback*-Fenster, die Liste der zuletzt aufgerufenen Methoden angezeigt. Dabei steht wieder die aktuellste Methode oben, während ältere Methode weiter unten in der Liste stehen. Prinzipiell repräsentiert diese Liste damit den Methodenstapel des Smalltalk-Systems. Im Gegensatz zum *Walkback*-Fenster handelt es sich bei dieser Fensterkomponente um eine Listenkomponente (*ListPane*), in der Listeneinträge, in diesem Fall bestimmte Methoden in bestimmten Klassen, ausgewählt werden können. Wird eine Methode ausgewählt, werden die folgenden Fensterkomponenten gefüllt. In der mittleren, oberen *Variablen-Fensterkomponente* werden die in dieser Methode bekannten Variablennamen angezeigt, während in der unteren *Source-Fensterkomponente* der Programmcode der Methode dargestellt wird. Dabei wird die Nachricht im Programmcode markiert, die das Smalltalk-System in der ausgewählten Methode gerade ausführt.

Bei der Benutzung des *Debuggers* werden üblicherweise die in der *Walkback-Fensterkomponente* oben stehenden Methoden, die nur die eigentliche Unterbrechungsmeldung und das Öffnen des *Walkback*-Fensters durchführen, ignoriert, da sie nicht relevant sind. In der Regel sind dies die obersten vier bis fünf Methoden, wie in dem in Bild 3.22. gezeigten *Debugger*. Erster Ansatzpunkt ist die letzte noch zu dem Anwendungsprogramm gehörende Methode, also der Punkt, an dem in die Unterbrechungs- und Fehlerbehandlung verzweigt wurde. Von dort kann dann weiter im Stapel nach unten gegangen werden, und so die interessierenden Methoden angesehen werden.

In dem in Bild 3.22 gezeigten *Debugger* ist der Ansatzpunkt die sechste Methode von oben, die in dem Beispiel auch durch Mausklick selektiert wurde. Für diesen Eintrag wird als Klasse *Undefined-Object* und als Methode *Doit* angegeben, was darauf hinweist, daß es sich hierbei um ein im Workspace gestartetes Programm handelt. Der Programmcode ist in der *Source-Fensterkomponente* dargestellt, während die Variablen in der *Variablen-Fensterkomponente* stehen.

In der mittleren, oberen *Variablen-Fensterkomponente* werden die Variablen aufgeführt, die in der jeweiligen Methode deklariert sind. Dabei kann es sich um lokale Variablen, um formale Parameter oder um Blockvariablen handeln. Außerdem ist das Empfänger-exemplar der Methode mit dem Eintrag *self* vertreten. Klassenvariablen oder globale Variablen werden im *Debugger* nicht dargestellt, diese können durch Senden der Nachricht *inspect* zum Öffnen eines *Inspectors* auf der Klasse oder der globalen Variablen inspiziert werden. Wird in der *Variablen-Fensterkomponente* eine Variable selektiert, wird der Wert der Variablen in der oberen, rechten *Inhalts-Fensterkomponente* dargestellt und kann verändert werden. Wird der Eintrag *self* mit einem Doppelklick der Maus selektiert, wird ein zusätzlicher *Inspector* geöffnet, in dem das Exemplar mit seinen Exemplarvariablen inspiziert werden kann. *Variablen-Fensterkomponente* und *Inhalts-Fensterkomponente* zusammen integrieren im *Debugger* die Funktionalität eines *Inspectors*.

Der in der *Source-Fensterkomponente* dargestellte Programmcode kann dort direkt bearbeitet und mit dem Menüpunkt *Save* im *File*-Menü in das System compiliert werden. Falls andere Browser, beispielsweise *ClassHierarchyBrowser,* geöffnet sind, ist dabei darauf zu achten, daß diese möglicherweise danach noch eine ältere Version des gerade geänderten Programmcodes enthalten. Es ist ein öfters auftretender Fehler, daß im Verlauf einer weiteren Bearbeitung so älterer Programmcode wieder in das System kommt und somit im *Debugger* durchgeführte Korrekturen wieder zunichte gemacht werden.

3.9.2 Die Menüs des *Debuggers*

Der *Debugger* verfügt, außer den Standardmenüs jedes Smalltalk-Fensters, über drei zusätzliche Menüs. Dabei handelt es sich um das *Debugger*-Menü, das *Inspect*-Menü und das *Go*-Menü.

Das *Debugger*-Menü verfügt über verschiedene Menüpunkte, die im folgenden näher beschrieben werden.

Der Menüpunkt *More Levels* dient dazu, weitere Ebenen des Smalltalk-Stapelspeichers in der *Walkback-Fensterkomponente* einzufügen. Standardmäßig wird nicht die gesamte Liste der auf dem Stapel befindlichen Methoden angezeigt, sondern nur der obere Teil. Will man tiefer in den Stapel hineingehen, muß (gegebenenfalls mehrmals) der Menüpunkt *More Levels* gewählt werden.

Bild 3.23:
Das
Debugger-
Menü

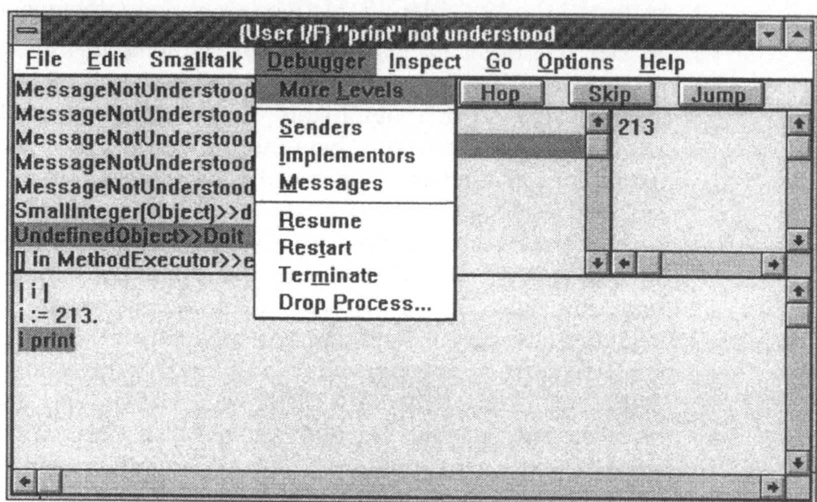

Die Menüpunkte *Senders*, *Implementors* und *Messages* entsprechen den jeweiligen Menüpunkten des *ClassHierarchyBrowsers*: Mit dem Menüpunkt *Senders* wird ein *Senders-Browser* auf allen Klassen und Methoden geöffnet, die eine der in der *Walkback-Fensterkomponente* selektierten Methode entsprechende Nachricht senden. Mit dem Menüpunkt *Implementors* wird ein *Implementors-Browser* auf allen Klassen geöffnet, die eine Methode desselben Namens wie die in der *Walkback-Fensterkomponente* selektierte haben. Mit dem Menüpunkt *Messages* wird ein *Nachrichten-Browser* auf den in der selektierten Methode enthaltenen Nachrichten geöffnet.

Der Menüpunkt *Resume* dient dazu, die Ausführung eines unterbrochenen Programms fortzusetzen. Diese Fortsetzung ist möglich, wenn das Programm durch eine *halt*-Nachricht gestoppt wurde. Dabei ist es auch möglich, zwischendurch unter Benutzung des integrierten *Inspectors* Variablenwerte zu ändern und so die Reaktion des Programms auf veränderte Werte zu testen. In einigen Fällen ist eine Fortsetzung auch möglich, wenn die Unterbrechung durch einen Fehler verursacht wurde, der bei geänderten Variablenwerten nicht mehr auftritt. In der Regel ist die Fortsetzung mit *Resume* nach einem Programmfehler oder wenn der Programmcode von Methoden im *Debugger* geändert wurde, nicht mehr möglich.

Der Menüpunkt *Restart* dient zum Neustart der Programmausführung mit der Einstiegsmethode des unterbrochenen Prozesses. Dieser Neustart ist immer möglich, auch nach Änderungen des Programmcodes im *Debugger.*

Der Menüpunkt *Terminate* dient zum Abbrechen des laufenden Prozesses und zum Entfernen dieses Prozesses vom Smalltalk-Stapelspeicher sowie zum Schließen des *Debuggers.* Dabei führt das System zum ordnungsgemäßen Abbruch verschiedene Abschlußmethoden aus. Das Schließen des *Debugger*-Fensters mit dem Fenster-Schließknopf des Windows-Systems hat dieselbe Funktionalität wie dieser Menüpunkt.

Der Menüpunkt *Drop Process* ähnelt dem Menüpunkt *Terminate.* Im Unterschied zum *Terminate* werden in diesem Fall aber keine Abschlußmethoden ausgeführt. *Drop Process* sollte immer dann verwendet werden, wenn bei *Terminate* ein weiterer Fehler auftritt, weil es Fehler in den Abschlußmethoden gibt, oder wenn vorher bekannt ist, daß bei *Terminate* weitere Fehler auftreten würden.

Das *Inspect*-Menü entspricht dem *Inspect*-Menü im *Inspector.* Seine Aufgabe ist das Öffnen eines weiteren *Inspectors* auf einer in der *Variablen-Fensterkomponente* dargestellten Variablen. Dieselbe Funktionalität wird durch einen Doppelklick auf eine Variable erreicht.

Das *Go*-Menü besitzt die drei Menüpunkte *Hop, Skip* und *Jump.* Die Funktionen dieser drei Menüpunkte entsprechen exakt den Funktionen der entsprechenden Schaltknöpfe, die im nächsten Abschnitt beschrieben werden.

3.9.3   Die Knöpfe des *Debuggers*

Der *Debugger* verfügt über drei Schaltknöpfe. Diese drei Schaltknöpfe *Hop, Skip* und *Jump,* die sich über der *Variablen-* und der *Inhalts-Fensterkomponente* befinden, dienen zur schrittweisen Weiterausführung eines mit *halt* gestoppten Programms. Die Unterschiede zwischen diesen drei Knöpfen liegen in der Schrittweite, die mit ihnen ausgeführt werden. Beim Vorwärtsgehen mit dem *Hop*-Knopf wird die kleinste Schrittweite erreicht. Wenn hierbei in einer Methode eine Nachricht ausgesendet wird, verzweigt der *Debugger* in die entsprechende Methode, nimmt sie dazu als oberstes

Element in die *Walkback-Fensterkomponente* auf und stellt ihren Programmcode in der *Source-Fensterkomponente* dar. Dieses vollständige Verfolgen der Nachrichtenketten läßt sich solange fortsetzen, bis das Smalltalk-System eine sogenannte Basisfunktion oder einen *primitive* ausführt, die als Assemblerroutine die Basis des Systems bildet. Im Gegensatz zum *Hop*-Knopf wird bei einem Vorgehen mit dem *Skip*-Knopf nicht in die einzelnen in einer Methode vorhandenen Nachrichten verzweigt, und zwar in dem Sinne, daß diese zwar ausgeführt werden, die Details der Ausführung aber nicht im *Debugger* dargestellt werden. Damit ist ein Nachverfolgen der Arbeitsweise einer bestimmten Methode möglich, bei der die genaue Arbeitsweise der in dieser Methode gesendeten Nachrichten nicht interessiert. Der *Jump*-Knopf schließlich setzt die Programmausführung bis zum nächsten *halt* fort und ähnelt damit in seiner Funktion sehr stark dem Menüpunkt *Resume* aus dem *Debugger*-Menü. Bei schrittweisen Vorgehen in einem Programm kann jederzeit zwischen der Benutzung insbesondere des *Hop*- und des *Skip*-Knopfes gewechselt werden, so daß es möglich ist, in unwichtige oder uninteressante Nachrichten nicht hineinzugehen, sondern sie nur anzusehen, bei anderen Nachrichten aber auch in die dazugehörigen Methoden zu verzweigen und den dortigen Programmablauf zu verfolgen.

3.10   Die PARTS-Workbench

Die *PARTS-Workbench* war ursprünglich ein separates Produkt von *Digitalk*, das unter dem Namen *PARTS – Part Assembly and Reuse Tool Set* auch separat verkauft wurde. Mit dem Wechsel von *Smalltalk/V* zu *Visual Smalltalk* ist *PARTS* nicht mehr einzeln erhältlich, sondern wurde in *Visual Smalltalk* integriert. *PARTS* ist ein komplexes System, dessen vollständige Beschreibung den Rahmen dieses Absatzes sprengen würde. Daher soll hier nur ein Überblick darüber gegeben werden, um welche Funktionalität das Smalltalk-System durch *PARTS* erweitert wurde und wie diese Funktionalität benutzt wird, damit die Grundkonzepte von *PARTS* deutlich werden.

3.10.1   Die Philosophie der PARTS-Workbench

Die der *PARTS-Workbench* zugrundeliegende Philosophie ist die der visuellen Programmierung. Bei dieser Philosophie schreibt der Entwickler einer Anwendung keinen Programmcode in einem Editor mehr, sondern stellt seine Anwendung visuell aus Komponenten oder *Parts* zusammen. Dieses Zusammenstellen erfolgt so, daß aus einem Katalog von vorhandenen *Parts* die jeweils zu verwendende Komponente ausgewählt, auf das Fenster der *PARTS-Workbench* gezogen und dadurch dorthin kopiert wird. Die verwendeten Komponenten stellen damit das Grundgerüst der Anwendung, die verwendeten Objekte, dar. Zwischen diesen Komponenten finden Interaktionen statt, die ebenfalls im Fenster der *PARTS-Workbench* definiert werden. Die Definition erfolgt durch Erzeugen von Verbindungen oder *Links* zwischen den betroffenen *Parts*. Durch diese *Links* zwischen den *Parts* wird das Versenden von Nachrichten beziehungsweise das Erzeugen und Abarbeiten von Ereignissen dargestellt. Schrittweise wird so die gewünschte Anwendung visuell zusammengestellt.

Bild 3.24:
Der PARTS-Standard-katalog

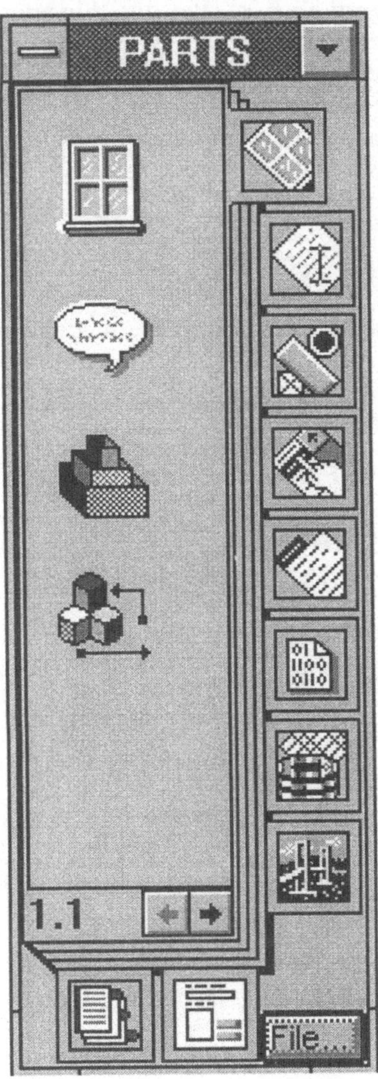

Der PARTS-Katalog

Das Öffnen der *PARTS-Workbench* erfolgt über Auswahl des Menüpunktes *PARTS-Workbench* im *Smalltalk*-Menü. Wenn die *PARTS-Workbench* geöffnet wird, wird der Standardkatalog mit angezeigt. Dieser Standardkatalog ist zunächst der bei *Visual Smalltalk* mitgelieferte. Es ist aber auch möglich, diesen Standardkatalog zu erweitern und Kataloge zu erzeugen und zu speichern, die an die eigenen Bedürfnisse angepaßt sind.

Im wesentlichen bestehen Kataloge aus einer Reihe von Katalogseiten mit einer Anzahl von die *Parts* repräsentierenden Symbolen, horizontalen und vertikalen Reitern (*Tabs*) sowie einem Schaltknopf zum Öffnen des Katalogmenüs. Auf den Katalogseiten befinden sich jeweils die *Parts* einer bestimmten Kategorie. Diese Kategorie wird durch die vertikalen Reiter an der rechten Seite des Katalogs ausgewählt. Falls in einer Kategorie mehr *Parts* enthalten sind als auf eine Katalogseite passen, werden unter der Katalogseite horizontale Reiter eingeblendet, die es ermöglichen, auf die weiteren Katalogseiten der Kategorie zu blättern. Ein Weiterblättern ist auch durch die beiden *Pfeil*-Schaltknöpfe möglich, wobei hier gegebenenfalls auch ein Wechsel in die vorausgehende oder folgende Kategorie möglich ist. Bei der Numerierung der Seiten werden die vertikalen Reiter für die erste, vor dem Trennpunkt stehende Zahl verwendet und die horizontalen Reiter für die zweite, nach dem Trennpunkt stehende Zahl. Bei Bewegen des Mauszeigers auf eine Katalogseite oder ein *Part* wird in der Statuszeile des *PARTS-Workbench*-Fensters zu der Seite oder dem *Part*, über dem sich der Mauszeiger gerade befindet, eine kurze Erklärung angezeigt. Der Schaltknopf zum Öffnen des Katalogmenüs ist mit *File* beschriftet, da die meisten Operationen in diesem Menü Dateioperationen sind, die mit dem Katalog in Zusammenhang stehen. Durch Drücken des Schaltknopfes wird das Katalogmenü geöffnet.

3.10.3　Die Kategorien der Katalogseiten des PARTS-Katalog

Im folgenden werden die im Standardkatalog zur Verfügung stehenden *Parts*-Kategorien und die in ihnen enthaltenen *Parts* im Überblick beschrieben.

Fensterkategorie

In der Fensterkategorie gibt es drei Katalogseiten. Die erste Katalogseite enthält verschiedene *Parts* für Fenster, die als Basisfenster einer Anwendung verwendet werden können. Die zweite Katalogseite enthält *Notebooks* und die dritte Katalogseite verschiedene Dialoge.

Textseitenkategorie

In der Textseitenkategorie gibt es zwei Katalogseiten. Die erste Katalogseite enthält verschiedene *Parts* zur Aufnahme von Texten und die zweite Katalogseite enthält *Parts* für unterschiedliche Arten von formatierten Feldern.

Knopfkategorie

Die Knopfkategorie enthält *Parts* für Knöpfe aller Art, beispielsweise für Schaltknöpfe und Radioknöpfe (*Radiobuttons*).

Listenkategorie

In der Listenkategorie gibt es drei Katalogseiten. Die erste Katalogseite enthält *Parts* zur Darstellung von Listen. Die zweite Katalogseite enthält *Parts* mit Fensterelementen, die für Listen verwendet werden, wie beispielsweise *Scrollbars*. Die dritte Katalogseite enthält *Parts* zur Darstellung von Grafik, wie beispielsweise *GraphPanes*.

Menükategorie

In der Menükategorie gibt es zwei Katalogseiten: Die erste Katalogseite enthält *Parts* mit Menüelementen zum Aufbau von Menüs. Auf der zweiten Katalogseite sind *Parts* mit vorgefertigten Menüs zu finden.

Datenkategorie

In der Datenkategorie gibt es zwei Katalogseiten: Die erste Katalogseite enthält verschiedene *Parts* zur Aufnahme von Daten, wie beispielsweise *Parts* die ein *Dictionary* oder eine *OrderedCollection* implementieren. Auf der zweiten Katalogseite gibt es *Parts* für Vergleiche zwischen Objekten, zur Durchführung von arithmetischen Berechnungen, zur Umwandlung von Objekten sowie eine *Link Junction* zur Verzweigung von Verbindungen zwischen *Parts*.

Schnittstellenkategorie

In der Schnittstellenkategorie gibt es zwei Katalogseiten: Die erste Katalogseite enthält Parts zur Unterstützung der DDE-Schnittstelle (*Dynamic Data Exchange*) und des *Clipboard*. Die zweite Katalogseite enthält einen *Part* für eine C-Schnittstelle.

3.10.4   Das Menü des PARTS-Katalog

Durch Drücken des *File*-Schaltknopfes im Katalog wird das Katalogmenü geöffnet. In dem Menü stehen eine Reihe von Menüpunkten zur Verfügung, die dem Aufbau und der Verwaltung von Katalogen dienen. Die einzelnen Menüpunkte sollen im folgenden kurz erläutert werden.

New

Der Menüpunkt *New* dient zum Erzeugen eines neuen Katalogs. Nach Anwahl von *New* öffnet sich ein neuer Katalog, der zunächst keine Parts und keine Seiten enthält. Mit einigen der weiteren Menüpunkte ist es möglich, aus diesem Katalog einen eigenen, anforderungsspezifischen Katalog aufzubauen.

Open

Der Menüpunkt *Open* wird verwendet, um einen anderen Katalog zu öffnen. Nach Anwahl dieses Menüpunkts öffnet sich ein Dateidialog, in dem es möglich ist, die Datei mit dem gewünschten Katalog zu öffnen. Es können auf diese Weise mehrere, unterschiedliche Kataloge geöffnet werden, aus denen die Anwendung konstruiert wird.

Bild 3.25:
Das PARTS-Katalog-Menü

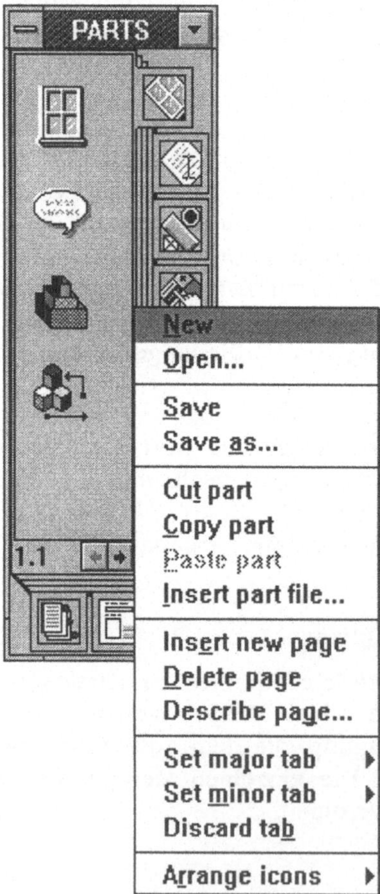

Save

Mit dem Menüpunkt *Save* wird der aktuelle Katalog unter seinem bisher verwendeten Namen gespeichert. Falls dieser Katalog erweitert wurde, werden damit auch die erfolgten Erweiterungen gesichert.

Save As

Der Menüpunkt *Save As* wird verwendet, um den angewählten Katalog unter einem auswählbaren Namen zu speichern. Bei Wahl dieses Menüpunktes öffnet sich ein Dateidialog, in dem es möglich ist, das gewünschte Verzeichnis zu wählen und den gewünschten Namen einzugeben, unter dem der Katalog dann gespeichert wird.

Cut part

Der Menüpunkt *Cut part* dient dazu, ein selektiertes *Part* aus dem aktuellen Katalog auszuschneiden. Dieses Part befindet sich nach dem Ausschneiden in der Zwischenablage des Window-Systems.

Copy part

Der Menüpunkt *Copy part* dient dazu, ein selektiertes *Part* aus dem aktuellen Katalog in die Zwischenablage des Window-Systems zu kopieren.

Paste part

Mit dem Menüpunkt *Paste part* wird ein *Part* aus der Zwischenablage des Window-Systems in die aktuelle Katalogseite des angewählten Katalogs eingefügt.

Insert part file

Mit dem Menüpunkt *Insert part file* ist es möglich, ein *Part*, das als separate Datei gespeichert ist, auf der aktuellen Katalogseite einzufügen. Bei Anwahl dieses Menüpunktes öffnet sich ein Dateidialog, in dem es möglich ist, das gewünschte Verzeichnis und die gewünschte *Part*-Datei zu wählen.

Insert new page

Der Menüpunkt *Insert new page* dient dazu, eine neue, leere Katalogseite einzufügen. Das Einfügen erfolgt dabei als Folgeseite der aktuell gewählten Seite. Die neue Seite bekommt als erste Nummer die Nummer des vertikalen Reiters, während als zweite Nummer die bisherige zweite Nummer erhöht wird.

Delete page

Mit dem Menüpunkt *Delete page* wird die aktuelle Katalogseite gelöscht. Nach Anwahl dieses Menüpunktes erfolgt eine Sicherheitsabfrage, ob die Seite wirklich gelöscht werden soll. Nach Bestätigung wird die Seite gelöscht, die verbleibenden Seiten werden gegebenenfalls umnumeriert.

Describe page

Der Menüpunkt *Describe page* dient zum Beschreiben der aktuellen Seite. Nach Anwahl dieses Menüpunktes wird mit einem *Prompter* der beschreibende Text erfragt. Dieser Text erscheint in der Statuszeile des *PARTS-Workbench*-Fensters, wenn der Mauszeiger auf diese Seite bewegt wird.

Set major tab

Der Menüpunkt *Set major tab* dient zum Setzen eines vertikalen Reiters. Dabei kann ausgewählt werden, ob der Reiter mit einem einzugebenden Text oder mit einer aus einer Datei ladbaren *Bitmap* dargestellt werden soll. Da eine Seite nur entweder einen vertikalen oder einen horizontalen Reiter besitzen kann, wird bei Vorhandensein eines horizontalen Reiters außerdem mit einem Dialog erfragt, ob wirklich der horizontale Reiter durch einen vertikalen Reiter ersetzt werden soll.

Set minor tab

Der Menüpunkt *Set minor tab* dient zum Setzen eines horizontalen Reiters. Dabei kann ausgewählt werden, ob der Reiter mit einem einzugebenden Text oder mit einer aus einer Datei ladbaren *Bitmap* dargestellt werden soll. Da eine Seite nur entweder einen vertikalen oder einen horizontalen Reiter besitzen kann, wird bei Vorhandensein eines vertikalen Reiters außerdem mit einem Dialog erfragt, ob wirklich der vertikale Reiter durch einen horizontalen Reiter ersetzt werden soll.

Discard tab

Mit dem Menüpunkt *Discard tab* wird ein vorhandener horizontaler oder vertikaler Reiter entfernt. Nach Anwahl dieses Menüpunktes wird der Reiter ohne weitere Rückfrage gelöscht. Vergewissern Sie sich daher, daß Sie wirklich den gewählten Reiter löschen wollen.

Arrange Icons

Mit dem Menüpunkt *Arrange Icons* werden die Icons auf der gewählten Katalogseite oder auf allen Katalogseiten nach einem Gitternetz ausgerichtet. Diese Funktion ist nach Aufbau von eigenen Katalogseiten sinnvoll.

3.10.5　　Das PARTS-Workbench-Fenster

Bild 3.26:
Das PARTS-
Workbench-
fenster

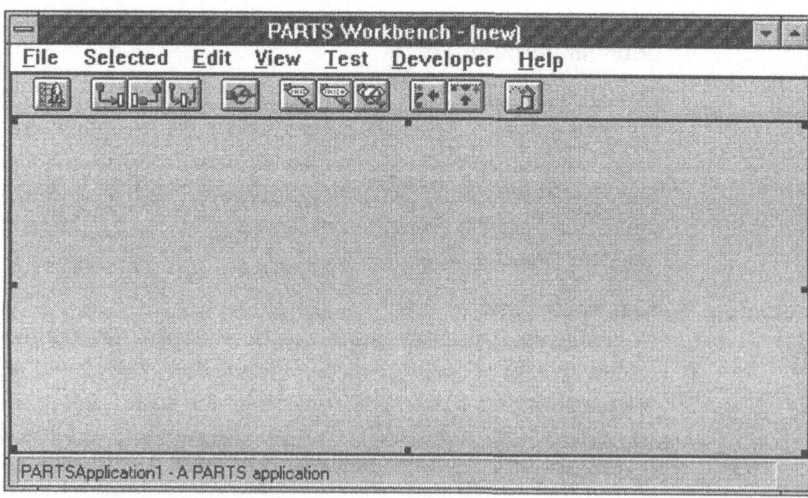

Das *PARTS-Workbench*-Fenster ist das zentrale Fenster von *Parts*. In diesem Fenster werden die Anwendungen aus den einzelnen *Parts* und Verbindungen zwischen diesen *Parts* montiert.

Das *Parts-Workbench*-Fenster beteht außer einer Menüzeile oben im Fenster, die nicht die üblichen Standardmenüs, sondern eine Reihe anderer Menüs enthält, aus einer Reihe von *Icon*-Schaltknöpfen unter der Menüleiste, einem relativ großen Arbeitsbereich zum Aufbau der Anwendung sowie aus einem Ausgabebereich für die Ausgabe von Meldungen.

3.10.6 Das *File*-Menü der PARTS-Workbench

Das *File*-Menü der *PARTS-Workbench* enthält folgende Menüpunkte:

New

Der Menüpunkt *New* dient zum Erzeugen eines neuen *Parts-Workbench*-Fensters.

Open

Der Menüpunkt *Open* dient zum Öffnen einer *Parts*-Anwendung bei gleichzeitigem Öffnen eines neuen *Parts-Workbench*-Fensters. Nach Anwahl dieses Menüpunktes wird ein Dateidialog geöffnet, in dem das Verzeichnis und die Datei ausgewählt werden können, aus denen die Anwendung geladen werden soll.

Replace

Der Menüpunkt *Replace* dient zum Öffnen einer *Parts*-Anwendung in dem aktuellen *Parts-Workbench*-Fenster. Nach Anwahl dieses Menüpunktes wird ein Dateidialog geöffnet, in dem das Verzeichnis und die Datei ausgewählt werden können, aus denen die Anwendung geladen werden soll.

Save

Mit dem Menüpunkt *Save* wird die aktuelle *Parts*-Anwendung unter ihrem bisher verwendeten Namen gespeichert.

Save As

Der Menüpunkt *Save As* wird verwendet, um die aktuelle *Parts*-Anwendung unter einem auswählbaren Namen zu speichern. Bei Wahl dieses Menüpunktes öffnet sich ein Dateidialog, in dem es möglich ist, das gewünschte Verzeichnis zu wählen und den gewünschten Namen einzugeben, unter dem die Anwendung dann gespeichert wird.

Print

Der Menüpunkt *Print* dient dazu, die aktuelle *Parts*-Anwendung entweder auf ein Bildschirmfenster oder auf den Drucker auszudrucken. Dabei wird nicht die Grafik gedruckt, sondern Text, der die aktuelle Anwendung exakt definiert.

Settings

Mit dem Menüpunkt *Settings* können eine Reihe von Einstellungen der *PARTS-Workbench* verändert werden. In dem sich nach Auswahl des Menüpunktes öffnenden Bearbeitungsfenster können unter anderem der Gitterabstand des Gitters auf dem Arbeitsbereich der *PARTS-Workbench*, Suchpfade, Farben und Anzeigeoptionen eingestellt werden.

Close

Mit dem Menüpunkt *Close* wird das aktuelle *Parts-Workbench*-Fenster geschlossen.

3.10.7   Das *Selected*-Menü der PARTS-Workbench

Das *Selected*-Menü der *PARTS-Workbench* enthält folgende Menüpunkte:

Edit Menüpunkte

Die drei Menüpunkte *Edit direct*, *Edit properties* und *Edit interface* dienen zum Bearbeiten bestimmter Aspekte des im Arbeitsbereich angewählten *Parts*.

Mit dem Menüpunkt *Edit direct* kann direkt das *Part* auf dem Bildschirm bearbeitet werden, beispielsweise kann zu einem *Window-Part* der Text der *Window*-Kopfzeile direkt eingegeben werden.

Mit dem Menüpunkt *Edit properties* können verschiedene generelle Eigenschaften des *Parts* bearbeitet werden. Nach Auswahl dieses Menüpunkts öffnet sich ein Bearbeitungsfenster, in dem unter anderem Name, Titel und Version, Icons und Wiederverwendungsoptionen eingestellt werden können.

Mit dem Menüpunkt *Edit interface* ist es möglich, die öffentliche Methodenschnittstelle des *Parts* in dem sich nach Auswahl des Menüpunktes öffnenden Bearbeitungsfenster zu bearbeiten.

Show/Hide Menüpunkte

Die fünf Menüpunkte *Show links*, *Show incoming links*, *Show outgoing links*, *Show some links* und *Hide links* dienen zur Auswahl, ob und welche Arten von Verbindungen (*Links*) angezeigt werden sollen.

Mit dem Menüpunkt *Show links* werden alle Verbindungen angezeigt, die zwischen dem ausgewählten *Part* und anderen *Parts* bestehen. Diese Funktion kann auch durch Drücken des Schaltknopfes mit nebenstehendem Icon in der Schaltknopfleiste unter den Menüs ausgelöst werden.

Mit dem Menüpunkt *Show incoming links* werden die Verbindungen angezeigt, die von anderen *Parts* ausgehen und bei dem ausgewählten *Part* ankommen. Beachten Sie bitte, daß bei Auswahl dieses Menüpunktes bereits angezeigte, andere Verbindungen nicht gelöscht werden. Sollen nur die ankommenden Verbindungen angezeigt werden, muß vorher mit dem Menüpunkt *Hide links* die Anzeige aller Verbindungen ausgeschaltet werden. Diese Funktion kann auch durch Drücken des Schaltknopfes mit nebenstehendem Icon in der Schaltknopfleiste unter den Menüs ausgelöst werden.

Mit dem Menüpunkt *Show outgoing links* werden die Verbindungen angezeigt, die vom ausgewählten *Part* zu anderen *Parts* gehen. Beachten Sie bitte, daß bei Auswahl dieses Menüpunktes bereits angezeigte, andere Verbindungen nicht gelöscht werden. Sollen nur die ausgehenden Verbindungen angezeigt werden, muß vorher mit dem Menüpunkt *Hide links* die Anzeige aller Verbindungen ausgeschaltet werden. Diese Funktion kann auch durch Drücken des Schaltknopfes mit nebenstehendem Icon in der Schaltknopfleiste unter den Menüs ausgelöst werden.

Mit dem Menüpunkt *Show some links* kann ausgewählt werden, welche Verbindungen angezeigt werden sollen. In dem sich nach Auswahl dieses Menüpunktes öffnenden Dialog kann gewählt werden, welche Verbindungen angezeigt werden sollen. Beachten Sie bitte, daß dabei bereits angezeigte, andere Verbindungen nicht gelöscht werden. Sollen nur die ausgewählten Verbindungen angezeigt werden, muß vorher mit dem Menüpunkt *Hide links* die Anzeige aller Verbindungen ausgeschaltet werden.

Der Menüpunkt *Hide links* dient zum Ausschalten der Anzeige der Verbindungen. Nach Auswahl dieses Menüpunktes wird keine der eventuell vorhandenen Verbindungen mehr angezeigt.

Bild 3.27:
Der Create-
link Dialog

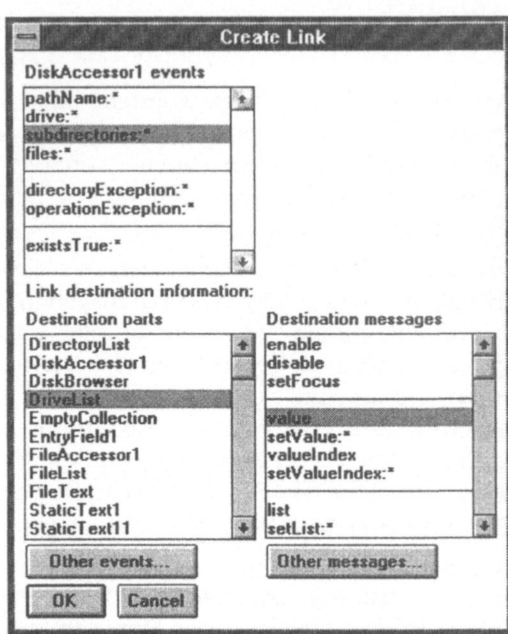

Create link

Der Menüpunkt *Create link* dient dazu, ausgehend vom gewählten *Part* eine Verbindung zu einem anderen in der Anwendung verwendeten *Part* anzulegen. Bei Anwahl dieses Menüpunktes öffnet sich ein Dialog, in dem über verschiedene Listen die Verbindung genau definiert werden kann: In der Liste links oben im Dialog werden die Ereignisse (*Events*) des aktuellen *Parts* aufgelistet und können ausgewählt werden. In der Liste links unten kann das *Part* ausgewählt werden, zu dem die Verbindung angelegt werden kann. Bei Auswahl dieses Ziel-*Parts* werden in der Liste rechts unten im Dialog die für das Ziel zur Verfügung stehenden Nachrichten aufgelistet und können ausgewählt werden. Mit den Schaltknöpfen *Other events* und *Other messages* können gegebenenfalls auch noch über einen weiteren Unterdialog weitere Ereignisse beziehungsweise Nachrichten ausgewählt werden.

Sequence link

Der Menüpunkt *Sequence link* dient dazu, die Reihenfolge des Absetzens von Ereignissen zu verändern, falls von einem *Part* eine Reihe von Ereignis-Verbindungen ausgehen. Nach Anwahl dieses Menüpunkts wird ein Dialog geöffnet, in dem alle *Events* des ausgewählten *Parts* enthalten sind, die über *Links* an andere *Parts* angebunden sind. Wird ein Ereignis ausgewählt, werden die davon ausgehenden Verbindungen in ihrer Reihenfolge in einem Feld darunter angezeigt. Eine neue Reihenfolge kann über den *Drag & Drop*-Mechanismus erzielt werden, in dem der zu verändernde *Link* nach oben oder unten in der Liste gezogen wird.

Expand

Der Menüpunkt *Expand* dient dazu, ein sichtbares *Part* – bei sichtbaren *Parts* (*visible Parts*) handelt es sich um *Parts*, die eine Sicht oder Teile davon implementieren – auf seine Darstellung bei Start der Anwendung zu expandieren.

Shrink

Der Menüpunkt *Shrink* dient dazu, ein sichtbares *Part* nicht in seiner vollen Größe, sondern als Icon darzustellen.

Select

Der Menüpunkt *Select* öffnet eine Liste, in der ein oder mehrere *Parts* der Anwendung angewählt werden. Nach Bestätigen mit dem *OK*-Schaltknopf sind diese *Parts* dann auf dem Arbeitsbereich selektiert.

3.10.8 Das *Edit*-Menü der PARTS-Workbench

Das *Edit*-Menü der *PARTS-Workbench* enthält folgende Menüpunkte, die zum Bearbeiten von *Parts* auf dem Arbeitsbereich dienen:

Undo/Redo

Der Menüpunkt *Undo* dient dazu, die letzte Aktion im Arbeitsbereich rückgängig zu machen, während der Menüpunkt *Redo* verwendet werden kann, um die letzte rückgängig gemachte Aktion doch durchzuführen.

Cut

Der Menüpunkt *Cut* dient dazu, ein selektiertes *Part* aus dem Arbeitsbereich auszuschneiden. Dieses *Part* befindet sich nach dem Ausschneiden in der Zwischenablage des Window-Systems.

Copy

Der Menüpunkt *Copy* dient dazu, ein selektiertes *Part* aus dem Arbeitsbereich in die Zwischenablage des Window-Systems zu kopieren.

Paste

Mit dem Menüpunkt *Paste* wird ein *Part* aus der Zwischenablage des Window-Systems in den Arbeitsbereich eingefügt.

Delete

Der Menüpunkt *Delete* dient dazu, ein auf dem Arbeitsbereich selektiertes *Part* zu löschen. Diese Funktion kann auch durch Drücken des Schaltknopfes mit nebenstehendem Icon in der Schaltknopfleiste unter den Menüs ausgelöst werden.

Duplicate

Der Menüpunkt *Duplicate* dient dazu, ein auf dem Arbeitsbereich selektiertes *Part* zu duplizieren.

Import part

Mit dem Menüpunkt *Import part* ist es möglich, ein *Part,* das als separate Datei gespeichert ist, auf dem Arbeitsbereich einzufügen. Bei Anwahl dieses Menüpunktes öffnet sich ein Dateidialog, in dem es möglich ist, das gewünschte Verzeichnis und die gewünschte *Part*-Datei zu wählen.

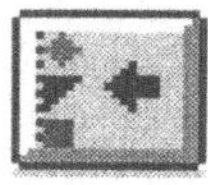

Align

Mit dem Menüpunkt *Align* können die auf dem Arbeitsbereich ausgewählten *Parts* ausgerichtet werden. Die Ausrichtung kann am linken Rand (Untermenüpunkt *Left*), vertikal zentriert (Untermenüpunkt *Center vertically*), am rechten (Untermenüpunkt *Right*), am oberen Rand (Untermenüpunkt *Top*), horizontal zentriert (Untermenüpunkt *Center horizontally*) oder am unteren Rand (Untermenüpunkt *Bottom*) erfolgen. Führend ist dabei jeweils das zuerst ausgewählte *Part*. Für das Ausrichten am linken Rand beziehungsweise am oberen Rand können auch die nebenstehenden Icons in der Schaltknopfleiste unter den Menüs verwendet werden.

Distribute

Mit dem Menüpunkt *Distribute* ist es möglich, die auf dem Arbeitsbereich ausgewählten *Parts* mit gleichen Abständen zueinander anzuordnen. Dabei kann das Herstellen gleicher Abstände entweder horizontal (Untermenüpunkt *Horizontally*) oder vertikal (Untermenüpunkt *Vertically*) erfolgen. Führend ist dabei jeweils das zuerst ausgewählte *Part*.

Same size

Mit dem Menüpunkt *Same size* kann allen auf dem Arbeitsbereich ausgewählten *Parts* dieselbe Größe gegeben werden. Die Änderung der Größe kann sich entweder nur auf die Breite (Untermenüpunkt *Width*), die Höhe (Untermenüpunkt *Height*) oder auf beide Dimensionen (Untermenüpunkt *Both*) beziehen.

3.10.9 Das *View*-Menü der PARTS-Workbench

Das *View*-Menü der *PARTS-Workbench* enthält Menüpunkte, die zum Festlegen der Anzeigeoptionen für den Arbeitsbereich dienen, sowie zwei Menüpunkte zum Öffnen des *Script-Editors* und von Katalogen. Im einzelnen sind folgende Menüpunkte vorhanden:

Show labels

Mit dem Menüpunkt *Show labels* wird festgelegt, daß zu allen angezeigten *Links* jeweils auch deren *Labels* mit auf dem Arbeitsbereich angezeigt werden. Diese Funktion kann auch durch Drücken des Schaltknopfes· mit nebenstehendem Icon in der Schaltknopfleiste unter den Menüs ausgelöst werden.

Expand labels

Mit dem Menüpunkt *Expand labels* wird eingestellt, daß einige *Labels* in einer erweiterten Darstellung angezeigt werden. Bei dieser erweiterten Darstellung werden bei der Wertübergabe durch *Links* auch die Namen der übergebenen Werte angezeigt. Diese Funktion kann auch durch Drücken des Schaltknopfes mit nebenstehendem Icon in der Schaltknopfleiste unter den Menüs ausgelöst werden.

Hide labels

Mit dem Menüpunkt *Hide labels* wird die Darstellung der *Labels* auf dem Arbeitsbereich wieder ausgeschaltet. Diese Funktion kann auch durch Drücken des Schaltknopfes mit nebenstehendem Icon in der Schaltknopfleiste unter den Menüs ausgelöst werden.

Show all links

Mit dem Menüpunkt *Show all links* werden alle *Links* zwischen *Parts* auf dem Arbeitsbereich angezeigt.

Hide all links

Der Menüpunkt *Hide all links* dient dazu, die Anzeige aller *Links* zwischen *Parts* auf dem Arbeitsbereich auszuschalten. Diese Funktion kann auch durch Drücken des Schaltknopfes mit nebenstehendem Icon in der Schaltknopfleiste unter den Menüs ausgelöst werden.

Set grid

Mit dem Menüpunkt *Set grid* wird der Gitterabstand des Gitters eingestellt, an dem die *Parts* auf dem Arbeitsbereich ausgerichtet werden können.

Show hints

Der Menüpunkt *Show hints* dient dazu, die Anzeige von Meldungen unterhalb des Arbeitsbereichs ein- und wieder auszuschalten. Wenn dieser Menüpunkt mit einem Haken markiert ist, ist die Anzeige eingeschaltet. Die *PARTS-Workbench* verfügt dann über die Ausgabezeile für Meldungen, auf der beim Bewegen der Maus auf dem Arbeitsbereich Hinweise zu den jeweils mit dem Mauszeiger berührten Objekten gegeben werden.

Show labels with links

Mit dem Menüpunkt *Show labels with links* wird die Anzeige der *Labels* bei der Anzeige von Verbindungen ein- und wieder ausgeschaltet. Wenn dieser Menüpunkt mit einem Haken markiert ist, ist die Anzeige eingeschaltet. Bei eingeschalteter Option werden beim Einblenden von *Links* auch deren *Label* mit eingeblendet.

Show links with selection

Mit dem Menüpunkt *Show links with selection* wird die Anzeige aller *Links* des jeweils selektierten *Parts* ein- und wieder ausgeschaltet. Wenn dieser Punkt mit einem Haken markiert ist, ist die Anzeige eingeschaltet. Wird bei eingeschalteter Option ein *Part* selektiert, werden im Arbeitsbereich auch alle *Links* für dieses *Part* eingeblendet.

Edit Scripts

Mit dem Menüpunkt *Edit Script* wird ein *Script*-Editor gestartet, der zum Schreiben von *Script*-Methoden dient. Bei *Script*-Methoden handelt es sich um Smalltalk-Methoden, die von *Parts* über *Links* angestoßen werden können. Der *Script*-Editor besteht im wesentlichen aus zwei Listen und einem Texteditorfeld. In der links oben stehenden Liste sind unter der Bezeichnung *components* die *Part*-Exemplare aufgelistet, aus denen die Anwendung aktuell besteht. Wird in der Liste eines dieser *Part*-Exemplare ausgewählt, werden in der rechts oben stehenden Liste die *Script*-Methoden dazu ange-

Bild 3.28:
Der Script-Editor

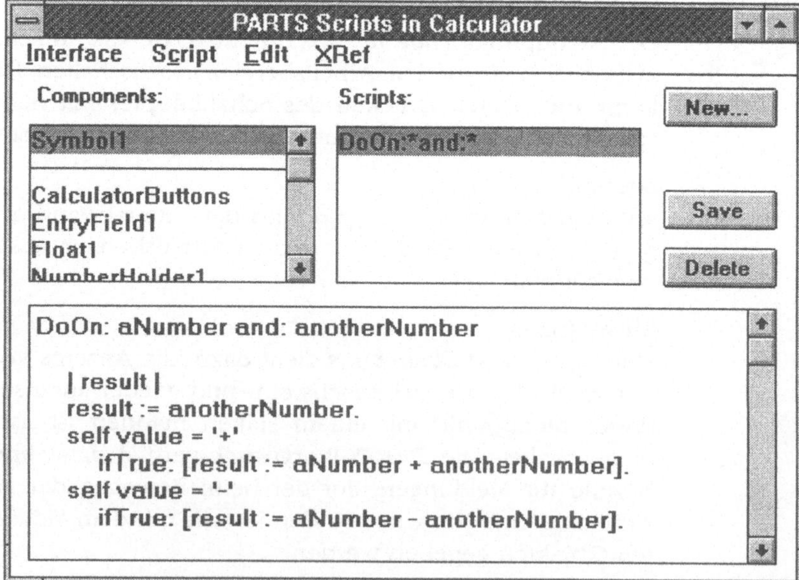

zeigt. Bei der Auswahl einer *Script*-Methode in der rechten Liste wird der Methodencode im Editorfenster angezeigt und kann bearbeitet werden. Mit dem *Save*-Schaltknopf wird die Methode gespeichert. Der *Delete*-Schaltknopf dient dazu, die Methode zu löschen.

Mit dem *New*-Schaltknopf kann eine neue Methode eingerichtet werden. In dem oben dargestellten *Script*-Editor wurde die als Beispiel mitgelieferte *Parts*-Anwendung *Calculator* bearbeitet. Die Komponente *Symbol1* verfügt über eine *Script*-Methode *DoOn:and:*, deren Programmcode im Editorfenster angezeigt wird.

Open catalog

Der Menüpunkt *Open catalog* wird verwendet, um einen *Parts*-Katalog zu öffnen. Nach Anwahl dieses Menüpunktes öffnet sich ein Dateidialog, in dem es möglich ist, die Datei mit dem gewünschten Katalog zu öffnen. Es können auf diese Weise mehrere, unterschiedliche Kataloge geöffnet werden, aus denen die Anwendung konstruiert wird.

3.10.10   Das *Test*-Menü der PARTS-Workbench

Das *Test*-Menü der *PARTS-Workbench* enthält Menüpunkte, die zum Starten und Testen der *Parts*-Anwendung sowie zum Setzen und Löschen von *Breakpoints* dienen.

Launch

Mit dem Menüpunkt *Launch* wird die *Parts*-Anwendung gestartet. Sie sollten die Anwendung vor dem Start speichern, damit im seltenen Fall eines vollständigen Absturzes des Smalltalk-Systems der letzte Stand wieder geladen werden kann.

Debug

Mit dem Menüpunkt *Debug* wird die *Parts*-Anwendung unter Kontrolle des *Parts-Debuggers* gestartet. Sie haben dann die Möglichkeit, die Abarbeitung der Anwendung genau zu kontrollieren, ähnlich wie dies beim *Smalltalk-Debugger* auch der Fall ist. Sie sollten die Anwendung vor dem Start speichern, damit im seltenen Fall eines vollständigen Absturzes des Smalltalk-Systems der letzte Stand wieder geladen werden kann.

Set all breakpoints

Mit dem Menüpunkt *Set all breakpoints* werden alle für die *Parts*-Anwendung definierten *Breakpoints*, an denen die Abarbeitung der Anwendung unterbrochen wird, gesetzt.

Clear all breakpoints

Mit dem Menüpunkt *Clear all breakpoints* werden alle für die *Parts*-Anwendung definierten *Breakpoints* entfernt.

3.10.11 Das *Developer*-Menü der PARTS-Workbench

Das *Developer*-Menü der *PARTS-Workbench* enthält weitere Menüpunkte, die für Entwicklung von *Parts*-Anwendungen benutzt werden können.

Inspect

Der Menüpunkt *Inspect* dient dazu, einen *Inspector* auf den oder die auf dem Arbeitsbereich ausgewählten *Parts* zu öffnen.

Add object

Mit dem Menüpunkt *Add Object* ist es möglich, ein beliebiges Exemplar als *Part* auf dem Arbeitsbereich anzulegen. Dazu öffnet sich bei Anwahl dieses Menüpunktes ein Eingabe-*Prompter*, in dem ein Smalltalk-Ausdruck eingegeben werden kann. Die Auswertung dieses Smalltalk-Ausdrucks liefert dann das Exemplar, das zu einem *Part* auf dem Arbeitsbereich der *Parts*-Workbench wird.

3.10.12 Das *Help*-Menü der PARTS-Workbench

Das *Help*-Menü der *PARTS-Workbench* enthält gegenüber den in den anderen Fenstern vorhandenen Help-Menüs zwei zusätzliche Menüpunkte, und zwar die folgenden:

Tutorial

Mit dem Menüpunkt *Tutorial* kann ein umfangreiches, englischsprachiges *Tutorial* zu der *Parts*-Workbench gestartet werden.

Samples

Der Menüpunkt *Samples* dient dazu, die umfangreichen Beispiele zur *Parts-Workbench* mit englischsprachigen Hilfetexten zu erklären.

3.10.13 Anwendungsentwicklung mit der PARTS-Workbench

Die Anwendungsentwicklung mit der *PARTS-Workbench* erfolgt durch das grafische Montieren von Anwendungsbausteinen, eben den *Parts*, und deren Verbindungen untereinander, den *Links*, auf dem Arbeitsbereich der *PARTS-Workbench*. Das grundsätzliche Vorgehen dabei soll im folgenden kurz vorgestellt werden.

Parts

Die *Parts* stellen die Objekte dar, aus denen eine Anwendung besteht. Dabei kann man grundsätzlich zwei Arten von *Parts* unterscheiden:

- *Visuelle Parts* (*Visual parts*) sind *Parts*, die Objekte erzeugen, die auch während des Ablaufs der Anwendung sichtbar sind. Typische Beispiele für *visuelle Parts* sind Fensterelemente wie Listboxen, Schaltknöpfe oder Menüs. Aber auch komplette Fenster wie beispielsweise die verschiedenen Dialoge sind *visuelle Parts*. *Visuelle Parts* werden auf dem Arbeitsbereich in der Regel durch ihre visuelle Darstellung – wie sie auch beim Ablauf der Anwendung auftritt – repräsentiert. Eine Umschaltung auf die Darstellung als *Icon* ist aber ebenfalls möglich.

- *Nicht-visuelle Parts* (*Nonvisual parts*) sind *Parts*, die Objekte erzeugen, die während des Ablaufs der Anwendung nicht sichtbar – aber dennoch vorhanden – sind. *Nicht-visuelle Parts* sind beispielsweise alle Datenstrukturen wie *OrderedCollection* oder *Dictionary*, aber auch *Parts*, die externe Geräte wie Dateien oder Drucker repräsentieren, oder *Parts*, die bestimmte Verarbeitungsalgorithmen darstellen, wie beispielsweise Objektumwandlungen oder arithmetische Berechnungen.

Technisch ist natürlich jedes *Part* in Visual Smalltalk ein Smalltalk-Objekt. Eine *Parts*-Anwendung besteht in der Regel aus beiden Arten von *Parts*. *Visuelle Parts* werden in einer Anwendung verwendet, um die Kommunikation mit dem Benutzer zu realisieren, also Eingaben und Aktionen zu ermöglichen und Ergebnisse anzuzeigen. *Nicht-visuelle Parts* in einer Anwendung dienen der Speicherung und dem Zugriff auf Daten und der Durchführung der notwendigen Verarbeitung.

Der Aufbau einer *Parts*-Anwendung kann schrittweise erfolgen, indem zunächst von einigen *Parts* ausgegangen wird, die auf dem Arbeitsbereich plaziert werden. Dabei sollte nach dem Plazieren eines *Parts* auf dem Arbeitsbereich der Menüpunkt *Selected>Edit properties* verwendet werden, um eventuell notwendige Anpassungen wie beispielsweise des *Part*-Namens vorzunehmen. Zwischen den *Parts* auf dem Arbeitsbereich werden dann die notwendigen Verbindungen gezogen, durch die Kommunikation und Informationsübermittlung zwischen den *Parts* erfolgt.

Bild 3.29:
Die Parts der
DOSBEEP-
Anwendung

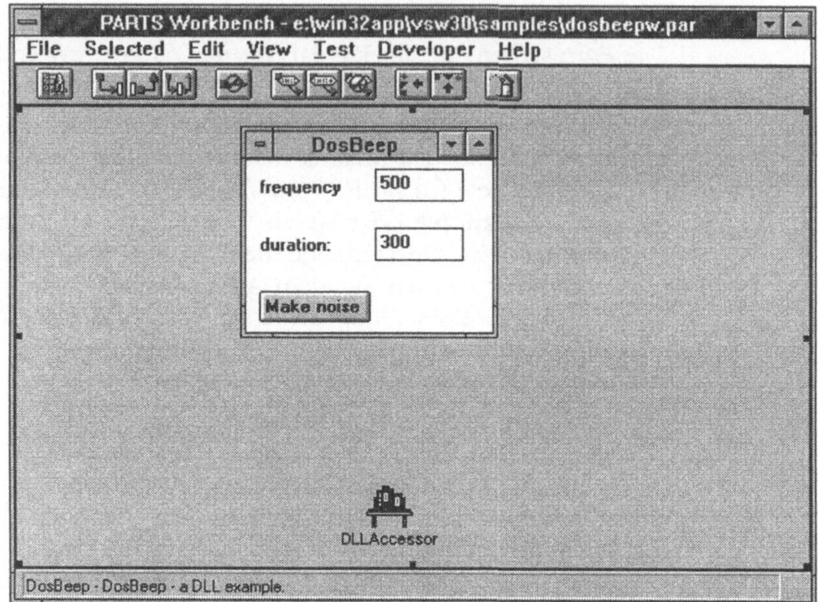

Im vorliegenden Beispiel wird eine *Parts*-Anwendung erstellt, die den Lautsprecher mit einer bestimmten Frequenz und einer bestimmten Dauer anspricht. Dieses Beispiel ist unter der Bezeichnung DOSBEEP im Lieferumfang von *Visual Smalltalk* enthalten. Sie können und sollten es aber jetzt auch einfach selbst programmieren. Dazu plazieren Sie zunächst ein *Window-Part* auf dem Arbeitsbereich. In diesen *Window-Part* kommen zwei *StaticText-Parts*, zwei *IntegerEntryField-Parts* und ein *PushButton-Part*. Weiterhin benötigen Sie als *Nonvisual-Part* ein *DLL-Accessor-Part*. Für die einzelnen Parts stellen Sie jetzt über den Menüpunkt *Selected>Edit Properties* die jeweiligen Eigenschaften ein, beispielsweise die Ausgabetexte. Damit sind die für die Anwendung notwendigen *Parts* vorhanden. Als nächstes werden durch *Links* die Kommunikation und die Informationsübermittlung realisiert.

Links

Die *Links* sind die Verbindungen zwischen den einzelnen *Parts* auf dem Arbeitsbereich, die dafür sorgen, daß aus den einzelnen *Parts* eine funktionierende *Parts*-Anwendung wird. Auch bei den *Links* gibt es einige unterschiedliche Arten, die sich in ihrer Funktionalität unterscheiden:

- *Ereignis-Verbindungen* (*Event links*) sind *Links*, die ein Ereignis (*Event*) bei einem *Part* mit einer Nachricht bei einem anderen *Part* verbinden. Eine solche Verbindung bewirkt, daß beim Auftreten des Ereignisses beim sendenden *Part* der Verbindung entweder die entsprechende Methode zu der Nachricht beim empfangenden *Part* der Verbindung oder eine für das *Part* geschriebene *Script*-Methode ausgeführt wird. Bei *Script*-Methoden handelt es sich um Smalltalk-Methoden, die nicht einer Klasse, sondern einem *Part* in einer *Parts*-Anwendung zugeordnet sind. *Scripts* sind damit Methoden, die nur genau einem *Parts*-Exemplar zur Verfügung stehen, nämlich dem *Part*, zu dem sie definiert sind. Einige *Event links* werden vom System auch automatisch generiert. Wird beispielsweise ein Fenster zu einer *Parts*-Anwendung hinzugefügt, wird ein *Event link* mit der *open*-Methode erzeugt, wodurch ein Öffnen des Fensters beim Start der *Parts*-Anwendung implementiert wird. Durch Anlegen mehrerer *Links* zu einem *Event* ist es auch möglich, durch einen *Event* mehrere Methoden bei einem oder mehreren *Parts* auszuführen. Das Anlegen von Ereignis-Verbindungen erfolgt entweder über Auswahl des den *Event* sendenden *Parts* und Benutzung des Menüpunktes *Selected>Create link* oder durch Ziehen einer Verbindungslinie mit der Maus vom *Quell-Part* zum *Ziel-Part*, wobei beim Ziehen der Linie die *Link*-Taste der Maus (bei Windows ist dies beispielsweise die rechte Maustaste) gedrückt sein muß.

- *Argument-Verbindungen* (*Argument links*) sind *Links*, die verwendet werden müssen, wenn eine Nachricht Argumente benötigt, bevor sie ausgeführt werden kann. Für jedes Argument einer Nachricht wird dabei ein *Argument link* benötigt. Als mögliche Quellen kommen in Frage ein *Event* mit einem Wert, der als Argument verwendet werden kann (*Event value to argument*), oder das Ergebnis des Aufrufs einer Methode bei dem *Part*, von dem der *Event* ausgeht (*Result connection to argument*). Die *PARTS*-Workbench versucht, einige *Argument links* automatisch zu erzeugen: Wird festgestellt, daß eine Nachricht ein Argument benötigt, versucht die *Parts*-Workbench festzustellen, ob beim Quell-*Part* ein *Event* erzeugt wurde, der einen Wert hat, oder ob eine Methode existiert, die sinnvoll sein könnte. Eine Nachbearbeitung solcher automatisch erzeugten *Argument links* ist jederzeit möglich. Das Anlegen von Argument-Verbindungen erfolgt durch Ziehen einer Verbindungslinie mit der Maus von der Nachricht, für die ein Argument benötigt wird, zu dem *Part* oder dem *Link*, das den Argumentwert liefern soll. Beim Ziehen der Linie muß die *Link*-Taste der Maus gedrückt sein.

- *Ergebnis-Verbindungen (Result links)* sind *Links*, die nach Ablauf einer bei einem *Ziel-Part* über einen *Event link* angestoßenen Methode beim *Quell-Part* oder einem beliebigen, anderen *Part* eine Methode aufrufen und dabei das Ergebnis (Result) der ursprünglich angestoßenen Methode mit senden. Dadurch wird eine Folgeverarbeitung des Ergebnisses angestoßen. Es ist auch möglich, Methoden anzustoßen, die kein Argument benötigen, in dem Fall wird das Ergebnis ignoriert. Weiterhin ist es möglich, Sequenzen von Ergebnissen zu bilden und damit eine Verarbeitungsreihenfolge, auch verteilt über unterschiedliche Parts, zu realisieren. Das Anlegen von Ergebnis-Verbindungen erfolgt durch Ziehen einer Verbindungslinie mit der Maus von der Nachricht oder dem *Event*, über die ein Ergebnis geliefert wird, zu dem *Part*, das das Ergebnis erhalten soll. Beim Ziehen der Linie muß die *Link*-Taste der Maus gedrückt sein.

Auch der Aufbau von *Links* auf dem Arbeitsbereich der *PARTS*-Workbench kann schrittweise erfolgen, wobei ein Testen der *Parts*-Anwendung nicht erst nach kompletter Implementierung, sondern auch zu sinnvollen Zeitpunkten vorher erfolgen kann.

Basis der DOSBEEP-Anwendung ist die Ereignis-Verbindung zwischen dem *open-Event* des Fensters und der *open*-Methode für die *Parts*-Anwendung. Diese Verbindung wurde von der *PARTS-Workbench* bereits automatisch beim Plazieren des Fensters auf dem Arbeitsbereich angelegt. Eine weitere Ereignis-Verbindung wird über den Menüpunkt *Selected>Create link* bei selektiertem Schaltknopf-*Part* angelegt und verbindet den *clicked-Event* des Schaltknopf-*Parts* mit einer anzulegenden *Script*-Methode des *DLLAccessor-Parts*. Diese *Frequency1:duration:*-Methode wird vor Erzeugen des *Links* über den Menüpunkt *View>Edit scripts* angelegt und kann so implementiert werden, daß sie ein neues Exemplar der Klasse *PARTSSpeaker-Part* erzeugt und dort die Methode *frequency:duration:* aufruft (Die im mitgelieferten Beispiel implementierte Methode ist etwas komplizierter, da damit das Ansprechen einer DLL gezeigt werden soll). Für diese *Script*-Methode sind Argumente notwendig, die über zwei Argument-Verbindungen zwischen den *value*-Methoden der beiden Eingabefelder und den Argument-Feldern der *frequency:duration:*-Methode geliefert werden. Die *Parts*-Anwendung ist damit schon komplett und kann getestet werden.

Bild 3.30:
Parts und
Links der
DOSBEEP-
Anwendung

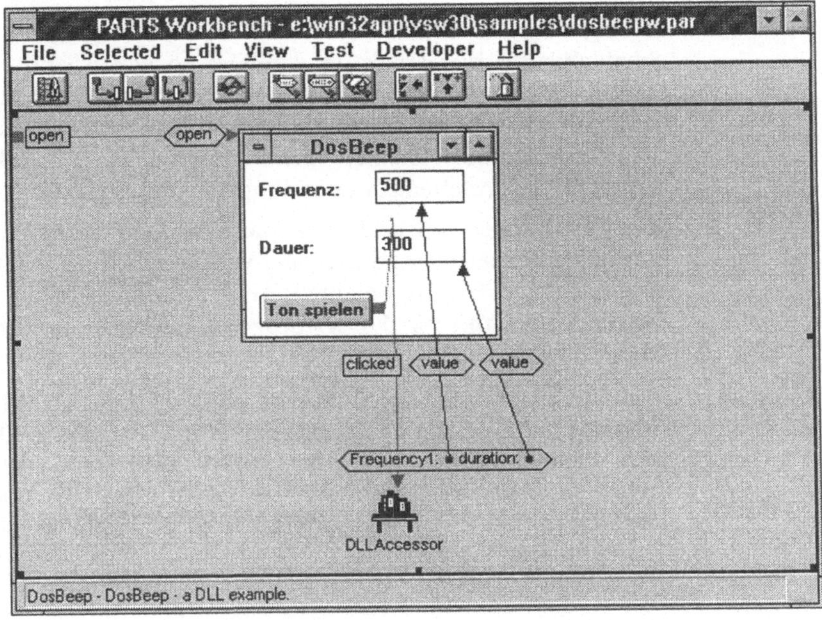

3.10.14   Nutzung der PARTS-Workbench

Die *PARTS-Workbench* erweitert das Smalltalk-System um die Eigenschaft des visuellen Programmierens. Durch das Nutzen der vorhandenen *Parts* können sehr schnell einfache Anwendungen aufgebaut werden. In vielen Fällen müssen aber in der Anwendungsentwicklung komplexe Objekt- und Verarbeitungsstrukturen
geschaffen werden. Hierfür stehen zunächst keine *Parts* zur Verfügung. Es ist zwar möglich, von *Parts* aus Smalltalk anzusprechen
oder sogar aus Smalltalk-Klassen eigene *Parts* zu erstellen. Aber dazu ist tiefergehendes Wissen über die Zusammenhänge im
Smalltalk-System und Praxiserfahrung im Umgang mit dem System
notwendig.

Es ist daher sicher der sinnvollere Weg, die *PARTS-Workbench* für
den Anfang nur zum Erstellen kleinerer Anwendungen zu verwenden, für die die vorhandenen oder eventuelle zusätzliche käufliche
Parts ausreichen. Komplexere Anwendungen sollten zunächst wie
im weiteren Verlauf dieses Buches mit Smalltalk ohne Verwendung
der *PARTS-Workbench* erstellt werden.

Bei genügend Erfahrung mit der Anwendungsentwicklung in Smalltalk und in *Parts* kann dann im nächsten Schritt eine Kombination von *Parts* und Smalltalk erfolgen. Dabei ist es sicher sinnvoll, zunächst die Oberflächengestaltung der Anwendung mit der *PARTS-Workbench* und visuellen *Parts* durchzuführen und an das in Smalltalk geschriebene Anwendungsmodell anzubinden.

In einem weiteren Schritt kann dann bei genügend Wissen und Erfahrung über das Zusammenspiel von Smalltalk und *Parts* damit begonnen werden, aus Smalltalk-Anwendungsmodellen *Parts* zu erzeugen, die dann für die Wiederverwendung in Katalogen zur Verfügung stehen.

Parallel zu diesem schrittweisen Vorgehen sollte man sich auch Strategien zur Wartbarkeit der entwickelten Anwendungen überlegen. Den Überblick über eine visuell entwickelte Anwendung zu behalten stellt deutlich andere Anforderungen als nötig sind, um den Überblick über eine Anwendung zu behalten, die aus einer Klassenhierarchie besteht.

3.11   Die Enterprise-Erweiterung von Visual Smalltalk

Das Produkt *Visual Smalltalk Enterprise* basiert auf *Visual Smalltalk* und erweitert dieses um vielfältige Komponenten zur Anwendungsentwicklung in Teamarbeit. Durch die *Enterprise*-Erweiterung kommt nochmals zusätzliche Funktionalität von erheblichem Umfang in das Smalltalk-System. Da eine genaue Beschreibung ein eigenes Buch füllen würde, soll in diesem Rahmen auch nur ein Überblick darüber gegeben werden, um was es sich bei der *Enterprise*-Erweiterung handelt.

3.11.1   Die Philosophie von Visual Smalltalk Enterprise

Visual Smalltalk ist als imagebasiertes Smalltalk-System konzipiert. Dies ist das historische Konzept aller Smalltalk-Systeme, die im Ursprung einzelbenutzerorientiert sind. Mit zunehmender Komplexität der mit Smalltalk entwickelten Anwendungen und dem Umfang zu realisierender Aufgaben hat sich auch die Notwendigkeit ergeben, in Teams zu arbeiten und die Entwicklungsaufgaben dadurch zu verteilen. Bei mittelgroßen Projekten, bei denen ein lokales Team aus zwei bis vier Entwicklern besteht, kann ein manueller Abgleich der in den unterschiedlichen *Smalltalk-Images* vorhandenen Entwicklungsergebnisse noch durch organisatorische Maßnahmen und geschicktes Vorgehen erreicht werden.

Sobald die Projekte größeren Maßstab annehmen und mehr Entwickler beteiligt werden, ist ein manueller Abgleich der *Smalltalk-Images* praktisch nur noch mit erheblichem manuellen Aufwand möglich. Die Verteilung auf mehrere Entwicklungsstandorte und der Wegfall der direkten Kommunikation tragen weiter zur Erschwerung von Abgleicharbeiten bei. Wenn dann noch die Notwendigkeit hinzukommt, die entwickelten Anwendungssysteme konfigurierbar zu machen – beispielsweise für den Einsatz auf verschiedenen Hardwareplattformen – beginnt der Aufwand für den manuellen Abgleich, den Aufwand für das eigentliche Erstellen der Anwendung erheblich zu übersteigen. Gleichzeitig steigt die Fehleranfälligkeit und sinkt die Qualität der erstellten Anwendung, da die manuellen Abgleichprozesse fehleranfällig sind.

Visual Smalltalk Enterprise erweitert *Visual Smalltalk* durch Hinzufügen verschiedener Werkzeuge, die das Management und die Strukturierung der entwickelten Anwendungen erleichtern. Dabei wird aus einer persönlichen eine teamorientierte Anwendungsentwicklungsumgebung, wobei eine Reihe der Erweiterungen auch in von einem einzelnen Entwickler realisierten Projekten sinnvoll eingesetzt werden können. Mit der Einführung der Teamfähigkeit wird *Visual Smalltalk* endgültig auch für Unternehmen einsetzbar, weshalb der Namenszusatz *Enterprise* (= Unternehmen) gewählt wurde.

3.11.2   Der Aufbau der Enterprise-Erweiterung

Zum Verständnis der für die Strukturierung in der *Enterprise*-Erweiterung eingesetzten, zusätzlichen Werkzeuge ist Kenntnis des Grundaufbaus der neu eingeführten Strukturelemente nötig.

Module

Als wesentliche Strukturierungseinheit werden in *Visual Smalltalk Enterprise* die *Module* (*modules*) eingeführt. Mit Hilfe der *Module* ist es möglich, inhaltlich zusammenhängende Teile von Smalltalk-Code zusammenzufassen. *Module* können im Smalltalk-System in Form von Anwendungspaketen (*packages*) und Clustern (*clusters*) vorhanden sein. Zur Speicherung der *Module* verwendet *Visual Smalltalk Enterprise* verschiedene *Repositories*. Dabei werden grundsätzlich zwei Arten von *Repositories* unterstützt:

- *Repositories,* die auf dem *PVCS*-System basieren (*PVCS* heißt *Projekt Version and Configuration System*). Das *PVCS* speichert Versionen von *Modulen* in einer Datei und verfügt über einen Zugriffskontrollmechanismus zur Kontrolle der Zugriffe auf ein *Modul.* Für Speicherplatzoptimierung auf dem Speichermedium wird ein *Modul* in der Basisversion gespeichert, davon ausgehend werden nur noch die Änderungen der Versionsfolge gespeichert.

- Dateibasierte *Repositories* speichern jede Version eines *Moduls* komplett in einer eigenen Datei. Spezielle Zugriffskontrollmechanismen sind nicht vorhanden.

Packages

Ein *Package* (*package*) in *Visual Smalltalk Enterprise* ist eine inhaltlich zusammenhängende Einheit von Smalltalk-Programmcode. Typischerweise besteht ein *Package* aus Klassendefinitionen und den dazugehörigen Methoden, globalen Variablen und *Pooldictionaries.* Aber auch einzelne Methoden, deren Klasse in einem anderen *Package* definiert ist, können zu einem *Package* gehören, beispielsweise wenn sie die Funktionalität einer zu einem anderen *Package* gehörenden Klasse erweitern. Solche einzelnen Methoden werden auch als *lose Methoden* (*loose methods*) bezeichnet.

Cluster

Mit einem *Cluster* (*cluster*) werden in *Visual Smalltalk Enterprise* sowohl *Packages* als auch andere *Cluster* zusammengefaßt. Ein *Package* muß nicht notwendigerweise in einem *Cluster* sein, es kann auch alleine stehen. Umgekehrt ist es möglich, daß ein *Package* in mehreren, verschiedenen *Clustern* enthalten ist.

Spezifikationen

Mit *Spezifikationen* (*specifications*) werden *Module* genau beschrieben. Zu einer *Spezifikation* eines *Modules* gehören:

- der Name, den das Modul im *Repository* besitzt,

- der Modultyp (*Package* oder *Cluster*),

- der Modulname,

- die genaue Versionsnummer des Moduls.

Spezifikationen können entweder partielle *Spezifikationen* (*partial specifications*) oder *vollständige Spezifikationen* (*full specifications*) sein. Die beiden Spezifikationsarten unterscheiden sich durch folgendes:

- Eine *partielle Spezifikation* muß nur den Modulnamen umfassen, kann aber die anderen sie beschreibenden Parameter auslassen.

- Eine *vollständige Spezifikation* muß alle beschreibenden Parameter umfassen.

Versionen

Unbedingt notwendig für eine Anwendungsentwicklung in Entwicklungsteams ist es, Versionen von Modulen zu kontrollieren. *Visual Smalltalk Enterprise* realisiert diese Kontrolle über die *Repository*-Nutzung. Jedesmal wenn für ein Modul, an dem Änderungen vorgenommen wurden, eine Freigabe (*commit*) erfolgt, wird vom System eine neue, eigene Versionsnummer vergeben. Es ist möglich, ältere Versionen eines Moduls zu laden und durch die Sequenz der Module die einzelnen Schritte bei deren Entwicklung nachzuvollziehen.

3.11.3 Die Werkzeuge der Enterprise-Erweiterung

Die *Enterprise*-Erweiterung führt einige zusätzliche Entwicklungswerkzeuge ein. Diese Werkzeuge werden im folgenden Absatz kurz vorgestellt, und ihr Einsatzgebiet wird erläutert, ohne in genaue Details ihrer Nutzung zu gehen.

Der Package Browser

Der *Package Browser* ist das zentrale Werkzeug von *Visual Smalltalk Enterprise*. Alle Funktionen bei der Anwendungsentwicklung können mit dem *Package Browser* durchgeführt werden. Er

Bild 3.31:
Der Package Browser

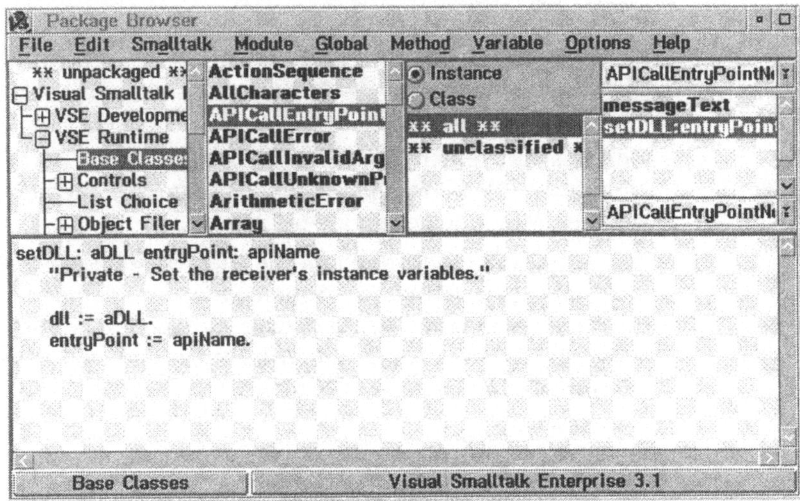

unterstützt außer *Packages* auch *Cluster* und *Repositories*, also alle Elemente, die *Visual Smalltalk Enterprise* zur Strukturierung des Sourcecodes von Entwicklungsprojekten verwendet. Der *Package Browser* wird im *Smalltalk*-Menü durch den Menüpunkt *Browse Packages* geöffnet.

Der *Package Browser* verfügt über eine Reihe von Fensterkomponenten, die ähnlich wie beim *Class Hierarchy Browser* Listen enthalten, bei denen die weiter rechts stehende Liste von der weiter links stehenden abhängig ist.

Die *Modullisten-Fensterkomponente* ist die in der oberen Hälfte des *Package Browser* ganz links stehende Liste. Sie enthält die im *Visual Smalltalk Enterprise* zur Zeit geladenen Module.

Bei der Auswahl eines Moduls in der *Modullisten-Fensterkomponente* wird die rechts davon stehende *Globals-Fensterkomponente* gefüllt. Diese listet alle globalen Definitionen auf – also Klassen, globale Variablen und *Pooldictionaries* – die in dem ausgewählten Modul enthalten sind. Falls als Modul ein *Cluster* ausgewählt wurde sind dies alle globalen Definitionen aller *Packages,* die zu dem gewählten *Cluster* gehören.

Bei der Auswahl einer Klasse in der *Globals-Fensterkomponente* wird die links davon stehende *Kategorie-Fensterkomponente* gefüllt. Diese listet die für die Klasse definierten Methodenkategorien auf. Die Kategorisierung von Methoden hat intern im Smalltalk-System keine technische Bedeutung, aber der Überblick wird leichter, wenn für jeweils logisch zusammenhängende Methoden Kategorien gebildet werden. Falls eine Klasse Methoden enthält, die keiner Katagorie zugeordnet werden, sind diese unter dem Listeneintrag ** *unclassified* ** zu finden. In der Kategorie ** *all* ** sind alle Methoden der Klasse enthalten.

Bei Auswahl einer Methodenkategorie werden in der oben rechts stehenden *Methoden-Fensterkomponente* alle Methoden der ausgewählten Methodenkategorie aufgelistet.

Bei Auswahl einer Methode in der *Methoden-Fensterkomponente* wird der dazugehörende Sourcecode der Methode in der Inhalts-Fensterkomponente des *Package Browser* angezeigt. Je nach Anwendungskontext kann die *Inhalts-Fensterkomponente* auch einen anderen Inhalt als einen Texteditor zur Bearbeitung von Sourcecode enthalten.

Weitere Fensterkomponenten befinden sich oberhalb der *Kategorie-Fensterkomponente*, oberhalb und unterhalb der *Methoden-Fensterkomponente* sowie unterhalb der *Source-Fensterkomponente*.

Oberhalb der *Kategorie-Fensterkomponente* befindet sich die *Klassen/Exemplar-Fensterkomponente*, die wie auch beim *Class Hierarchy Browser* zwischen der Sicht auf die Klassenmethoden un der Sicht auf die Exemplarmethoden umschaltet.

Oberhalb der *Methoden-Fensterkomponente* befindet sich die *Vererbungs-Fensterkomponente*. Dies ist eine *Drop-Down-Liste,* die alle Oberklassen der aktuellen Klasse zeigt. Bei Auswahl einer Klasse aus dieser Liste werden in der *Methoden-Fensterkomponente* alle Methoden der ausgewählten Klasse und aller ihrer Oberklassen angezeigt.

Unterhalb der *Methoden-Fensterkomponente* befindet sich die *Implementor-Fensterkomponente*. Auch dies ist eine *Drop-Down-Liste,* die alle Klassen in der Vererbungsfolge zeigt, in der die aktuell gewählte Methode implementiert wird. Durch Auswahl von Klassen aus dieser Liste können die redefinierten Methoden angesehen werden.

Unterhalb der *Inhalts-Fensterkomponente* befindet sich links der *Kontext*-Schaltknopf. Dieser Schaltknopf zeigt den Namen des *Package,* das die ausgewählte Definition enthält. Falls dieser *Package*-Name auf dem Schaltknopf nicht der in der *Modullisten-Fensterkomponente* ausgewählte ist, kann durch Drücken des Schaltknopfes auf das Modul geschaltet werden, das die Definition enthält.

Rechts unterhalb der *Inhalts-Fensterkomponente* befindet sich der *Versions*-Schaltknopf. Diese Schaltknopf zeigt eventuell vorhandene Versionsinformationen an. Falls er leer bleibt, liegt keine relevante Information vor, ansonsten erscheint die Versionsinformation auf dem Schaltknopf. Durch Drücken des Schaltknopfes öffnet sich ein *History Browser,* über den frühere Versionen angesehen werden können.

Die Menüs *File, Edit, Options* und *Help* im *Package Browser* sind gegenüber den entsprechenden Menüs aus anderen Fenstern von *Visual Smalltalk* unverändert.

Das *Smalltalk*-Menü ist bei allen Fenstern von *Visual Smalltalk Enterprise* erweitert, somit auch beim *Package Browser*. Es sind zusätzlich Menüpunkte zum Öffnen von *Package Browsern* sowie Menüpunkte für *Team*-Operationen, zum Öffnen verschiedener *Browser* (beispielsweise der *Class Hierarchy Browser* wird jetzt hierunter geöffnet), *Organizer* und *Editoren* sowie zum *Browsen* von Querverweisen im System.

Das *Module*-Menü dient zur Auswahl aller Funktionen, die etwas mit Modulen zu tun haben. Dazu gehören das Erzeugen neuer Module (Menüpunkt *New*), das Laden und Entladen von Modulen (Menüpunkte *Load, Unload*), die Freigabe (Menüpunkt *Commit*) und der Vergleich von Modulen (Menüpunkt *Compare*).

Das *Global*-Menü dient zur Auswahl aller Funktionen, die etwas mit globalen Smalltalk-Objekten zu tun haben. Globale Smalltalk-Objekte können dabei entweder globale Variablen, Smalltalk-Klassen oder *Pooldictionaries* sein. Zu diesen Funktionen gehören das Erzeugen neuer globaler Objekte (Menüpunkt *New*), die Bearbeitung sowie das Feststellen von Querverweisen im System.

Das *Method*-Menü entspricht zunächst dem *Method*-Menü im *Class Hierarchy Browser* von *Visual Smalltalk*, ist aber um Funktionen erweitert, die unter anderem zum Anlegen von Methoden-Kategorien und zum Vergleich von Versionen dient.

Das *Variable*-Menü dient zur Auswahl von Funktionen, die etwas mit Variablen zu tun haben. Diese Funktionen umfassen das Anlegen, Umbenennen und Löschen (Menüpunkte *New*, *Rename* und *Delete*), sowie Querverweise (Menüpunkt *Browse References*), das Inspizieren (Menüpunkt *Inspect*), und das Initialisieren (Menüpunkt *Initialize*).

Nutzung des Package Browser

Während der Entwicklung einer Anwendung mit *Visual Smalltalk Enterprise* werden wie gewohnt Klassen und Methoden angelegt,

Bild 3.32:
Der Package
Browser mit
Module-
Definition

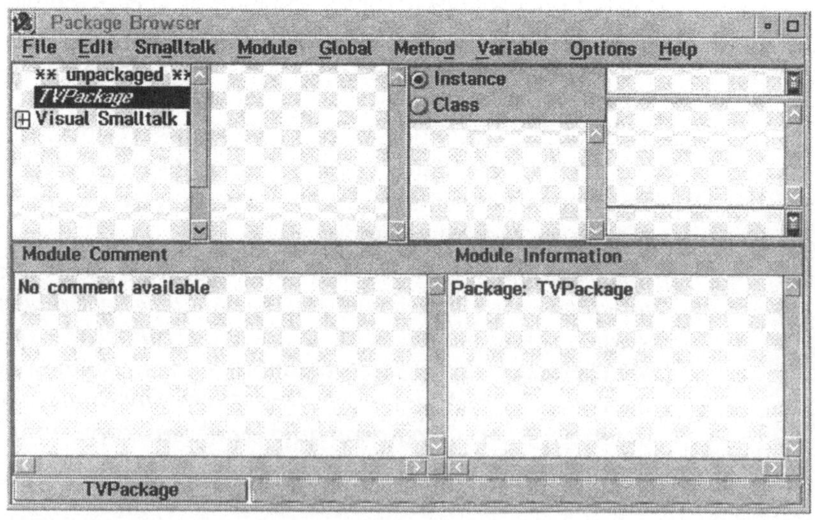

mit dem Unterschied, daß diese *Packages* zugeordnet werden. Sobald ein Stand erreicht ist, an dem die erstellte Anwendung als Anwendungsmodul für die Benutzung zur Verfügung gestellt werden kann, wird sie freigegeben und damit auf dem *Repository* hinterlegt. Mit dem Hinterlegen auf dem *Repository* wird eine Versionsnummer vergeben und das Anwendungsmodul steht allen Nutzern des *Repository* zur Verfügung.

Da jeglicher Smalltalk-Code in *Packages* gespeichert werden soll, sollte zu Beginn der Entwicklung einer Anwendung auch zunächst ein *Package* erzeugt werden. Die Erzeugung erfolgt über den Menüpunkt *Module>New*, wobei mit diesem Menüpunkt auch *Cluster* angelegt werden können. In einem *Prompter* wird der Name erfragt, den das neue Modul bekommen soll. Die *Inhalts-Fensterkomponente* zeigt daraufhin die Modul-Definition für das neu erzeugte Modul. Sie sollten jetzt im Feld Modul-Kommentar eine möglichst genaue Beschreibung des Moduls eingeben und den Kommentar bei Bedarf auch weiter aktualisieren. Das Feld Modul-Information enthält Informationen, die das System zu dem Modul erzeugt. Es kann von Ihnen nicht verändert werden und erweitert sich im Lauf der Zeit immer, wenn sich wichtige Änderungen am *Package* ergeben. Sie haben damit schon die notwendigen Vorbereitungen getroffen und können jetzt mit der Implementierung Ihrer Anwendung beginnen.

Der nächste Schritt bei der Anwendungsentwicklung ist das Einrichten von Klassen in einem *Package*. Sie wählen dazu im *Global-*

Bild 3.33:
Der Package
Browser mit
Klassen-
Definition

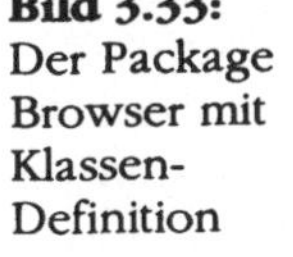

Menü den Menüpunkt *New* und dort das Anlegen einer neuen Klasse (Untermenüpunkt *Class*). Die *Inhalts-Fensterkomponente* des *Package Browser* zeigt jetzt ein Definitionsfenster für Klassen. Geben Sie hier den Namen der neuen Klasse ein sowie gegebenenfalls die weiteren, erfragten Angaben. Bemühen Sie sich, die Definition so vollständig wie möglich zu machen.

Im Laufe der weiteren Entwicklung werden Sie auf dieselbe Weise weitere Klassen anlegen, zu den Klassen auf die schon bekannte Weise Variablen und Methoden hinzufügen und so schrittweise die Anwendung entwickeln und testen. Irgendwann wird die Anwendung einen Reifegrad erreichen, an dem eine erste Version dieser Anwendung als fertiggestellt betrachtet werden kann. Zu diesem Zeitpunkt kann das Modul freigegeben und damit eine Version des Moduls im *Repository* erzeugt werden.

Für die Freigabe von Modulen gibt es zwei Menüpunkte im Menü *Module*. Der erste Menüpunkt ist *Commit...* und wird sowohl bei *Packages* als auch bei *Clustern* verwendet. Wird dieser Menüpunkt bei *Packages* verwendet, wird dadurch alles freigegeben, was in dem *Package* enthalten ist, und in das *Repository* abgelegt. Bei der Verwendung für *Cluster* werden nur die Änderungen direkt am *Cluster* freigegeben, also beispielsweise das Einbeziehen oder Ausschließen von *Packages* oder anderer *Cluster*, nicht aber die Änderungen, die eventuell an diesen *Packages* oder anderen *Clustern* selbst erfolgt sind. Die neue Version des *Clusters* wird also mit den zuletzt freigegeben Versionen seiner Inhalte gebildet. Sollen bei *Clustern* alle Änderungen auch seiner Bestandteile freigegeben werden, müssen diese Bestandteile entweder ebenfalls jeweils einzeln mit *Module>Commit...* freigegeben werden, oder es muß der Menüpunkt *Module>Commit all* verwendet werden. Nach Auswahl von *Commit* öffnet sich ein *Commit-Dialog*, in dem für die Freigabe notwendige Informationen erfragt werden.

Größtes Feld im *Commit*-Dialog ist das Eingabefeld für den Kommentar zur Freigabe. Nutzen Sie dieses Feld, um möglichst detailliert die Charakteristika des freigegebenen Moduls zu beschreiben.

Mit einer Reihe von Radioknöpfen (*Radiobuttons*) können Sie auswählen, ob sie eine Version (*Revision*), eine Variante (*Branch*) oder ein *Release* des Moduls erzeugen wollen. Die Auswahl eines der drei Knöpfe bestimmt, wie die Vorgabe der neuen Versionsnummer im *Revision*-Eingabefeld erzeugt werden sollen. Bei Auswahl einer neuen Version (*Revision*) wird die erste Stelle nach dem Dezimalpunkt um 1 erhöht. Bei Auswahl einer Variante wird ein Paar zusätzlicher Zahlen zur Versionsnummer hinzugefügt oder die letzte Zahl um 1 erhöht. Aus der Version 2.1 wird dadurch beispielsweise 2.1.0.1 als neue Nummer. Bei Auswahl von *Release* wird die primäre Versionsnummer um 1 erhöht, so daß aus Version 3.1 Version 4.0 wird.

Die als Vorgabe im Versionsfeld vorgeschlagene Versionsnummer kann überschrieben und durch eine eigene Versionsnummer ersetzt werden.

Im *Repository*-Eingabefeld kann ausgewählt werden, in welches *Repository* das Modul freigegeben werden soll. Zunächst ist im *Visual Smalltalk Enterprise* nur das System-*Repository* mit Namen *Team/V Repository* vorhanden. In dieses *Repository* können Sie selbst nichts freigeben, so daß Sie vor der Freigabe ein eigenes *Repository* anlegen müssen, in das Sie dann freigeben können. Wie *Repositories* angelegt werden, wird im Abschnitt über den *Repository Browser* erläutert.

Nach der Freigabe eines Moduls können Sie dieses Modul auch entladen. Durch das Entladen wird das Modul aus dem lokalen *Image* des Smalltalk-Systems entfernt. Natürlich bleibt es im *Repository* erhalten und kann von dort jederzeit wieder ins *Image* geladen

Bild 3.34: Der Commit-Dialog

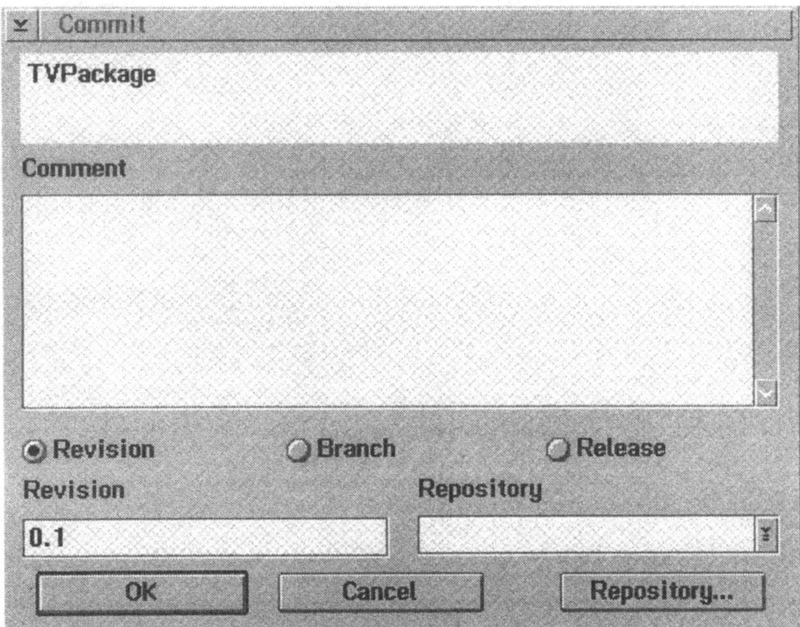

werden. Das Entladen eines Moduls erfolgt mit dem Menüpunkt *Unload* im *Module*-Menü, während das Laden im selben Menü über den Menüpunkt *Load* erfolgt.

Der Repository Browser

Der *Repository Browser* wird zur Bearbeitung von *Repositories* verwendet. Dazu zählt das Anlegen und Löschen von *Repositories* ebenso wie der Verbindungsaufbau und -abbau von bestehenden *Repositories* oder das Bearbeiten der im *Repository* gespeicherten Versionen der Module. Der *Repository Browser* wird im *Smalltalk*-Menü durch den Menüpunkt *Open>Repository Browser* geöffnet. Der *Repository Browser* verfügt über eine Reihe von Fensterkomponenten, die im folgenden kurz vorgestellt werden sollen.

Die *Repository-Fensterkomponente* ist eine Liste links oben im *Repository Browser*, die die *Repositories* enthält, zu denen vom Smalltalk-System momentan eine Verbindung besteht.

Bei der Auswahl eines *Repositories* werden in der *Element-Fensterkomponente* in der Mitte oben die in dem ausgewählten *Repository* enthaltenen Elemente aufgelistet. Bei diesen Elementen handelt es sich in den meisten Fällen um Module, Repository-Elemente können aber auch *Parts* oder andere Objekte sein. Außerdem werden in der *Inhalts*-Fensterkomponente in der unteren Hälfte des *Repository Browsers* Informationen zu dem *Repository* angezeigt.

Bild 3.35:
Der Repository Browser

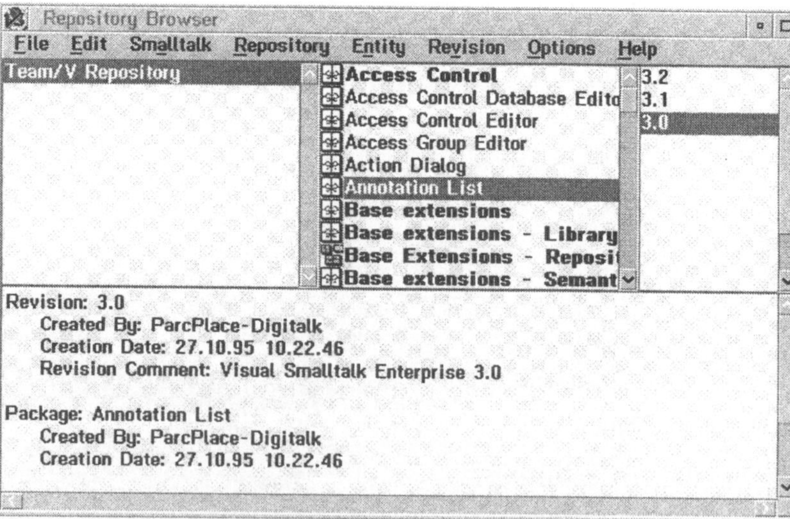

Bei Auswahl eines *Repository*-Elements werden in der *Versions-Fensterkomponente* oben rechts die von diesem Element im *Repository* vorhandenen Versionen aufgelistet. Gleichzeitig werden in der *Inhalts-Fensterkomponente* Informationen zum ausgewählten Modul angezeigt. Bei Auswahl einer Version werden die Informationen in der *Inhalts-Fensterkomponente* noch um Informationen zu der ausgewählten Version erweitert.

Die Menüs *File, Edit, Options* und *Help* im *Repository Browser* sind gegenüber den entsprechenden Menüs aus anderen Fenstern von *Visual Smalltalk* unverändert. Das *Smalltalk*-Menü ist ebenfalls das erweiterte Menü von *Visual Smalltalk Enterprise*, wie es bereits beim *Package Browser* beschrieben wurde.

Das *Repository*-Menü dient zur Auswahl von Funktionen, die etwas mit den *Repositories* selbst zu tun haben. Zu diesen Funktionen gehören das Anlegen und Löschen von *Repositories* (Menüpunkte *New...* und *Destroy*), das Anbinden und Lösen der Anbindung von *Repositories* (Menüpunkte *Connect* und *Disconnect*), das Prüfen auf Fehler im *Repository* (Menüpunkt *Check*), Kopierfunktionen, die Suche nach *Repository*-Elementen (Menüpunkt *Find Entity*) und das Bearbeiten von Zugriffsrechten für das *Repository* (Menüpunkt *Edit Access*).

Das *Entity*-Menü umfaßt Funktionen, die zur Bearbeitung der *Repository*-Elemente dienen. Diese Funktionen umfassen das Anlegen neuer Elemente (Menüpunkt *New...*), das Löschen eines ausgewählten Elements (Menüpunkt *Destroy*), das Kopieren eines Elements in ein anderes *Repository* (Menüpunkt *Copy*) und das Bearbeiten von Zugriffsrechten für das Element (Menüpunkt *Edit Access*).

Über das *Revision*-Menü werden Funktionen gewählt, die zur Bearbeitung von Versionen dienen. Dazu gehören das Löschen von Versionen (Menüpunkt *Destroy*), das Öffnen einer Version ohne diese ins *Image* zu laden (Menüpunkt *Open*), das Laden einer Version ins *Image* (Menüpunkt *Load*), das Exportieren der Version zum Dateiaustausch (Menüpunkt *Export*) und das Bearbeiten von Zugriffssperren für die Version (Menüpunkt *Edit Lock*).

Nutzung des Repository Browser
Zum Freigeben einer Anwendung aus dem *Package Browser* benötigen Sie ein *Repository*, in das Sie das *Package* freigeben. Das Anlegen eines neuen *Repositories* erfolgt durch den Menüpunkt *Repository>New...* . Bei Anwahl öffnet sich ein *Create Repository Dialog*, in dem Sie einige Angaben machen müssen:

- Den Namen, den das neue *Repository* bekommen soll.

- Den Dateipfad, in dem das neue *Repository* angelegt werden soll. Sie können den Dateipfad auch in einem Verzeichnisdialog auswählen, den Sie mit dem *SetPath*-Schaltknopf öffnen.

- Den *Repository*-Typ, *PVCS* oder dateibasiert.

- Den Sperrmechanismus für das *Repository*.

Durch Drücken des *Create*-Schaltknopfes wird nach Ausfüllen aller Felder das neue *Repository* angelegt.

Um auf die in einem *Repository* gespeicherten *Repository*-Elemente zugreifen zu können oder um Elemente im *Repository* zu speichern, müssen Sie dieses *Repository* anbinden. Die Anbindung eines *Repositories* erfolgt aus dem *Repository Browser* über den Menüpunkt *Repository>Connect*. In dem sich daraufhin öffnenden *Connect Repository Dialog* wählen Sie das Verzeichnis, in dem das gewünschte *Repository* abgelegt ist, und die entsprechende *Repository*-Datei.

Weitere Werkzeuge in Visual Smalltalk Enterprise

Die *Enterprise*-Version von *Visual Smalltalk* enthält einige weitere Werkzeuge zur Unterstützung der professionellen Entwicklung von Anwendungssoftware.

Der *Package Organizer* dient dazu, alle Definitionen, die ein *Package* ausmachen, zu untersuchen. Dabei arbeitet der *Package Organizer* sowohl auf geladenen *Packages* als auch auf geöffneten, also nicht im *Image* vorhandenen *Packages*. Vergleiche zwischen *Packages* sind über einen weiteren *Browser*, den *Package Comparison Browser*, möglich. Der *Package Organizer* wird im *Smalltalk*-Menü über den Untermenüpunkt *Open>Package Organizer* geöffnet, während der *Package Comparison Browser* aus dem *Package Organizer* über den Menüpunkt *Package>Compare* geöffnet wird.

Der *Cluster Organizer* dient dazu, alle Definitionen sowohl von geladenen *Clustern* als auch von geöffneten *Clustern*. Der *Cluster Organizer* wird im *Smalltalk*-Menü über den Untermenüpunkt *Open>Cluster Organizer* geöffnet.

Der *Version Comparison Browser* dient zum Vergleichen unterschiedlicher Versionen von Methoden. Der *Version Comparison Browser* wird im *Package Browser* mit dem Menüpunkt *Method>Compare Versions* geöffnet.

3.11.3 Nutzen der Enterprise-Erweiterung

Mit *Visual Smalltalk Enterprise* steht ein Smalltalk-System zur Verfügung, das die Nutzung auch in größeren Entwicklungsprojekten und in Entwicklungsteams einfach möglich macht. Während bei kleinen bis mittleren Projekten und einer Teamgröße von bis zu drei Personen noch erwogen werden kann, eine Aufgabenteilung und das Zusammenführen der Entwicklungsergebnisse ohne die Unterstützung des Systems zu machen, ist bei allem, was darüber hinaus geht, der Aufwand so hoch, daß ein Einsatz der *Enterprise*-Werkzeuge unumgänglich ist.

3.12   Zusammenfassung

In diesem Kapitel wurde die Benutzeroberfläche und die Entwicklungswerkzeuge von *Visual Smalltalk* im Detail vorgestellt und erklärt. Die Benutzung der einzelnen Werkzeuge wird im sechsten Kapitel wieder aufgegriffen, wenn das Beispielprogramm implementiert und getestet wird und dazu *ClassHierarchyBrowser*, *Workspace*, *Inspectoren* und *Debugger* eingesetzt werden können.

Weitere Abschnitte in diesem Kapitel haben sich überblicksartig mit der *PARTS-Workbench* und der *Enterprise*-Erweiterung beschäftigt und die wesentlichen Konzepte und Werkzeuge vorgestellt.

4 Aufbau des Systems

Im ersten Abschnitt dieses Kapitels wird der Aufbau des Smalltalk-Systems erläutert. Dazu wird auf die verschiedenen Dateien und ihre Funktion innerhalb des Systems eingegangen. Darüber hinaus wird ein kurzer Überblick über die system- und applikationsbezogenen Klassen, Methoden und Exemplare gegeben, aus denen sich einerseits das Entwicklungssystem, andererseits das Laufzeitsystem ergeben.

Der zweite Abschnitt beschäftigt sich mit der grundlegenden Vorgehensweise beim Programmieren mit Smalltalk. Neben der Darstellung der Unterschiede zwischen konventioneller und objektorientierter Programmierung wird auf grundlegende Strategien bei der Programmierung eingegangen.

Der dritte Abschnitt gibt einige Hinweise auf „guten" Programmierstil. Dieser ist besonders wichtig, um mit Smalltalk sowohl eigene wiederverwendbare als auch in Teams entwickelte Software optimal einsetzen zu können.

4.1 Systemkomponenten

Der wesentlichste Unterschied beim Erstellen von Anwendungen mit Smalltalk im Vergleich zu klassischen Programmierentwicklungen liegt bei Smalltalk in der engen Verknüpfung von Entwicklungs- und Laufzeitsystem.

Während in vielen anderen Programmiersprachen eine Trennung der Programmieroberfläche und des eigentlichen Programms existieren, sind diese beiden Teile in Smalltalk eng miteinander verknüpft. Das gesamte Entwicklungssystem kann selbst als Anwendung gesehen werden, die vollständig in Smalltalk erstellt wurde.

Das vollständige Entwicklungssystem setzt sich aus insgesamt vier Komponenten zusammen:

- Virtuelle Maschine,
- Basissystem,
- Image-Datei,
- Entwicklungssystem.

Das Laufzeitsystem setzt sich nur aus den ersten drei Komponenten zusammen:

* Virtuelle Maschine,

* Basissystem,

* Image-Datei.

Die aufgeführten Komponenten sollen im einzelnen weiter erläutert werden.

Bild 4.1:
Aufbau des Smalltalk-Systems.

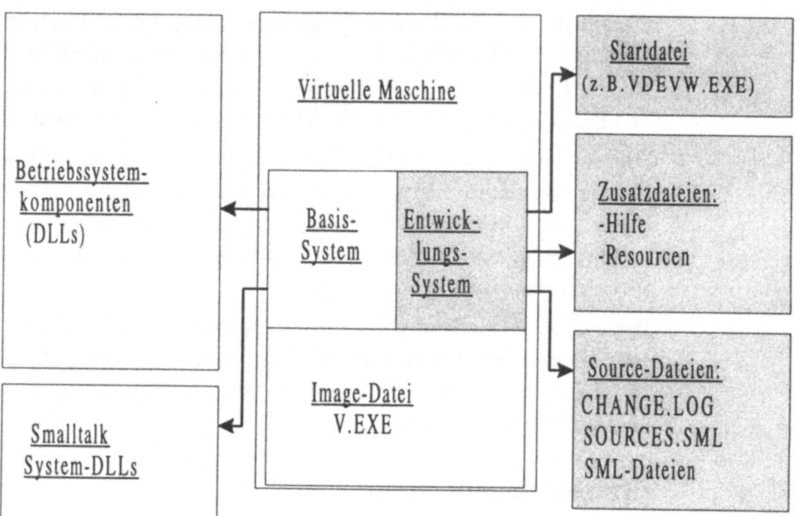

4.1.1   Die Virtuelle Maschine

Die Virtuelle Maschine stellt eine Verbindungsschicht dar, die die Kommunikation zwischen dem Betriebssystem des Computers und dem Smalltalk-Programm übernimmt. Diese Schicht ermöglicht erst den Ablauf des eigentlichen Programms.

Zu den Hauptaufgaben der Virtuellen Maschine gehören die folgenden Tätigkeiten:

* In der Virtuellen Maschine laufen die Smalltalk-Programme ab. Sowohl das Versenden von Nachrichten als auch das Auffinden und Ausführen der zu Nachrichten gehörenden Methoden wird von der Virtuellen Maschine übernommen. Wird zu einer Nachricht keine passende Methode gefunden, so wird von der Virtuellen Maschine eine Fehlerbehandlung eingeleitet. Diese Fehlerbehandlung führt wiederum zum Absenden einer Nachricht,

die die eigentliche Fehlerbehandlung durch geeignete Smalltalk-Methoden durchführt.

- Die Virtuelle Maschine übernimmt die Bereitstellung von Speicher für die Smalltalk-Exemplare. Werden während des Ablaufs des Smalltalk-Programms neue Exemplare erzeugt, so wird für diese von der Virtuellen Maschine Speicherplatz in Verbindung mit dem Betriebssystem zur Verfügung gestellt. Die Exemplare werden dabei so aufbereitet, daß beispielsweise von jedem Exemplar ein Zeiger auf die zugehörige Klasse gesetzt wird. Somit kann jedes Exemplar nach seiner Klasse gefragt werden, und es ist weiter möglich, alle Objekte einer Klasse zu ermitteln, ohne daß diese explizit von der Anwendung gesammelt werden müssen. Der Anwender kann auf die Funktionalität des Speicherns von Exemplaren keinen Einfluß nehmen.

- Die Speicherbereinigung (Garbage-Collection) für die nicht mehr benötigten Exemplare erfolgt durch die Virtuelle Maschine. Während in vielen anderen Programmiersprachen die Freigabe von Speicher ein hohes Maß an Programmieraufwand bedeutet, ist dieses in Smalltalk kein Problem. Sind Exemplare nicht mehr Teil eines anderen Exemplares, besitzen also keine Zuweisung mehr, so wird der von ihnen belegte Speicherplatz automatisch wieder freigegeben. Die Freigabe erfolgt jedoch nicht nach jeder Freigabe eines Exemplares nur für dieses, sondern in bestimmten Zeitintervallen oder nach Bedarf. Soll für ein neues Exemplar Speicher belegt werden, wobei der freie Speicher jedoch zu stark fragmentiert ist, wird die Speicherbereinigung angestoßen. Danach steht wieder möglichst viel zusammenhängender Speicher zur Verfügung. Sollte nicht genügend Speicher verfügbar sein, so fordert die Virtuelle Maschine vom Betriebssystem weiteren Speicher an.

- Elementare Funktionen, deren Implementierung in Smalltalk nicht möglich ist, werden als Basisfunktionen von der Virtuellen Maschine zur Verfügung gestellt. Das Erzeugen eines neuen Exemplares einer Klasse erfolgt beispielsweise über eine solche Basisfunktion. Mit dem Aufruf einer Basisfunktion aus dem Smalltalk-Programm wird ein Sprung in die Virtuelle Maschine, also aus dem eigentlichen Programm hinaus, durchgeführt.

Neben der Erzeugung von Exemplaren sind viele arithmetische Operationen der numerischen Exemplare als Basisfunktionen implementiert. Auch in der Klasse String werden Aufrufe von Basisfunktionen häufig eingesetzt.

Der Aufruf einer Basisfunktion hat in Smalltalk folgendes Aussehen:

```
new
 "Answer an instance of the receiver. If the receiver
 is indexable, then allocate zero indexed instance
 variables. This method is frequently reimplemented
 as a class message in classes that need special
 initialization of their instances."
 <primitive: 70>
 self isVariable
 ifTrue: [^self new: 0].
 ^self primitiveFailed
```

In der Methode *new* wird durch die Zeile *<primitive: 70>* der Aufruf der Basisfunktion mit der Nummer 70 initiiert.

- Über die Virtuelle Maschine werden aus dem Smalltalk-Programm heraus Funktionen anderer Bibliotheken aufgerufen. Dabei übernimmt die Virtuelle Maschine teilweise die Konvertierung der als Parameter übergebenen Exemplare in die Datentypen, die von der Funktion erwartet werden. Wird beispielsweise in einer Funktion ein boolescher Wert gefordert, so wandelt die Virtuelle Maschine die Exemplare *true* oder *false* in die entsprechenden Werte für den booleschen Datentyp um.

Der Aufruf einer Bibliotheksfunktion erfolgt innerhalb einer Methode und hat beispielsweise folgendes Aussehen:

```
setFocus: aWindowHandle
 <api: SetFocus ulong ulongReturn>
 ^self invalidArgument
```

Diese Methode gehört bei Windows zur Windows-DLL mit dem Namen *USER32*. Ein Fenster-Handle wird an die Funktion *Set-Focus* als Parameter des Datentyps *ulong* übergeben. Als Parameter für die Methode wird jedoch ein Exemplar der Klasse *Win-Handle* übergeben. Dieses Exemplar wird automatisch konvertiert. Das Ergebnis ist ein boolescher Wert, also ein Exemplar der Klassen *True* oder *False*.

Sollte ein Smalltalk-Parameter ein Exemplar einer unzulässigen Klasse sein, so wird die Nachricht *invalidArgument* abgesendet, die eine Fehlerbehandlung einleitet.

- Nachrichten, die von Windows an ein in Smalltalk erzeugtes Fenster geschickt werden sollen, werden von der Virtuellen Maschine in Smalltalk-Nachrichten mit den dazugehörigen Parametern umgewandelt. Dem zugehörigen Smalltalk-Objekt – dem Fenster – wird eine den Windows-Nachrichten entsprechende Smalltalk-Nachricht geschickt. In der zur Nachricht gehörenden Methode können die Parameter dann im Smalltalk-Programm selbst weiterverarbeitet werden.

4.1.2   Das Basissystem

Das Basissystem stellt dem Programmierer Klassen und Exemplare zur Verfügung, die als Grundlage für die Entwicklung von Smalltalk-Programmen eingesetzt werden können. Neben diesen applikationsbezogenen Klassen und Exemplaren gibt es weitere, die zum Ablauf des Smalltalk-Systems selbst benötigt werden. Letztere werden als systembezogene Klassen und Exemplare bezeichnet.

4.1.2.1   Applikationsbezogene Klassen

Um einen Überblick über die applikationsbezogenen Klassen und Exemplare zu bekommen, sollen jetzt die wichtigsten (eine vollständige Liste entnehmen Sie bitte Ihrem Smalltalk-Handbuch) kurz vorgestellt werden. Teilweise werden diese Klassen in dem Beispiel aus Kapitel 5 und 6 wieder verwendet.

Boolesche Klassen

Es gibt zwei Klassen für boolesche Exemplare. Diese sind unter der abstrakten Oberklasse *Boolean* angeordnet:

        Object
                Boolean
                        False
                        True

Die Klassen *False* und *True* enthalten Methodendefinitionen für die beiden booleschen Exemplare *false* und *true*. Zu diesen Methoden gehören neben den in Kapitel 2 beschriebenen bedingten Anweisungen auch Methoden zur Auswertung logischer Ausdrücke.

Es gibt in Smalltalk jeweils nur ein Exemplar der Klassen *False* und *True*. Interessant ist, daß die Exemplare selbst keine Informationen gespeichert haben, sondern nur über Methoden verfügen. Ausschließlich die Zuordnung der Exemplare zu einer der beiden Klassen macht die Exemplare verwendbar.

Klassen für Größen

Zu den Größen gehören Klassen für verschiedene Zahldarstellungen, die Zeichen, Datum und Uhrzeit sowie für Assoziationen, also Zuordnungen eines Exemplares zu einem bestimmten anderen Exemplar. Größen der gleichen Klasse zeichnet aus, daß sie in eine eindeutige Reihenfolge gebracht werden können, sie sind bezüglich der „<=“-Relation sortierbar. Die Hierarchie hat folgenden Aufbau:

```
Object
        Magnitude
                Association
                Character
                Date
                Number
                        Float
                        Fraction
                        Integer
                                LargeInteger
                                        LargePositiveInteger
                                        LargeNegativeInteger
                                SmallInteger
                Time
                TimeStamp
                        PARTSTimeStamp
```

Magnitude ist die abstrakte Oberklasse für alle Größen. In *Association* kann einem Schlüssel-Objekt ein Wert-Objekt zugeordnet werden. Exemplare der Klasse *Association* sind bezüglich des Schlüssel-Objektes sortierbar.

Character-Exemplare sind die Zeichen des Computers. Neben Zeichen mit einem Integerwert von 0 bis 255 werden durch Exemplare dieser Klasse auch die *DoubleByteCharacters* repräsentiert. Exemplare der Klasse *Date* geben ein bestimmtes Datum wieder und enthalten Methoden wie beispielsweise das Abfragen des zugehörigen Wochentages oder wieviele Tage zwischen zwei bestimmten Tagen liegen.

Number ist die abstrakte Oberklasse für die Zahlen.

Float enthält Methoden für Fließkommazahlen. Alle Exemplare dieser Klassen sind im IEEE-Format gespeichert, also acht Bytes lang. Die Klasse *Fraction* enthält die Definition für Brüche. Zähler und Nenner werden in den Exemplarvariablen *numerator* und *denominator* gespeichert. *Integer* ist die abstrakte Oberklasse für alle ganzzahligen Werte. Die Klasse *LargeInteger* ist die abstrakte Oberklasse für „große“ ganze Zahlen, *SmallInteger* enthält die Definition für

„kleine" ganze Zahlen. Die Werte für *SmallInteger* liegen im Bereich von -1073741824 bis 1073741823. *LargeNegativeInteger* und *Large-PositiveInteger* ist die Klasse für ganze Zahlen, die außerhalb des Bereichs für *SmallInteger*-Werte liegen. Der Wertebereich für eine große ganze Zahl ist von Smalltalk nur durch den vom Computer zur Verfügung gestellten Speicher begrenzt. Werte, die selbst 100.000 Bytes Speicher belegen sind theoretisch zwar möglich, machen aber wohl praktisch nur in Ausnahmefällen Sinn.

Die letzten Klassen der Größen sind die Klassen *Time*, *TimeStamp* und *PARTSTimeStamp*. Exemplare der Klasse *Time* nehmen jeweils eine Uhrzeit auf, während *TimeStamp*-Exemplare Datums- und Zeitinformationen enthalten.

Klassen für Objekt-Sammlungen

Sollen mehrere Exemplare gesammelt werden, so stehen dem Programmierer hierfür die Klassen unterhalb der abstrakten Oberklasse *Collection* zur Verfügung:

```
Object
        Collection
                Bag
                HashedCollection
                        Dictionary
                                IdentityDictionary...
                                SystemDictionary
                        Set
                                IdentitySet
                        SymbolSet
                IndexedCollection
                        FixedSizeCollection
                                Array
                                        ActionSequence
                                        CompiledMethod...
                                        HashTable...
                                ByteArray
                                Interval
                                String
                                        DoubleByteString
                                                DoubleByteSymbol
                                        Symbol
                        OrderedCollection
                                Process
                                SortedCollection
```

Einige der oben angegebenen Klassen sind intern und werden in der Regel nicht für die Anwendungsentwicklung verwendet. Diese Klassen werden daher hier nicht erläutert.

Exemplare der Klasse *Bag* können beliebige andere Exemplare aufnehmen. Die Reihenfolge, in der die Exemplare in *Bag*-Exemplaren vorliegen, ist nicht bestimmbar. Zu Exemplaren von *Bag* können beliebig viele Exemplare zugefügt werden, eine Obergrenze ist nicht festgelegt.

Die Klasse *Dictionary* enthält eine spezielle Definition von Mengen. In einem *Dictionary* wird unter einem Schlüsselexemplar ein weiteres Exemplar abgelegt. Jedes Schlüsselexemplar ist nur einmal in einem *Dictionary* vorhanden, wodurch der Mengencharakter entsteht. Ähnlich einem Wörterbuch kann in einem *Dictionary* schnell das zu einem bestimmten Schlüsselexemplar gehörige Wertexemplar ermittelt werden („Wie lautet die englische Übersetzung für *Auto*"). Damit ist eine Zuordnung von Exemplaren zu einer sinnvolleren Angabe als nur einer Position in einem *Array* möglich.

Ein *Set*-Exemplar nimmt jedes Exemplar nur einmal auf. Die aufgenommenen Exemplare können zu beliebigen Klassen gehören.

IndexedCollection ist die abstrakte Oberklasse für Klassen von indizierbaren Exemplaren, bei denen über eine numerische Positionsangabe direkt auf ein bestimmtes Exemplar zugegriffen werden kann. *FixedSizeCollection* ist die abstrakte Oberklasse für Exemplare, die in ihrer Größe nicht veränderbar sind.

Die wichtigste Klasse für das gesamte Smalltalk-System in dieser Hierarchie ist die Klasse *Array*. Exemplare dieser Klasse werden in vielen anderen Exemplaren eingesetzt, wenn nur eine feste Anzahl beliebiger Exemplare gespeichert werden soll. Exemplare der Klasse *ByteArray* können nur Byte-Werte aufnehmen (siehe Kapitel 3).

Ein *Interval* bestimmt eine Menge von Zahlwerten zwischen einem Anfangs- und einem Endewert unter Angabe einer Schrittweite.

String enthält die Definition zur Bearbeitung von Zeichenketten. *DoubleByteString* nimmt Zeichenketten auf, deren einzelne Zeichen durch 2 Bytes beschrieben werden.

Symbol- und *DoubleByteSymbol*-Exemplare sind spezielle *String*-Exemplare. Der Unterschied zu diesen liegt darin, daß ein *Symbol* mit einer bestimmten Zeichenfolge real nur ein einziges Mal im gesamten Smalltalk-System existiert. Das führt zu erheblicher Reduzierung des benötigten Speicherplatzes.

Exemplare der Klasse *OrderedCollection* haben neben der Funktionalität eines *Array*-Exemplares noch zusätzlich die Eigenschaft, daß sie in ihrer Größe veränderbar sind. Exemplare können zugefügt und gelöscht werden. Die Reihenfolge, in der Exemplare zu einer OrderedCollection hinzugefügt werden, bleibt im Gegensatz zu *Bag*-Exemplaren erhalten.

Eine Spezialform einer *OrderedCollection* ist eine *SortedCollection*. In dieser sind die Exemplare sortiert, was voraussetzt, daß die Exemplare untereinander überhaupt sortierbar sind (Zeichenketten und Zahlen beispielsweise sind untereinander nicht sortierbar). Das Sortierkriterium kann für jede SortedCollection individuell durch einen Block mit zwei Parametern festgelegt werden. Als Voreinstellung werden die Exemplare bezüglich der „<="-Relation sortiert.

Klassen für Daten-Ströme
Ein- und Ausgaben von Text werden in Smalltalk über Exemplare von Unterklassen der abstrakten Oberklasse *Stream* realisiert:

```
Object
        Stream
                ReadStream
                WriteStream
                        ReadWriteStream
                        FileStream
                                MixedFileStream
```

Allgemein gilt für Exemplare von *Stream*-Unterklassen, daß diese zur komfortablen Bildung und Abarbeitung von Exemplar-Sammlungen dienen. Exemplare können sequentiell gelesen und geschrieben werden, Lese- und Schreibpositionen können gesetzt werden.

Von *ReadStream*-Exemplaren kann nur gelesen, aber nicht gschrieben werden, auf *WriteStream*-Exemplaren kann dagegen nur geschrieben, aber nicht gelesen werden. Die Klasse *ReadWriteStream* vereinigt die Funktionalität der Schreib- und Leseströme. Würde in Smalltalk der Mechanismus der Mehrfachvererbung existieren, so wäre die Realisierung eines Schreib-Lese-Stroms als Unterklasse der beiden Oberklassen *ReadStream* und *WriteStream* sinnvoll. So muß ein Großteil der Funktionalität aus der Klasse *ReadStream* neu implementiert werden. Über Exemplare der Klassen *FileStream* und *MixedFileStream* werden alle Dateiein- und ausgaben realisiert.

Klassen für die Fenstersteuerung

Steuerung und Kommunikation zwischen Benutzeroberflächen und der Anwendung erfolgt durch Klassen, die Unterklassen der abstrakten Oberklasse *ViewManager* sind. In diesen Klassen erfolgt ebenfalls die Definition der Fensterstruktur. Unterhalb der Klasse *ViewManager* sollte der Entwickler eigene Oberflächenklassen einfügen.

```
Object
        ViewManager
            ...
            TextWindow...
            WindowDialog
                ...
                FindReplaceDialog
                PrintAbortDialog
                ProgressIndicatorDialog
                Prompter...
```

TextWindow definiert eine Klasse, deren Exemplare die Darstellung und die Funktionsweise eines Texteditors besitzen. Das Transcript-fenster ist in einer Unterklasse von *TextWindow* definiert.

WindowDialog ist die abstrakte Oberklasse für Dialogfenster. Unterhalb dieser Klasse sollte der Entwickler eigene Dialoge definieren. Dem Benutzer stehen vier Basis-Dialoge zur Verfügung.

FindReplaceDialog definiert einen Dialog zur Eingabe von Suchen- und Ersetzen-Zeichenketten.

PrintAbortDialog wird zum Abbrechen eines aktiven Druckauftrages benötigt.

Exemplare der Klasse *ProgressIndicatorDialog* dienen der grafischen Anzeige des Verlaufs einer Aktion. Angezeigt wird eine Prozentangabe zwischen 0 und 100%.

Die Klasse *Prompter* definiert einen Dialog, über den einzeilige Texteingaben durchgeführt werden können.

Klassen für Fensterdefinitionen

Die Klassen zur Definition von Fenster-Layouts lassen sich in zwei Hierarchien aufteilen, die beide die Klasse *Window* als abstrakte Oberklasse besitzen. Die erste Hierarchie setzt sich aus folgenden Klassen zusammen:

```
Object
        Window
                ApplicationWindow
```

                              TopPane
                                    DialogTopPane
                        ControlWindow
                            MenuWindow

Die erste Hierarchie beschreibt die Rahmenfenster einer Benutzeroberfläche einschließlich der Menüleiste. *ApplicationWindow* und
ControlWindow sind abstrakte Oberklassen, *TopPane* wird für
„normale" Fenster eingesetzt, diese sind beispielsweise in ihrer Größe veränderbar, *DialogTopPane* definiert den Rahmen für Dialoge.
MenuWindow enthält die Definition für die Menüzeile. Die Exemplare von *MenuWindow* verwalten beispielsweise die einzelnen
Pulldown-Menüs.

In der zweiten Hierarchie sind Klassen für alle Arten von Fensterkomponenten definiert, die in Windows-Oberflächen dargestellt
werden können. Die einzelnen Klassen enthalten Methoden zur
Veränderung des Aussehens und des Standardverhaltens.

Die zweite Hierarchie für Oberflächendefinitionen:
        Object
            Window
                SubPane
                    ControlPane
                        Button
                                DrawnButton
                                Toggle
                                        CheckBox
                                                ThreeStateButton
                                        RadioButton
                        EntryField
                            ComboEntryField
                            TextEdit
                        ListBox
                            DropDownList
                                    ComboBox
                            MultipleSelectListBox
                        ScrollBar
                        StaticPane
                            GroupBox
                            StaticBox
                            StaticGraphic
                            StaticText

GraphPane
GroupPane
ListPane
StatusPane
. TextPane

Die Klassen *Window*, *SubPane*, *ControlPane*, *Toggle* und *StaticPane* sind abstrakte Oberklassen. *Button*, *DrawnButton*, *CheckBox*, *ThreeStateButton* und *RadioButton* werden zur Darstellung verschiedener Knöpfe eingesetzt.

Die Klassen *EntryField*, *ComboEntryField* und *TextEdit* definieren verschiedene Arten von ein- und mehrzeiligen Texteingabefeldern.

GroupBox und *GroupPane* dienen der strukturierten Anordnung von Anzeigeelementen.

ListBox, *DropDownList*, *ComboBox*, *ListPane* und *MultipleSelect-ListBox* definieren verschiedene Anzeigeelemente für Listen.

Unter Verwendung der Klasse *ScrollBar* können Rollbalken in einer Oberfläche benutzt werden.

StaticBox, *StaticGraphic* und *StaticText* können für die Anzeige statischer Informationen eingesetzt werden.

Exemplare von *GraphPane* werden zur Bearbeitung von Grafiken, Exemplare von *TextPane* zur Bearbeitungen von Texten eingesetzt. Mit *StatusPane*-Exemplaren können Status-Informationen zur laufenden Anwendung angezeigt werden.

Die Klasse UndefinedObject

Die Klasse *UndefinedObject* ist eine direkte Unterklasse von *Object*:

Object
            UndefinedObject

Zu dieser Klasse existiert nur ein einziges Exemplar, das im Programmtext über den Namen *nil* angesprochen werden kann. Mit *nil* werden die Exemplarvariablen aller neu erzeugten Exemplare initialisiert.

Analog zu den Klassen *False* und *True* sind im Exemplar *nil* keine Informationen gespeichert. Nur durch die Zuordnung zu einer Klasse mit ihren Methoden wird die Funktionalität dieses Exemplares möglich.

Die wichtigsten in dieser Klasse definierten Methoden dienen zum Testen, ob der Empfänger ein Exemplar dieser Klasse ist oder nicht.

Die Klasse File

In enger Verbindung mit der bereits erwähnten Klasse *FileStream*
steht die Klasse *File*:

    Object
        FileSystemEntity
            FileSystemComponent
                File

Während Exemplare von *FileStream* ausdrücklich für die Ein- und
Ausgaben zuständig sind, stellen Exemplare der Klasse *File* die
Verbindung zum Betriebssystem dar. Über Klassenmethoden wer-
den Dateien angelegt, geöffnet, kopiert, umbenannt oder gelöscht.

Für alle Methoden der applikationsbezogenen Klassen steht dem
Programmierer der Programmcode zur Verfügung. Dieser kann dazu
verwendet werden, die genaue Funktionalität in den einzelnen
Klassendefinitionen genau zu ergründen, so daß es im Bedarfsfall
sehr einfach ist, existierende Methoden in ihrer Funktionalität an die
eigenen Anforderungen anzupassen oder neue Unterklassen unterhalb einer applikationsbezogenen Klasse aufzubauen.

4.1.2.2   Systembezogene Klassen und Exemplare

Systembezogene Klassen werden nicht unmittelbar für die Lösung
eines Problems benötigt. Sie enthalten vielmehr Informationen über
das Smalltalk-System selbst sowie Definitionen für den Aufruf von
Funktionen aus Bibliotheken oder zur Kommunikation mit dem Betriebssystem.

Für den Aufbau des Smalltalk-Systems werden Exemplare von Klassen verwendet, die im System selbst definiert sind. Die Speicherung
der Klassendefinitionen sowie der Methoden selbst erfolgt in Exemplaren spezieller Klassen. Dabei wird unterschieden, ob es sich
bei der Angabe um das Verhalten der Exemplare (Exemplarvariablen und Exemplarmethoden) oder um Klasseninformationen
(Klassenvariablen und Klassenmethoden) handelt. Erstere werden in
Exemplaren der Klasse *Class*, letztere in Exemplaren der Klasse
MetaClass gehalten. *Class* und *MetaClass* sind Unterklassen von *Behavior*. Alle Methodendefinitionen sind Exemplare der Klasse
CompiledMethod. Der Aufbau der Klassenhierarchie erfolgt sowohl
durch Verknüpfung aller Exemplare von *Class*, als auch, getrennt
davon, aller *MetaClass*-Exemplare. Jedes dieser Exemplare kennt
sowohl seine Oberklasse, als auch seine Unterklassen. Bei der Verknüpfung gibt es zwei Ausnahmen, die jeweils das oberste Exemplar, das Wurzelexemplar, betreffen: Das *Class*-Exemplar der Klasse

Object, in dem Exemplarmethoden gespeichert sind, hat als Oberklasse das Exemplar *nil*. Das *MetaClass*-Exemplar von *Object*, in dem Klassenmethoden gespeichert sind, hat dagegen als Oberklasse das *Class*-Exemplar der Klasse *Class*.

Dieser komplizierte Umstand soll an der folgenden Hierarchie verdeutlicht werden (der Klassenname allein steht dabei für das *Class*-Exemplar, der Klassenname gefolgt von *class*, beispielsweise *Object class*, steht für das Verhalten der Klasse):

        Object
                Behavior
                    Class
                            Object class
                                Behavior class
                                        Class class
                                        MetaClass class
                                Boolean class
                                    ...
                MetaClass

Dieser Hierarchieaufbau hat eine Sachlage zur Folge, die hier genauer beschrieben werden soll, da sie für die Programmierung von effizienten Anwendungen besonders wichtig ist.

Da in Smalltalk alle Methoden der Oberklassen zur Klassendefinition gehören, zählen automatisch die Exemplarmethoden der Klassen *Object*, *Behavior* und *Class* sowohl zu den Exemplar- als auch zu den Klassenmethoden. Für bestimmte Aufgaben muß somit eine Methode nicht doppelt implementiert werden.

Betrachten wie hierzu zwei Beispiele:

Beispiel 1:
Für ein beliebiges Objekt, egal ob es sich um eine Klasse oder um ein Exemplar einer Klasse handelt, soll geprüft werden, ob es das Exemplar *nil* ist. Dazu wird in der Klasse *UndefinedObject* die Exemplar-Method *isNil* implementiert, die als Ergebnis *true* liefert, und in *Object* wird die Exemplar-Methode *isNil* implementiert, die als Ergebnis *false* liefert. Jetzt kann an alle Objekte – auch an Klassen – die Nachricht *isNil* geschickt werden.

Beispiel 2:
Es soll zur Klasse *Array* ein neues Exemplar mit 32 Einträgen erzeugt werden. Dazu wird der Ausdruck *Array new: 32* evaluiert. Die Nachricht *new:* müßte, da sie an eine Klasse geschickt wird, zu einer Klassenmethode gehören, die in der Hierarchie, angefangen bei

Array bis hoch zur Klasse *Object*, implementiert ist. Dieses ist aber nicht der Fall. Verfolgt man jedoch den Pfad weiter entlang der Hierarchie der Klasse *Class* nach oben zur Klasse *Object*, und zwar auf der Seite der Exemplarmethoden, so stößt man in der Klasse *Behavior* auf die gesuchte Methode.

Doch fahren wir nach diesem kleinen Abstecher in die Tiefen des Smalltalk-Systems fort mit der Beschreibung von systembezogenen Klassen und Exemplaren (wobei, wie festgestellt wurde, diese Unterscheidung eigentlich gar nicht notwendig ist; sie hilft jedoch, das System zu verdeutlichen).

Eine zentrale Rolle spielt ein Exemplar der Klasse *SystemDictionary*, das alle globalen Variablen enthält. Unter einem Schlüsselwort, einem Exemplar der Klasse *Symbol*, ist das dazugehörige Exemplar als Wert der Variablen abgelegt. Ändert sich der Wert einer globalen Variablen, so steht der neue Wert in diesem *SystemDictionary*. Das *SystemDictionary* ist selbst als globale Variable in sich gespeichert, und zwar unter dem bereits mehrfach erwähnten Namen *Smalltalk*. Neben der globalen Variablen enthält das *SystemDictionary* auch alle Klassen, die unter ihrem zugehörigen Klassennamen eingetragen sind. Damit wird auch deutlich, warum globale Variablen und Klassen keine gleichen Namen besitzen dürfen. In Smalltalk wird kein Unterschied zwischen einer Klassendefinitionen (oder Klasse) und einem Exemplar gemacht, da eine Klassendefinition ja selbst aus Exemplaren anderer Klassen besteht.

Wichtig für die Arbeit mit Systemkonstanten, wie sie beispielsweise für die einzelnen Darstellungsformen der Fenster, für Einstellungen von Farben oder für die Dateiattribute und unterschiedlichen Modi des Öffnens einer Datei benötigt werden, stehen dem Programmierer die bereits in Kapitel 2 erwähnten Pooldictionaries mit ihren Poolvariablen zur Verfügung.

Ein Pooldictionary ist ein Exemplar der Klasse *Dictionary*, das in einer globalen Variablen gespeichert ist. Die Schlüssel des Dictionarys, die ausnahmslos *Strings* sind, sind die Variablennamen für die Programmierung. Mit Pooldictionaries ist es möglich, Klassen aus verschiedenen Hierarchien mit gleichen Variablen zu versorgen.

Das Pooldictionary, das unter anderem die Dateivariablen enthält, hat den Namen *OperatingSystemConstants* und wird in den Klassen *SystemDictionary*, *Directory*, *FileHandle*, und *File* benötigt. Das Pooldictionary mit den Namen *CursorConstants*, in dem verschiedene Mauszeiger gespeichert sind, wird in den Klassen *CursorMana-*

ger und *HelpManager* verwendet (lassen Sie sich nicht durch die Bezeichnung *Constants* irritieren. Von zwei Ausnahmen abgesehen, sind alle Schlüsseleinträge als Variable einsetzbar. Es soll nur darauf hingewiesen werden, daß die Werte nur gelesen werden sollen).

Nur die Klassen, denen ein Pooldictionary zur Verwendung der dort enthaltenen Poolvariablen bekannt gemacht wurde, können auf die Schlüssel des Pooldictionaries als Variablennamen zugreifen. Ein Pooldictionary wird nicht an die Unterklassen weitervererbt.

Die wichtigsten Pooldictionaries und ihr jeweiliger Verwendungszweck:

- *CharacterConstants* enthält Zeichenkonstanten für „schwer" abdruckbare Zeichen, wie beispielsweise das Tabulatorzeichen oder das Leerzeichen selbst, wenn es nicht im Programmtext untergehen soll.

- *ColorConstants* enthält Systemkonstanten für 16 Grundfarben sowie zur Darstellung des Standardfensterhinter- und -vordergrundes.

- *CommonDialogConstants* werden zur Steuerung der Standarddialoge eingesetzt, wie sie oben unter der Oberklasse *WindowDialog* bereits beschrieben wurden.

- *CursorConstants* enthält verschiedene Mauszeiger.

- Die Variablen von *GraphicsConstants* werden zum Schreiben und Malen auf dem Bildschirm oder einer Bitmap benutzt.

- *OperatingSystemConstants* enthält Systemkonstanten zum Zugriff auf Dateien und deren Attribute-Bits, wie beispielsweise „versteckt", „schreibgeschützt" oder „Öffnen im Lesemodus" sowie die Konstanten für die Darstellung der Fensterelemente und zur Analyse der Benutzereingaben. Es integriert die Funktionalität einiger der anderen Pooldictionaries.

- *PARTSConstants* enthält die Konstanten, die für die Parts-Workbench benötigt werden.

- Mit Hilfe der *SystemColorConstants* können Farbeinstellungen der Fensterelemente, beispielsweise des Rollbalkens, abgefragt und gesetzt werden.

- Mit Hilfe der *SystemValueConstants* können Größeneinstellungen vom System abgefragt werden. Dazu gehört beispielsweise die Höhe des Bildschirms in Zeilen oder die Dicke des Fensterrahmens.

- *VirtualKeyConstants* enthält die Werte für verschiedene Tasten wie beispielsweise für die Funktionstasten oder die Cursortasten.

- *WinConstants* entspricht den *OperatingSystemConstants*.

Auf die Variable aus den Pooldictionaries *WinConstants* und *CharacterConstants* kann nur lesend zugegriffen werden. Veränderungen sind nicht möglich. Im Beispielprogramm am Ende dieses Buches wird ein Pooldictionary verwendet, um diese Anwendung mehrsprachig aufzubauen.

4.1.3   Entwicklungssystem, Image-Datei und Image

Ein Smalltalk-Programm wird mit Hilfe eines Entwicklungs-Systems erstellt, welches durch Aufruf des Programms VDEVW.EXE bei der Windows-Version beziehungsweise VDEVO.EXE bei der OS/2-Version gestartet wird. Dieses Entwicklungssystem benötigt bereits beim Start eine Datei, in der die Änderungen und Erweiterungen des Basissystems, also die eigentliche Anwendung, gespeichert werden können. Diese Datei wird **Image-Datei** genannt. Zu Anfang steht dem Programmierer eine kleine Datei mit dem Namen V.EXE zur Verfügung. Durch Kopieren und Umbenennen dieser Datei können verschiedene Anwendungsprogramme erstellt werden.

Beispiel:

Soll eine Anwendung zur Verwaltung von Terminen implementiert werden, so kann der Programmierer eine Kopie der Datei V.EXE mit dem Namen TERMIN.EXE für die Speicherung der Anwendung erstellen. Die Datei TERMIN.EXE wird als Parameter dem Programm VDEVW.EXE zur Bearbeitung übermittelt. Das Ausführen der Anwendung erfolgt einfach durch den Aufruf der Image-Datei TERMIN.EXE.

Eine *Image*-Datei wird erst dann aus den aktuellen Erweiterungen und Änderungen erzeugt, wenn der Programmierer dieses explitzit über ein Menü oder die Evaluierung des Ausdrucks *Smalltalk save* anstößt. Nach der Sicherung steht in der *Image*-Datei der aktuelle Zustand einschließlich der offenen Fenster und deren Inhalte, so daß die Arbeit nach dem Neustart des Entwicklungssystems unmittelbar wieder aufgenommen werden kann. Ist ein Entwicklungssystem im Speicher des Computers geladen, so spricht man von diesem System als dem **Image**.

Der Start des Programms VDEVW.EXE bewirkt, daß zusätzlich zum Basis-System auch die Klassen einschließlich der Methoden des Entwicklungssystems geladen werden. Diese Erweiterungen beruhen alle auf den Klassen des Basissystems. Eigentlich stellt das Entwicklungssystem somit eine eigene Anwendung dar.

Zusätzlich zu den Klassen zur Darstellung der Entwicklungswerkzeuge (vgl. Kapitel 3) stellt das Entwicklungssystem dem Programmierer viele weitere Klassen und Exemplare zur komfortablen Erstellung von Anwendungen zur Verfügung.

Die neben den Oberflächen wohl wichtigsten Klassen definieren einen Compiler, der für die Umsetzung des Programmcodes in ein ablauffähiges Programm zuständig ist. Zum Testen von Methoden können über diesen Compiler Ausdrücke evaluiert werden. Dieses geschieht beispielsweise dann, wenn Programmcode in einem *Workspace* oder dem *Transcript* ausgeführt wird.

Im Entwicklungssystem hat der Programmierer Zugriff auf den Quell-Programmcode. Dieser kann für jede Methode einzeln ermittelt werden, oder anders ausgedrückt: Da jede Methode ein Exemplar der Klasse *CompiledMethod* ist, kann von diesem Exemplar der Programmcode angefordert werden.

Um die Anwendung bzw. die *Image*-Datei klein zu halten, wird der Programmcode meistens in eigenen Dateien abgespeichert. Das System sorgt dabei selbständig für die Verwaltung dieser Dateien. Im Normalfall stehen eine Reihe spezieller Dateien zur Verfügung:

- Der Programmcode für das Basissystem steht in einer Reihe von Dateien, die im Unterverzeichnis LIB gespeichert sind. Diese Dateien haben alle die Dateiendung *.SML*.

- Die Datei CHANGE.LOG enthält den Code für alle vom Programmierer compilierten Methoden. Dazu zählen sowohl die vollkommen neu implementierten Methoden als auch die geänderten Basismethoden, deren Code vorher in einer der SML-Dateien stand.

  Eigentlich ist das CHANGE.LOG eine Protokolldatei. Wird eine Methode mehrfach geändert, so stehen alle Änderungen in dieser Datei, wobei die letzte Eintragung zu einer Methode dem gültigen Programmcode entspricht. Zusätzlich zu den Methodencodes stehen alle in einem Textfenster evaluierten Ausdrücke sowie Angaben über neue Klassen und geänderte Klassenstrukturen in der Protokolldatei. Wird der aktuelle Stand der Programmierung in der Image-Datei gespeichert, so werden das aktuelle Datum und die Uhrzeit in der Protokolldatei vermerkt. Da eine Eintragung immer an das Ende des Protokolls angehängt wird und dieser Eintrag normaler, lesbarer Text ist, gibt das CHANGE.LOG alle Aktivitäten des Programmierers in ihrer korrekten Reihenfolge wieder.

Alle Protokolleinträge enthalten syntaktisch korrekten Code. Wird bei der Übersetzung einer Methode oder der Evaluierung von Zeichenketten ein Syntaxfehler entdeckt, so wird kein Protokolleintrag geschrieben.

Änderungen am CHANGE.LOG sollten auf keinen Fall unternommen werden. Zum einen sind sie unwirksam für das Programm, zum anderen können sie fatale Folgen für die Programmierung haben, da der zu einer Methode gehörende Programmcode nicht mehr korrekt wiedergegeben werden kann.

Die Protokolldatei kann durch das Mitschreiben aller Änderungen sehr groß werden. Eine Komprimierung ist möglich und kann durch den Programmierer durch Evaluieren des Ausdrucks *SourceManager current compressChanges* angestoßen werden. Unmittelbar nach der Komprimierung stehen nur noch die aktuellen Programmcodes der geänderten Methoden in geänderter Reihenfolge in der Datei (die Reihenfolge ergibt sich aus der Klassenhierarchie). Alle anderen Einträge wurden entfernt.

- Die dritte Datei hat den Namen SOURCES.SML. Sie wird durch Evaluieren des Ausdrucks *SourceManager current compressSources* bei Bedarf erstellt. Bei diesem Komprimiervorgang werden alle gültigen Programmcodes aus dem CHANGE.LOG zu den gültigen Einträgen in der Datei SOURCES.SML hinzugefügt. Das CHANGE.LOG ist, von einem Hinweis auf die Komprimierung einmal abgesehen, danach leer.

Auf den sinnvollen Gebrauch der Dateien CHANGE.LOG und SOURCES.SML wird im zweiten Abschnitt dieses Kapitels weiter eingegangen.

Der ausführbare Programmcode für das Entwicklungssystem steht in verschiedenen Objekt-Bibliotheken. Diese Bibliotheken sind Dateien, die ebenfalls im LIB-Unterverzeichnis gespeichert sind und die Dateiendung *.SLL* haben. Die Endung *SLL* bedeutet *Smalltalk Link Library*, wobei es sich im Prinzip um die bekannten DLL-Dateien handelt.

Arbeiten mehrere Programmierer an einer Anwendung ohne Verwendung der *Enterprise*-Version von *Visual Smalltalk*, so ist ein Austausch der einzelnen Programmteile notwendig. Dieser Austausch kann auf zwei Arten erfolgen und wird durch entsprechende Klassen unterstützt.

- Der erstellte Programmcode wird vom verantwortlichen Programmierer in eine ASCII-Datei exportiert. Aus dieser Datei importieren danach die anderen Entwickler das Programm in ihre Image-Datei. Der Import erfolgt durch Evaluierung von Ausdrükken zum Anlegen von Klassen und dem Übersetzen der Methoden-Sourcen, wodurch die so importierten Klassen und Methoden nicht mehr von den eigenen unterscheidbar sind. Der Methodencode steht im CHANGE.LOG.

- Die zweite Möglichkeit besteht in der Erstellung einer Objekt-Bibliothek. Dazu wird mit einem *ObjectLibraryBuilder* eine Datei erzeugt, in der, anders als beispielsweise in Windows-DLL, die Klassen- und Methodenexemplare − nicht nur der Programmcode − abgelegt werden. Weiterhin können globale Variablen mit ihrem Inhalt übernommen werden. Durch Anbinden einer Objekt-Bibliothek wird deren Inhalt verfügbar gemacht, durch Abbinden wird dieser vollständig entfernt.

  Gültiger Programmcode von Bibliotheksmethoden ist Bestandteil der Bibliothek, er wird jedoch zur Ausführung der Methoden nicht benötigt. Änderungen an den Inhalten einer Objekt-Bibliothek sind möglich und werden Bestandteil der Image-Datei. Um Änderungen zu vermeiden und die Bibliotheken möglichst klein zu halten, können Methoden ohne ihren Programmcode in eine Bibliothek aufgenommen werden.

Die Klassen des Entwicklungssystem stehen in einer Reihe von eigenen Objekt-Bibliotheken, die nur beim Start des Programms VDEVW.EXE an das Image gebunden wird.

Zur Unterstützung des Programmierers stehen zwei weitere Objekt-Bibliotheken zur Verfügung. Die erste Objekt-Bibiliothek enthält die Klassen für den bereits erwähnten *ObjectLibaryBuilder*, der zum Aufbau von Objekt-Bibliotheken eingesetzt wird.

Zum Überprüfen des Zeitverhaltens einzelner Methoden kann ein *PerformanceProfiler* eingesetzt werden, dieser ist in der zweiten Objekt-Bibliothek enthalten. Das Ergebnis einer Überprüfung gibt Aufschluß darüber, wie häufig Methoden ausgeführt werden und wie groß deren Anteil an der Gesamtlaufzeit ist. Optimierungen hinsichtlich der Laufzeit sind aufgrund der Ergebnisse einfach durchzuführen.

4.1.4   Wichtige Methoden

Für die Programmentwicklung stehen dem Programmierer Methoden zur Verfügung, mit deren Hilfe eine Anwendung einfach getestet werden kann. Da diese bei der täglichen Entwicklung von Programmen besonders häufig eingesetzt werden, sollen sie hier besonders aufgeführt werden.

halt :

Die Methode *halt* ist als Exemplarmethode der Klasse *Object* implementiert und steht somit allen Objekten zur Verfügung. Wird einem beliebigen Exemplar die Nachricht *halt* geschickt, so wird die Verarbeitung an der aktuellen Position unterbrochen und ein rotes Fehlerfenster geöffnet (vergleiche Kapitel 3). Von diesem Fehler kann das *Debugger*-Fenster geöffnet werden und der Inhalt von Variablen des laufenden Programmes überprüft werden. Der Unterschied zu einem aufgetretenen Fehler, bei dem ebenfalls ein *Debugger*-Fenster geöffnet werden kann, besteht darin, daß nach einer *halt*-Nachricht der Programmlauf wieder fortgesetzt werden kann. Dieses ist im Fehlerfall nur nach Beseitigung des Fehlers und Neustart der geänderten Methode möglich. Auch von dem roten Fehlerfenster kann der Programmlauf fortgesetzt werden.

Die Nachricht *halt* darf nur in der Entwicklungsversion gesendet werden, in der Laufzeitversion führt das Absenden zu einem Laufzeitfehler. Da diese Methode ein wichtiges Entwicklungsinstrument darstellt, sollte in keiner anderen Klasse eine Methode *halt* implementiert werden.

inspect :

Ebenso wie die *halt*-Methode dient die *inspect*-Methode der Unterstützung der Programmentwicklung. Sie kann jedem Exemplar als Nachricht geschickt werden, sie ist unter anderem in der Klasse *Object* implementiert. Nach dem Absenden öffnet sich ein *Inspector*-Fenster, wie es im Kapitel 3 bereits beschrieben wurde.

Die *inspect*-Methode sollte nicht in eigenen Klassen implementiert werden.

storeString und storeOn: :

Die Methode *storeString*, in Verbindung mit *storeOn:*-Methoden, linearisiert das Empfängerexemplar und alle seine abhängigen Exemplare zu einem *String*. Der *String* enthält Anweisungen, die durch die Nachricht *evaluate:*, die der Klasse *Compiler* geschickt wird, das Exemplar wieder aufbauen. Die beiden einzigen Bedingungen, die das Empfängerexemplar einhalten muß sind, daß es innerhalb des Exemplares und der abhängigen Exemplare keine Schleifen geben darf. Dieses ist beispielsweise dann der Fall, wenn zwei Exemplare jeweils eine Referenz auf das andere Exemplar besitzen. Ein so geartetes Exemplar kann mit *storeString* nicht aufgelöst werden. Die zweite Bedingung gilt für systemnahe Exemplare wie beispielsweise Fenster oder Bitmaps.

Durch die Methode *storeString* wird ein Exemplar der Klasse *Write-Stream* bereitgestellt, auf dem das Exemplar in linearisierter Form ausgegeben wird. Die eigentliche Ausgabe erfolgt durch Methoden mit dem Namen *storeOn:*. Das *WriteStream*-Exemplar wird dieser Methode als Parameter übergeben. Die Methode ist in verschiedenen Klassen implementiert, wenn eine spezielle Linearisierung notwendig oder sinnvoll ist.

Wird beispielsweise dem *Array* #('hallo welt' $A $b 12345) die Nachricht *storeString* gesendet, so liefert die Methode den *String* *((Array new: 4) at: 1 put: 'hallo welt'; at: 2 put: $A; at: 3 put: $b; at: 4 put: 12345; yourself)*. Wird dieser Ausdruck evaluiert, so wird das *Array* wieder aufgebaut.

Die Methode *storeString* kann zwar in einer Laufzeitversion verwendet werden, da der Programmierer jedoch keinen Zugriff auf den Compiler hat, kann das Exemplar nicht wieder aus diesem *String* erzeugt werden.

yourself :

Am Ende des kaskadierten Ausdrucks (mehrere Nachrichten werden einem Empfänger gesendet, ohne den Empfänger mehrfach aufzuschreiben) zum Aufbau des *Array*-Exemplares steht die Nachricht *yourself.* Die einzige Anweisung, die die zu dieser Nachricht gehörende Methode enthält, gibt das Empfänger-Exemplar zurück. Dieses ist sinnvoll, wenn nach einer Kaskadierung von Nachrichten das eigentliche Empfänger-Exemplar zurückgeliefert werden soll. Würde die *yourself*-Nachricht nicht am Ende der Kaskadierungskette stehen, würde als Ergebnis dieser Kette das Exemplar genommen werden, das von der letzten Methode zurückgeliefert wird. Dieses wäre im obigen *Array*-Beispiel das Exemplar 12345.

deepCopy und *shallowCopy* :

Mit der Nachricht *shallowCopy* können Exemplare kopiert werden. Wird einem Exemplar die Nachricht geschickt, so steht dem Programm danach ein neues Exemplar zur Verfügung, dessen Exemplarvariablen und variablen Exemplaranteile (Bytes und Zeiger, siehe Kapitel 3) auf dieselben Exemplare wie im Empfängerexemplar zeigen, also nicht auf eine Kopie. Mit der Nachricht *deepCopy* können ebenfalls Exemplare kopiert werden. Im Gegensatz zur *shallowCopy*-Methode werden jedoch auch noch die Exemplarvariablen kopiert, wozu wiederum die Methode *shallowCopy* verwendet wird. Exemplare mit Schleifen können problemlos kopiert werden, da maximal bis zur zweiten Stufe kopiert wird.

Klassen sind verständlicherweise vom Kopieren ausgeschlossen, ebenso die Exemplare *nil*, *true* und *false* sowie alle *Character*-Exemplare und Exemplare der Unterklassen von *Number*. Diese Objekte werden selbst wieder zurückgegeben. Die Kopie eines Symbols ist das Symbol selbst (jedes Symbol ist nur einmal im System vorhanden).

Die Methoden zum Kopieren von Exemplaren stehen sowohl in der Entwicklungsversion als auch in der Laufzeitversion zur Verfügung.

printString und *printOn:* :

Die Methoden *printString* und *printOn:* verhalten sich analog zu den Methoden *storeString* und *storeOn:*. Die Methode *printString* stellt ein *WriteStream*-Exemplar zur Verfügung, das der *printOn:*-Methode als Parameter übergeben wird. Eine *printOn:*-Methode ist in vielen anderen Klassen implementiert. Auf dem *WriteStream* können sich die Empfängerexemplare dann selbst darstellen. Das Ergebnis der *printString*-Methode ist ein *String*. Das Empfängerexemplar wird in der Regel bis in die kleinste Verästelung dargestellt. Sollte ein Empfängerexemplar eine Schleife enthalten (siehe oben), so wird ein Verweis auf diese Schleife ausgegeben und die Ausgabe zur Vermeidung einer unendlichen Rekursion für dieses Exemplar beendet. Aus dem Ergebnisstring kann nur in wenigen einfachen Fällen, beispielsweise bei den Zahlen, durch Evaluieren das ursprüngliche Exemplar zurückgewonnen werden.

Die *printString*-Methode dient in erster Linie der Darstellung von Exemplaren auf dem Bildschirm, so werden beispielsweise in den Inspector-Fenstern die Inhalte von Exemplarvariablen mit der *printString*-Methode in eine darstellbare Form gebracht und im Textfenster dargestellt.

isRunTime :

Oftmals ist es bei der Programmentwicklung notwendig, daß zwischen Entwicklungsversion und Laufzeitversion unterschieden wird.

Zu diesem Zweck wurde die Exemplarmethode *isRunTime* in der Klasse *SystemDictionary* implementiert. Der Ausdruck *Smalltalk isRunTime* liefert je nach Version ein *true* oder ein *false*.

In der Beispielanwendung wird diese Nachricht verwendet, um mit dem Schließen des letzten Anwendungsfensters in der Laufzeitversion auch das Smalltalk-Programm zu beenden. In der Entwicklungsversion darf mit dem Schließen des letzten Anwendungsfensters das Entwicklungssystem jedoch nicht verlassen werden.

error: :

Die Methode *error:* ist als Exemplarmethode in der Klasse *Object* implementiert. Sie wird benutzt, um Fehlermeldungen auszugeben. Als Parameter wird ein *String* übergeben. Die Verarbeitung wird an der Stelle des Fehlers vollständig abgebrochen.

doesNotUnderstand: :

Die Methode *doesNotUnderstand:* wird immer dann vom System abgeschickt, wenn das Empfängerobjekt zu einer Nachricht keine Methode finden kann. Als Parameter erhält die Methode ein Exemplar der Klasse *Message*. In den zugehörigen Exemplaren ist neben dem Empfängerobjekt auch die nicht verstandene Nachricht gespeichert und die Parameter, die der Nachricht mitgegeben wurden.

Die Methode kann in eigenen Klassen redefiniert werden, um bewußt auf Fehler zu reagieren. Ein Beispiel hierfür ist in der Klasse *SelfDefinedStructure* zu finden, deren Exemplare Strukturdefinitionen für die Übergabe an Bibliotheksfunktionen entsprechen:

```
doesNotUnderstand: aMessage
    "Private - See if the message selector is one of the
    field names of the receiver.  If so. access that field."
    | field s |
    s := aMessage selector.
    field := definition at: s
            ifAbsent: [^super doesNotUnderstand: aMessage].
    s last = $:
      ifTrue: [self privateAt: field
          put: aMessage arguments first]
      ifFalse: [^self privateAt: field].
```

Der Ausdruck *aMessage selector* liefert die nicht verstandene Nachricht. *definition at: s ifAbsent: [...]* überprüft, ob die Nachricht als Feld definiert ist. Ist dieses nicht der Fall, soll die übergeordnete *doesNotUnderstand*-Methode ausgeführt werden. Ansonsten wird, wenn die Nachricht Parameter hat, also in ihrem Namen an letzter

Stelle ein „:"-Zeichen steht, der Parameter an der Position der Definition gespeichert. Wurde kein Parameter übergeben, wird der Wert der Definition zurückgeliefert.

Um selbst eine *doesNotUnderstand*-Methode in eigenen Anwendungen einzusetzen, um den Programmieraufwand zu reduzieren, sollte der Entwickler über gute Programmierkenntnisse verfügen.

4.2   Vorgehensweise bei der Programmentwicklung

In diesem Abschnitt sollen Hinweise und Tips gegeben werden, wie man in Smalltalk Programme entwickelt und implementiert. Gerade der Neueinsteiger in die Objektorientierte Programmierung steht vor dem Problem, das dicht gewobene Netz aus Klassen und Methoden zu durchdringen, um seine eigene Anwendung (optimal) darin integrieren zu können. Die Vermischung von applikations- und systembezogenen Klassen erschwert die Programmierung ebenfalls.

4.2.1   Verwendung der Entwicklungswerkzeuge

Arbeiten mit dem Smalltalk-System setzt voraus, daß der Programmierer das System kennt. Da gerade der Neueinsteiger durch die Vielzahl der Klassen und Methoden überfordert sein kann, der erfahrene Benuzter aber bereits die wichtigsten Klassen und Methoden kennt, selbst aber noch in Bereiche vorstößt, die ihm nicht so sehr geläufig sind, empfiehlt sich die im weiteren Abschnitt beschriebene Vorgehensweise bei der Programmierung. Generell sei der Entwickler aufgefordert, selbst zwanglose „Streifzüge" durch das Smalltalk-System zu unternehmen, um sich so umfangreiche Kenntnisse anzueignen, und einen tieferen Einblick zu erhalten. Verwenden Sie hierfür den *ClassHierarchyBrowser* und die *Inspector*-Fenster zur Analyse des Systems.

In Smalltalk ist es möglich, soviele gleiche Entwicklungsfenster zu öffnen, wie vom Windows-System verwaltet werden können. Es liegt daher nahe, sowohl für die Programmierung als auch zum Suchen und Analysieren bereits implementierter Klassen und Methoden jeweils einen *ClassHierarchyBrowser* (siehe Kapitel 3) zu öffnen. Es kann dadurch in einem Fenster programmiert werden und bei Bedarf im zweiten Fenster nach geeigneten Klassen und Methoden gesucht werden. Dieses ist aus einem weiteren wichtigen Grund sinnvoll. Da der Programmcode einer Methode nur dann compiliert und abgespeichert werden kann, wenn er syntaktisch korrekt, also vollständig ist, wäre das Suchen nach Methoden und Klassen sehr umständlich. Der bereits geschriebene Code müßte in die Windows-Zwischenablage kopiert und nach erfolgreichem Suchen und dem erneuten Auswählen der Klasse für die neue Methode dieser wieder geladen und erweitert werden. Muß der Entwickler wieder etwas suchen, beginnt dieser Ablauf von vorne. Wird hauptsächlich in einer Klasse programmiert, bei der das Umfeld, also die Hierarchie, ohne große Bedeutung ist, so könnte für diese Klasse ein spezielles Klassenbearbeitungsfenster geöffnet werden.

Beachten Sie jedoch bei der Arbeit, daß der Inhalt von beispielsweise zwei *ClassHierarchyBrowser*-Fenstern nicht automatisch aktualisiert wird. Sollte in einem Fenster beispielsweise eine Klasse gelöscht werden, die im anderen Fenster sichtbar ist, so wird bei der Auswahl der gelöschten Klasse eine Fehlermeldung ausgegeben. Verwenden Sie nach dem Löschen oder Ändern einer Klassendefinition den Menüpunkt *Update* aus dem *Class*-Menü.

Das *Transcript* sollte nur für Ausgaben verwendet werden, damit sich Ausgaben und zu evaluierende Ausdrücke nicht vermischen. Um Ausdrücke zu evaluieren, ist der Einsatz eines *Workspace* besser geeignet. Zum einen kann hier auf die explizite Angabe von lokalen Variablen verzichtet werden, zum anderen kann der Text des *Workspace* sehr einfach in einer Datei gespeichert werden und ist für weiteres Arbeiten wieder ladbar.

Wird ein eigenes Pooldictionary verwendet, so kann dieses bequem mit einem *Inspector*-Fenster bearbeitet werden. Dadurch ist auch das Einfügen einer neuen Poolvariablen bei Bedarf leicht durchzuführen.

Kommen wir nach diesen organisatorischen Hinweisen nun zum Aufbau eines Programms, wie es mit konventionellen Programmiersprachen und im Vergleich dazu mit Smalltalk realisiert wird.

4.2.2   Aufbau eines konventionellen Programms

Betrachten wir den Aufbau eines Programms einer konventionellen Programmiersprache, so kann er im wesentlichen in folgende Teilbereiche untergliedert werden:

- Deklaration der Strukturen und Variablen.

- Definition von Prozeduren, die auf den Variablen operieren.

- Steuerprogramm, das die einzelnen Prozeduren aufruft. Dieses kann weiter in drei Abschnitte unterteilt werden:

  - Aufruf der Initialisierungsprozeduren zum Einlesen der Daten.

  - Aufruf der Programmprozeduren zur Verarbeitung der eingelesenen Daten.

  - Aufruf der Abschlußprozeduren und Ausgabe der Ergebnisse.

Ein so aufgebautes Programm steht meistens in einer Datei und wird als Ganzes vom Compiler auf einmal in ein ablauffähiges Programm übersetzt.

In Smalltalk kann so eine Programmstruktur nicht direkt gefunden werden. Dieses liegt schon darin begründet, daß es eigentlich keinen zusammenhängenden Programmtext gibt. Die Methoden sind klassenweise implementiert, und ihre Abarbeitung erfolgt immer im Umfeld eines Exemplares dieser Klasse. Der Programmablauf erfolgt ausschließlich durch das Versenden von Nachrichten. Das Versenden wird vom Sender-Objekt initiiert, das Empfänger-Objekt arbeitet die Nachricht ab.

Es stellt sich also die Frage, wie in Smalltalk ein ablauffähiges Programm erstellt werden kann bzw. wie der Programmierer ein Programm beginnt. Im Verständnis dieses Mechanismus liegen die eigentlichen Probleme für viele Neueinsteiger begründet.

4.2.3   Aufbau eines Smalltalk-Programms

Es gibt keine Unterschiede zwischen den Aufgaben, die mit einem objektorientierten Programm gelöst werden können, und denen, die mit anderen Programmiersprachen bearbeitet werden. Einige Programme laufen eigenständig, andere benötigen Eingaben durch den Benutzer. Generell muß ein Steuerprogramm existieren. Dieses Steuerprogramm ist in der objektorientierten Programmierung als ein Exemplar einer Klasse realisiert. Ausgehend von diesem Exemplar wird die gesamte Verarbeitung koordiniert.

Im einfachsten Fall ist das Steuerprogramm an eine Benutzeroberfläche gekoppelt. Werden vom Benutzer über die Oberfläche Eingaben gemacht wie beispielsweise das Betätigen eines Knopfes, die Auswahl eines Listeneintrags, eine Texteingabe oder das Anwählen eines Menüeintrages, werden bestimmte Methoden aktiviert, die jeweils speziellen Eingaben zugeordnet wurden. Jede dieser Methoden stellt einen Teil der Funktionalität dar.

Die Zuordnung von aufzurufenden Methoden zu Benutzereingaben wird einfach durch Angabe dieser Paare realisiert.

Beispiel:

```
button owner: model.
button when: #clicked send: #eingabeAbschließen: to: self with: self.
```

Die erste Zeile macht dem Knopf *button* bekannt, welches Exemplar die Aufgaben des Steuerprogramms übernehmen soll. Danach wird dem *button* die Nachricht *when:send:to:with::* geschickt. Die Parameter dieser Nachricht geben an, daß bei dem Niederdrücken des Knopfes (*#clicked*) die Nachricht *eingabeAbschließen:* an das Steuerprogramm geschickt werden soll. Für das spätere Abschicken der Nachricht *eingabeAbschließen* existiert im Smalltalk-Basissystem der sogenannte *Notifier*, ein Exemplar der Klasse *NotificationManager*. Dieses Exemplar ist für die Umsetzung von Benutzereingaben in Smalltalk-Nachrichten zuständig.

Die zweite Möglichkeit für ein Steuerprogramm besteht darin, daß ein besonderes Exemplar für den korrekten Ablauf des Programmes sorgt. Dazu wird bei Beginn der Anwendung dieses Exemplar erzeugt und ihm danach eine Nachricht geschickt, die die Ausführung einer Methode bewirkt. Diese Methode ist für den Programmablauf zuständig. Das Exemplar entscheidet selbständig, welche Nachrichten verschickt werden und wann die gesamte Verarbeitung beendet werden soll.

In der objektorientierten Programmierung sollte das Steuerprogrammexemplar wirklich nur die Funktion der Ablaufsteuerung übernehmen. Die eigentliche Funktionalität wird von Exemplaren anderer Klassen übernommen. Hier liegt nun der wesentliche Unterschied zu konventioneller Programmierung. Die Funktionalität wird in einzelnen Klassen zusammengefaßt und liegt nicht mehr als Ganzes in einem einzigen Programm vor. Die Daten sind nicht mehr vom Programm getrennt, sondern Programm und Daten bilden eine zu einer Klasse zusammengefaßte Einheit. Diese Einheit beschreibt die Eigenschaften der Exemplare dieser Klasse. Bei der objektorientierten Programmierung steht das **WAS?** im Vordergrund und nicht das **WIE?**.

Beispiel:

Sollen bei der konventionellen Programmierung die Feldinhalte einer Adresse *adresse* in eine Datei ausgegeben werden, so enthält das zugehörige C-Programm folgende Zeilen:

```
file = fopen ( "ADR.TXT" );
fprintf ( file, "%s\n%s\n%s",
            adresse.name, adresse.strasse, adresse.wohnort);
fclose ( file );
```

Zuerst wird eine Datei mit dem Namen *ADR.TXT* geöffnet. In diese Datei werden dann nacheinander, getrennt von einem Zeilenvorschub, der Name, die Straße und der Wohnort eingetragen. Die letzte Zeile schließt die Datei.

In Smalltalk sollte der Ablauf, die Adresse steht in der Variablen *adresse*, wie folgt aussehen:

```
file := File pathName: 'ADR.TXT'.
adresse printInto: file.
file close.
```

In der Klasse *Adresse* muß eine Methode *printInto:* implementiert sein, die das Empfängerobjekt in die Datei ausgibt. Eine entsprechende C-Funktion *printInto(...)* würde zwar den Programmcode angleichen, dieses führt jedoch im Programmablauf zu keinen Änderungen. Es treten Schwierigkeiten auf, wenn im C-Programm in *adresse* nicht mehr eine Adresse enthalten ist. In Smalltalk ist dieses problemlos möglich. Es wird einfach eine weitere Methode *printInto:* in der entsprechenden Klasse implementiert. In C muß eine Fallunterscheidung programmiert werden, womit der Entwickler wieder bei der Frage nach dem **WIE?** ist.

Zusätzlich zum Steuerprogrammexemplar mit der zugehörigen Klasse werden weitere Klassen benötigt, deren Exemplare die Funktionalität der eigentlichen Anwendung ausführen.

Die zu implementierenden Klassen und die damit verbundene Funktionalität werden in einer Analyse ermittelt. Bei der konventionellen Programmierung ist es nicht für alle Strukturen notwendig, eigene Funktionen zu implementieren (siehe Adressen-Beispiel). Die Daten in den einzelnen Strukturen sind von jeder Funktion erreichbar. Auf die Informationen von Objekten kann nur über geeignete Methoden zugegriffen werden. Sind diese Methoden nicht vorhanden, so hat der Programmierer keine Möglichkeit, auf die Informationen zuzugreifen. Zwar ist damit das Objekt gegen unbefugte Manipulation sicher, andererseits führt diese Kapselung zu einem höheren Programmieraufwand.

Da die Kapselung in Verbindung mit dem zugehörigen Methodenprotokoll ein Maximum an Modularisierbarkeit gewährleistet, können einzelne Klassen getrennt von anderen implementiert und getestet werden. In Smalltalk kann in einem Ausdruck eine Nachricht verwendet werden, für die erst noch eine entsprechende Methode implementiert werden muß. Kann der Programmierer sicherstellen, daß die entsprechende Zeile niemals ausgeführt wird, beispielsweise durch eine Fallunterscheidung, so können auch solche Methoden ausgeführt und getestet werden. Der Programmierer muß selbst sicherstellen, daß jede Nachricht auch von den möglichen Empfängerexemplaren verarbeitet werden kann. Der integrierte Compiler bietet hier keine Möglichkeit der Kontrolle.

4.2.4   Das Chunk-Format

Eintragungen in das CHANGE.LOG, die Protokolldatei für evaluierte Ausdrücke und den aktuellen Methodencode nach der Übersetzung erfolgen im sogenannten **Chunk-Format**. Dieses Format wird auch verwendet, wenn Klassen in eine Datei exportiert werden. Alle Ausgaben stehen als lesbarer ASCII-Text in der Protokolldatei. Ein Eintrag in diesem Format wird auch als **Chunk** bezeichnet.

Beispiel:

```
"evaluate"
Date today printOn: Transcript!

"evaluate"
Time now printOn: Transcript!

!False methods !
or: aBlock
        "If the receiver is false. answer the result of
        evaluating aBlock (with no arguments). else
        answer true."
    ^aBlock value! !
"evaluate"
"*** saved image on: 07.07.96 11:15:13 ***"!

!Character methods !
isChunkSeperator
    "Returns true if self = $!! else return false"
```

```
^self = $!!! !
```

```
"evaluate"
Character removeSelector: #isChunkSeparator!
```

Das Chunk-Format beruht auf dem Ausrufungszeichen („!“) als Trennungszeichen. Alle Ausgaben werden durch ein Ausrufungszeichen getrennt. Tritt das Ausrufungszeichen selbst in dem Text auf, so wird es durch ein zusätzliches Ausrufungszeichen markiert.

Das Beispiel stellt einen Auszug aus dem CHANGE.LOG dar. Wie sind die einzelnen Einträge zu lesen?

Der Eintrag *"evaluate"* gefolgt von der Zeile *Date today printOn: Transcript!* ist das Ergebnis der Evaluierung des Ausdrucks *Date today printOn: Transcript* in einem Workspace. *"evaluate"* und das Ausrufungszeichen am Ende wurden automatisch zugefügt.

Die Evaluierung des Ausdrucks *Time now printOn: Transcript* führte zum zweiten Eintrag.

Der Teil hinter der Zeile *!False methods !* wurde an die Datei angefügt, als die Exemplar-Methode *or:* in der Klasse *False* compiliert wurde. Die Zeile *!False methods !* gibt die Klasse an, zu der der folgende Methodencode gehört. Die beiden durch ein oder mehrere Leerzeichen getrennten Ausrufungszeichen am Ende des Methodencodes markieren, daß nun wieder ein Eintrag kommt, der nicht zu der Klasse *False* zugefügt werden soll.

Die beiden Zeilen *"evaluate"* und *"*** saved image on: 07.07.96 11:15:13 ***"!* markieren eine Stelle, an der das Image in einer Image-Datei abgespeichert wurde.

Der vorletzte Eintrag spezifiziert die Methode *isChunkSeparator* in der Klasse *Character*. Der eigentliche Methodencode hat folgendes Aussehen:

```
isChunkSeparator
    "Returns true if self = $!"
    ^self = $!
```

Die Umsetzung der Ausrufungszeichen führt zur Verdopplung. Die beiden letzten Zeichen markieren wieder das Ende der Methodenspezifikation für die Klasse *Character*.

Der letzte Eintrag, bestehend aus *"evaluate"* und *Character removeSelector: #isChunkSeparator!* wurde getätigt, als die Methode *isChunkSeperator* aus der Klasse *Character* herausgelöscht wurde.

4.2.5   ## Verwendung des Chunk-Formates

Dem Chunk-Format kommen drei Bedeutungen zu. Einmal wird es im CHANGE.LOG zur Protokollierung genutzt, andererseits werden Klassendefinitionen mit ihren zugehörigen Methoden beim Export ins Chunk-Format gebracht und in einer Datei gespeichert. Die Einträge in der Datei SOURCES.SML, die aus der Komprimierung des CHANGE.LOGs entstanden sind, stehen ebenfalls im Chunk-Format. In allen drei Fällen kann anhand dieses Formates eindeutig der abgelegte Programmcode ermittelt werden.

Soll der Code für eine Methode angezeigt werden, wobei sich dieser Code entweder in der CHANGE.LOG- oder SOURCES.SML-Datei befindet, so wird zuerst eine Lesemarke in der entsprechenden Datei positioniert. Die Angabe über die Position des ersten Zeichen des Codes ist in dem zugehörigen Exemplar der Klasse *CompiledMethod* gespeichert. Danach wird der Dateiinhalt abgetastet, bis auf ein einzelnes Ausrufungszeichen gestoßen wird (doppelte Ausrufungszeichen codieren ein Ausrufungszeichen im Quellcode). Änderungen am CHANGE.LOG oder der SOURCES.SML-Datei können dazu führen, daß die Anfangsposition nicht mehr mit der Dateiposition übereinstimmt, welche im Exemplar der Klasse *CompiledMethod* gespeichert ist. Dadurch kann der Programmcode nicht mehr korrekt ermittelt werden.

Achtung: **Änderungen am CHANGE.LOG oder der SOURCES.SML-Datei dürfen nicht durchgeführt werden!!!**

Soll der Inhalt einer Exportdatei wieder in ein *Image* importiert werden, so wird der Inhalt der Datei *chunk*-weise abgetastet und automatisch in das *Image* hineincompiliert.

Das *Chunk*-Format in der CHANGE.LOG-Datei kann dazu benutzt werden, um nach einem Systemabsturz die vom Programmierer durchgeführten Arbeiten zu wiederholen. Dazu wird das CHANGE.LOG in ein Textfenster geladen und an die letzte Position gegangen, an der ein Eintrag über das Sichern des Images in einer Image-Datei steht. Von dort beginnend werden schrittweise die einzelnen *Chunk*-Einträge erneut ausgeführt. Die Ausführung erfolgt durch Markieren eines kompletten Chunks und dem Import (*File It In* aus dem Menü *Smalltalk*) dieses Programmteils. Besondere Vorsicht muß dabei dem Ende gewidmet werden, da es durch Import des letzten *Chunks* wieder zum Systemabsturz kommen kann, denn dieses ist mit großer Wahrscheinlichkeit der Code, der auch den letzten Absturz verursacht hat.

Sollen Änderungen am *Image* verworfen werden, so kann der Programmierer das *Image* ohne zu sichern verlassen. Nach dem erneuten Starten des Entwicklungssystems sind die Änderungen nicht mehr vorhanden. Durch ausgewähltes Importieren aus dem CHANGE.LOG können dann Teile der Änderungen wieder aufgenommen werden.

Ist das CHANGE.LOG zu groß geworden, so kann durch Evaluieren des Ausdrucks *SourceManager current compressChanges* der Inhalt ausschließlich auf die neuesten Methodencodes reduziert werden. Durch Ausführen des Ausdrucks *SourceManager current compressSources* werden die Methodencodes in die Datei SOURCES.SML übertragen. Das CHANGE.LOG ist danach bis auf einen Kontrolleintrag leer.

Bei beiden Komprimierungsverfahren wird am Ende des Vorgangs das aktuelle *Image* in einer *Image*-Datei gespeichert, da die Dateien CHANGE.LOG beziehungsweise SOURCES.SML wegen ihrer Umorganisation nicht mehr zur Reorganisation geeignet sind. Das Verlassen des Images ohne dessen Sicherung würde die Arbeit bei einem Neustart unmöglich machen.

4.2.6   Verzeigerung

Das Smalltalk-System macht intensivsten Gebrauch von Zeigern. Um die richtige Bereitstellung und Freigabe von Speicher für die Exemplare muß sich der Programmierer jedoch nicht kümmern. Dieses wird nur notwendig, wenn durch Systemaufrufe globaler Speicher verwendet wird. Da hierfür aber bereits eine umfangreiche Sammlung von Methoden existiert, kommt der Programmierer nur sehr selten in die Situation, sich selbst um den Speicher zu kümmern.

Jedes Exemplar belegt einen bestimmten Speicherbereich. Wird nun ein Exemplar einer Variablen zugewiesen, so wird der Zeiger auf den Speicherbereich an die Position der Variablen kopiert. Wird ein Exemplar mehreren Variablen zugewiesen, so wird die Arbeit mit den einzelnen Variablen immer auf demselben Exemplar durchgeführt. Auch bei der Parameterübergabe und bei der Rückgabe eines Ergebnisses aus einer Methode wird nur der Zeiger auf ein Exemplar übergeben. Somit erfolgen alle Methodenaufrufe nach dem Verfahren *Call-By-Reference*.

Die einzige Ausnahme stellen hier Exemplare der Klasse *SmallInteger* dar. Da ein *SmallInteger* höchstens genausoviel Speicher belegt wie der Zeiger auf diesen Speicher selbst, wird ein *SmallInteger* gleich an der Stelle des Zeigers gespeichert.

Über die herkömmlichen Verfahren bei der Arbeit mit Zeigern hinaus sind in Smalltalk weitere zu beachten. Mit Ausnahme von *Integer*-Werten im Bereich eines durch die Smalltalk-Klasse *SmallInteger* festgelegten Bereichs werden alle Konstanten und Literale als Exemplar zu einer Methode gespeichert. Wird beispielsweise von einer Methode ein *Array*-Literal zurückgeliefert, beispielsweise das *Array #(Klingeln Nachricht)*, so wird nur der Zeiger auf dieses *Array* zurückgegeben. Das *Array* selbst ist als reales Exemplar in der Methode gespeichert. Wird jetzt der Inhalt dieses Ergebnis-*Arrays* verändert, beispielsweise durch die Anweisung *ergebnisArray at: 1 put: #Ton*, so wird das in der Methode gespeicherte *Array* verändert. Nachfolgende Aufrufe liefern also als Ergebnis das *Array #(Ton Nachricht)*. Der Programmcode stimmt nicht mehr mit der wirklichen Funktionalität überein.

4.3   Hinweise zum Programmierstil

Objektorientierung erhebt den Anspruch, die Wiederverwendbarkeit von Programmteilen zu erhöhen und somit den Programmieraufwand zu reduzieren. Um vorhandene Programmteile verwenden zu können, müssen diese erstens bekannt und zweitens verstanden werden. Für den Einsatz allein reicht es aus, daß der Software-Entwickler die Klasse und das zur Verfügung stehende Methodenprotokoll kennt. Änderungen an bestehenden Systemen setzen voraus, daß der interne Aufbau und die Funktionalität, die durch die Methoden definiert sind, verstanden werden.

Um diesen Aspekt zu unterstützen, werden in diesem Abschnitt Hinweise für einen Programmierstil gegeben, der die Lesbarkeit und somit das Verständnis von Smalltalk verbessern soll. Wohlgemerkt handelt es sich hierbei um Hinweise, die vom Entwickler nicht befolgt werden müssen, jahrelange Arbeit hat jedoch gezeigt, daß sie sinnvoll sind und zur Verbesserung der Programme beitragen.

4.3.1   Namensregeln

Die einfachste Möglichkeit, die Lesbarkeit von Programmen zu erhöhen, ist die Verwendung von sinnvollen Namen. Gerade Smalltalk bietet dem Programmierer die Gelegenheit, nahezu selbstdokumentierenden Programmcode zu schreiben. Dieses ist mit ein Grundgedanke bei der Festlegung der Smalltalk-Syntax gewesen.

Doch betrachten wir nun, was in Smalltalk alles mit einem Namen versehen werden muß, und wie dieser am besten gewählt und aufgebaut sein sollte.

Klassennamen

Klassennamen sollten den Hauptverwendungszweck der zugehörigen Klasse wiedergeben. In Smalltalk gibt es keine Beschränkung der Länge für einen Bezeichner. Klassennamen beginnen mit einem Großbuchstaben und enthalten danach nur noch Buchstaben und Zahlen. Werden mehrere markante Eigenschaften in einem Klassennamen zusammengefaßt, so sollte jede Eigenschaft ebenfalls mit einem Großbuchstaben beginnen.

Beispiel:

- Collection
- OrderedCollection
- SortedCollection

Trotz der fehlenden Längenbeschränkung sollten Klassennamen kurz aber aussagekräftig sein. Dieses dient sowohl der Lesbarkeit als auch der Vermeidung von Schreibfehlern. Zu kurze Klassennamen verhindern die selbstdokumentierenden Eigenschaften von Smalltalk.

Wird in einem Projekt mit mehreren Mitarbeitern gearbeitet und/oder werden mehrere Klassen für eine Anwendung benötigt, was sehr wahrscheinlich ist, kann es sinnvoll sein, die Klassen mit einem Präfix zu versehen, um sie gegenüber dem übrigen System abzugrenzen. Darüberhinaus kann mit einem Präfix verhindert werden, daß es zu Überschneidungen bei der Namensvergabe kommt.

Der Präfix sollte höchstens aus drei Buchstaben bestehen und muß direkt von dem zugehörigen Klassennamen gefolgt werden.

Beispiel:

- TVContainer, TVEditorBrowser, TVWriteStream
- BSPCollection, BSPBrowser, BSPInterface

Methodennamen

Methoden beschreiben das Verhalten der zugehörigen Objekte. Daher sollte der Methodenname Aufschluß darüber geben, was bei Abarbeitung der Methode geschieht.

Beispiel:

- *printOn:* existiert in vielen Klassen zur Ausgabe des Exemplares auf einen Stream.

- *between:and:* aus der Klasse *Magnitude* liefert *true* oder *false*, je nachdem, ob das Empfängerobjekt zwischen den beiden Parameterobjekten liegt.

- *isInteger* ist in der Klasse *Object* und *Integer* implementiert. Im ersten Fall liefert die Methode *true*, im zweiten *false*.

- *doesNotUnderstand:* in der Klasse *Object* wird ausgeführt, wenn einem Exemplar eine Nachricht geschickt wird, zu der keine Methode existiert.

Da Methodennamen bei ihrer Verwendung in einem Programm hinter dem Empfänger stehen und die Parameter innerhalb des Namens stehen, können nahezu ganze Sätze gebildet werden, was zu selbstdokumentierenden Programmen führt. Jeder Teil des Methodennamens beginnt mit einem kleinen Buchstaben. Setzt sich ein Teil aus mehreren Worten zusammen, so ist es sinnvoll, jedes Wort mit einem Großbuchstaben zu beginnen.

Beispiel:

- *at:put:* enthält zwei Parameter. An der durch den ersten Parameter anzugebenden Position wird das Objekt aus dem zweiten Parameter plaziert.

- *remove:ifAbsent:* Entfernt ein Objekt und führt den zweiten Parameter – einen Block – aus, wenn das Objekt nicht existiert.

- *menuTitled:inView:* erfragt von einer Sicht das Menü mit einem bestimmten Titel.

Bei der Namensvergabe sind zwei weitere Aspekte von Bedeutung. Werden Exemplare einer neuen Klasse parallel zu Exemplaren von bereits vorhandenen Klassen verwendet, so sollten sich hinsichtlich des Polymorphismus die Namen der neuen Methoden an die bereits existierenden Methodennamen anpassen, wenn diese in ihrer Funktionalität ähnlich oder gleich sind. Wird von seiten des Programmierers kein Wert auf Polymorphismus gelegt, da eine Klasse für eine spezielle Aufgabe implementiert wurde, so sollte der Programmierer trotzdem auf übereinstimmende Namensvergabe mit dem System achten (die Methode zur Darstellung eines Objektes auf einem Stream sollte immer den Namen *printString* oder besser *printOn:* haben).

Der zweite Aspekt findet Beachtung, wenn zu fremden Klassen Methoden zugefügt werden sollen. Diese Klassen liegen häufig in Bibliotheken, die ausgetauscht werden können. Wird jetzt eine neue Version einer fremden Klasse eingesetzt, kann eine Methode mit dem selbst gewählten Namen schon existieren. Dieses führt in vielen Fällen zu Schwierigkeiten. Für diesen Fall kann auch hier das Verfahren mit dem Präfix zur Anwendung kommen. Für diesen Präfix gelten die gleichen Bedingungen wie für Klassennamen, nur das dieser Präfix aus Kleinbuchstaben besteht. Der Einfachheit halber sollte auch der gleiche Präfix verwendet werden.

Beispiel:

- tvTestValue:, tvSaveContentsOn:

- bspReversed, bspAsString

Trotz der Kapselung von Daten ist es manchmal notwendig, direkten Zugriff auf die Daten eines Objektes zu erhalten bzw. diese von einem anderen Objekt zu setzen. Die Methoden, die zu diesem Zweck implementiert werden müssen, sollten den Namen der Exemplarvariablen haben.

Beispiel:

- *contents* und *contents:* zum Setzen und Abfragen des Inhalts der Exemplarvariablen *contents.*

- *position* und *position:* aus der Klasse *Stream* zum Setzen und Abfragen der Position.

- *children* und *children:* aus der Klasse *Window* zum Setzen und Abfragen der abhängigen Fensterkomponenten.

Obwohl es innerhalb eines Objektes nicht notwendig ist, über eine Methode auf den Inhalt einer Exemplarvariablen zuzugreifen, muß dieses Vorgehen von Fall zu Fall entschieden werden. Der Zugriff über eine Methode hat den Vorteil, daß beim Anlegen einer Unterklasse die Bedeutung oder der Inhalt der Variablen anders sein kann als in der Oberklasse. Durch Implementieren einer neuen Zugriffsmethode in der Unterklasse kann auf das neue Verhalten eingegangen werden. Demgegenüber steht der Geschwindigkeitsaspekt. Zugriffe über Methoden verbrauchen mehr Rechenzeit als direkte Zugriffe. Daher sollte zur Steigerung der Geschwindigkeit auf Zugriffsmethoden verzichtet werden.

Variablennamen

Variablennamen sind nur für die Programmierung von Bedeutung. Für den späteren Programmlauf werden sie nur in besonderen Fällen benötigt.

Der Variablenname sollte Aufschluß darüber geben, welche Bedeutung der Variablen zukommt.

Beispiel:

- Die Exemplarvariablen für die Aufnahme der X- und Y-Position in einem Exemplar der Klasse *Point* heißen *x* und *y*.

- Ein Exemplar der Klasse *Rectangle* wird durch die Inhalte der Exemplarvariablen *leftTop* und *rightBottom* spezifiziert.

- Ein *Interval* ist durch *beginning, end* und *increment* festgelegt.

Für globale Variablen ist es gegebenenfalls sinnvoll, einen Präfix zu verwenden, um einerseits eine eindeutige Zuordnung zu einem Projekt zu erhalten und andererseits Konflikte mit anderen Programmpaketen zu verhindern.

Für Exemplarvariablen, Klassen- und Klassenexemplarvariablen ist die Verwendung eines Präfixes nicht notwendig, da ihre Verwendung sich ausschließlich auf den durch eine Klasse gegebenen Rahmen beschränkt.

Poolvariablen, als die Schlüssel eines Pooldictionaries, sollten auf jeden Fall mit einem Präfix versehen werden. Dieser sollte, um Verwechselungen mit Klassennamen und globalen Variablen zu vermeiden, anders geschrieben werden als deren Präfix. Oftmals ist es auch sinnvoll, mit Hilfe des Präfixes auf das Pooldictionary zu verweisen.

Beispiel:

- Die Poolvariablen im Pooldictionary *ColorConstants* beginnen alle mit dem Präfix *Clr*.

- Alle Klassennamen und globalen Variablen erhalten den Präfix *BSP*, Poolvariablen werden mit dem Präfix *Bsp* versehen.

Für den Namen der Pooldictionaries gelten die Empfehlungen wie für globale Variablen.

Parameternamen

Parameternamen stehen im Kontext eines Methodennamens oder eines Blockes. Geht aus diesem Kontext nicht die Bedeutung der Parameter hervor, so kann dieser im Parameternamen enthalten sein. Reicht der Kontext hingegen aus, kann der Parametername weitere Informationen aufnehmen. Dieses sind im wesentlichen Angaben zur Klasse, zu der das Parameterobjekt gehören sollte. Exemplare der Unterklassen werden dabei ebenfalls mit angesprochen. Eine Kombination von Klasse und Bedeutung ist ebenfalls denkbar.

Beispiel:

- *max: aMagnitude* aus der Klasse *Magnitude.*

- *at: anInteger put: anObject* aus der Klasse *Object.*

- *at: aKey put: anObject* aus der Klasse *Dictionary.*

- *control: idInteger event: eventInteger* aus der Klasse *Windows.*

4.3.2   Aufbau einer Methode

Methoden enthalten das eigentliche Programm. Sie haben alle den gleichen Aufbau:

- Methodenname,

- Parameter,

- Kommentar,

- lokale Variablen,

- Methodenrumpf.

Beispiel aus der Klasse *Window*:

```
addSubpane: aPane
        "Add aPane to the receiver."
    | id |
    children isNil ifTrue: [
        children := IdentityDictionary new].
    ( id := aPane id ) isNil ifTrue: [ aPane id:
                                    ( id := self getNextChildId )
    ].
        children at: id put: aPane.
        aPane isControlPane
            ifTrue: [
                aPane parent: self.
                "if being added dynamically, then do subclassing"
                self isValid ifTrue: [ aPane subclassRecursively ] ]
            ifFalse: [ aPane frameWindow parent: self ].
    self mainWindow add: aPane interestIn: aPane name.
```

Methodenname und Parameter

Über den Methodennamen und die Parameternamen wurde bereits im vorangegangenen Abschnitt geschrieben. Sollte ein Methodenname in Verbindung mit den Parameternamen zu lang sein und somit unübersichtlich oder gar nur durch Verschieben des Fensterinhaltes vollständig lesbar werden, so sollte der Programmierer diesen in mehrere Zeilen umbrechen, wobei auf jeder Zeile ein Teil des Methodennamens mit dem zugehörigen Parameter steht. Dieses ist bei unserem Beispiel jedoch noch nicht notwendig.

Kommentar

Der Kommentar einer Methode ist optional, das heißt er muß nicht mit angegeben werden, da er für den Programmlauf vollkommen uninteressant ist. Somit ist auch die Position eines Kommentares ohne Bedeutung. Innerhalb eines Namens oder natürlich eines Literales kann kein Kommentar stehen. Trotzdem sollte der Programmierer wenigstens nicht auf den Methodenkommentar verzichten, und ihn zwischen Methodenname mit seinen Parametern und den lokalen Variablen einfügen. Ein Methodenkommentar kann sowohl wichtige Hinweise zusätzlich zum Programmcode als auch eine kurze Zusammenfassung des Methodeninhaltes wiedergeben. Oftmals wird innerhalb des Kommentares weiter auf die Bedeutung der Parameter und lokalen Variablen eingegangen.

Wichtige Stellen im Methodenrumpf können natürlich mit einem Kommentar versehen werden, es sollte jedoch der Schwerpunkt auf die Selbstdokumentation gelegt werden. Werden fremde Methoden geändert – dieses geschieht gerade in der Anfangsphase der Programmierung oftmals unbedarft – so sollte diese Änderung auf jeden Fall durch einen Kommentar markiert und erklärt werden. Die Verwendung neuerer Versionen der Methoden wird somit stark vereinfacht, da kein umständlicher Code-Vergleich vorgenommen werden muß.

Lokale Variablen

Lokale Variablen unterliegen bei der Namensgebung denselben Kriterien wie beispielsweise Exemplarvariablen. Ihr Einsatz muß genau abgewogen werden, da ein Übermaß zu schwer verständlichem Programmcode führt. Auch hinsichtlich der Abarbeitungsgeschwindigkeit muß der Entwickler den Einsatz einer lokalen Variablen prüfen. Sowohl zu wenige als auch zu viele Variablen können zu Einbußen führen.

Methodenrumpf

Der Methodenrumpf definiert das Verhalten des Empfängerobjektes. Zum Verständnis des Codes ist es notwendig, daß der Programmierer diesen klar und übersichtlich niederschreibt, was bereits für die Elemente der strukturierten Programmierung galt und immer noch gilt. Der Inhalt einer Methode sollte unter einem bestimmten Motto stehen, welches maßgebend für die Länge des Methodenrumpfes ist. Dieses Motto sollte bei der Analyse des Methodencodes vom Leser erfaßt werden können. Methoden können somit sehr unterschiedlich lang sein. Wird ein komplizierter Sachverhalt programmiert, so werden die Methoden kürzer, ohne daß dabei eine Behinderung des Verständnisses auftritt, das sich aus zu vielen kleinen Methoden ergibt. Methoden, die ein Fenster in seinem Aufbau definieren, sind meistens sehr lang, ohne daß der Leser damit Schwierigkeiten hat. Ebenso können Initialisierungsmethoden sehr groß werden. Als Richtschnur könnte das Smalltalk-System selbst genommen werden: die längste Methode im Smalltalk-Entwicklungssystem hat inklusive Kommentar über 100 Zeilen/4200 Zeichen, die kürzeste dagegen nur eine/10 Zeichen. Durchschnittlich besteht eine Methode nur aus acht Zeilen/280 Zeichen..

Anstelle der Konstrukte für Schleifen und bedingte Anweisungen sind in Smalltalk „normale" Methoden getreten, die meistens mit Blöcken als Empfänger und/oder Parameter zusammenwirken. Blöcke übernehmen in Smalltalk die Aufgabe von *BEGIN* und *END* aus anderen Programmiersprachen.

Beispiel:

* Die Methoden *ifTrue:*, *ifTrue:ifFalse:*, *ifFalse:* und *ifFalse:ifTrue:* haben als Parameter einen Block.

* *whileTrue:*, *whileFalse:*, *whileTrue* und *whileFalse* haben als Empfänger einen Block und, wenn dieses erforderlich ist, einen Block als Parameter.

Blöcke bieten sich an, um den Programmcode in ihnen zu strukturieren. Durch Einrückungen und die Aufteilung langer Methodennamen über mehrere Zeilen wird der Programmablauf verdeutlicht, wodurch der Inhalt einer Methode leichter verstanden werden kann.

4.3.3   Portierbarkeit

Oftmals ist es notwendig, Anwendungen auf verschiedenen Plattformen zu realisieren. Um die Entwicklungszeit und somit die Kosten für eine Anwendung so gering wie möglich zu halten, sollte der Programmcode für eines der Systeme so wenig wie möglich von dem eines anderen Systems abweichen. Es können jedoch Probleme auftreten, die ihren Ursprung in den unterschiedlichen Betriebssystemen haben. Somit sind gerade die systembezogenen Klassen besonders anfällig, wenn sie vom Programmierer intensiv genutzt oder sogar erweitert oder verändert werden.

Die Entwickler von Visual Smalltalk haben als Ziel, die systembezogenen Klassen durch neue Interface-Klassen soweit von den applikationsbezogenen Klassen zu trennen, daß die Probleme überschaubar werden und der Programmierer die „gefährlichen" Klassen meiden kann.

Die Klassen für die Darstellung der Oberflächen sind Kandidaten, die Probleme verursachen können. Diese Klassen orientieren sich sehr stark an den Möglichkeiten der grafischen Benutzerschnittstelle (GUI). So ergeben sich bereits Schwierigkeiten aus den unterschiedlichen Koordinatensystemen von beispielsweise Windows und OS/2. Während sich bei Windows der Punkt mit den Koordinaten X=0 und Y=0 in der linken oberen Ecke des Bildschirms befindet, liegt er bei OS/2 in der linken unteren Ecke. Schwierigkeiten ergeben sich im Bereich der Fenster auch aus der Verwendung der Konstanten für die Art der Darstellung, die ans Betriebssystem weitergereicht werden.

Gibt es in einem Betriebssystem für eine Fensterdarstellung kein entsprechendes Gegenstück zu Darstellungen in einem anderen Betriebssystem, so führt die Verwendung ebenfalls zu Schwierigkeiten. Wurde eine spezielle Darstellung verwendet, so muß bei der Übertragung auf ein anderes System mühsam eine andere Darstellung realisiert werden. Diese ist eventuell mit weitreichenden Änderungen in der Anwendung verbunden.

Klassen für die Ausführung von Betriebssystemfunktionen, wie beispielsweise Zugriffe auf das Dateisystem, die Speicherverwaltung oder das Prozessmanagement führen bei der direkten Manipulation ebenfalls zu Problemen. Diese Klassen sind hochgradig systemabhängig und nur für Änderungen und Erweiterungen geeignet.

In Verbindung mit Bibliotheksklassen besteht die Möglichkeit, daß der Programmierer zur Erhöhung der Geschwindigkeit der Anwendung einige Funktionen beispielsweise in C realisiert und diese über eine Bibliotheksanbindung für die Anwendung verfügbar macht. Hierbei sollte der Zeitgewinn gegenüber dem Implementierungsaufwand abgeschätzt werden. Generell sollte auf eigene Bibliotheken verzichtet werden.

Werden Änderungen oder Erweiterungen an der Funktionalität systemnaher Klassen notwendig, so ist es sinnvoll, diese so weit wie möglich in eigenen Klasse unterzubringen. Die neue Funktionalität kann so bei der Portierung einfach erkannt und umgesetzt werden.

Die größte Übereinstimmung zwischen verschiedenen Smalltalkversionen existiert bei den applikationsbezogenen Klassen. Werden diese verwendet, so treten kaum Komplikationen bei der systemübergreifenden Programmierung auf.

Änderungen an existierenden Methoden oder Erweiterungen des Methodenprotokolls von nicht eigenen Klassen können durch einen einfachen Trick kenntlich gemacht werden. Sie sind danach über den Menüeintrag *Senders* schnell auffindbar. Fügen Sie vor der ersten Anweisung einfach ein leicht zu merkendes *Symbol* gefolgt von einem Punkt ein.

Beispiel:

```
printOn: aStream
    "Ausgabe des Empfängers."
    | tmpArray |

    #addedByBSP.
    aStream nextPutAll: ...
```

Wird jetzt nach dem Sender der Methode *addedByBSP* gesucht, so wird die *printOn:*-Methode gefunden. Änderungen an bestehenden Klassen sollten der Übersichtlichkeit halber beispielsweise mit der Zeile *#changedByBSP.* erweitert werden.

4.4   Zusammenfassung

In diesem Kapitel wurde der Aufbau des Smalltalk-Systems erläutert. Dieser kann in die vier Teile Virtuelle Maschine, Basis-System, Image-Datei und Entwicklungssystem gegliedert werden. Weiterhin wurde auf die unterschiedlichen Dateien hingewiesen, aus denen sich einerseits das System zusammensetzt und in denen andererseits die Ablage von Methodencode erfolgt. Weiterhin wurden wichtige Klassen, Exemplare und Methoden aufgeführt.

Der zweite Abschnitt befaßte sich mit der Beschreibung der Vorgehensweise bei der Programmierung. Neben einigen organisatorischen Hinweisen zum sinnvollen Gebrauch und Zusammenspiel der verschiedenen Entwicklungswerkzeuge wurde hier Wert auf die Unterschiede zwischen konventioneller und objektorientierter Programmierung gelegt.

Der letzte Abschnitt gab dem Leser Hinweise und Tips über die Verwendung von Namen sowie den richtigen Aufbau von Methoden.

5 Objektorientiertes Design

In diesem Kapitel sollen zunächst Designgrundlagen vorgestellt werden, die allgemein bei der Programmierung, insbesondere aber bei der objektorientierten Programmierung mit Smalltalk zu einer besseren Strukturierung des Programms als Ergebnis einer vorangegangenen Analyse einer Problemstellung führen. Auf wesentliche Grundlagen wie das *Model/View*-Konzept und das Konzept der weiteren Aufteilung eines Anwendungsmodells in applikatorische Klassen und in Datenklassen wird dabei eingegangen. An einer Beispielaufgabe werden diese Konzepte veranschaulicht, wobei dieses Beispiel im folgenden Kapitel schrittweise bis zur fertigen, unabhängig lauffähigen Anwendung weiterentwickelt wird.

5.1 Das Model/View-Konzept

Ein wesentliches Grundkonzept bei der Anwendungsentwicklung in Smalltalk ist die Aufgliederung der zu entwickelnden Anwendung in zwei Teile, von denen der Modell-Teil oder das *Model* die Verarbeitung der Daten in allen Aspekten realisiert, während der Sicht-Teil oder die *View* die Schnittstelle zwischen der Anwendung und dem Benutzer des Systems realisiert. *Model* und *View* sind dabei unabhängig voneinander und kommunizieren über eine genau definierte Schnittstelle miteinander. Der ursprüngliche, im klassischen Smalltalk-80 verwendete Ansatz sah noch eine weitere Schicht, die Kontroll- oder *Controller*-Schicht vor, mit der die Sicht kontrolliert wurde. Der Nutzen einer Trennung von *View* und der Kontrolle der *View* ist auch unter Experten umstritten, und in heutigen kommerziellen Smalltalk-Systemen ist diese Trennung in der Regel nicht implementiert. Auch in *Visual Smalltalk* wird nicht zwischen *View* und *Controller* unterschieden, weshalb wir diesen *MVC*-Ansatz nicht weiter verfolgen wollen.

Durch die Trennung in diese beiden Schichten ist es möglich, zu einer Anwendung unterschiedliche Benutzeroberflächen zu realisieren, ohne daß die eigentliche Verarbeitung davon betroffen ist. So kann beispielsweise ein Browser realisiert werden, der einen großen Leistungs- und Funktionsumfang besitzt, und der einem Systemverwalter umfangreiche Manipulationsmöglichkeiten bietet. Ein anderer Browser auf demselben Modell kann hingegen für die Benutzerabfragen geschrieben werden. Dieser Browser erlaubt dann keinerlei Änderungen, sondern lediglich die Abfrage bestimmter Daten.

Bild 5.1:
Model und
mehrere
Views

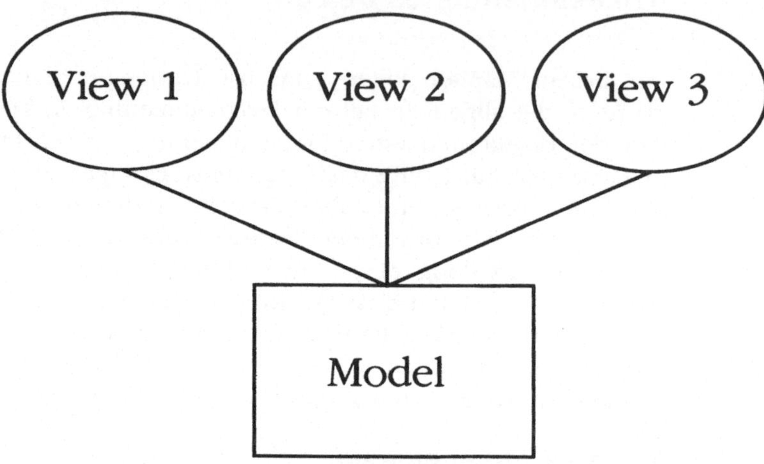

5.2   Das Modell – Datenklassen und applikatorische Klassen

Bei der programmtechnischen Lösung eines Anwendungsproblems geht es im objektorientierten Sinne ganz allgemein darum, daß bestimmte Exemplare auf bestimmte Art und Weise verarbeitet werden. Dies wird, wie wir im vorherigen Abschnitt gesehen haben, im Modellteil einer Anwendung realisiert. Bei einfachen Anwendungen tritt dabei keine Trennung der zu verarbeitenden Exemplare von den sie verarbeitenden Exemplaren auf. Doch bereits bei der Realisierung von Anwendungen mittlerer Komplexität kann es sinnvoll sein, auch das Modell nochmals weiter aufzuteilen, und zwar in *Datenklassen* und in *applikatorische Klassen*. Dabei realisieren die Datenklassen die in der Anwendung zu behandelnden Exemplare, wie sie im wesentlichen auch in der realen Welt vorkommen. Dies schließt die Funktionalität, die die Exemplare selbst haben, ebenfalls mit ein, weshalb die Bezeichnung Datenklassen dem eigentlichen Umfang der in diesen Klassen realisierten Funktionalität im Grunde nicht gerecht wird. Die applikatorischen Klassen realisieren die eigentliche Anwendung, daß heißt die Verarbeitung, die auf allen Exemplaren der Datenklassen stattfinden kann.

Beispiel:

Es soll eine Anwendung entwickelt werden, mit der es möglich ist, unterschiedliche Immobilien zu verwalten. Als mögliche Immobilien kommen normale Häuser ebenso in Betracht wie Hütten, Villen, Burgen und Schlösser. Mit all diesen Exemplaren soll im Programm umgegangen werden, beispielsweise sollen Exemplare neu erzeugt, vorhandene Exemplare gelöscht und eine Liste aller vorhandenen Exemplare ausgegeben werden. In diesem Beispiel ergibt sich für die zu manipulierenden Objekte eine Realisierung als eine Hierarchie von Datenklassen ausgehend von *Object*

```
Object
        Immobilie
              Haus
                    Hütte
                    Villa
                    Burg
                    Schloß
```

die der Struktur desselben Beispiels aus dem ersten Kapitel stark ähnelt. Dabei stellt *Immobilie* die allgemeinen Datenstrukturen zur Verfügung (beispielsweise ein Attribut *Geographische Lage* in einer entsprechenden Exemplarvariablen), die in den weiteren Stufen der Hierachie durch weitere Exemplarvariablen weiter verfeinert werden (beispielsweise könnte in der Klasse *Burg* die Information über die Anzahl und Höhe der Burgtürme hinzugefügt werden). Darüber hinaus realisieren die Klassen sämtliche Funktionalität der Exemplare, beispielsweise die Art, wie sich Exemplare der Klassen selbst drucken oder die Art, wie sich Exemplare miteinander vergleichen.

Bild 5.2:
Datenklassen
und applika-
torische
Klassen

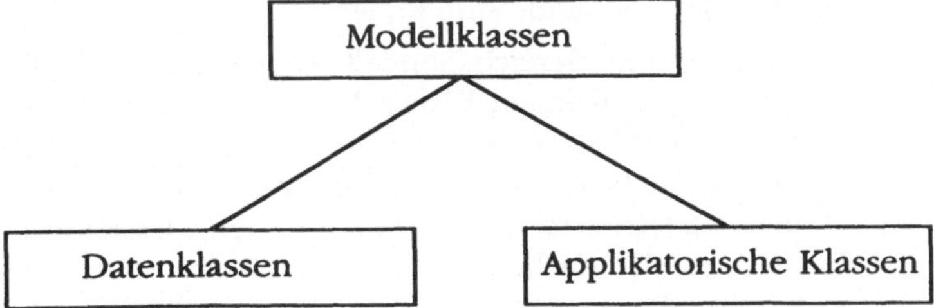

Als applikatorische Klasse könnte hier, ebenfalls unter der Basisklasse *Object* des Systems, eine Klasse *Immobilienverwaltung* implementiert werden, deren Aufgabe es ist, alle Exemplare der Datenklassen in einer Liste zusammenzufassen, auf der dann die Gesamtanwendung laufen kann. Zu dieser Aufgabe der *Immobilien-verwaltung* gehört es, die Exemplarerzeugung anzustoßen und das Speichern von Exemplaren in der Liste zu realisieren sowie das Löschen von Exemplaren aus der Liste und die Ausgabe der Liste durchzuführen. Weiterhin bildet die *Immobilienverwaltung* selbst einen wichtigen Teil der Modell-Schicht, nämlich eine wichtige Schnittstelle zur *View* der Anwendung. Die *View* kommuniziert im wesentlichen mit der *Immobilienverwaltung*, gibt Benutzerkommandos an sie weiter (beispielsweise zur Bereitstellung einer Exemplarliste zur Anzeige), und erhält Daten von ihr (beispielsweise eine Exemplarliste zur Darstellung auf dem Bildschirm).

Bei der Realisierung der eigentlichen Anwendung hat man es oft, aber natürlich nicht zwangsläufig, mit einer applikatorischen Klasse zu tun, die von ihrer Funktionalität dem Hauptprogramm (beispielsweise *main* in „C") in einer konventionellen, prozeduralen Programmiersprache nahekommt. Zusätzlich zu dieser einen, zentralen applikatorischen Klasse kann es weitere applikatorische Klassen geben, in die weitere Funktionalität der Anwendung gekapselt ist, die sinnvollerweise nicht in der zentralen Klasse implementiert werden sollte. Insbesondere bei größeren Projekten ist eine weitere Strukturierung und Kapselung die Regel, so daß auch hier oft eine Teilhierarchie ausgehend von dieser Klasse, sowie weitere, voneinander unabhängige Klassen im System realisiert werden.

5.3   Klassen für die Sicht

Bei der Realisierung von Benutzeroberflächen spielen zwei Bereiche des Smalltalk-Systems eine Rolle.

Bei dem ersten Bereich handelt es sich um einen Bereich, der im Smalltalk-System einen Klassenbaum unterhalb der Klasse *Window* bildet. Obwohl dieser Bereich unterhalb von *Window* liegt, wird er in der Regel nicht als *Window*-Bereich sondern als *Fensterkomponenten*-Bereich bezeichnet, denn bei den Klassen in diesem Bereich handelt es sich nicht um komplette Fenster sondern vielmehr um unterschiedliche, standardisierte Bestandteile, aus denen eine fensterorientierte Benutzeroberfläche konstruiert werden kann. Typische Bestandteile sind dabei die verschiedenen *Fensterkomponenten*, von denen wir bei der Vorstellung der Smalltalk-Entwicklungsumgebung bereits einige kennengelernt haben (beispielsweise *List-* oder *Text-Fensterkomponenten*) sowie *Menüar-*

ten oder *Knöpfe* (*Buttons*). Dabei umfassen diese Klassen nicht nur Methoden zur Darstellung dieser Fensterelemente, sondern auch grundlegende Methoden zu deren Verwaltung, wie beispielsweise der Datendarstellung in einer Liste.

Im zweiten Bereich, der einen Klassenbaum unterhalb der Klasse *ViewManager* bildet, finden sich dann die eigentlichen Benutzeroberflächen, in denen die verschiedenen Standard-Bestandteile aus dem *Fensterkomponenten*-Bereich zu einer anwendungsspezifischen Oberfläche zusammengestellt werden. In diesem Bereich finden sich auch beispielsweise alle Benutzeroberflächen der Entwicklungsumgebung, wie der *ClassHierarchyBrowser*, *Inspectoren* und *Debugger*. Die Funktionalität dieser Klassen umfaßt Methoden für die Verwaltung einer aus einer größeren Zahl von verschiedenen Fensterelementen zusammengesetzten Benutzeroberfläche, aber auch Methoden, die die Verarbeitung der dargestellten Daten steuern und dazu mit den applikatorischen Klassen im Modell einer Anwendung kommunizieren. Die eigentliche Schnittstelle zwischen dem Modell einer Anwendung und der Sicht liegt also zwischen den applikatorischen Klassen und der jeweils im Klassenbaum unter *ViewManager* realisierten Benutzeroberfläche. Obwohl dieser zweite Bereich nicht unter der Klasse *Window* sondern unter der Klasse *ViewManager* liegt, wird er oft als Fensterbereich bezeichnet, wobei mit Fenster ein kompletter Browser gemeint ist.

Bild 5.3:
Fenster-
klassen als
Kom-
ponenten
und Browser

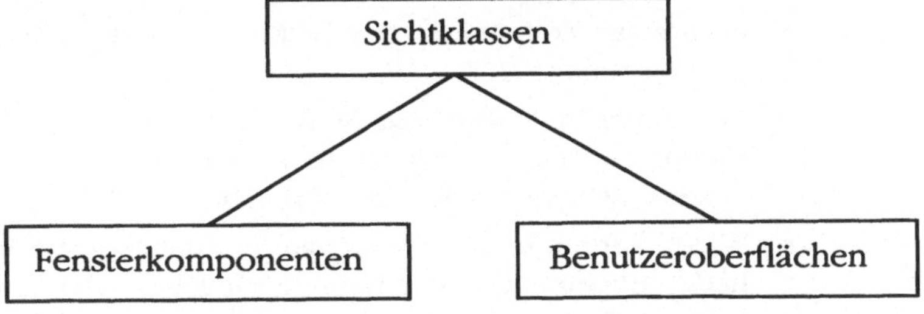

Bei der Entwicklung einer Benutzeroberfläche für eine Anwendung wird der Anwendungsentwickler in der Regel nur die eigentliche Benutzeroberfläche als Klasse oder als Klassenbaum unterhalb von *ViewManager* realisieren. Er wird dabei die Standardelemente aus dem *Fensterkomponenten*-Bereich benutzen. Da das System bereits über einen großen Fundus unterschiedlichster Fensterelemente verfügt, ist eine Erweiterung in diesem Bereich nur in Ausnahmefällen nötig. Werden spezielle *Fensterkomponenten* benötigt, können diese aber auch problemlos implementiert werden, entweder durch eine völlig neue Klassendefinition direkt unterhalb der Klasse *Window*, oder, ganz im objektorientierten Sinne, unter Nutzung des Vererbungsmechanismus, als Unterklasse einer schon bestehenden Standard-Fensterkomponente.

5.4   Aufgabenstellung für eine Kalender-Anwendung

Zur Veranschaulichung des objektorientierten Designs und der Realisierung einer Anwendung in einem *View*-Teil und einem *Model*-Teil, wobei letzterer wiederum in Datenklassen und applikatorische Klassen zerfällt, soll in diesem Abschnitt eine Beispielaufgabe gestellt und erläutert werden. Für diese Beispielaufgabe wird in den folgenden Abschnitten dieses Kapitels eine Lösung mit *View* und *Model*, bestehend aus Datenklassen und applikatorischen Klassen, entworfen.

Die Aufgabe besteht darin, einen Terminkalender zur Verwaltung von Terminen zu realisieren. Die in dem Terminkalender verwalteten Termine sollen vom Benutzer in sinnvoller Weise angesehen werden können. Außerdem muß der Terminkalender beim Erreichen eines Termines den Benutzer benachrichtigen, daß er jetzt einen Termin hat.

Genauer spezifiziert sollen die folgenden Arten von Terminen gespeichert werden:

- Bestimmte Zeitpunkte, das heißt, eine bestimmtes Datum und eine bestimmte Zeit.

- Bestimmte Zeiträume, das heißt, zusätzlich zu einem bestimmten Datum und einer bestimmten Zeit ein weiteres Datum und eine weitere Zeit jeweils als Endzeitpunkt.

- Wiederkehrende Zeitpunkte an bestimmten Wochentagen, das heißt, beginnend mit einem bestimmten Datum soll eine bestimmte Zeit an einem oder mehreren angegebenen Wochentagen als Termin angesehen werden.

- Wiederkehrende Zeiträume an bestimmten Wochentagen, das heißt, beginnend mit einem bestimmten Datum und endend an einem weiteren Datum soll eine bestimmte Zeit als Startzeit und eine weitere Zeit als Endezeit an einem oder mehreren angegebenen Wochentagen als Termin angesehen werden. (In diesem Fall kann ein Zeitraum nicht länger als 24 Stunden sein. Falls die Endezeit früher als die Startzeit liegt, soll das System annehmen, daß die Endezeit erst am nächsten Tag liegt. Sind Startzeit und Endezeit gleich, entspricht dies einem Zeitraum von 24 Stunden).

- Wiederkehrende Zeitpunkte an bestimmten Tagen eines Monats, das heißt, beginnend mit einem bestimmten Datum soll eine bestimmte Zeit an einem oder mehreren angegebenen Tagen eines Monats als Termin angesehen werden.

- Wiederkehrende Zeiträume an bestimmten Tagen eines Monats, das heißt, beginnend an einem bestimmten Datum und endend an einem weiteren Datum soll eine bestimmte Zeit als Startzeit und eine weitere Zeit als Endezeit an einem oder mehreren angegebenen Tagen eines Monats als Termin angesehen werden. (Wie beim Zeitraum an Wochentagen kann auch in diesem Fall ein Zeitraum nicht länger als 24 Stunden sein. Für Start- und Endezeit gilt das oben geschriebene).

- Ein bestimmtes Datum ohne näher spezifizierte Uhrzeit soll ein Termin sein.

- Eine bestimmte Zeit ohne näher spezifiziertes Datum soll ein Termin sein, wobei diese Zeit täglich, also an jedem Datum als Termin angesehen wird.

Für die so spezifizierten Termine sollen folgende Operationen durchgeführt werden können:

- Eingabe von neuen Terminexemplaren.

- Anzeige einer Liste aller eingegebenen Terminexemplare.

- Ändern/Bearbeiten von vorhandenen Terminexemplaren, ausgewählt aus der Liste der Terminexemplare.

- Löschen von vorhandenen Terminexemplaren, ausgewählt aus der Liste der Terminexemplare.

- Anzeige einer Liste von Terminen für einen bestimmten Zeitraum oder für bestimmte Auswahlkriterien. Wiederkehrende Terminexemplare sollen dabei als soviele Termine erscheinen, wie sich aus ihnen für den Zeitraum ergeben (beispielsweise soll bei einer Terminübersicht über einen Monat ein jeweils Mittwochs wiederkehrender Termin für jeden Mittwoch des Monats aufgeführt werden).

- Benachrichtigung des Benutzers, wenn während der Arbeit ein Termin erreicht wird. Falls der Terminkalender zum Zeitpunkt des Erreichens eines Termins nicht läuft, soll der Benutzer benachrichtigt werden, sobald er den Terminkalender startet. Die

Benachrichtigung kann entweder über einen Hinweisdialog, akustisch oder sowohl über einen Hinweisdialog als auch akustisch erfolgen.

- Der Benutzerdialog soll in wählbaren Sprachen erfolgen.

Aufgrund dieser Anforderungen läßt sich jetzt eine Klassenstruktur entwerfen, die die zu behandelnden Exemplare und die Anwendung als Datenklassen und applikatorische Klassen realisiert, die zusammen das Anwendungsmodell bilden. Auf diesem Modell lassen sich dann Klassen für die Sichten realisieren, die als Benutzerschnittstelle die Funktionalität auf komfortable Weise nutzbar machen.

Aufgabe: Bevor Sie im nächsten Abschnitt eine mögliche Klassenstruktur zur Implementierung der Terminkalender-Anwendung kennenlernen werden, sollten Sie sich selbst eine mögliche Klassenstruktur überlegen. Versuchen Sie, sinnvolle Datenklassen, applikatorische Klassen und Sichtklassen festzulegen und geben Sie auch Exemplarvariablen zur Aufnahme der einzelnen Attribute der Exemplare an.

5.5 Klassenstruktur für eine Kalender-Anwendung

In diesem Abschnitt wird eine mögliche Klassenstruktur für die Realisierung der Terminkalender-Anwendung vorgestellt und im einzelnen erläutert.

5.5.1 Datenklassen für eine Kalender-Anwendung

Als wesentliche Objekte, mit denen in der Kalender-Anwendung umgegangen werden soll, lassen sich die Terminexemplare identifizieren. Diese Objekte sind von zentraler Bedeutung und können verschiedene Ausprägungen haben. Wie in der Aufgabenstellung angegeben, kann es sich bei Terminen um Zeitpunkte, um Zeiträume, um wöchentlich oder monatlich wiederkehrende Zeitpunkte sowie um wöchentlich oder monatlich wiederkehrende Zeiträume handeln.

Aus dieser Beschreibung läßt sich erkennen, daß der allgemeinste Fall ein bestimmter Zeitpunkt ist. Dieser Zeitpunkt besitzt in jedem Fall entweder ein Datum oder eine Uhrzeit oder beides. Als Basisklasse für die Datenklassen der Kalender-Anwendung kann also eine Klasse *Zeitpunkt* mit den Exemplarvariablen *datum* und *uhrzeit* dienen.

Die nächste Art von Terminexemplaren, mit denen wir es zu tun haben können, sind Zeiträume. Zeiträume besitzen nicht nur ein

Datum und eine Uhrzeit, zu denen sie beginnen, sondern sie besitzen ebenfalls ein Datum und eine Uhrzeit, zu denen sie enden. So läßt sich für Zeiträume eine weitere Datenklasse definieren. Diese Klasse *Zeitraum* ist eine Unterklasse der Klasse *Zeitpunkt*. Von der Klasse *Zeitpunkt* werden deren Exemplarvariablen *datum* und *uhrzeit* geerbt, die beim Zeitraum gewissermaßen als Anfangsdatum und Anfangsuhrzeit verwendet werden. Zusätzlich implementiert die Klasse *Zeitraum* noch zwei eigene Exemplarvariablen *endDatum* und *endUhrzeit*, die die Informationen über das Ende des Zeitraums speichern.

Als weitere Art von Terminexemplaren werden in der Aufgabe Termine gefordert, die wöchentlich an einem oder mehreren Tagen der Woche wiederkehren. Dabei können sowohl Zeitpunkte als auch Zeiträume wiederkehren. Auch solche Terminexemplare werden in einer eigenen Klasse modelliert. Dabei ist die neue Klasse *Wochentage* eine Unterklasse der Klasse *Zeitraum*. Die Klasse *Wochentage* erbt dabei die Exemplarvariablen *datum*, *uhrzeit*, *endDatum* und *endUhrzeit* von ihren Oberklassen. Bei Exemplaren, die nur einen Starteitpunkt besitzen sollen, werden dabei *endDatum* und *endUhrzeit* nicht benötigt und daher einfach nicht benutzt. Zusätzlich zu den ererbten Exemplarvariablen muß für Exemplare dieser Klasse eine Information gespeichert werden, an welchen Wochentagen der Termin jeweils wiederholt werden soll. Dafür ist eine weitere Exemplarvariable nötig, die als Inhalt eine Sammlung der entsprechenden Wochentage enthält. Diese Variable erhält die Bezeichnung *setOfWochentage*.

Bei der letzten Art von Terminexemplaren kehren die Termine nicht wöchentlich sondern monatlich an einem oder mehreren Tagen eines Monats wieder. Analog zu den Wochenterminen läßt sich für diese Exemplare eine Klasse *Monatstage* als Unterklasse der Klasse *Zeitraum* definieren. Auch die Klasse *Monatstage* erbt die Exemplarvariablen *datum*, *uhrzeit*, *endDatum* und *endUhrzeit* von ihren Oberklassen, auch hier werden bei Zeitpunkten die beiden Variablen *endDatum* und *endUhrzeit* nicht benutzt. Und schließlich muß auch für diese Klasse eine weitere Exemplarvariable *setOfMonatstage* eingerichtet werden, die eine Sammlung der Monatstage enthält, an denen der Termin wiederholt werden soll.

Mit den so eingerichteten Klassen lassen sich jetzt Terminexemplare erzeugen, die die benötigten zeitlichen Informationen zu allen gewünschten Terminen enthalten können. Was jetzt noch fehlt sind

zusätzliche Informationen über die Terminexemplare wie beispielsweise ein Text, der die Art des Termins spezifiziert oder eine Angabe darüber, welche Aktion zu dem Termin ausgeführt werden soll.
Diese Informationen werden für alle Terminexemplare benötigt, so
daß zu deren Realisierung in der Klasse *Zeitpunkt* noch die beiden
Exemplarvariablen *terminText* und *terminAktionSet* hinzugefügt
werden. Diese beiden Variablen werden vererbt und stehen damit
allen Unterklassen ebenfalls zur Verfügung. Schließlich muß ein
Terminexemplar noch in der Lage sein festzustellen, ob es den
Alarm für einen bestimmten Termin bereits ausgelöst hat. Es würde
sonst passieren, daß beispielsweise bei einem wöchentlich wiederkehrenden Ereignis ab dem Anfangsdatum jedesmal beim Start des
Terminkalenders Alarm ausgelöst wird, weil das Anfangsdatum bereits überschritten wurde. Also muß sich das Terminexemplar merken, zu welchem Termin es zuletzt Alarm ausgelöst hat, und erst
wenn der nächste Alarmtermin ansteht, darf es wieder Alarm auslösen. Um die Information über den Termin des letzten abgearbeiteten Alarms zu speichern, wird eine weitere Exemplarvariable benötigt, die ebenfalls wieder für alle Terminexemplare benötigt wird.
Daher wird die entsprechende Exemplarvariable *letzterAlarm*
ebenfalls in der Klasse *Zeitpunkt* hinzugefügt und von dort vererbt.

Insgesamt wurde zur Implementierung der Terminkalender-
Anwendung folgende Hierarchie von Datenklassen entwickelt:

    Object
        TVZeitpunkt (*datum uhrzeit terminText terminAktion-*
        Set letzterAlarm)
           TVZeitraum (*endDatum endUhrzeit*)
           TVWochentage (*setOfWochentage*)
           TVMonatstage (*setOfMonatstage*)

Als Basisklasse fungiert die Klasse *Object*. Die Klassennamen sind
mit einem Präfix, in diesem Fall dem Präfix TV, versehen, wie dies
im vorherigen Kapitel zur besseren Eindeutigmachung von Klassennamen vorgeschlagen wurde. Die Exemplarvariablen sind in Klammern ebenfalls schon angegeben. Für diese in den einzelnen Klassen definierten Exemplarvariablen lassen sich ebenfalls die Klassen
angeben, die die in den Exemplarvariablen gespeicherten Exemplare haben sollen:

- In der Exemplarvariablen *datum* wird jeweils ein Exemplar der
  Smalltalk-Klasse *Date* enthalten sein. Die Klasse *Date* ist als eine

Unterklasse der Klasse *Magnitude* im System bereits vorhanden und stellt Datenstrukturen und Funktionalität für Datumsexemplare zur Verfügung.

- In der Exemplarvariablen *uhrzeit* wird jeweils ein Exemplar der Smalltalk-Klasse *Time* enthalten sein. Auch die Klasse *Time* ist bereits im System vorhanden und ebenfalls eine Unterklasse der Klasse *Magnitude*. Sie stellt Datenstrukturen und Funktionalität für Zeitexemplare bereit.

- In der Exemplarvariablen *terminText* wird jeweils ein Exemplar der Smalltalk-Klasse *String* enthalten sein. Bei diesen *Strings* handelt es sich um den Text, der beim Erreichen eines Termins ausgegeben werden soll.

- In der Exemplarvariablen *terminAktionSet* wird ein Exemplar der Smalltalk-Klasse *Set* enthalten sein. In diesem Set werden wiederum Exemplare der Klasse *Symbol* gespeichert sein, die die gewünschten Aktionen symbolisieren. Als mögliche Symbole sind dabei die Symbole *#Nachricht* und *#Klingeln* verfügbar.

- In der Exemplarvariablen *letzterAlarm* wird entweder nichts (also ein *nil*) vorhanden sein oder ein Exemplar der Klasse *Date*. Dieses *Date*-Exemplar gibt das Datum des letzten Alarms an.

- In der Exemplarvariablen *endDatum* wird jeweils ein Exemplar der Klasse *Date* enthalten sein.

- In der Exemplarvariablen *endUhrzeit* wird jeweils ein Exemplar der Klasse *Time* enthalten sein.

- In der Exemplarvariablen *setOfWochentage* wird ein Exemplar der Klasse *Set* enthalten sein. In diesem Exemplar wiederum werden dann Integerzahlen zwischen „1" und „7" gespeichert, die die Wochentage einer Woche repräsentieren.

- In der Exemplarvariablen *setOfMonatstage* wird ebenfalls ein Exemplar der Klasse *Set* enthalten sein. Auch in diesem Exemplar werden Integerzahlen in diesem Fall zwischen „1" und „31" gespeichert, die den entsprechenden Tag eines Monats angeben.

Mit diesen Angaben ist die Struktur der Datenklassen zunächst klar und ausreichend definiert. Während der Konzeption der Benutzeroberfläche kann es vorkommen, daß festgestellt wird, daß für bestimmte Fenster noch Datenklassen benötigt werden, die dann noch zusätzlich definiert werden. Aus diesem Grund ist es möglich, daß die hier dargestellte Hierarchie in einem späteren Abschnitt nochmals aufgegriffen und erweitert wird.

5.5.2   Applikatorische Klassen für eine Kalender-Anwendung

In den applikatorischen Klassen geht es um die Verwaltung von Terminexemplaren und damit um die eigentliche Kalender-Anwendung. Zu den Aufgaben dieser Verwaltung gehören die Aufnahme, das Halten und das Entfernen von Terminexemplaren, die Änderung und Bearbeitung vorhandener Terminexemplare, das Speichern und Einlesen von Terminexemplaren auf beziehungsweise von Festplatte sowie die Feststellung, daß der Termin von Terminexemplaren erreicht ist und das Anstoßen der Benutzerbenachrichtigung. Außerdem bilden die applikatorischen Klassen die Schnittstelle zu den *View*-Klassen. Sie erhalten von diesen mittels Nachrichten bestimmte Aufträge (beispielsweise die Anforderung einer Terminliste nach bestimmten Auswahlkriterien), die sie erledigen. Die Ergebnisse werden als Rückgabewert zur Darstellung an die *View*-Klassen zurückgeliefert (beispielsweise eine Liste mit Terminexemplaren, die auf bestimmte Weise ausgewählt wurden).

Aus dieser Beschreibung der Anwendung läßt sich erkennen, daß die zu implementierenden applikatorischen Klassen zunächst eine Datenstruktur zur Aufnahme der zu verwaltenden Terminexemplare benötigen. Auf dieser Datenstruktur setzt dann in Methoden realisierte Funktionalität auf, die für die Durchführung der benötigten Operationen sorgt.

In unserem Beispiel reicht die Konzeption einer einzigen applikatorischen Klasse aus. Diese Klasse, als *Terminmanager* bezeichnet, besitzt die geforderte Datenstruktur in der Exemplarvariablen *collectionOfTermine*. In dieser Datenstruktur können die Terminexemplare verwaltet werden. Außerdem besitzt der *Terminmanager* verschiedene private Methoden und öffentliche Methoden. Die privaten Methoden dienen zur internen Manipulation der einzelnen Terminexemplare oder der Sammlung der Terminexemplare, während die öffentlichen Methoden von den View-Klassen zur Anforderung bestimmter Aufgaben genutzt werden können. Für die öffentlichen Klassen sind dabei die übergebenen und die zu liefernden Exemplare zu definieren. Schließlich wird noch eine weitere Exemplarvariable *modifiedFlag* eingeführt, die angibt, ob sich in der *collectionOfTermine* eine Änderung ergeben hat und diese daher auf Festplatte gesichert werden muß. Schließlich soll es möglich sein, verschiedene Terminkalender unter verschiedenen Dateinamen zu verwalten. Dazu muß der Terminmanager den Dateipfad und den Dateinamen der aktuell verwendeten Terminkalenderdatei in einer weiteren Exemplarvariablen speichern, die den Namen *terminDateiname* erhält.

Als eigentliche Anwendung wird die applikatorische Klasse *TVTerminmanager* als Unterklasse direkt unter der Klasse *Object* verwendet (Exemplarvariablen sind in Klammern dargestellt):

```
Object
        TVTerminmanager (collectionOfTermine modifiedFlag-
        terminDateiname)
```

In den drei definierten Exemplarvariablen sind Exemplare folgender Klassen vorhanden.

- In der Exemplarvariablen *collectionOfTermine* wird ein Exemplar der Smalltalk-Klasse *OrderedCollection* enthalten sein. In diesem Exemplar werden die vom Terminmanager zu verwaltenden Terminexemplare gespeichert.

- Die Exemplarvariable *modifiedFlag* wird entweder ein *true* oder ein *false* enthalten. *false* bedeutet, daß seit dem Sichern der letzten Änderungen keine weiteren Änderungen erfolgt sind, die gespeichert werden müssen, während bei einem *true* ein Speichern erfolgt und das *modifiedFlag* anschließend auf *false* gesetzt wird.

- In der Exemplarvariablen *terminDateiname* wird sich ein Exemplar der Klasse *String* befinden. Diese Zeichenkette gibt den Dateipfad und -namen der aktuell verwendeten Terminkalender-Datei an.

Weitere applikatorische Klassen werden für die Anwendung nicht benötigt, und mit den obigen Angaben ist der Aufbau der Klasse *Terminmanager* vollständig dokumentiert.

5.5.3   Sicht-Klassen für eine Kalender-Anwendung

Die Sichtklassen einer Anwendung bilden die Schnittstelle zur Benutzung der Anwendung. Sie übermitteln die Eingaben und Kommandos an die Anwendung und stellen die Ergebnisse und gewünschten Daten auf geeignete Weise dar. Aufgrund der Spezifikation der Anforderungen für die Kalender-Anwendung läßt sich festlegen, welche Funktionen die Fensteroberfläche zur Verfügung stellen und welche Daten sie darstellen muß:

- Darstellung einer Terminübersicht für einen wählbaren Zeitraum oder nach bestimmten Auswahlkriterien. Als Auswahlkriterium kann ein bestimmtes Datum, ein Datumsintervall, ein Wochentag oder ein Tag im Monat verwendet werden.

- Darstellung einer Terminexemplar-Liste mit der Möglichkeit, Terminexemplare zu löschen, zu ändern oder neue Terminexemplare einzufügen.

- Einfügen und Ändern von unterschiedlichen Terminexemplaren, wobei Angaben bezüglich Startzeit und Starttermin, Endezeit und Endetermin, Wochen- und Monatstagen sowie des Alarmtextes und der auszuführenden Aktionen gemacht werden können.

- Eingabe von Auswahlkriterien, nach denen die Termine in der Terminübersicht geordnet werden sollen. Als Auswahlkriterien kommen ein bestimmtes Datum, ein Datumsintervall, ein Wochentag oder ein Tag im Monat in Frage.

Es wird also zunächst ein Fenster benötigt, mit dem der Benutzer eine Terminübersicht bekommen kann. Dieses *Terminübersichts-Fenster* kann dabei auch als Basisfenster der Anwendung dienen, von dem aus weitere Fenster geöffnet werden können. Das zentrale Fensterelement dieses Fensters ist dabei sicher eine Listenkomponente (*ListPane*), in dem die Termine dargestellt werden. Weiterhin wird ein Menü benötigt, in dem das Anlegen einer neuen Terminkalenderdatei, das Laden einer Terminkalenderdatei, das Speichern der aktuellen Terminkalenderdatei und das Speichern der aktuellen Terminkalenderdatei unter Angabe von Dateipfad und Dateinamen ausgewählt werden kann. Weitere Punkte in diesem Menü dienen zum Drucken der aktuellen Terminkalenderdatei, zum Schließen des *Terminübersichtsfensters* und zur Ausgabe einer Information über die Kalenderanwendung. Ein zweites Menü wird verwendet, um ein weiteres Fenster zu öffnen, in dem die Terminexemplare nicht als Terminübersicht sondern als Terminexemplarliste dargestellt werden. Weitere Menüpunkte im zweiten Menü öffnen einen Dialog zur Selektion der dargestellten Termine nach oben angegebenen Kriterien beziehungsweise öffnen ein Fenster mit der Darstellung eines Monatskalenderblattes. Ein Textfeld im unteren Teil des *Terminübersichtsfensters* gibt als Statusfeld den Zeitraum an, für welchen momentan Termine in der Terminliste dargestellt werden. Bei den in der Listenkomponente dargestellten Exemplaren handelt es sich in diesem Fall um Exemplare der ebenfalls noch einzuführenden Modellklasse *Einzeltermin*. Ein solches Exemplar speichert Informationen über das Datum eines Termins, die Startzeit, die Endzeit und den Text. Ein wesentlicher Aspekt dieser Exemplare ist ihre *printOn:*-Methode, die wiederum von der *printString*-Methode gesendet wird, die bei der Darstellung der Exemplare in der Liste benutzt wird. Über diese *printOn:*-Methode kann damit das Ausgabeformat der einzelnen Listenzeilen eingestellt werden. Diese Festlegung des Ausgabeformats ist ein Grund für die Einführung der Objektklasse *Einzeltermin*, ein anderer Grund ist die leichtere Handhabbarkeit einer Listenauswahl durch das Fenster.

Ein weiteres Fenster stellt alle Termine als Terminexemplarliste dar. Bei diesem Fenster ist keine Auswahl oder Einschränkung möglich, es werden immer alle definierten Terminexemplare dargestellt. Auch bei diesem Fenster ist das zentrale Fensterelement eine Listenkomponente, in der die Terminexemplare dargestellt werden. Dabei ergibt sich ein weiterer Unterschied zum *Terminübersichtsfenster* in der Darstellung der Terminexemplare in der Liste. In dieser Liste werden die Exemplare anders dargestellt als in der Liste des *Terminübersichtsfensters*, da es sich hierbei um ein *Terminlistenbearbeitungsfenster* handelt. Als zusätzliche Fensterelemente sind drei Schaltknöpfe vorhanden, die zum Löschen, zum Ändern und zum Einfügen von Terminexemplaren dienen. Wird ein Terminexemplar in der Liste selektiert und der *Löschen-Knopf* betätigt, fragt das System mit einem Hinweisdialog nach, ob das gewählte Exemplar tatsächlich gelöscht werden soll. Bei einer Bestätigung wird dieses dann gelöscht. Wird ein Terminexemplar in der Liste selektiert und der *Ändern-Knopf* betätigt, wird für das gewählte Exemplar ein Bearbeitungsfenster geöffnet. Wird der *Einfügen-Knopf* betätigt, wobei es unerheblich ist, ob ein Terminexemplar in der Liste ausgewählt wurde oder nicht, wird ein Bearbeitungsfenster geöffnet, in dem ein neues Terminexemplar angelegt werden kann.

Die dritte zu definierende Fensterklasse ist ein *Auswahlfenster*. Dieses Auswahlfenster ermöglicht die Eingrenzung der Termindarstellung im *Terminübersichtsfenster* und wird von dort über einen Menüpunkt geöffnet. Die Fensterelemente dieses Fensters sind Eingabefelder für das Startdatum, an dem die Darstellung beginnen soll, das Endedatum, an dem die Darstellung enden soll, den Wochentag, wenn im eingegebenen Intervall nur bestimmte Wochentage angezeigt werden sollen, und den Monatstag, wenn im eingegebenen Intervall nur bestimmte Monatstage angezeigt werden sollen. Außerdem sind zwei Schaltknöpfe vorhanden, mit denen die Auswahl bestätigt oder abgebrochen werden kann. Für die Verarbeitung der eingegebenen Daten wird jetzt sinnvollerweise noch ein Exemplar, genauer ein Modellexemplar benötigt. Die Exemplare der entsprechenden Modellexemplar-Klasse nehmen im wesentlichen Daten auf, womit es sich bei Ihnen logisch um Datenklassen handelt. Die für diese Sichtklasse einzurichtende Klasse soll den Namen *Terminauswahl* bekommen und im Anschluß nochmals kurz dargestellt werden.

Bei dem als viertes zu definierenden Fenster handelt es sich um ein *Terminbearbeitungsfenster*, in dem neue Termine eingegeben und existierende Termine bearbeitet werden können. Dieses *Terminbearbeitungsfenster* realisiert die für die unterschiedlichen Klassen von Terminexemplaren benötigten Bearbeitungsfunktionen. Dabei können in dem Fenster alle Daten eingegeben werden, die von einem beliebigen Terminexemplar benötigt werden könnten. Dieses sind zunächst die für einen Zeitpunkt benötigten Daten, also müssen Startdatum, Startzeit, Alarmtext und Aktion eingegeben werden können. Die ersten drei Eingaben werden in Eingabefeldern gemacht, während für die Reaktion sogenannte *Auswahlkästchen* (*Checkboxen*) vorgesehen werden, in denen angekreuzt werden kann, ob die Reaktion per Hinweisdialog oder per akustischem Signal erfolgen soll. Weiterhin vorhanden sind Eingabefelder für das Endedatum und die Endezeit, die bei Exemplaren der Klasse *TVZeitraum* vorhanden sind. Schließlich werden noch zwei Listen benötigt, in denen die für Exemplare der Klasse *TVWochentage* benötigten Daten über Wochentage beziehungsweise die für Exemplare der Klasse *TVMonatstage* benötigten Daten über Monatstage eingegeben werden können. Als zusätzliche Fensterelemente sind zwei Schaltknöpfe vorhanden, ein *OK*-Knopf und ein *Abbrechen*-Knopf. Das Drücken des *Abbrechen*-Knopfes hat dieselbe Wirkung wie die Betätigung des Fensterschließknopfes oben links im Fenster, nämlich das Schließen des Fensters ohne Übernahme der eingegebenen Daten. Wird dagegen der *OK*-Knopf gedrückt, werden die einzelnen Eingabefelder und -listen ausgewertet. In Abhängigkeit davon, welche Felder benutzt wurden, wird ein Exemplar der Klasse *TVZeitpunkt*, *TVZeitraum*, *TVWochentage* oder *TVMonatstage* erzeugt und mit den Daten versehen.

Ein letztes Fenster soll schließlich einfach dazu dienen, das Kalenderblatt eines Monats darzustellen.

Insgesamt ergibt sich für die Sichtklassen folgende Klassenstruktur, bei der die benötigten Exemplarvariablen allerdings noch nicht festgelegt, sondern während der Implementierung hinzugefügt werden. Basisklasse, von der bei der Realisierung der Fenster ausgegangen wird, ist teilweise die Klasse *ViewManager*, insbesondere für das als Basisfenster verwendete *TVTerminUebersichtsFenster*. Die übrigen

Klassen werden als Unterklassen der Klasse *WindowDialog* realisiert, die für Dialoge als Basisklasse dient, wobei für einige Dialoge eine Oberklasse *TVWindowDialog* verwendet wird, um spezielle Funktionalität zu implementieren, die die Exemplare der Unterklassen gemeinsam haben. Die Namen dieser Klassen enden daher auch nicht mit *Fenster,* sondern mit *Dialog.* Auch die Sichtklassen sind mit einem Präfix TV versehen:

```
ViewManager
        TVTerminUebersichtsFenster
        WindowDialog
                TVAboutDialog
                TVTerminListenBearbeitungsDialog
                TVWindowDialog
                        TVAuswahlDialog
                                TVTerminBearbeitungsDialog
                        TVKalenderDialog
```

Zusätzlich zu diesen Sichtklassen ergeben sich noch zwei weitere Modellklassen, die realisiert werden müssen:

```
Object
        TVEinzeltermin (datum uhrzeit endUhrzeit terminText)
        TVTerminauswahl (datum endDatum setOfWochentage
        setOfMonatstage)
```

Beide Klassen können direkt unterhalb von *Object* angesiedelt werden. Die Klasse *TVEinzeltermin* wurde bereits besprochen, die Klasse *TVTerminauswahl* wird im folgenden erklärt. Exemplare der Klasse *TVTerminauswahl* nehmen die in einem Auswahlfenster eingegebenen Auswahldaten auf, sobald der Knopf zur Bestätigung der Auswahl gedrückt wird. In einem Auswahlfenster können ein Startdatum, ein Endedatum sowie Wochentage und Monatstage eingegeben werden, die dann in einem neu erzeugten TVTerminauswahlexemplar in den Exemplarvariablen *datum, endDatum, setOfWochentage* und *setOfMonatstage* gespeichert werden. Dieses Exemplar der Klasse *TVTerminauswahl* kann dann beispielsweise vom *TVAuswahlDialog* als Ergebnisexemplar der Auswahl zurückgeliefert werden. Zur Realisierung der Forderung nach einer wählbaren Sprache beim Benutzerdialog wird ein *Pooldictionary* eingeführt, in dem als *Poolvariablen* Sprachkonstanten enthalten sind, denen als Wert jeweils die Bedeutung der Sprachkontante in der jeweiligen Sprache zugewiesen ist.

Mit dieser Definition der Klassenstruktur sind die Angaben für den Beginn einer Implementierung der Sichtklassen ausreichend.

5.6 Abstrakte Klassen

In verschiedenen Fällen werden bei der Programmierung in Smalltalk Klassen definiert, von denen im voraus bekannt ist, daß es von ihnen keine Exemplare geben wird. Diese Art von Klassen sind oft Basis einer Teilhierarchie und man bezeichnet sie als abstrakte Klassen. Für das Einrichten von abstrakten Klassen gibt es zwei Gründe:

- Die abstrakte Klasse dient als Basisklasse einer Hierarchie von weiteren Klassen, für die sie sowohl Datenstrukturen in Form von verschiedenen Variablen als auch Funktionalität in Form von verschiedenen Methoden implementiert und auf ihre Unterklassen vererbt. Ein typisches Beispiel für eine solche abstrakte Klasse ist die im Smalltalk-System vorhandene Klasse *Number*, deren Unterklassen beispielsweise die Zahlen im System darstellen.

- Die abstrakte Klasse dient als Oberklasse einer Reihe weiterer Klassen, die zusammen eine Anwendung bilden. Die abstrakte Klasse verfügt dabei in der Regel weder über Variablen noch über Methoden. Durch diese Art der Zusammenfassung wird es leichter, eine komplette Anwendung durch Verwendung der *ClassHierarchyBrowser* und dort des Menüpunktes *File Out All* im Menü *Class* aus dem System heraus abzuspeichern. Wenn das Smalltalk-System mit zusätzlichen Werkzeugen zur Quellcodeverwaltung erweitert wird, fällt dieser Grund aber möglicherweise se weg.

Für die Kalenderanwendung wird das Konzept der abstrakten Klassen an zwei Stellen realisiert werden. Für den Sichtteil wurde bereits für einige Dialoge die abstrakte Klasse *TVWindowDialog* eingeführt, die gemeinsame Funktionalität der Exemplare der Unterklasse realisiert. Zur Zusammanfassung des Modellteils wird die abstrakte Klasse *TVKalenderModell* definiert.

Eine weitere Aufgabe der Klasse *TVKalenderModell* soll das Ermitteln von Monatsnamen und Tagesnamen sein. Dazu erhält diese Klasse zwei Klassenvariablen, *TagesNamen* und *MonatsNamen*, in denen bei der Klasseninitialisierung Tabellen mit den entsprechenden Namen angelegt werden.

Damit ergibt sich für den Modellteil der Kalenderanwendung insgesamt die folgende Teilhierarchie:

```
Object
    TVKalenderModell
        TVZeitpunkt (datum uhrzeit terminText ter-
                minAktionSet letzterAlarm)
        TVZeitraum (endDatum endUhrzeit)
            TVWochentage (setOfWochentage)
            TVMonatstage (setOfMonatstage)
        TVTerminmanager (collectionOfTermine modi-
                fiedFlag terminDateiname)
        TVEinzeltermin (datum uhrzeit endUhrzeit ter-
                minText)
        TVTerminauswahl (datum endDatum setOfWo-
                chentage setOfMonatstage)
```

5.7   Zusammenfassung

In diesem Kapitel wurden grundlegende Designüberlegungen beschrieben. Es wurden das Model-View-Konzept und die weitere
Aufteilung des Model-Bereichs in applikatorische Klassen und Datenklassen sowie des View-Bereichs in Fensterkomponentenklassen
und Benutzeroberflächenklassen dargestellt. Darauf aufbauend
wurde eine Klassenstruktur für eine Kalenderanwendung entwik-
kelt. Im nächsten Kapitel soll diese Kalenderanwendung im
Smalltalk-System realisiert werden, indem zunächst als Gerüst diese
Klassenstruktur eingerichtet und danach die Anwendung schrittweise aufgebaut wird.

6 Die Beispielanwendung

6.1 Erstellung des Modells

In diesem Abschnitt werden zunächst die Datenklassen und die applikatorischen Klassen der Terminkalender-Anwendung schrittweise implementiert und getestet. Auf dem auf diese Weise realisierten Modell wird dann im nächsten Abschnitt mit der Implementierung der Fenster die Sicht auf die Terminkalender-Anwendung aufgesetzt. Der dritte Abschnitt vervollständigt dieses Kapitel mit der Erstellung einer unabhängig von der Entwicklungsumgebung lauffähigen Programmversion.

Der Programmcode, der schrittweise entwickelt wird, steht auch auf der Diskette zum Einlesen in das Smalltalk-System zur Verfügung. Genauere Hinweise dazu finden Sie im Anhang·A.

6.1.1 Einrichtung der Modellklassen

Im vorherigen Kapitel wurde die für das Modell der Kalenderanwendung benötigte Klassenstruktur aus Datenklassen, applikatorischen Klassen und abstrakten Klassen bereits entwickelt. Bevor diese Klassenstruktur jetzt im System eingegeben wird, soll noch ein Pooldictionary eingeführt werden, das in der Anwendung benutzt werden soll.

Definition des Pooldictionaries TvSprachKonstanten

Eine Anforderung, die die Terminkalender-Anwendung noch erfüllen soll, ist die Sprachunabhängigkeit der Implementierung. Das heißt, es soll möglich sein, die Sprache, in der der Benutzerdialog geführt wird, zu ändern, ohne daß Änderungen am Programmcode selbst erfolgen müssen. Dieses Ziel kann durch die Verwendung eines Pooldictionaries erreicht werden, in dem die Schlüssel sogenannte Sprachkonstanten sind, die als Wert jeweils den Ausdruck zu der Sprachkonstanten in einer bestimmten Sprache enthalten. Ein typisches Beispiel für eine Sprachkonstante wäre der Schlüssel *TvLoeschen*, dem als Wert der Ausdruck *Löschen* zugeordnet ist (alle Poolvariablen erhalten den Präfix *Tv*). Im Code der Methoden stehen jeweils die Sprachkonstanten, also beispielsweise der Schlüssel *TvLoeschen*. Das Smalltalk-System setzt zur Laufzeit für diese Konstante den jeweils gültigen Wert ein, so daß beispielsweise bei der Ausgabe auf dem Bildschirm nicht *TvLoeschen,* sondern *Löschen* ausgedruckt wird. Die Änderung der Sprache ist jetzt relativ einfach: Für einen Wechsel der Sprache müssen nur die Werte der Sprachkonstanten geändert werden. Beispielsweise würde die Sprachkonstante *TvLoeschen* in einer englischen Version den Wert *Delete* bekommen. Dieser Wert würde dann zur Laufzeit auf dem Bildschirm angezeigt werden. Die gesamten Werte des Pooldictionaries und damit alle Sprachwerte einer Sprache lassen sich relativ leicht separat vom *Image* in einer Textdatei speichern. Damit beschränkt sich auch der Wechsel von einer Sprache zu einer anderen auf das Einlesen der jeweiligen Sprach-Textdatei.

Pooldictionaries werden im Smalltalk-Systemverzeichnis gespeichert. Die Deklaration eines Pooldictionaries erfolgt einfach dadurch, daß in das Smalltalk-Systemverzeichnis unter dem gewünschten Dictionary-Namen ein neues, zunächst leeres Dictionary eingetragen wird.

Aufgabenstellung:
Richten Sie ein Pooldictionary mit dem Namen *TvSprachKonstanten* ein. Dieses Pooldictionary wird dann im Laufe der Implementierung der Terminkalender-Anwendung gefüllt.

Lösung:
Zum Einrichten des neuen Pooldictionaries führen Sie im *Transcript* oder in einem *Workspace* folgenden Programmcode aus:

```
Smalltalk at: #TvSprachKonstanten put: Dictionary new.
```

Zu beachten ist dabei, daß die Schlüssel im Smalltalk-Systemverzeichnis Symbole sind, weshalb dem Namen des Pooldictionaries ein „#"-Zeichen vorangestellt werden muß, damit es als Symbol im Systemverzeichnis gespeichert wird. Bei der späteren Verwendung des Pooldictionaries ist das „#"-Zeichen nicht mehr nötig. Durch Inspizieren des Smalltalk-Systemverzeichnisses können Sie verifizieren, daß das Pooldictionary tatsächlich eingerichtet wurde.

Einrichtung der Modellklassen
Als nächstes sollen jetzt die Modellklassen eingerichtet werden. Dabei wird zunächst, ausgehend von der Klasse *Object*, die gesamte Hierarchie unter Verwendung des *ClassHierarchyBrowsers* einge-

richtet. Es werden zunächst nur die Klassendefinitionen, ohne Deklaration von Exemplarvariablen, Klassenvariablen oder Pooldictionaries, in das System eingefügt.

In einem zweiten Durchgang werden die benötigten Exemplarvariablen und Klassenvariablen, wie sie im fünften Kapitel bereits identifiziert wurden, eingerichtet. Außerdem wird zunächst jeder Klasse das Pooldictionary *TvSprachKonstanten* zugeordnet. Die Einrichtung der Sprachkonstanten in jeder Klasse ist notwendig, da Pooldictionaries nicht vererbt werden. Aus den Klassen, in denen die Sprachkonstanten nicht benötigt werden, kann dann das Pooldictionary wieder entfernt werden.

Sie können die Implementierung des Beispielprogramms jederzeit unterbrechen, den aktuellen Stand beim Verlassen des Smalltalk-Systems als *Image* speichern und dann später an derselben Stelle fortfahren. Außerdem sollten Sie in regelmäßigen Abständen das *Image* speichern, damit Sie bei einem Systemabsturz nicht zuviel aus der Datei CHANGE.LOG zurückholen müssen.

Aufgabenstellung:

Richten Sie die Klassenhierarchie so ein, wie am Ende des fünften Kapitels angegeben. Dabei werden die Klassendefinitionen zunächst nicht weiter ausgeführt, lediglich die Hierarchie soll aufgebaut werden. Sie können dabei bei den Klassennamen statt des angegebenen Präfixes *TV* auch einen eigenen, anderen Präfix verwenden und so parallel zu den Lösungen mit dem Präfix *TV* eine eigene Hierarchie zum Experimentieren aufbauen.

Lösung:

Zum Einrichten der Klassen verwenden Sie den Menüpunkt *Add Subclass* im *Classes*-Menü des *ClassHierarchyBrowsers*. Bei dem sich öffnenden Dialogfeld tragen Sie nur den Namen der jeweiligen Klasse ein und bestätigen dies mit dem *OK*-Knopf. An den Radioknöpfen nehmen Sie keine Veränderungen vor. Beachten Sie, daß nach der Einrichtung einer neuen Klasse die *Klassen*-Fensterkomponente des *ClassHierarchyBrowser* auf dieser neuen Klasse positioniert ist. Wenn Sie jetzt wieder den Menüpunkt *Add Subclass* wählen, wird die nächste Klasse als Unterklasse der gerade eingerichteten Klasse eingerichtet. Positionieren Sie also vor der Einrichtung einer neuen Klasse auf die gewünschte Oberklasse. Falls Sie

Klassen an falscher Stelle der Hierarchie eingerichtet haben, können Sie diese mit dem Menüpunkt *Remove Class* wieder entfernen.

Sie haben jetzt zunächst die Klassenhierarchie so eingerichtet, wie dies im fünften Kapitel angegeben war. Bei dieser Klassenhierarchie fehlen noch die Klassenvariablen, Exemplarvariablen und Pooldictionaries, die die Klassenstruktur vervollständigen.

Aufgabenstellung:
Bearbeiten Sie die Klassendefinitionen Ihrer Klassenhierarchie, und fügen Sie dabei die benötigten Klassenvariablen und Exemplarvariablen, wie im fünften Kapitel angegeben, ein. Deklarieren Sie außerdem das Pooldictionary *TvSprachKonstanten* zunächst für alle Klassen.

Lösung:
Zum Bearbeiten der Klassen positionieren Sie in der *Klassen*-Fensterkomponente des *ClassHierarchyBrowser* auf die jeweilige Klasse. In der *Source*-Fensterkomponente befindet sich dann der Programmcode der Klassendefinition der entsprechenden Klasse. Sie können jetzt diese Klassendefinition in der *Source*-Fensterkomponente bearbeiten. Fügen Sie die jeweils benötigten Klassenvariablen und Exemplarvariablen sowie das Pooldictionary *TvSprachKonstanten* an den entsprechenden Stellen der Klassendefinition ein.

Wenn Sie alle Eintragungen in einer Klassendefinition durchgeführt haben, können die Änderungen durch Wahl des Menüpunktes *Save* im *File*-Menü in das System kompiliert werden. Sie können die Klassendefinitionen jederzeit auf diese Weise bearbeiten und so dynamisch Variablen hinzufügen, sobald Sie diese benötigen. Beim Entfernen von Variablen kann es zu Problemen kommen, wenn Exemplare der Klasse existieren. Das Entfernen von Variablen ist daher nicht immer möglich.

Wenn Sie sich die von Ihnen eingerichteten und bearbeiteten Klassen nacheinander im *ClassHierarchyBrowser* ansehen, sollten Sie die Klassen wie folgt definiert haben:

```
Object subclass: #TVKalenderModell
   instanceVariableNames: ''
   classVariableNames:
      'TagesNamen MonatsNamen '
```

```
      poolDictionaries:
        'TVSprachKonstanten '

TVKalenderModell subclass: #TVEinzeltermin
  instanceVariableNames:
    'datum uhrzeit endUhrzeit terminText '
  classVariableNames: ''
  poolDictionaries:
    'TVSprachKonstanten '

TVKalenderModell subclass: #TVTerminauswahl
  instanceVariableNames:
    'datum endDatum setOfWochentage setOfMonatstage '
  classVariableNames: ''
  poolDictionaries:
    'TVSprachKonstanten '

TVKalenderModell subclass: #TVTerminmanager
  instanceVariableNames:
    'collectionOfTermine modifiedFlag terminDateiname '
  classVariableNames: ''
  poolDictionaries:
    'TVSprachKonstanten '

TVKalenderModell subclass: #TVZeitpunkt
  instanceVariableNames:
    'datum uhrzeit terminText terminAktionSet letzterAlarm '
  classVariableNames: ''
  poolDictionaries:
    'TVSprachKonstanten '

TVZeitpunkt subclass: #TVZeitraum
  instanceVariableNames:
    'endDatum endUhrzeit '
  classVariableNames: ''
  poolDictionaries:
    'TVSprachKonstanten '

TVZeitraum subclass: #TVMonatstage
  instanceVariableNames:
    'setOfMonatstage '
  classVariableNames: ''
  poolDictionaries:
    'TVSprachKonstanten '
```

```
TVZeitraum subclass: #TVWochentage
  instanceVariableNames:
    'setOfWochentage '
  classVariableNames: ''
  poolDictionaries:
    'TVSprachKonstanten '
```

6.1.2   Aufbau der Klasse *TVKalenderModell*

Als nächster Schritt soll jetzt die in der Klasse *TVKalenderModell* benötigte Funktionalität realisiert werden. Bei dieser Funktionalität handelt es sich um die Verwaltung der Monatsnamen und der Tagesnamen. Da in den Datenklassen nicht die Namen, sondern entsprechende numerische Werte (beispielsweise „12" für den Monat Dezember oder „3" für den Wochentag Mittwoch) gespeichert werden, muß eine Umsetzung realisiert werden, die die Namen auf die numerischen Werte umsetzt und umgekehrt. Dabei sollen sowohl für die Monatsnamen als auch für die Tagesnamen Sprachkonstanten verwendet werden. Zur Speicherung der Monatsnamen und der Tagesnamen verfügt das Kalendermodell über die beiden Klassenvariablen *MonatsNamen* und *TagesNamen*.

Aufgabenstellung:

Als erstes müssen die beiden Klassenvariablen *MonatsNamen* und *TagesNamen* initialisiert werden. Dabei sollen in beiden Variablen Dictionaries stehen, die jeweils numerische Schlüssel haben (bei *MonatsNamen* von „1" bis „12", bei *TagesNamen* von „1" bis „7"), denen als Wert der Name (als *String*) der jeweiligen Sprachkonstante zugeordnet wird. Definieren Sie jetzt zunächst die Sprachkonstanten für die Monatsnamen und die Tagesnamen im Pooldictionary *TVSprachKonstanten*, und schreiben Sie dann eine Initialisierungsmethode, die die beiden Klassenvariablen als Dictionaries initialisiert und mit den Sprachkonstanten füllt.

Lösung:

Das Füllen des Pooldictionaries *TvSprachKonstanten* mit den Sprachkonstanten kann auf zwei Wegen erfolgen. Bei der ersten Möglichkeit schreiben Sie im *Workspace* Smalltalk-Programmcode, der in das Sprachkonstanten-Dictionary jeweils als Schlüssel die Sprachkonstante und als Wert die zugeordnete Zeichenkette einfügt:

```
TVSprachKonstanten at: 'TvJanuar' put: 'Januar'.
TVSprachKonstanten at: 'TvFebruar' put: 'Februar'.
TVSprachKonstanten at: 'TvMaerz' put: 'März'.
```

Der Vorteil dieser Vorgehensweise ist, daß Sie sofort den Überblick über die eingerichteten Variablen behalten und den eingegebenen Programmcode speichern, kopieren und modifizieren können, beispielsweise für die Einrichtung englischer Werte für die Sprachkonstanten.

Bei der zweiten Möglichkeit öffnen Sie einen *Inspector* auf den Sprachkonstanten (durch die Eingabe von *TvSprachKonstanten* im *Workspace*, Selektion dieser Eingabe und Ausführung des *Inspect*-Menüpunktes im *Smalltalk*-Menü). Sie erhalten jetzt einen *Dictionary-Inspector*, in dem Sie mit dem Menüpunkt *Add* aus dem *Dictionary*-Menü Schlüssel einfügen können (die Schlüssel werden als *Strings* in Hochkommata eingegeben). Zu den Schlüsseln können Sie in der *Inhalts*-Fensterkomponente Werte eingeben, die mit dem Menüpunkt *Save* aus dem *File*-Menü übernommen werden. Bei dieser Lösung müßten Sie zusätzlichen Programmcode schreiben, falls Sie das Sprachkonstanten-Dictionary auslesen möchten.

Die Methode für die Initialisierung der Klassenvariablen ist natürlich eine Klassenmethode. Zur Eingabe der Klassenmethode müssen Sie im *ClassHierarchyBrowser* zunächst durch Auswahl des *Class*-Radioknopfes auf die Klassenseite wechseln. Wenn Sie dann im *Methods*-Menü den Menüpunkt *New Method* wählen, erhalten Sie eine Schablone für eine Methode. In dieser Schablone können Sie durch Überschreiben die Methode eingeben. Sobald die Methode vollständig ist, kann sie mit dem Menüpunkt *Save* aus dem *File*-Menü in das System übersetzt werden. Der Programmcode der Methode könnte wie folgt aussehen:

```
klassenVariablenInitialisieren
    "Initialisierung der Klassenvariablen"
    "TVKalenderModell klassenVariablenInitialisieren"

    (MonatsNamen := Dictionary new: 12)
        at: 1 put: 'TvJanuar';
        at: 2 put: 'TvFebruar';
        at: 3 put: 'TvMaerz';
        at: 4 put: 'TvApril';
        at: 5 put: 'TvMai';
        at: 6 put: 'TvJuni';
        at: 7 put: 'TvJuli';
        at: 8 put: 'TvAugust';
        at: 9 put: 'TvSeptember';
```

```
            at:  10  put:  'TvOktober';
            at:  11  put:  'TvNovember';
            at:  12  put:  'TvDezember'.

    (TagesNamen := Dictionary new: 7)
            at:  1  put:  'TvMontag';
            at:  2  put:  'TvDienstag';
            at:  3  put:  'TvMittwoch';
            at:  4  put:  'TvDonnerstag';
            at:  5  put:  'TvFreitag';
            at:  6  put:  'TvSamstag';
            at:  7  put:  'TvSonntag'.
```

In dieser Methode namens *klassenVariablenInitialisieren* wird zunächst die Variable *MonatsNamen* als neues Dictionary der Größe „12" deklariert. Danach werden dem Dictionary in einer Kaskade unter den Schlüsseln von „1" bis „12" als Werte die Namen der definierten Sprachkonstanten zugewiesen. Die Variable *TagesNamen* wird als Dictionary der Größe „7" deklariert, und auch hier erfolgt das Füllen des Dictionary mit Werten in einer Kaskade. Zu beachten wäre noch der Kommentar *"TVKalenderModell klassenVariablenInitialisieren"*. Der Inhalt des Kommentars ohne die Anführungszeichen bildet eine gültige Smalltalk-Anweisung mit Empfängerobjekt und Nachricht. Wird diese Anweisung selektiert, kann sie mit einem der entsprechenden Menüpunkte aus dem *Smalltalk*-Menü ausgeführt werden und führt dabei genau die Methode aus, in der sie selbst als Kommentar steht. Führen Sie die Methode aus.

Auf die beiden Klassenvariablen soll lesend über zwei Zugriffsmethoden zugegriffen werden.

Aufgabenstellung:
Schreiben Sie zwei Zugriffsmethoden, die den Inhalt der Variablen *MonatsNamen* beziehungsweise der Variablen *TagesNamen* zurückgeben.

Lösung:
Auch die beiden Zugriffsmethoden auf die Klassenvariablen sind Klassenmethoden. Sie tragen denselben Namen wie die Klassenvariablen, allerdings ist der erste Buchstabe ein Kleinbuchstabe. Die beiden Methoden haben folgendes Aussehen:

```
monatsNamen
    "Zugriffsmethode zum Lesen der Klassenvariable MonatsNamen"
```

```
^MonatsNamen

tagesNamen
    "Zugriffsmethode zum Lesen der Klassenvariable TagesNamen"

^TagesNamen
```

Beide Methoden machen nichts anderes, als mittels eines *Return* den Wert der Variablen zurückzuliefern.

Der Zweck der beiden Variablen ist die Umsetzung von einer Nummer für einen Monat in den entsprechenden Monatsnamen und umgekehrt, beziehungsweise die Umsetzung von einer Nummer für einen Wochentag in den entsprechenden Tagesnamen und umgekehrt.

Aufgabenstellung:

Schreiben Sie je eine Methode, die zu einer Monatsnummer den Monatsnamen, zu einem Monatsnamen die Monatsnummer, zu einer Tagesnummer den Tagesnamen, und zu einem Tagesnamen die Tagesnummer liefert.

Lösung:

Auch bei diesen insgesamt vier Methoden handelt es sich um Klassenmethoden. Die Methoden haben im einzelnen den folgenden Aufbau:

```
monatsNameFuer: eineMonatsNummer
    "Liefert den Monatsnamen für die Monatsnummer;
     1=Januar"

^TvSprachKonstanten at:
    (self monatsNamen at: eineMonatsNummer)
```

Die Methode *monatsNameFuer:* erhält als Parameter die Nummer des gesuchten Monats in *eineMonatsNummer*. Der entsprechende Name wird einfach durch einen Dictionary-Zugriff geliefert. Der Ausdruck in Klammern liefert zunächst aus dem Monatsnamen-Dictionary die Sprachkonstante an der Stelle *eineMonatsNummer*. Dieses ist die Sprachkonstante, die den gesuchten Monat angibt. Um jetzt den aktuellen Monatsnamen der momentanen Sprache zu erhalten, wird diese Sprachkonstante als Parameter der Nachricht *at:* mitgeschickt, die an die *TvSprachKonstanten* geschickt wird, und damit den aktuellen Wert der Sprachkonstanten ermittelt. Dieser Wert wird als Monatsname von der Methode zurückgeliefert.

```
monatsNummerFuer: einMonatsName
    "Liefert die Monatsnummer für den Monatsnamen;
    1=Januar"

    ^self monatsNamen keyAtValue:
    (TvSprachKonstanten keyAtValue: einMonatsName)
```

Bei der Methode *monatsNummerFuer:* wird gegenüber der Methode *monatsNameFuer:* umgekehrt vorgegangen. Der Parameter *einMonatsName* enthält den aktuellen Monatsnamen, zu dem in den *TvSprachKonstanten* mit der Nachricht *keyAtValue:* der Sprachkonstanten-Schlüssel gesucht wird, der zu dem aktuellen Monatsnamen-Wert gehört. Zu dieser Sprachkonstanten wird dann im Monatsnamen-Dictionary ebenfalls mit der Nachricht *keyAtValue:* die Nummer ermittelt, unter der die Sprachkonstante als Wert in dem Dictionary gespeichert ist. Diese Nummer wird als Ergebnis der Methode zurückgeliefert.

```
tagesNameFuer: eineTagesNummer
    "Liefert den Tagesnamen für die Tagesnummer; 1=Montag"

    ^TvSprachKonstanten at:
        (self tagesNamen at: eineTagesNummer)
```

Die Methode *tagesNameFuer:* entspricht im wesentlichen der Methode *monatsNameFuer:*. Sie erhält als Parameter die Nummer des gesuchten Tages in *eineTagesNummer*. Der entsprechende Name wird einfach durch einen Dictionary-Zugriff geliefert. Der Ausdruck in Klammern liefert zunächst aus dem Tagesnamen-Dictionary die Sprachkonstante an der Stelle *eineTagesNummer*. Dieses ist die Sprachkonstante, die den gesuchten Tag angibt. Um jetzt den aktuellen Tagesnamen der momentanen Sprache zu erhalten, wird diese Sprachkonstante als Parameter der Nachricht *at:* mitgeschickt, die an die *TvSprachKonstanten* geschickt wird und damit den aktuellen Wert der Sprachkonstanten ermittelt. Dieser Wert wird als Tagesname von der Methode zurückgeliefert.

```
tagesNummerFuer: einTagesName
    "Liefert die Tagesnummer für den Tagesnamen; 1=Montag"

    ^self tagesNamen keyAtValue:
    (TvSprachKonstanten keyAtValue: einTagesName)
```

Auch die Methode *tagesNummerFuer:* entspricht vom Grundprinzip der Methode *monatsNummerFuer:*. Der Parameter *einTagesName* enthält den aktuellen Tagesnamen, zu dem in den *TvSprachKonstanten* mit der Nachricht *keyAtValue:* der Sprachkonstanten-Schlüssel gesucht wird, der zu dem aktuellen Tagesnamen-Wert gehört. Zu dieser Sprachkonstanten wird dann im Tagesnamen-Dictionary ebenfalls mit der Nachricht *keyAtValue:* die Nummer ermittelt, unter der die Sprachkonstante als Wert in dem Dictionary gespeichert ist. Diese Nummer wird als Ergebnis der Methode zurückgeliefert.

Zu beachten ist bei allen vier Methoden, daß hinter einer *Return*-Anweisung kein Punkt als Abschlußzeichen der Nachrichtenkette stehen muß, er ist optional. Wird eine Methode aus einem Block verlassen, so darf kein Punkt hinter der *Return*-Anweisung stehen.

Zwei weitere Methoden, die in der Klasse *TVKalenderModell* implementiert werden sollen, dienen zum Test, ob eine Zeichenkette ein korrektes Datum, beziehungsweise eine korrekte Zeit enthält. In diesem Beispiel soll dieser Test relativ einfach gehalten bleiben und nur Testen, ob die Zeichenkette leer ist. Prinzipiell läßt sich die Prüfung auf Korrektheit aber noch deutlich erweitern.

Aufgabenstellung:
Schreiben Sie je eine Methode zum Datums- und zum Uhrzeittest, die prüft, ob eine als Parameter übergebene Zeichenkette leer ist. Falls dies zutrifft, wird ein boolesches *false* zurückgeliefert, ansonsten ein boolesches *true*.

Lösung:
Die beiden zu implementierenden Klassenmethoden *testeDatum:* und *testeUhrzeit:* sind relativ einfach und zueinander analog aufgebaut:

```
testeDatum: einString
    "Liefert true, wenn einString ein korrektes Datum
     enthält, sonst false"

    einString trimBlanks isEmpty
        ifTrue: [ ^false ].
    ^true
```

```
testeUhrzeit: einString
   "Liefert true, wenn einString eine korrekte Uhrzeit
   enthält, sonst false"

   einString trimBlanks isEmpty
       ifTrue: [ ^false ].
   ^true
```

Bei beiden Methoden wird eine Zeichenkette als Parameter in *ein-String* übergeben. Es werden dann durch die Nachricht *trimBlanks* führende und nachfolgende Leerzeichen entfernt, und durch die Nachricht *isEmpty* wird geprüft, ob *einString* ohne eventuelle Leerzeichen insgesamt leer ist. Wenn dies der Fall ist, wird ein *false* zurückgegeben. Ansonsten wird in jedem Fall am Ende der Methode ein *true* zurückgegeben.

Die letzte Methode, die in der Klasse *TVKalenderModell* implementiert werden soll, dient zum Zurücksetzen der beiden Klassenvariablen:

```
ruecksetzen
    "Ruecksetzen der Klassenvariablen"
    "TVKalenderModell ruecksetzen"
    MonatsNamen := nil.
    TagesNamen := nil.
```

In dieser Methode wird sowohl der Variablen *MonatsNamen* als auch der Variablen *TagesNamen* der Wert *nil* zugewiesen, und damit werden die Variablen zurückgesetzt.

Das Methodenprotokoll der Klasse *TVKalenderModell* ist damit vollständig. Zu bemerken ist, daß alle für das Kalendermodell implementierten Methoden Klassenmethoden sind.

6.1.3   Aufbau der Klasse *TVZeitpunkt*

Als nächstes sollen die Datenklassen des Modells realisiert werden, beginnend mit der Klasse *TVZeitpunkt*. Die Funktionalität dieser Klasse umfaßt die Speicherung von Terminexemplaren, die einen Zeitpunkt definieren, die Unterstützung des Einlesens von gespeicherten Terminexemplaren sowie die Terminauswahl und der Ausdruck von Terminexemplaren.

Die erste zu implementierende Methode ist die Initialisierung der Variablen der Klasse *TVZeitpunkt*, die Datenstrukturen enthalten. Da lediglich die Variable *terminAktionSet* ein Exemplar der Klasse *Set* enthält, sieht die Initialisierungsmethode wie folgt aus:

```
initialisiere
        "Initialisierungsmethode für die Datenstrukturen"
    terminAktionSet := (Set new).
```

Bei der Exemplarmethode *initialisiere* wird einfach der Variablen *terminAktionSet* ein neues *Set*-Exemplar zugewiesen.

Für den Zugriff auf die Exemplarvariablen des *TVZeitpunkts* sind weiterhin Zugriffsmethoden zu schreiben, die zum einen als öffentliche Methoden den Lesezugriff, aber auch den Schreibzugriff auf die Variablen ermöglichen. Dabei sollen die Lesemethoden mit einem Präfix *get* beginnen, während für die Schreibmethoden ein Präfix *put* vorzusehen ist. Da für die Exemplare aller Terminklassen ein gemeinsames Zugriffsprotokoll verwendet werden soll, müssen außerdem *Dummy*-Zugriffsmethoden für die Variablen der Klassen definiert werden, die in der Klasse *TVZeitpunkt* noch nicht vorhanden sind. Konkret sind dies die Variablen *endDatum* und *endUhrzeit*, die im *TVZeitraum* definiert werden, *setOfMonatstage*, die in der Klasse *TVMonatstage* definiert wird sowie *setOfWochentage*, die in der Klasse *TVWochentage* definiert wird. Diese *Dummy*-Methoden sind in der Klasse *TVZeitpunkt* ohne Funktionalität, sie müssen nur vorhanden sein, damit bei der Nutzung des Polymorphismus bei Exemplaren dieser Klasse das Fehlen der Methode nicht zu einer Fehlermeldung führt. Durch Redefinition der Methoden in den entsprechenden Klassen wird die Funktionalität in den entsprechenden Klassen zur Verfügung gestellt.

Aufgabenstellung:
Schreiben Sie zunächst öffentliche Zugriffsmethoden, die die Variablen auslesen. Dabei sollen der *terminAktionSet* als *OrderedCollection* sowie *datum, uhrzeit, letzterAlarm* und natürlich *terminText* als *String* zurückgegeben werden. Bei den *Dummy*-Methoden für *endDatum* und *endUhrzeit* werden leere Zeichenketten, bei den *Dummy*-Methoden für *setOfMonatstage* und *setOfWochentage* werden leere *OrderedCollections* zurückgegeben. Verwenden Sie für die Umwandlung von *datum, uhrzeit* und *letzterAlarm* eigene *printString*-Methoden, die dann später in den entsprechenden Klassen *Date* und *Time* definiert werden.

Lösung:

Als Lösung dieser Aufgabe sollten Sie eine Reihe von Methoden geschrieben haben, die jeweils mit dem Präfix *get* beginnen. Die Methoden sollten im einzelnen ungefähr wie folgt aussehen:

```
getAktionen
        "Öffentliche Methode liefert den Wert der Variablen
         terminAktionSet als OrderedCollection"

    terminAktionSet isNil
        ifTrue:[^OrderedCollection new].

    ^terminAktionSet asOrderedCollection
```

Die Methode *getAktionen* prüft zunächst, ob der *terminAktionSet* den Wert *nil* hat, also uninitialisiert ist. Dies sollte eigentlich nicht der Fall sein, kommt es aber doch vor, so wird eine leere *OrderedCollection* zurückgegeben und die Methode dabei verlassen. Ansonsten wird an den *terminAktionSet* die Nachricht *asOrderedCollection* gesendet. Das resultierende Ergebnis dieser Nachricht, der *terminAktionSet* als *OrderedCollection*, wird als Ergebnis der Methode zurückgeliefert.

```
getDatum
    "Öffentliche Methode liefert den Wert der Variablen
     datum als String"
    datum isNil
        ifTrue:[^String new].

    ^datum tvPrintString

getUhrzeit
    "Öffentliche Methode liefert den Wert der Variablen
     uhrzeit als String"
    uhrzeit isNil
        ifTrue:[^String new].

    ^uhrzeit tvPrintString

getLetzterAlarm
        "Öffentliche Methode liefert den Wert der Variablen
         letzterAlarm als String"
    letzterAlarm isNil
        ifTrue:[^String new].

    ^letzterAlarm tvPrintString
```

Die drei Methoden *getDatum*, *getUhrzeit* und *getLetzterAlarm* sind analog zueinander aufgebaut. Es wird zunächst geprüft, ob der Wert der Variablen *nil* ist. Trifft dies zu, wird einfach ein leerer *String* als Ergebnis der Methode zurückgeliefert. Ansonsten wird der Wert der Variablen durch die noch zu implementierenden Methoden *tvPrint-String* in einen *String* umgewandelt und zurückgeliefert. Zu beachten ist der Präfix *tv*, der die Methoden in Systemklassen als zusätzliche, anwenderdefinierte Methoden kennzeichnet.

```
getTerminText
        "Öffentliche Methode liefert den Wert der Variablen
        terminText"
    terminText isNil
        ifTrue:[^String new].
    ^terminText
```

Bei der Methode *getTerminText* wird geprüft, ob die Variable *terminText* den Wert *nil* hat. Trifft dies zu, wird ein leerer *String* als Ergebnis der Methode zurückgeliefert. Ansonsten wird der Wert der Variablen, der bereits ein *String* ist, zurückgeliefert.

```
getEndDatum
        "Methode für gemeinsames Protokoll aller Terminobjekte.
        In dieser Klasse ohne Funktion."
    ^String new

getEndUhrzeit
        "Methode für gemeinsames Protokoll aller Terminobjekte.
        In dieser Klasse ohne Funktion."
    ^String new
```

Bei den beiden *Dummy*-Methoden *getEndDatum* und *getEndUhrzeit* wird ein leerer *String* zurückgeliefert.

```
getMonatstage
        "Methode für gemeinsames Protokoll aller Terminobjekte.
        In dieser Klasse ohne Funktion."
    ^OrderedCollection new

getWochentage
        "Methode für gemeinsames Protokoll aller Terminobjekte.
        In dieser Klasse ohne Funktion."
    ^OrderedCollection new
```

Bei den beiden *Dummy*-Methoden *getMonatstage* und *getWochentage* wird eine leere *OrderedCollection* zurückgeliefert.

Damit sind die öffentlichen Zugriffsmethoden zum Lesen der Exemplarvariablen vollständig, und durch das Einfügen der *Dummy*-Methoden für die in dieser Klasse noch nicht definierten Variablen steht ein komplettes Zugriffsprotokoll für alle Datenklassen der *TVZeitpunkt*-Hierarchie zur Verfügung.

Als nächstes sollen jetzt die schon erwähnten Methoden *tvPrintString* in den Klassen *Date* und *Time* implementiert werden.

Aufgabenstellung:

Implementieren Sie je eine Methode *tvPrintString* als Exemplarmethode in den Klassen *Date* und *Time*. Diese Methode soll ein *Date*-Exemplar beziehungsweise ein *Time*-Exemplar drucken. Dabei soll beim Datum zunächst die Tagesnummer, immer zweistellig, gefolgt von einem Punkt stehen. Dahinter kommt der Monatsname in der jeweiligen Sprache, gefolgt von einem Leerzeichen. Daran schließt sich das Jahr an. Bei der Zeit soll zunächst die Stunde, auch immer zweistellig, gefolgt von einem Doppelpunkt stehen. Daran schließen sich die Minuten, ebenfalls zweistellig, an. Die Sekunden werden ignoriert.

Lösung:

Eine mögliche Lösung dieser Aufgabe sind die folgenden beiden Methoden, die im einzelnen erläutert werden:

```
tvPrintString
        "Append the ASCII representation of the receiver
         to tempStream  in the form: dd mmm yyyy. (The form
         yyyy is satisfied only for positive year numbers
         of 4 digits)."
    | tempStream dayNumber nameOfMonth |

    #addedByTV.
    tempStream := WriteStream on: String new.
    dayNumber := self dayOfMonth.
    dayNumber <= 9 ifTrue: [ tempStream nextPut:$ ].
    dayNumber printOn: tempStream.
    tempStream nextPutAll: '.'.
    tempStream
        nextPutAll: (TVKalenderModell monatsNameFuer:
                self monthIndex);
        space.
    self year printOn: tempStream.
    ^tempStream contents
```

Bei der Methode *tvPrintString* in der Klasse *Date* werden zunächst drei lokale Variablen *tempStream*, *dayNumber* und *nameOfMonth* deklariert. Der Variablen *tempStream* wird ein neuer *WriteStream* auf einem neuen *String* zugewiesen, in den dann geschrieben werden soll. In *dayNumber* wird die aktuelle Tageszahl gespeichert. Ist diese kleiner oder gleich 9, wird zunächst mittels der Nachricht *nextPut:* ein Leerzeichen als erste Stelle in *tempStream* eingefügt. Danach wird durch die Nachricht *printOn:* die Tageszahl in den *tempStream* geschrieben, gefolgt von einem mittels *nextPutAll:* geschriebenen Punkt. Danach wird der Monatsname für den Monatsindex durch Senden der Nachricht *monatsNameFuer:* an die Klasse *TVKalenderModell* ermittelt und ebenfalls geschrieben, gefolgt von einem Leerzeichen, das durch Senden der Nachricht *space* an den *tempStream* geschrieben wird. Schließlich wird noch das Jahr in den *tempStream* geschrieben. Als Ergebnis wird mit der Methode *contents* der Inhalt des *tempStreams*, nämlich der *String*, der jetzt das Datum als Zeichenkette enthält, von der Methode *tvPrintString* zurückgeliefert.

```smalltalk
tvPrintString
      "Append the ASCII representation of the
       receiver to aStream in the form: hh:mm."
    | tempStream time |

    #addedByTV.
    tempStream := WriteStream on: String new.
    time := self hours.
    time < 10
        ifTrue: [tempStream nextPut: $0].
    time printOn: tempStream.
    tempStream nextPut: $:.
    time := self minutes.
    time < 10
        ifTrue: [tempStream nextPut: $0].
    time printOn: tempStream.

    ^tempStream contents
```

Bei der Methode *tvPrintString* in der Klasse *Time* werden zunächst die beiden lokalen Variablen *tempStream* und *time* deklariert. Der Variablen *tempStream* wird auch hier ein neuer *WriteStream* auf einem neuen *String* zugewiesen. Danach werden die Stunden ermittelt und in *time* gespeichert. Ist der Stundenwert kleiner als 10, wird zunächst eine Null in den *tempStream* geschrieben. Danach werden die Stunden geschrieben, gefolgt von einem Doppelpunkt. Durch die Nachricht *minutes* werden dann die Minuten ermittelt und in *time* gespeichert. Ist der Minutenwert kleiner als 10, wird zunächst eine Null in den *tempStream* geschrieben, gefolgt von den Stunden. Als Ergebnis wird auch hier mit der Methode *contents* der Inhalt des *tempStreams*, nämlich der *String*, der jetzt die Zeit als Zeichenkette enthält, von der Methode *tvPrintString* zurückgeliefert.

Mit der Implementierung dieser beiden *tvPrintString*-Methoden funktionieren jetzt auch alle Zugriffsmethoden zum Lesen der Variablen. Als nächstes sollen die Zugriffsmethoden zum Schreiben der Variablen implementiert werden.

Aufgabenstellung:
Schreiben Sie jetzt öffentliche Zugriffsmethoden, die die Variablen setzen. Dabei soll der *terminAktionSet* als Parameter einen *Set* erhalten. *datum*, *uhrzeit*, *letzterAlarm* und natürlich *terminText* erhalten als Parameter einen *String*. Bei *datum* und *letzterAlarm* repräsentiert dieser *String* ein Datum und wird in der Zugriffsmethode durch die später zu implementierende Methode *tvFromString:* in der Klasse *Date* in ein Exemplar der Klasse *Date* konvertiert. Bei *uhrzeit* enthält der *String* eine Zeit, die in der Zugriffsmethode durch die später zu implementierende Methode *tvFromString:* in der Klasse *Time* in ein Exemplar der Klasse *Time* konvertiert wird. Bei den *Dummy*-Methoden für *endDatum*, *endUhrzeit*, *setOfMonatstage* und *setOfWochentage* können beliebige Objekte als Parameter übergeben werden, die ignoriert werden. Beim Speichern der Werte in den Variablen können Sie entweder direkt auf die Variablen zugreifen, oder Sie können (später noch zu definierende) private Zugriffsmethoden verwenden.

Lösung:
Als Lösung dieser Aufgabe sollten Sie eine Reihe von Methoden geschrieben haben, die jeweils mit dem Präfix *put* beginnen. Die Methoden sollten im einzelnen ungefähr folgendes Aussehen haben:

```
putAktionen: einSet
    "Öffentliche Methode setzt den Wert der Variablen
    terminAktionSet auf einSet"

    terminAktionSet := einSet asSet
```

In der Methode *putAktionen:* wird der Variablen *terminAktionSet* der als Parameter übergebene Wert *einSet* zugewiesen, wobei an *einSet* vorher noch die Nachricht *asSet* geschickt wird. Falls *einSet* schon wie erwartet ein Exemplar der Klasse *Set* ist, bewirkt diese Nachricht nichts, wurde aber in *einSet* beispielsweise eine *Collection* übergeben, so wird diese vor dem Speichern in einen *Set* konvertiert.

```
putDatum: aString
    "Öffentliche Methode zum Setzen des Datums"

    aString isEmpty
        ifTrue: [ ^self datum: nil ].
    self datum: (Date tvFromString: aString)

putUhrzeit: einString
        "Öffentliche Methode setzt den Wert der Variablen
         uhrzeit auf einString"

    einString isEmpty
        ifTrue: [ ^self uhrzeit: nil ].
    self uhrzeit: (Time tvFromString: einString)

putLetzterAlarm: aString
    "Öffentliche Methode zum Setzen des Datums des letzten Alarms"

    aString isEmpty
        ifTrue: [ ^self letzterAlarm: nil ].
    self letzterAlarm: (Date tvFromString: aString)
```

Bei den Methoden *putDatum:*, *putUhrzeit:* und *putLetzterAlarm:* wird zunächst geprüft, ob der in *aString* übergebene Parameter ein leerer *String* ist. Ist dies der Fall, wird jeweils mittels einer privaten Zugriffsmethode ein *nil* in den Variablen gespeichert. Andernfalls findet durch Senden der Nachricht *tvFromString:* eine Konvertierung des *Strings* statt, und zwar bei *putDatum:* und *putLetzterAlarm:* in ein Exemplar der Klasse *Date* und bei *putUhrzeit:* in ein Exemplar der Klasse *Time*. Diese neuen Exemplare werden dann jeweils durch Verwendung einer privaten Zugriffsmethode in den Variablen gespeichert.

```
putTerminText: einString
        "Öffentliche Methode setzt den Wert der Variablen
         terminText auf einString"

    self terminText: einString
```

Bei der Methode *putTerminText:* wird der als Parameter übergebene
String mittels einer privaten Zugriffsmethode in der Variablen gespeichert.

```
putEndDatum: anObject
    "Methode für gemeinsames Protokoll aller Terminobjekte.
    In dieser Klasse ohne Funktion."

putEndUhrzeit: anObject
    "Methode für gemeinsames Protokoll aller Terminobjekte.
    In dieser Klasse ohne Funktion."

putMonatstage: anObject
    "Methode für gemeinsames Protokoll aller Terminobjekte.
    In dieser Klasse ohne Funktion."

putWochentage: anObject
    "Methode für gemeinsames Protokoll aller Terminobjekte.
    In dieser Klasse ohne Funktion."
```

Bei den vier Methoden *putEndDatum:*, *putEndUhrzeit:*, *putMonatstage:* und *putWochentage:* handelt es sich um *Dummy*-
Methoden, die in dieser Klasse ohne Funktionalität sind und demzu-
folge auch keinen weiteren Programmcode enthalten.

Damit sind die öffentlichen Zugriffsmethoden zum Schreiben der
Exemplarvariablen vollständig. Damit diese Methoden auch funktionieren, müssen jetzt die *tvFromString:*-Methoden als Klassenmethoden in den Klassen *Date* und *Time*, sowie die privaten Zugriffsmethoden *datum:*, *uhrzeit:*, *letzterAlarm:* und *terminText:* in der
Klasse *TVZeitpunkt* implementiert werden.

Aufgabenstellung:
Implementieren Sie je eine Methode *tvFromString:* als Klassenmethode in den Klassen *Date* und *Time*. Diese Methode soll als Parameter einen String erhalten, den sie in ein *Date*-Exemplar beziehungsweise ein *Time*-Exemplar umwandelt. Implementieren Sie außerdem die privaten Zugriffsmethoden *datum:*, *uhrzeit:*,
letzterAlarm: und *terminText:* in der Klasse *TVZeitpunkt*. Diese Methoden sollen den an sie übergebenen Parameter in der entsprechenden Exemplarvariablen speichern.

Lösung:

Eine mögliche Lösung dieser Aufgabe sind die folgenden beiden Klassenmethoden in den Klassen *Date* und *Time* sowie die vier Zugriffsmethoden in der Klasse *TVZeitpunkt*, die im einzelnen erläutert werden:

```
tvFromString: aString
        "Answer a Date specified by aString.  aString
        must represent a date in one of three formats:
        'Dec 31. 1989' or '31 Dec 1989' or '12/31/89'
        but the delimiters between the month. day and
        year can be any sequence of non-alphanumeric
        characters."
    | tempStream word1 word2 month year |

    #addedByTV.
    tempStream := aString asStream.
    word1 := tempStream nextWord.
    word2 := tempStream nextWord.
    year := tempStream nextWord asInteger.
    year < 100 ifTrue: [year := year + 1900].
    word2 first isLetter ifTrue: [ " '1 jan 1990' style"
        month := self nameOfMonth:
                    (TVKalenderModell monatsNummerFuer: word2).
        ^self
            newDay: word1 asInteger
            month: month
            year: year].
        " must be '1/20/90' or 1/20/1990' style"
    ^self
        newDay: word1 asInteger
        month: (self nameOfMonth: word2 asInteger)
        year: year
```

Bei der Methode *tvFromString:* in der Klasse *Date* werden zunächst fünf lokale Variablen *tempStream*, *word1*, *word2*, *month* und *year* deklariert. Der Variablen *tempStream* wird mit der Nachricht *asStream* ein *Stream* auf dem als Parameter übergebenen *String* zugewiesen. Mit der Nachricht *nextWord* werden die nächsten drei Worte gelesen und den Variablen *word1*, *word2* und *year* zugewiesen. Als Worte zählen dabei zusammenhängende Zeichenketten aus Ziffern oder Buchstaben, beispielsweise Leerzeichen oder Sonderzeichen wie der Punkt werden überlesen beziehungsweise beenden ein Wort. Das für die Variable *year* ermittelte Wort wird vor der Zuweisung noch mit der Nachricht *asInteger* in eine *Integer*-Zahl konvertiert. Falls die Jahreszahl kleiner als 100 ist, wird dann zum Jahr noch 1900 addiert und in der Variablen *year* gespeichert. Falls das erste Zeichen in der Variablen *word2* ein Buchstabe ist (*word2 first isLetter*), wird angenommen, daß *word2* den Monat als Zeichenkette (beispielsweise „August") angibt. Es wird dann zunächst die Monatsnummer zu dem Monat ermittelt und zu dieser Monatsnummer dann der intern in Smalltalk verwendete Monatsname, der in der Variablen *month* gespeichert wird. Damit kann jetzt ein *Date*-Exemplar erzeugt werden, wobei *word1* als *Integer*-Zahl den Tag, *month* den Monat und *year* das Jahr angibt. Dieses *Date*-Exemplar wird zurückgeliefert und die Methode verlassen. Ansonsten wird angenommen, daß der Monat als Monatszahl vorliegt und ebenfalls ein *Date*-Exemplar erzeugt, bei dem wieder *word1* als *Integer*-Zahl den Tag und *year* das Jahr angeben. *word2* wird in eine *Integer*-Zahl umgewandelt und der dazugehörige, intern in Smalltalk verwendete Monatsname ermittelt, der dann den Monat des neuen *Date*-Exemplars bildet.

```
tvFromString: aString
        "Answer a Time specified by aString.  aString
        must represent a date in the format:
        '21:32'
        but the delimiters between hour and minutes
        can be any sequence of non-alphanumeric
        characters."
    | tempStream word1 word2 month |

    #addedByTV.
    tempStream := aString asStream.
    word1 := tempStream nextWord.
    word2 := tempStream nextWord.

        ^self
            hours: word1 asInteger
            minutes: word2 asInteger
            seconds: 0
```

Bei der Methode *tvFromString:* in der Klasse *Time* werden zunächst drei lokale Variablen *tempStream*, *word1* und *word2* deklariert. Der Variablen *tempStream* wird mit der Nachricht *asStream* ein *Stream* auf dem als Parameter übergebenen *String* zugewiesen. Mit den Nachrichten *nextWord* werden die nächsten beiden Worte gelesen und den Variablen *word1* und *word2* zugewiesen. Abschließend wird ein neues *Time*-Exemplar erzeugt, bei dem *word1* als *Integer*-Zahl die Stunden und *word2* als *Integer*-Zahl die Minuten angibt, während die Sekunden auf Null gesetzt werden.

```
datum: aDate
        "Zugriffsmethode setzt den Wert der Variablen datum"
    datum := aDate

uhrzeit: aTime
        "Zugriffsmethode setzt den Wert der Variablen uhrzeit"
    uhrzeit := aTime

letzterAlarm: anAssociation
        "Zugriffsmethode setzt den Wert der Variablen letzterAlarm"
    letzterAlarm := anAssociation

terminText: aString
        "Zugriffsmethode setzt den Wert der Variablen terminText"
    terminText := aString
```

Die vier privaten Zugriffsmethoden *datum:*, *uhrzeit:*, *letzterAlarm:* und *terminText:* zum Setzen der Exemplarvariablen *datum*, *uhrzeit*, *letzterAlarm* und *terminText* haben alle denselben Grundaufbau. Die Methoden schreiben jeweils den als Parameter übergebenen Wert mittels Variablenzuweisung in die entsprechende Variable.

Weitere private Zugriffsmethoden werden gegebenfalls noch später implementiert, sofern sie benötigt werden.

Eine Funktionalität, die in der Terminkalender-Anwendung vorhanden sein soll, ist das Speichern von Terminlisten und das Wiedereinlesen von gespeicherten Terminlisten. Die Grundfunktionalität zum Speichern und zum Einlesen ist sicher in der Klasse *TVTerminManager* zu implementieren. Im *TVTerminManager* würde beispielsweise zum Speichern in einer entsprechenden Methode über alle im Terminmanager vorhandenen Terminexemplare gelaufen, und diese würden auf eine Datei geschrieben. Dieses Schreiben eines Terminexemplares in eine Datei ist nun eine Funktionalität, die man auch dem einzelnen Exemplar überlassen kann und sollte. Dasselbe gilt für den Aufbau der Exemplardaten eines Terminexemplares nach dem Einlesen dieser Daten aus einer Datei.

Aufgabenstellung:
Implementieren Sie zunächst eine Methode zum Schreiben der Daten eines Exemplars in einer Datei, genauer gesagt in ein als Parameter übergebenes Exemplar der Klasse *FileStream*. Dabei soll in der Datei ein festes Format vorliegen, das heißt, es müssen immer alle maximal möglichen Werte (beispielsweise *endUhrzeit* oder *setOfMonatstage*) gespeichert werden. Durch Verwendung der öffent-

lichen Zugriffsmethoden, die gegebenenfalls auch als *Dummy*-Methoden vorliegen, kann die Methode so geschrieben werden, daß sie auch in den Unterklassen von *TVZeitpunkt* nicht redefiniert werden muß.

Lösung:

Eine mögliche Lösung dieser Aufgabe ist die folgende Exemplarmethode:

```
speichereIn: eineDatei
    "Speichert das Objekt als Strings in einer Datei. Gespeichert
    werden dabei alle möglichen Daten (datum, uhrzeit, aktionen,
    text, endDatum, endUhrzeit, monatstage, wochentage), ggf.
    leer"

    eineDatei nextPutAll: self getDatum; cr.
    eineDatei nextPutAll: self getUhrzeit; cr.

    self getAktionen do:
        [:each |
            eineDatei nextPutAll: each printString,' '.
        ].

    eineDatei cr.
    eineDatei nextPutAll: self getTerminText; cr.
    eineDatei nextPutAll: self getEndDatum; cr.
    eineDatei nextPutAll: self getEndUhrzeit; cr.

    self getMonatstage do:
        [:each |
            eineDatei nextPutAll: each printString,' '.
        ].

    eineDatei cr.
    self getWochentage do:
        [:each |
            eineDatei nextPutAll: each printString,' '.
        ].
    eineDatei cr.

    eineDatei nextPutAll: self getLetzterAlarm; cr.
```

An die Methode *speichereIn:* wird dem Terminexemplar in der Variablen *eineDatei* ein *FileStream*-Exemplar übergeben. In diesen *FileStream* schreibt nun das Exemplar einfach sequentiell unter Verwendung der Methode *nextPutAll:* seine Daten:

- Das Datum, durch Verwendung der öffentlichen Zugriffsmethode *getDatum* als *String*.

- Die Uhrzeit, durch Verwendung der öffentlichen Zugriffsmethode *getUhrzeit* als *String*.

- In einer Schleife über die mit der öffentlichen Methode *getAktionen* geholten Aktionen die jeweilige Aktion, mit der Methode *printString* in einen *String* umgewandelt und von einem Leerzeichen als Trennzeichen gefolgt.

- Der Termintext, durch Verwendung der öffentlichen Methode *getTerminText*.

- Das Enddatum, bei dem in der Klasse *TVZeitpunkt* durch die Implementierung einer *Dummy*-Methode *getEndDatum* ein leerer *String*, bei den Unterklassen von *TVZeitpunkt* durch die öffentliche Methode *getEndDatum* ein *String* mit dem Enddatum gespeichert wird.

- Die Enduhrzeit, bei der in der Klasse *TVZeitpunkt* durch die Implementierung einer *Dummy*-Methode *getEndUhrzeit* ein leerer *String*, bei den Unterklassen von *TVZeitpunkt* durch die öffentliche Methode *getEndUhrzeit* ein *String* mit der Enduhrzeit gespeichert wird.

- In einer Schleife über die mit der öffentlichen Methode *getMonatstage* geholten Monatstage der jeweilige Monatstag, mit der Methode *printString* in einen *String* umgewandelt und von einem Leerzeichen als Trennzeichen gefolgt. Durch die Implementierung der *Dummy*-Methode *getMonatstage* in der Klasse *TVZeitpunkt*, die dort eine leere *Collection* zurückliefert, werden bei Exemplaren der Klassen *TVZeitpunkt*, *TVZeitraum* und *TVWochentage* keine Monatstage geschrieben. In der Klasse *TVMonatstage* wird die Methode *getMonatstage* redefiniert, so daß sie die Monatstage zurückliefert, die damit gespeichert werden können.

- In einer Schleife über die mit der öffentlichen Methode *getWochentage* geholten Wochentage der jeweilige Wochentag, mit der Methode *printString* in einen *String* umgewandelt und von einem Leerzeichen als Trennzeichen gefolgt. Durch die Implementierung der *Dummy*-Methode *getWochentage* in der Klasse *TVZeitpunkt*, die dort eine leere *Collection* zurückliefert, werden bei Exemplaren der Klassen *TVZeitpunkt*, *TVZeitraum* und *TVMonatstage* keine Wochentage geschrieben. In der Klasse

TVWochentage wird die Methode *getWochentage* redefiniert, so daß sie die Wochentage zurückliefert, die damit gespeichert werden können.

- Der letzte Alarm, durch Verwendung der öffentlichen Zugriffsmethode *getLetzterAlarm* als *String*.

Durch das Senden der Methode *cr* wird jeweils eine neue Zeile in *eineDatei* begonnen, wodurch jeder der Einträge für eine Exemplarvariable in einer Zeile steht. Bei Variablen, die mehrere andere Exemplare enthalten (beispielsweise Wochentage), wird ein Leerzeichen als Trennzeichen dieser Exemplare verwendet.

Die Implementierung des Einlesens einer Terminliste wäre zu einem späteren Zeitpunkt im Terminmanager durchzuführen. In einer solchen Methode wäre die Datei in einer Schleife zeilenweise zu lesen, wobei die einzelnen Zeilen zunächst in einem *Array*-Exemplar mit neun Datenfeldern gespeichert werden könnten. Die Übernahme der Datenzeilen in ein Termin-Exemplar sollte dagegen wieder durch das Termin-Exemplar erfolgen.

Aufgabenstellung:
Implementieren Sie eine Methode, die ein Array als Parameter erhält und die einzelnen Felder des Arrays in den entsprechenden Exemplarvariablen des aktuellen Exemplars speichert.

Lösung:
Eine mögliche Lösung dieser Aufgabe ist die folgende Exemplarmethode:

```
setzeDaten: einArray
        "Setzt die eingelesenen Daten in ein Objekt"

    | aktionenStrings aktionenSet |

    self putDatum: (einArray at: 1).
    self putUhrzeit: (einArray at: 2).
    aktionenStrings := (einArray at: 3) asArrayOfSubstrings.
    aktionenSet := Set new.
    aktionenStrings do:
        [:eachString |
            aktionenSet add: (eachString asSymbol)
        ].
    self putAktionen: aktionenSet.
    self putTerminText: (einArray at: 4).
    self putLetzterAlarm: (einArray at: 9).
```

In der Methode *setzeDaten:* werden zunächst die beiden lokalen Variablen *aktionenStrings* und *aktionenSet* deklariert. Die in dem Exemplar zu setzenden Daten sind in dem Parameterobjekt *einArray* gespeichert. Dabei sind für ein *TVZeitpunkt*-Exemplar nur das Datum, die Uhrzeit, die Aktionen, der Text und der letzte Alarm relevant, die, bedingt durch die Festlegung der Reihenfolge des Speicherns in der Methode *speichereIn:*, in einArray an den Positionen „1" bis „4" und „9" als *Strings* stehen. Durch Verwendung der öffentlichen Zugriffsmethoden zum Setzen der Variablen kann, mit Ausnahme der Aktionen, einfach der jeweilige *String* an der entsprechenden Position des *Arrays* übergeben werden. Die Konvertierung in das in der Variablen benötigte Exemplar einer bestimmten Klasse wird durch die Zugriffsmethode durchgeführt. Eine Besonderheit bilden dabei die Aktionen. Hier kann ein *String* vorkommen, der mehrere Aktionen enthält, die durch Leerzeichen getrennt sind. Dieser *String* wird zunächst durch die Methode *asArrayOfSubstrings* in ein *Array* von einzelnen *Strings* aufgeteilt, die jeweils eine Aktion repräsentieren. Dieses *Array* steht in der Variablen *aktionenStrings*. Es wird dann eine Menge von Aktionen-*Symbolen* aufgebaut, indem in einer Schleife über das *Array* in *aktionenStrings* jeder *String* mit der Nachricht *asSymbol* als Symbol in der als Menge definierten Variablen *aktionenSet* gespeichert wird. Die in *aktionenSet* vorliegende Menge von Aktionen-*Symbolen* wird dann über die öffentliche Zugriffsmethode gespeichert.

Eine Funktion der Terminkalender-Anwendung ist die Anzeige einer Liste mit allen Terminen. Diese Liste muß dabei für die Anzeige so aufbereitet sein, daß aus einem sich wiederholenden Termin (beispielsweise: „Immer Mittwochs") in einem Zeitraum eine Liste von einzelnen Terminen für diesen Zeitraum wird. Dabei ist auch der Aufbau dieser Einzeltermin-Liste wieder eine Aufgabe, die der Terminmanager durchführt. Die Auflösung eines Terminexemplares in Einzeltermine sollte aber durch das Terminexemplar selbst erfolgen. Ebenso kann das Terminexemplar prüfen, ob es innerhalb des für die Anzeige vorgesehen Zeitraums liegt.

Aufgabenstellung:
Versuchen Sie, eine Methode zu implementieren, die für ein Termin-Exemplar eine entsprechende Anzahl von Einzelterminen erzeugt und diese Einzelterminliste als Ergebnis zurückliefert. Beachten Sie dabei, daß Sie sinnvollerweise mehrere weitere Methoden

implementieren müssen, die Teile der benötigten Funktionalität kapseln.

Lösung:

Zunächst kann eine Methode *alleTermineFuer:mitListe:* implementiert werden, die wie folgt aussieht:

```
alleTermineFuer: eineTerminAuswahl mitListe: terminListe
    "Liefert eine Liste aller Termine für die Terminauswahl"

    (self ueberlapptMit: eineTerminAuswahl)
        ifTrue: [
            ^self alleEinzeltermineFuer: eineTerminAuswahl
                mitListe: terminListe ].

    ^Array new
```

In dieser Methode wird zunächst durch eine noch zu implementierende Methode *ueberlapptMit:* überprüft, ob das aktuelle Terminexemplar innerhalb der Auswahlgrenzen liegt. Trifft dies zu, findet mit der ebenfalls noch zu implementierenden Methode *alleEinzeltermineFuer:mitListe:* die Auflösung in eine Liste von Einzelterminen statt. Liegt das Terminexemplar dagegen nicht innerhalb der Auswahlgrenzen, wird ein leeres *Array* als Ergebnis der Methode zurückgeliefert.

In dieser Methode wurden zwei Methoden angesprochen, die jetzt auch implementiert werden müssen:

```
ueberlapptMit: eineTerminauswahl
    "Liefert true, wenn dieses Objekt im Datumsbereich von
    eineTerminauswahl enthalten"

    datum isNil
        ifTrue: [ ^true ].

    ((datum between: eineTerminauswahl datum
    and: eineTerminauswahl endDatum) and:
    [eineTerminauswahl testeWochenUndMonatstageVon:datum ])
        ifFalse: [ ^false ].

    ^eineTerminauswahl testeWochenUndMonatstageVon: datum
```

Die Methode *ueberlapptMit:* prüft zunächst, ob das Datum den Wert *nil* hat, also nur eine Zeit eingegeben wurde. Falls dies zutrifft, wird der Wert *true* zurückgeliefert, weil ein Termin, der nur mit einer Zeit angegeben ist, als täglich zu wiederholen betrachtet wird. Ansonsten wird mit der im Smalltalk-System vorhandenen Methode *between:and:* geprüft, ob das Datum zwischen dem Anfangsdatum und dem Enddatum der Terminauswahl liegt. Mit der in der Klasse *TVTerminauswahl* zu implementierenden Methode *testeWochenUndMonatstageVon:* wird geprüft, ob Monatstage oder Wochentage definiert sind, die dem Datum entsprechen. Dadurch liefert die Methode ein *false* zurück, falls das Terminexemplar außerhalb des Auswahlbereichs liegt, oder falls in der Auswahl Wochen- oder Monatstage angegeben sind, über die ein Exemplar der Klasse *TVZeitpunkt* a priori nicht verfügt.

```
alleEinzeltermineFuer: eineTerminAuswahl
mitListe: terminListe
    "Liefert eine Liste aller Termine für die
     Terminauswahl"

    | termine liste |

    "Wenn datum nil ist, muß von jedem Eintrag aus
     terminListe ein TVEinzeltermin erzeugt werden."
    datum isNil
        ifTrue: [
            liste := (terminListe isNil
                ifTrue: [ eineTerminAuswahl terminListe ]
                ifFalse: [ terminListe ]).
            termine := OrderedCollection new: (liste size).
            liste do: [ :auswahlTermin |
                termine add:
                    (TVEinzeltermin new
                        datum: auswahlTermin datum;
                        uhrzeit: uhrzeit;
                        terminText: terminText;
                        yourself) ].
            ^termine
        ].

    ^OrderedCollection with:
        (TVEinzeltermin new
            datum: datum;
            uhrzeit: uhrzeit;
            terminText: terminText;
            yourself)
```

In der Methode *alleEinzeltermineFuer:mitListe:* wird zunächst geprüft, ob das Datum *nil* ist. Ist dies der Fall, müssen entsprechend viele Einzeltermine erzeugt werden, weil ein Termin, der nur mit einer Zeit angegeben ist, als täglich zu wiederholen betrachtet wird.

Der lokalen Variablen *liste* wird zunächst die übergebene Terminliste (falls diese nicht *nil* ist), oder die von *eineTerminAuswahl* mit der Nachricht *terminListe* ermittelte Terminliste (falls die übergebene Terminliste *nil* ist), zugewiesen. Die Variable *liste* enthält damit alle in Frage kommenden Termine, und in einer Schleife werden jetzt aus diesen Terminen neue Exemplare der Klasse *TVEinzeltermin* erzeugt und mit Daten gefüllt. Die Einzeltermine werden in der lokalen Variablen *termine* gespeichert, die anschließend zurückgeliefert wird. Falls die Abfrage, ob das Datum *nil* ist, zu Anfang der Methode kein *true* liefert, ist nur ein Einzeltermin, nämlich mit dem angegebenen Datum, zu erzeugen und in einer *OrderedCollection* zurückzugeben.

Damit sind fast alle Methoden implementiert, die die Funktionalität der Klasse *TVZeitpunkt* ausmachen. Was noch fehlt, sind Methoden, die eine Sortierung ermöglichen, indem sie eine Größenrelation für *TVZeitpunkt*-Exemplare definieren, und eine Methode, die den Ausdruck eines *TVZeitpunkt*-Exemplars definiert. Weitere Methoden werden gegebenenfalls nötig, wenn in den anderen Klassen bestimmte Funktionalität benötigt wird. Es ist dann aber leicht möglich, diese Methoden noch zu definieren.

Aufgabenstellung:
Überlegen Sie, welche Methoden außer den eben angegebenen Methoden noch fehlen könnten, und implementieren Sie alle noch fehlenden Methoden.

Lösung:
Sie sollten zumindest noch den Größenvergleich für die Sortierung und die *printOn:*-Methode für den Ausdruck als Zeichenkette implementiert haben:

```
<= aTVZeitpunkt
    "Definiert Größer-Relation zwischen Objekten der Klasse
        TVZeitpunkt"
    ^self alsMinuten <= aTVZeitpunkt alsMinuten
```

Der Größenvergleich wird als binäre Nachricht „<=" definiert. Dabei wird mit der Methode *alsMinuten* bei beiden Vergleichsexemplaren deren Datums- und Zeitwert in Minuten umgerechnet. Die beiden daraus resultierenden *Integer*-Zahlen können unter Verwendung der im System vorhandenen Vergleichsmethode verglichen werden:

```
alsMinuten
    "Liefert diesen Termin als Minuten"

    | datumsMinuten uhrzeitMinuten |

    datumsMinuten := (datum isNil
        ifTrue: [ 0 ]
        ifFalse: [ datum day + 50000 * 1440 ]).

    uhrzeitMinuten := (uhrzeit isNil
        ifTrue: [ 0 ]
        ifFalse: [ uhrzeit asSeconds // 60 ]).

    ^datumsMinuten + uhrzeitMinuten
```

In der Methode *alsMinuten* wird zunächst mit der für Exemplare der
Klasse *Date* definierten Methode *day* der Tag des Datums, bezogen
auf den ersten Januar 1901 als ersten Tag, ermittelt, um 50000 erhöht mit der Anzahl Minuten pro Tag multipliziert und als *datumsMinuten* abgespeichert. Anschließend wird mit der für Exemplare der Klasse *Time* definierten Methode *asSeconds* die Anzahl
Sekunden der Zeit des Terminobjektes berechnet. Das Ergebnis
wird mit der Methode *//* ganzzahlig durch 60 geteilt, um die entsprechende Minutenanzahl zu erhalten. Der Termin in Minuten ergibt sich dann als Summe aus *datumsMinuten* und *tagesMinuten*.

```
printOn: aStream
"Öffentliche Methode legt die Darstellung des Termins fest"

aStream nextPutAll: (self getDatum tvFillWithBlanksTo: 36).
aStream nextPutAll: (self getUhrzeit tvFillWithBlanksTo: 11).
aStream nextPutAll: ': '.
aStream nextPutAll: (self getTerminText).!
```

Die *printOn:*-Methode zur Ausgabe eines *TVZeitpunkt*-Exemplars
druckt das Datum, die Uhrzeit und den Termintext. Dabei werden
das Datum auf 36 Zeichen und die Uhrzeit auf 11 Zeichen Länge
gebracht. Zu diesem Zweck wird eine Methode *tvFillWithBlanksTo:*
in der Klasse *String* implementiert.

```
tvFillWithBlanksTo: anInteger
    "Fill the String up with blanks to size anInteger "
    |temp|

    temp := self.
    (self size > anInteger)
```

```
ifFalse:
    [self size + 1 to: anInteger do:
                            [:index |
                                temp := temp.' '
                            ].
    ].
^temp
```

An die Methode *tvFillWithBlanksTo:* wird ein Parameter *anInteger*
übergeben, der angibt, auf welche Länge das *String*-Exemplar mit
Leerzeichen aufgefüllt werden soll. Ist das Exemplar nicht bereits
länger als diese Längenangabe, wird es in einer Schleife mit entsprechend vielen Leerzeichen aufgefüllt.

6.1.4   Aufbau der Klasse *TVZeitraum*

Die nächste Klasse, für die Methoden implementiert werden sollen,
ist die Klasse *TVZeitraum*. Diese Klasse ist ebenfalls eine Datenklasse und außerdem eine Unterklasse von *TVZeitpunkt*. Gegenüber
TVZeitpunkt kommt in dieser Klasse kaum Funktionalität hinzu,
aber verschiedene Methoden müssen gegenüber der Klasse *TVZeitpunkt* redefiniert werden. Die ersten und offensichtlichsten Methoden, auf die dieses zutrifft, sind die öffentlichen Zugriffsmethoden.

Aufgabenstellung:
Implementieren Sie die öffentlichen Zugriffsmethoden zum Lesen
und zum Schreiben der Daten eines *TVZeitraums* sowie alle eventuell zusätzlich benötigten, weiteren Methoden. Beachten Sie, daß
Sie dieselben Methodennamen verwenden, die Sie bereits in der
Klasse *TVZeitpunkt* als Namen von *Dummy*-Methoden verwendet
haben. Bei dieser Redefinition bittet der *ClassHierarchyBrowser*
beim Sichern einer Methode mit dem Menüpunkt *Save* aus dem
File-Menü um Bestätigung, daß Sie tatsächlich eine in der Oberklasse vorhandene Methode redefinieren wollen, was in diesem Fall ja
so ist.

Lösung:
Sie sollten die öffentlichen Zugriffsmethoden redefiniert haben, die
die in der Klasse *TVZeitraum* neu hinzugekommenen Exemplarvariablen schreiben oder lesen:

```
getEndDatum
        "Öffentliche Methode liefert den Wert der Variablen
         endDatum als String"
    endDatum isNil
        ifTrue:[^String new].

    ^endDatum tvPrintString

getEndUhrzeit
        "Öffentliche Methode liefert den Wert der Variablen
         endUhrzeit als String"
    endUhrzeit isNil
        ifTrue:[^String new].

    ^endUhrzeit tvPrintString

putEndDatum: aString
    "Öffentliche Methode zum Setzen des Enddatums"

    aString isEmpty
        ifTrue: [ ^self endDatum: nil ].
    self endDatum: (Date tvFromString: aString)

putEndUhrzeit: einString
        "Öffentliche Methode setzt den Wert der Variablen
         endUhrzeit auf einString"

    einString isEmpty
        ifTrue: [^self endUhrzeit: nil].
    self endUhrzeit: (Time tvFromString: einString)
```

Die Arbeitsweise der öffentlichen Zugriffsmethoden zum Lesen und
Schreiben in dieser Klasse ist analog zur Arbeitsweise der öffentlichen Zugriffsmethoden in der Klasse *TVZeitpunkt*. Zu beachten ist,
daß auch hier für das Schreiben der Daten in den öffentlichen Zugriffsmethoden wiederum private Zugriffsmethoden verwendet werden, die wie folgt definiert werden können:

```
endDatum: aDate
        "Zugriffsmethode setzt den Wert der Variablen endDatum"
    endDatum := aDate

endUhrzeit: aTime
        "Zugriffsmethode setzt den Wert der Variablen endUhrzeit"
    endUhrzeit := aTime
```

Auch bei diesen beiden privaten Zugriffsmethoden erfolgt das Speichern des Parameters in der Exemplarvariablen durch direkte Va-

riablenzuweisung. Damit ein gemeinsames Protokoll für beliebige Exemplare von Terminklassen verwendet werden kann, müssen in der Klasse *TVZeitpunkt* ebenfalls Methoden mit Namen *endDatum:* und *endUhrzeit:* als *Dummy*-Methoden eingerichtet werden:

```
endDatum: anObject
    "Methode für gemeinsames Protokoll aller Terminobjekte.
    In dieser Klasse ohne Funktion."


endUhrzeit: anObject
    "Methode für gemeinsames Protokoll aller Terminobjekte.
    In dieser Klasse ohne Funktion."
```

Die beiden in der Klasse *TVZeitpunkt* zu implementierenden Methoden besitzen keinerlei Funktionalität, sie dienen nur zur Komplettierung des Protokolls.

Weitere Methoden, die redefiniert werden müssen, weil sich ein *TVZeitraum*-Exemplar anders verhält als ein *TVZeitpunkt*-Exemplar, sind zum einen das Setzen der Daten eines Exemplars nach dem Lesen von einer Datei und die Ausgabe eines Exemplars als *String*, zum anderen die Feststellung von Überlappungen und die Auswahl der Einzeltermine.

Aufgabenstellung:
Schreiben Sie Methoden, die das Setzen der Exemplardaten nach dem Einlesen aus einer Datei, die Ausgabe eines Exemplars in einen *Stream* zum Ausdruck, die Feststellung von Überlappungen und die Erzeugung der Einzeltermine durchführen.

Lösung:
Sie sollten vier Methoden implementiert haben, die die entsprechenden Methoden aus *TVZeitpunkt* redefinieren:

```
setzeDaten: einArray
        "Setzt die eingelesenen Daten in ein Objekt"

    super setzeDaten: einArray.
    self putEndDatum: (einArray at: 5).
    self putEndUhrzeit: (einArray at: 6).
```

Die *setzeDaten:*-Methoden ruft zunächst über *super setzeDaten:* die entsprechende Methode in *TVZeitpunkt* auf. Anschließend werden unter Benutzung der eben definierten, öffentlichen Zugriffsmetho-

den das Enddatum und die Enduhrzeit, die in den Feldern 5 und 6
von *einArray* als *String* vorliegen, in den entsprechenden Exemplarvariablen gespeichert. Die Umwandlung von einer Zeichenkette
in das in der Variablen benötigte Exemplar erfolgt ebenfalls in den
öffentlichen Zugriffsmethoden.

```
printOn: aStream
"Öffentliche Methode legt die Darstellung des Termins fest"

aStream nextPutAll:(self getDatum tvFillWithBlanksTo: 17).
aStream nextPut: $-.
aStream nextPutAll:(self getEndDatum tvFillWithBlanksTo: 17).
aStream space.
aStream nextPutAll:(self getUhrzeit tvFillWithBlanksTo: 5).
aStream nextPut: $-.
aStream nextPutAll:(self getEndUhrzeit tvFillWithBlanksTo: 5).
aStream nextPutAll: ': '.
aStream nextPutAll:(self getTerminText).
```

Die *printOn:*-Methode zur Ausgabe eines *TVZeitraum*-Exemplars
druckt das (Anfangs-)Datum, das Enddatum, die (Anfangs-)Uhrzeit,
die Enduhrzeit und den Termintext. Dabei werden die einzelnen
Ausgaben, außer dem Termintext, mittels der Methode *tvFillWith-
BlanksTo:* auf bestimmte Längen gebracht.

```
ueberlapptMit: eineTerminauswahl
    "Liefert true, wenn diese Objekt im Datumsbereich von
    eineTerminauswahl enthalten"

    | vonDatum bisDatum |

    datum isNil
        ifTrue: [ vonDatum := 0 ]
        ifFalse: [ vonDatum := datum day ].

    endDatum isNil
        ifTrue: [ bisDatum := 99999 ]
        ifFalse: [ bisDatum := endDatum day ].

    ^((bisDatum < (eineTerminauswahl datum day)) |
        (vonDatum > (eineTerminauswahl endDatum day))) not
```

Bei der Methode *ueberlapptMit:* wird intensiver Gebrauch von der
für Exemplare der Klasse *Date* definierten Methode *day* gemacht,
die zu einem Datum eine *Integer*-Zahl liefert, die die Anzahl der
Tage vom ersten Januar 1901 bis zum angegebenen Datum repräsentiert. In der Methode wird zunächst überprüft, ob das (Anfangs-)

Datum beziehungsweise das Enddatum *nil* sind. Sind die entsprechenden Einträge nicht *nil*, werden sie für das *vonDatum* und das *bisDatum* mit der Methode *day* in Tage umgewandelt und verwendet, ansonsten wird das *vonDatum* auf 0 (entspricht dem ersten Januar 1901) und das *bisDatum* auf 99999 (entspricht einem Tag im Jahr 2174) gesetzt. Beim Vergleich wird überprüft, ob das *bisDatum* kleiner als das Anfangs-Auswahldatum ist oder ob das *vonDatum* größer als das End-Auswahldatum ist. Ein *TVZeitraum*-Exemplar liegt nur innerhalb des Auswahlzeitraums, wenn beide mit „oder" verknüpften Bedingungen nicht zutreffen, also *false* liefern. In dem Fall muß die Methode aber ein *true* zurückliefern, so daß das Ergebnis des Vergleichs in jedem Fall noch mit der Methode *not* negiert werden muß. Diese „negative" Logik beim Vergleich ist zwar etwas schwerer zu durchschauen, aber doch einfacher, als die zu testenden Bedingungen in „positiver" Logik zu implementieren. Bei dieser Methode wird über die direkte Zugriffsmethode *endDatum* auf die Exemplarvariable *endDatum* zugegriffen. Die Methode muß jetzt noch in dieser Klasse implementiert werden und ebenso zur Komplettierung des Protokolls in der Klasse *TVZeitpunkt*.

```
endDatum
      "Zugriffsmethode liefert den Wert der Variablen endDatum"
    ^endDatum
```

Die Methode *endDatum* liefert direkt den Wert der Exemplarvariablen *endDatum* zurück.

```
endDatum
      "Methode für gemeinsames Protokoll aller Terminobjekte.
      In dieser Klasse ohne Funktion."
      ^nil
```

Die Methode *endDatum* in der Klasse *TVZeitpunkt* liefert *nil* zurück.

```
alleEinzeltermineFuer: eineTerminauswahl
mitListe: terminListe
    "Liefert eine Liste aller Termine für die Terminauswahl"

    | liste et |

    liste := OrderedCollection new.
    terminListe do: [ :auswahl |
       (self ueberlapptMit: auswahl)
            ifTrue: [ et := TVEinzeltermin new.
                et datum: auswahl datum.
```

```
                              et uhrzeit: uhrzeit.
                              et endUhrzeit: endUhrzeit.
                              et terminText: terminText.
                              liste add: et ]
                ].

            ^liste
```

Die Methode *alleEinzelTermineFuer:mitListe:* läuft in einer Schleife über die als Parameter übergebene *terminListe* und prüft, ob die jeweilige Auswahl mit dem aktuellen *TVZeitraum*-Exemplar überlappt. Falls dies zutrifft, wird ein neues *TVEinzeltermin*-Exemplar erzeugt und mit Daten gefüllt. Dabei ist das Datum des Einzeltermins das Datum der jeweiligen Auswahl. Das neue Objekt wird in der lokalen Variablen *liste*, die eine *OrderedCollection* enthält, gespeichert. Am Ende der Methode wird mit *liste* die Liste der Einzelexemplare zurückgeliefert.

Damit sind die Methoden implementiert, die die veränderte Funktionalität der Klasse *TVZeitraum* gegenüber der Klasse *TVZeitpunkt* ausmachen. Falls weitere Methoden gegebenenfalls nötig werden, wenn in den anderen Klassen bestimmte Funktionalität benötigt wird, ist es problemlos möglich, diese Methoden noch zu definieren.

6.1.5   Aufbau der Klasse *TVMonatstage*

Als nächstes sollen die Methoden für die Klasse *TVMonatstage* implementiert werden. Auch diese Klasse ist eine Datenklasse und außerdem eine Unterklasse von *TVZeitraum*. Auch bei dieser Klasse kommt gegenüber ihrer Oberklasse kaum Funktionalität hinzu, aber verschiedene Methoden müssen gegenüber der Klasse *TVZeitraum* redefiniert werden. Dies sind ebenfalls zunächst wieder die öffentlichen Zugriffsmethoden.

Aufgabenstellung:
Implementieren Sie die öffentlichen Zugriffsmethoden zum Lesen und zum Schreiben der Daten eines *TVMonatstage*-Exemplars sowie alle eventuell von diesen Zugriffsmethoden zusätzlich benötigten Methoden.

Lösung:
Sie sollten die öffentlichen Zugriffsmethoden *getMonatstage* und *putMonatstage:* redefiniert haben, die die in der Klasse *TVMonatsta-*

ge neu hinzugekommene Exemplarvariable *setOfMonatstage* liest
beziehungsweise schreibt:

```
getMonatstage
   "Öffentliche Methode liefert den Wert der Variablen
   setOfMonatstage"

   setOfMonatstage isNil
       ifTrue:[^OrderedCollection new].

   ^setOfMonatstage asOrderedCollection

putMonatstage: aCollection
   "Öffentliche Methode zum Setzen der Monatstage"

aCollection isNil
        ifTrue: [ ^self setOfMonatstage: Set new ].

   self setOfMonatstage: (aCollection asSet)
```

Die Arbeitsweise der öffentlichen Zugriffsmethoden zum Lesen und
Schreiben in dieser Klasse ist auch wieder analog zur Arbeitsweise
der öffentlichen Zugriffsmethoden in den Klassen *TVZeitpunkt* und
TVZeitraum. Auch hier wird für das Schreiben der Daten wiederum
eine private Zugriffsmethode verwendet, ebenso für das Lesen der
Daten. Diese privaten Zugriffsmethoden können wie folgt implementiert werden:

```
setOfMonatstage
        "Zugriffsmethode liefert den Wert der Variablen
        setOfMonatstage"
   ^setOfMonatstage

setOfMonatstage: aSet
        "Zugriffsmethode setzt den Wert der Variablen
        setOfMonatstage"
   setOfMonatstage := aSet
```

Bei diesen beiden privaten Zugriffsmethoden erfolgt das Lesen des
Wertes der Exemplarvariablen durch direkten Zugriff und das Speichern des Parameters in der Exemplarvariablen durch direkte Variablenzuweisung, ohne daß weitere Funktionalität in der Methode
implementiert ist. Damit ein gemeinsames Protokoll für das Lesen
der Daten beliebiger Exemplare von Terminklassen verwendet werden kann, muß in der Klasse *TVZeitpunkt* ebenfalls eine Methode mit
Namen *setOfMonatstage* als *Dummy*-Methode eingerichtet werden:

```
setOfMonatstage
    "Methode für gemeinsames Protokoll aller Terminobjekte.
    In dieser Klasse ohne Funktion."
    ^Set new
```

Diese in der Klasse *TVZeitpunkt* zu implementierende Methode besitzt keinerlei Funktionalität, sie dient nur zur Komplettierung des Protokolls.

Weitere Methoden, die redefiniert werden müssen, weil sich ein *TVMonatstage*-Exemplar anders verhält als ein *TVZeitpunkt*-Exemplar oder ein *TVZeitraum*-Exemplar, sind die Initialisierung eines neuen Exemplars und das Setzen der Daten eines Exemplars nach dem Lesen von einer Datei sowie die Feststellung von Überlappungen.

Aufgabenstellung:
Schreiben Sie Methoden, die das Initialisieren eines neuen Exemplars, das Setzen der Exemplardaten nach dem Einlesen aus einer Datei und die Feststellung von Überlappungen durchführen.

Lösung:
Sie sollten drei Methoden implementiert haben, die die entsprechenden Methoden aus *TVZeitpunkt* beziehungsweise *TVZeitraum* redefinieren:

```
initialisiere
        "Initialisierungsmethode für die Datenstrukturen"
    super initialisiere.
    self setOfMonatstage: (Set new).
```

Bei der Methode *initialisiere* wird zunächst mit *super initialisiere* die entsprechende Methode aus *TVZeitpunkt* aufgerufen. Danach wird die Exemplarvariable *setOfMonatstage* als Exemplar der Klasse *Set* initialisiert.

```
setzeDaten: einArray
        "Setzt die eingelesenen Daten in ein Objekt"
    | monatstageStrings monatstageSet |

    super setzeDaten: einArray.
    monatstageStrings := (einArray at: 7) asArrayOfSubstrings.
    monatstageSet := Set new.
    monatstageStrings do:
            [:eachString |
```

```
            monatstageSet add: (eachString asInteger)
        ].
    self putMonatstage: monatstageSet.
```

Die *setzeDaten:*-Methoden ruft zunächst über *super setzeDaten:* die
entsprechende Methode in *TVZeitraum* auf. Anschließend werden
die Monatstage gespeichert. Bei den Monatstagen kann ein *String*
vorkommen, der mehrere Tage enthält, die durch Leerzeichen getrennt sind. Dieser *String* wird zunächst durch die Methode *asArrayOfSubstrings* in ein *Array* von einzelnen *Strings* aufgeteilt, die
jeweils einem Tag entsprechen. Dieses *Array* steht in der Variablen
monatstageStrings. Es wird dann eine Menge von Monatstage-
Integerzahlen aufgebaut, indem in einer Schleife über das *Array* in
monatstageStrings jeder *String* mit der Nachricht *asInteger* als *Integer*-
Zahl in der als Menge definierten Variablen *monatstageSet* gespeichert
wird. Die in *monatstageSet* vorliegende Menge von Monatstagen wird
dann über die öffentliche Zugriffsmethode gespeichert.

```
ueberlapptMit: eineTerminauswahl
    "Liefert true, wenn dieses Objekt im Datumsbereich von
    eineTerminauswahl enthalten ist"

    | ueberlappt |

    (super ueberlapptMit: eineTerminauswahl)
        ifFalse: [ ^false ].

    eineTerminauswahl getMonatstage isEmpty
        ifTrue: [ ^true ].
    ueberlappt := false.
    self getMonatstage do: [ :mt |
        (eineTerminauswahl getMonatstage includes: mt)
            ifTrue: [ ueberlappt := true ]. ].

    ^ueberlappt
```

Bei der Methode *ueberlapptMit:* wird zunächst mit *super ueberlapptMit:* die entsprechende Methode in der Klasse *TVZeitraum* aufgerufen. Falls dabei als Ergebnis ein *false* zurückgeliefert wird, wird
in dieser Methode ebenfalls ein *false* zurückgeliefert, ansonsten
wurde ein *true* zurückgeliefert, und es müssen noch weitere Prüfungen erfolgen. Zunächst wird geprüft, ob die Monatstage in der
Terminauswahl leer sind. Falls dies zutrifft, kann ein *true* zurückgeliefert werden. Ansonsten wird die lokale Variable auf *false* gesetzt,
und es wird in einer Schleife über die Monatstage des Termines

gelaufen und geprüft, ob der jeweilige Monatstag ebenfalls in den
Monatstagen der Auswahl enthalten ist. Falls dies zutrifft, wird die
Variable *ueberlappt* auf *true* gesetzt. Am Ende der Methode wird die
Variable *ueberlappt* zurückgeliefert.

6.1.6   Aufbau der Klasse *TVWochentage*

In der Klassenhierarchie parallel zur Klasse *TVMonatstage* befindet
sich die Klasse *TVWochentage*, für die jetzt die Methoden implementiert werden sollen. Diese Klasse weist in ihrer Funktionalität
eine große Ähnlichkeit mit der Klasse *TVMonatstage* auf, so daß die
zu implementierenden Methoden ebenfalls sehr ähnlich zu den bereits in den Monatstagen implementierten Methoden sind. Die zunächst zu implementierenden Methoden sind damit ebenfalls wieder
die öffentlichen Zugriffsmethoden.

Aufgabenstellung:
Implementieren Sie die öffentlichen Zugriffsmethoden zum Lesen
und zum Schreiben der Daten eines *TVWochentage*-Exemplars sowie alle eventuell von diesen Zugriffsmethoden zusätzlich benötigten Methoden.

Lösung:
Sie sollten die öffentlichen Zugriffsmethoden *getWochentage* und
putWochentage: redefiniert haben, die die in der Klasse *TVWochentage* neu hinzugekommene Exemplarvariable *setOfWochentage* liest
beziehungsweise schreibt:

```
getWochentage
        "Öffentliche Methode liefert den Wert der Variablen
         setOfWochentage"

    setOfWochentage isNil
        ifTrue:[^OrderedCollection new].
    ^setOfWochentage asOrderedCollection


putWochentage: aCollection
        "Öffentliche Methode zum Setzen der Wochentage."
        aCollection isNil
            ifTrue: [ ^self setOfWochentage: Set new ].
        self setOfWochentage: (aCollection asSet)
```

Die Arbeitsweise der öffentlichen Zugriffsmethoden zum Lesen und Schreiben in dieser Klasse entspricht der Arbeitsweise der öffentlichen Zugriffsmethoden in der Klasse *TVMonatstage*. Auch hier wird für das Schreiben der Daten wiederum eine private Zugriffsmethode verwendet. Diese private Zugriffsmethode kann wie folgt implementiert werden:

```
setOfWochentage: aSet
       "Zugriffsmethode setzt den Wert der Variablen
        setOfWochentage"
    setOfWochentage := aSet
```

Analog zu den Methoden bei den Monatstagen erfolgt auch bei dieser privaten Zugriffsmethode das Speichern des Parameters in der Exemplarvariablen durch direkte Variablenzuweisung, ohne daß weitere Funktionalität in der Methode implementiert ist.

Weil sich ein *TVWochentage*-Exemplar anders verhält als ein *TVZeitpunkt*-Exemplar oder ein *TVZeitraum*-Exemplar, müssen noch einige weitere Methoden redefiniert werden. Dies sind die Initialisierung eines neuen Exemplars und das Setzen der Daten eines Exemplars nach dem Lesen von einer Datei sowie die Feststellung von Überlappungen.

Aufgabenstellung:
Schreiben Sie Methoden, die das Initialisieren eines neuen Exemplars, das Setzen der Exemplardaten nach dem Einlesen aus einer Datei und die Feststellung von Überlappungen durchführen.

Lösung:
Sie sollten drei Methoden implementiert haben, die die entsprechenden Methoden aus *TVZeitpunkt* beziehungsweise *TVZeitraum* redefinieren:

```
initialisiere
       "Initialisierungsmethode für die Datenstrukturen"
    super initialisiere.
    self setOfWochentage: (Set new).
```

Bei der Methode *initialisiere* wird zunächst mit *super initialisiere* die entsprechende Methode aus *TVZeitpunkt* aufgerufen. Danach wird die Exemplarvariable *setOfWochentage* als Exemplar der Klasse *Set* initialisiert.

```
setzeDaten: einArray
        "Setzt die eingelesen Daten in ein Objekt"
    | wochentageStrings wochentageSet |
    super setzeDaten: einArray.
    wochentageStrings := (einArray at: 8) asArrayOfSubstrings.
    wochentageSet := Set new.
    wochentageStrings do:
        [:eachString |
            wochentageSet add: (eachString asInteger)
        ].
    self putWochentage: wochentageSet.
```

Die *setzeDaten:*-Methoden ruft zunächst über *super setzeDaten:* die entsprechende Methode in *TVZeitraum* auf. Anschließend werden die Wochentage gespeichert. Bei den Wochentagen kann ein *String* vorkommen, der mehrere Wochentage enthält, die durch Leerzeichen getrennt sind. Dieser *String* wird zunächst durch die Methode *asArrayOfSubstrings* in ein *Array* von einzelnen *Strings* aufgeteilt, die jeweils einem Tag entsprechen. Dieses *Array* steht in der Variablen *wochentageStrings*. Es wird dann eine Menge von Wochentage-Integerzahlen aufgebaut, indem in einer Schleife über das *Array* in *wochentageStrings* jeder *String* mit der Nachricht *asInteger* als *Integer*-Zahl in der als Menge definierten Variablen *wochentageSet* gespeichert wird. Die in *wochentageSet* vorliegende Menge von Wochentagen wird dann über die öffentliche Zugriffsmethode gespeichert.

```
ueberlapptMit: eineTerminauswahl
    "Liefert true. wenn diese Objekt im Datumsbereich von
    eineTerminaauswahl enthalten"

    | ueberlappt |
    (super ueberlapptMit: eineTerminauswahl)
        ifFalse: [ ^false ].
    eineTerminauswahl getWochentage isEmpty
        ifTrue: [ ^true ].
    ueberlappt := false.
    self getWochentage do: [ :mt |
        (eineTerminauswahl getWochentage includes: mt)
            ifTrue: [ ueberlappt := true ]. ].

    ^ueberlappt.
```

Bei der Methode *ueberlapptMit:* wird zunächst mit *super ueberlapptMit:* die entsprechende Methode in der Klasse *TVZeitraum* aufgerufen. Falls dabei als Ergebnis ein *false* zurückgeliefert wird, wird in dieser Methode ebenfalls ein *false* zurückgeliefert, ansonsten wurde ein *true* zurückgeliefert, und es müssen noch weitere Prüfungen erfolgen. Zunächst wird geprüft, ob die Wochentage in der Terminauswahl leer sind. Falls dies zutrifft, kann ein *true* zurückgeliefert werden. Ansonsten wird die lokale Variable auf *false* gesetzt und es wird in einer Schleife über die Wochentage des Termines gelaufen und geprüft, ob der jeweilige Wochentag ebenfalls in den Wochentagen der Auswahl enthalten ist. Falls dies zutrifft, wird die Variable *ueberlappt* auf *true* gesetzt. Am Ende der Methode wird die Variable *ueberlappt* zurückgeliefert.

6.1.7   Aufbau der Klasse *TVEinzeltermin*

Auch die Klasse *TVEinzeltermin* ist im wesentlichen eine Datenklasse, die aber außerhalb der bisherigen Datenklassenhierarchie direkt unter der Klasse *TVKalenderModell* angelegt wurde.

Zunächst sind in dieser Klasse, wie auch schon in den anderen Datenklassen, die öffentlichen Zugriffsmethoden auf die Exemplarvariablen einzurichten.

Aufgabenstellung:
Schreiben Sie zunächst öffentliche Zugriffsmethoden, die die Variablen auslesen. Bei den Methoden sollen alle Variableninhalte als Zeichenketten zurückgegeben werden, wobei für die Umwandlung in einen *String* gegebenenfalls die für Exemplare der Klassen *Date* und *Time* definierte Methode *tvPrintString* verwendet werden soll.

Lösung:
Als Lösung dieser Aufgabe sollten Sie eine Reihe von Methoden geschrieben haben, die jeweils mit dem Präfix *get* beginnen. Die Methoden sollten im einzelnen ungefähr wie folgt aussehen:

```
getDatum
    "Öffentliche Methode liefert den Wert der Variablen
     datum  als String"
    datum isNil
        ifTrue:[^String new].


    ^datum tvPrintString


getEndUhrzeit
        "Öffentliche Methode liefert den Wert der Variablen
         endUhrzeit als String"
    endUhrzeit isNil
        ifTrue:[^String new].
```

```
        ^endUhrzeit tvPrintString

getTerminText
        "Öffentliche Methode liefert den Wert der Variablen
        terminText"

    terminText isNil
        ifTrue:[^String new].

    ^terminText

getUhrzeit
        "Öffentliche Methode liefert den Wert der Variablen
        uhrzeit als String"
    uhrzeit isNil
        ifTrue:[^String new].

    ^uhrzeit tvPrintString
```

Die Arbeitsweise dieser öffentlichen Zugriffsmethoden ist analog zur
Arbeitsweise der entsprechenden Zugriffsmethoden in den Datenklassen der *TVZeitpunkt*-Hierarchie.

Als nächstes sollen einige private Zugriffsmethoden implementiert
werden, und zwar zum direkten, lesenden Zugriff ohne Konvertierung auf die Exemplarvariable *datum* und zum schreibenden Zugriff
auf die anderen Exemplarvariablen.

Aufgabenstellung:
Schreiben Sie eine private Zugriffsmethode zum Lesen der Variablen
datum und private Zugriffsmethoden zum Schreiben der übrigen
Exemplarvariablen. Dabei soll bei diesen Methoden keine Konvertierung stattfinden, sondern die Werte sollen so gelesen werden,
wie sie vorliegen, beziehungsweise so gesetzt werden, wie die
übergebenen Parameter sind.

Lösung:
Als Lösung dieser Aufgabe sollten Sie eine Methode namens *datum*
und die vier Methoden *datum:*, *endUhrzeit:*, *terminText:* und *uhrzeit:* implementiert haben:

```
datum
    "Zugriffsmethode liefert den Wert der Variablen datum"
    ^datum

datum: aDate
```

```
  "Zugriffsmethode setzt den Wert der Variablen datum"
  datum := aDate

endUhrzeit: aTime
  "Zugriffsmethode setzt den Wert der Variablen endUhrzeit"
  endUhrzeit := aTime

terminText: aString
  "Zugriffsmethode setzt den Wert der Variablen terminText"
  terminText := aString

uhrzeit: aTime
  "Zugriffsmethode setzt den Wert der Variablen uhrzeit"
  uhrzeit := aTime
```

In bestimmten Fällen ist es sinnvoll, nicht mit einer *String*-Repräsentation eines Datums zu arbeiten, sondern mit dem Datumsexemplar direkt, was durch die Zugriffsmethode *datum* ermöglicht wird. Damit dies grundsätzlich mit Datumsobjekten möglich ist, sollte jetzt in der Klasse *TVZeitpunkt* ebenfalls noch folgende private Zugriffsmethode implementiert werden:

```
datum
  "Zugriffsmethode liefert den Wert der Variablen datum"
  ^datum
```

Die Methoden, die analog zu den anderen Terminobjekten auch bei Einzelterminen benötigt werden, sind Methoden, die eine Größenrelation und eine Ausdruckmöglichkeit definieren.

Aufgabenstellung:

Implementieren Sie die beiden Methoden zum Größenvergleich und zum Ausdrucken von *TVEinzeltermin*-Exemplaren. Überlegen Sie, welche außer den eben angegebenen Methoden noch fehlen könnten, und implementieren Sie alle noch fehlenden Methoden.

Lösung:

Außer dem Größenvergleich und dem Ausdruck sind weitere Methoden nicht unbedingt notwendig:

```
<= aTVEinzeltermin
  "Definiert Größer-Relation zwischen Objekten der
   Klasse TVEinzeltermin"
    ^self alsMinuten < aTVEinzeltermin alsMinuten
```

Der Größenvergleich wird wie in der Klasse *TVZeitpunkt* als binäre Nachricht „<=" definiert. Auch hier wird eine Methode *alsMinuten* benutzt, die in der Klasse *TVEinzeltermin* noch implementiert werden müßte:

```
alsMinuten
    "Liefert diesen Termin als Minuten"


^(datum day + 50000 * 1440)
    + (uhrzeit isNil ifTrue: [ 0 ]
                    ifFalse: [ uhrzeit asSeconds // 60] )
```

Der Programmcode dieser *alsMinuten*-Methode sieht deutlich anders aus als der entsprechende Code in der Klasse *TVZeitpunkt*. Trotzdem unterscheidet er sich in der Funktionalität nur in einem Detail von dem dort angegebenen Programmcode: Bei dieser Methode wird davon ausgegangen, daß das Datum nicht *nil* ist, weshalb nicht auf *nil* geprüft wird. Die Behandlung der Uhrzeit dagegen entspricht in ihrer Funktionalität vollständig dem entsprechenden Teil in der *alsMinuten*-Methode in *TVZeitpunkt*. Die Rückgabe des Ergebnisses erfolgt schließlich in dieser Methode dadurch, daß der gesamte Ausdruck geklammert und davor ein *Return*-Zeichen gesetzt wurde. An diesem Beispiel läßt sich erkennen, daß sich auch in Smalltalk Programmcode gleicher Funktionalität sehr unterschiedlich formulieren läßt.

```
printOn: aStream
    "Öffentliche Methode legt die Darstellung des Termins fest"

aStream nextPutAll:(self getDatum tvFillWithBlanksTo: 17).
aStream space.
aStream nextPutAll:(self getUhrzeit tvFillWithBlanksTo: 5).
aStream nextPut:((endUhrzeit notNil)
        ifTrue: [ $- ]
        ifFalse: [ $  ]).
aStream nextPutAll:(self getEndUhrzeit tvFillWithBlanksTo: 5).
aStream nextPutAll: ':.'.
aStream nextPutAll:(self getTerminText).
```

Die *printOn:*-Methode zur Ausgabe eine *TVEinzeltermin*-Exemplars ähnelt der entsprechenden Methode eines *TVZeitraum*-Exemplars. Auch hier werden das (Anfangs-)Datum, die (Anfangs-)Uhrzeit, falls vorhanden, die Enduhrzeit, und den Termintext dargestellt. Dabei werden die einzelnen Ausgaben, außer dem Termintext, mittels der Methode *tvFillWithBlanksTo:* auf die angegebenen Längen gebracht.

6.1.8   Aufbau der Klasse *TVTerminauswahl*

Die Klasse *TVTerminauswahl* dient zur Auswahl des Zeitraumes sowie der Wochen- oder Monatstage, für die eine Liste von Einzelterminen angezeigt werden soll. Dazu ist es möglich, ein Anfangs- und ein Enddatum sowie Wochen- oder Monatstage auszuwählen, die dann ein entsprechendes *TVTerminauswahl*-Exemplar bilden. Ein Auswahl-Zeitraum ist dabei immer ein abgeschlossener Zeitraum mit einem Anfangs- und einem Enddatum. Gegen das Auswahl-Exemplar werden dann die vorhandenen Termin-Exemplare getestet, und aus den Exemplaren, auf die die Auswahl zutrifft, werden Einzeltermine zur Anzeige erzeugt.

Auch in dieser Klasse sollten, wie auch schon vorher in den anderen Klassen, die öffentlichen Zugriffsmethoden auf die Exemplarvariablen eingerichtet werden.

Aufgabenstellung:

Schreiben Sie zunächst öffentliche Zugriffsmethoden, die die Variablen auslesen und setzen. Bei den Methoden zum Lesen der beiden Datumsangaben sollen alle Variableninhalte als Zeichenketten zurückgegeben werden, wobei für die Umwandlung in einen *String* gegebenenfalls die für Exemplare der Klassen *Date* und *Time* definierte Methode *tvPrintString* verwendet werden soll. Bei den Methoden zum Schreiben dieser Variablen sollten als Parameter *Strings* übergeben werden, aus denen dann innerhalb der Methode durch Verwendung der Methode *tvFromString:* Exemplare der Klasse *Date* erzeugt werden.

Lösung:

Als Lösung dieser Aufgabe sollten Sie eine Reihe von Methoden zum Lesen geschrieben haben, die jeweils mit dem Präfix *get* beginnen sowie eine Reihe von Methoden zum Schreiben, die mit dem Präfix *put* anfangen. Die Methoden sollten folgendes Aussehen haben:

```
getDatum
   "Öffentliche Methode liefert das Datum einer Terminauswahl"
      ^datum isNil
         ifTrue: [ '' ]
         ifFalse: [ datum tvPrintString ]


getEndDatum
   "Öffentliche Methode liefert das Enddatum einer Terminauswahl"
```

```
            ^endDatum isNil
                ifTrue: [ '' ]
                ifFalse: [ endDatum tvPrintString ]
        getMonatstage
          "Öffentliche Methode liefert die Monatstage einer Terminauswahl"
            ^(setOfMonatstage isNil
                ifTrue: [ #() ]
                ifFalse: [ setOfMonatstage ])
        getWochentage
          "Öffentliche Methode liefert die Wochentage einer Terminauswahl"
            ^(setOfWochentage isNil
                    ifTrue: [ #() ]
                    ifFalse: [ setOfWochentage ])


        putDatum: aString
            "Öffentliche Methode zum Setzen des Datum"
            aString isEmpty
                ifTrue: [ ^self datum: nil ].
            self datum: (Date tvFromString: aString)


        putEndDatum: aString
            "Öffentliche Methode zum Setzen des Enddatums"
            aString isEmpty
                ifTrue: [ ^self endDatum: nil ].
            self endDatum: (Date tvFromString: aString)


        putMonatstage: aCollection
            "Öffentliche Methode zum Setzen der Monatstage"
            aCollection isNil
                ifTrue: [ ^self setOfMonatstage: Set new ].
            self setOfMonatstage: (aCollection asSet)


        putWochentage: aCollection
            "Öffentliche Methode zum Setzen der Wochentage."
            aCollection isNil
                ifTrue: [ ^self setOfWochentage: Set new ].
            self setOfWochentage: (aCollection asSet)
```

Diese acht Methoden entsprechen in ihrer Funktionalität den entsprechenden Methoden in den anderen Datenklassen. Allerdings ist die Formulierung des Programmcodes gegenüber den Methoden in den anderen Klassen etwas unterschiedlich. Auch hier ist wieder zu erkennen, daß dieselbe Funktionalität natürlich auf unterschiedliche Weise formuliert werden kann.

Es werden für das Schreiben der Daten ebenfalls private Zugriffsmethoden verwendet. Diese privaten Zugriffsmethoden sollen im nächsten Schritt implementiert werden.

Aufgabenstellung:

Schreiben Sie private Methoden, die das Setzen der Exemplardaten durchführen.

Lösung:

Sie sollten folgende vier Methoden implementiert haben, die das Schreiben der Exemplardaten durchführen:

```
datum: aDate
    "Zugriffsmethode setzt den Wert der Variablen datum"
    datum := aDate

endDatum: aDate
    "Zugriffsmethode setzt den Wert der Variablen endDatum"
    endDatum := aDate

setOfMonatstage: aSet
    "Zugriffsmethode setzt den Wert der Variablen
     setOfMonatstage"
    setOfMonatstage := aSet

setOfWochentage: aSet
    "Zugriffsmethode setzt den Wert der Variablen setOfWochentage"
    setOfWochentage := aSet
```

Die Arbeitsweise dieser privaten Zugriffsmethoden entspricht der Arbeitsweise der entsprechenden Methoden in den Datenklassen der *TVZeitpunkt*-Hierarchie. Als zusätzliche private Zugriffsmethoden sollen noch die in den anderen Datenklassen vorhandenen Zugriffsmethoden auf das Datum, auf das Enddatum und auf die Monatstage implementiert werden, damit für die Exemplare der unterschiedlichen Klassen ein einheitliches Protokoll zu Verfügung steht:

```
datum
    "Zugriffsmethode liefert den Wert der Variablen datum"
    ^datum

endDatum
    "Zugriffsmethode liefert den Wert der Variablen endDatum"
    ^endDatum

setOfMonatstage
    "Zugriffsmethode liefert den Wert der Variablen setOfMonatstage"
    ^setOfMonatstage
```

Als nächstes soll für Exemplare dieser Klasse eine Initialisierungsmethode und eine Ausdruckmethode implementiert werden. Außerdem soll eine Methode geschrieben werden, die ein *TVTerminaus-wahl*-Exemplar gültig macht, das heißt, dieses Exemplar gegebenenfalls mit einem (Anfangs-)Datum (dem ersten Tag der aktuellen Woche) und einem Enddatum (dem letzten Tag der aktuellen Woche) versorgt.

Aufgabenstellung:
Schreiben Sie Methoden zur Initialisierung, zum Ausdruck und zum Gültigmachen von *TVTerminauswahl*-Exemplaren sowie alle eventuell von diesen Methoden benötigten, weiteren Methoden. Die Initialisierung soll dabei so erfolgen, daß als Default-Zeitraum die aktuelle Woche eingestellt wird. Ebenso ist beim Gültigmachen bei fehlenden Daten die aktuelle Woche zu verwenden.

Lösung:
Als Lösung dieser Aufgabe sollten Sie folgende Methoden implementiert haben:

```
initialisiere
        "Initialisierungsmethode für die Datenstrukturen"
    | aktuelleWoche |
    aktuelleWoche := Date today tvGetWeekDates.
    self datum: (aktuelleWoche at: 1).
    self endDatum: (aktuelleWoche at: 2).

    self setOfMonatstage: (Set new).
    self setOfWochentage: (Set new).
```

In der Methode *initialisiere* wird zunächst unter Benutzung der für Exemplare der Klasse *Date* zu implementierenden Methode *tvGetWeekDates* das Anfangs- und das Enddatum der Woche in einem *Array*-Exemplar geholt und in der lokalen Variablen *aktuelleWoche* gespeichert. Im folgenden werden diese beiden Daten in den entsprechenden Exemplarvariablen gespeichert und die beiden Exemplarvariablen *setOfMonatstage* und *setOfWochentage* werden als Exemplare der Klasse *Set* initialisiert. Damit die Methode *initialisiere* arbeiten kann, muß noch die Methode *tvGetWeekDates* als Exemplarmethode in der Klasse *Date* implementiert werden:

```
tvGetWeekDates
    "Liefert das Datum des ersten und letzen Tages der Woche"

    #addedByTV.
    ^Array with: (self subtractDays: (self dayIndex - 1))
           with: (self addDays: (7 - (self dayIndex)))
```

Diese Methode liefert ein *Array* mit zwei *Date*-Exemplaren, die das Datum des ersten Tages und das Datum des letzten Tages der Woche des aktuellen Datums repräsentieren. Der erste Tag der Woche hat dabei den Tagesindex 1. Das Datum des ersten Tages ergibt sich, wenn vom aktuellen Datum soviele Tage abgezogen werden, daß ein Tagesindex 1 bleibt. Zu diesem Zweck wird mit der Methode *dayIndex* der Tagesindex des aktuellen Tages ermittelt, um eins vermindert und dann die entsprechende Anzahl Tage abgezogen. Entsprechend ist der letzte Tag der Woche der Tag mit dem Index 7, und es muß ausgehend vom aktuellen Datum eine Anzahl Tage zum aktuellen Datum addiert werden.

```
printOn: aStream
    "Ausgabe des Objektes auf aStream"

    | today tmpListe |

    today := Date today.
    aStream nextPutAll:
        ( datum isNil
            ifTrue: [ today tvGetWeekDates first ]
            ifFalse: [ datum ]) tvPrintString.
    aStream nextPutAll: '-'.
    aStream nextPutAll:
        ( endDatum isNil
            ifTrue: [ today tvGetWeekDates last ]
            ifFalse: [ endDatum ]) tvPrintString.

    setOfWochentage isNil
      ifFalse: [ aStream nextPutAll: '; '.
        setOfWochentage := setOfWochentage asSortedCollection.
        setOfWochentage do: [ :wt |
        aStream nextPutAll: (self class tagesNameFuer: wt).
        aStream nextPutAll: '; ' .
          ].
        ].

    setOfMonatstage isNil
      ifFalse: [
        setOfMonatstage:= setOfMonatstage asSortedCollection.
        (tmpListe := (setOfMonatstage reject:[:mt|mt >= 32 ]))
          do: [ :mt |
                aStream nextPutAll: mt printString.
                aStream nextPutAll: '; ' .
              ].
          (setOfMonatstage includes: 32)
            ifTrue: [ aStream nextPutAll: TvMonatstag3 ].
          (setOfMonatstage includes: 33)
            ifTrue: [ aStream nextPutAll: TvMonatstag2 ].
```

```
      (setOfMonatstage includes: 34)
        ifTrue: [ aStream nextPutAll: TvMonatstag1 ].
      (setOfMonatstage includes: 35)
        ifTrue: [ aStream nextPutAll: TvMonatstag0 ].
   ].
```

Die Methode *printOn:* zum Ausdruck des Objektes in einen *Stream* ist in diesem Fall etwas umfangreicher als die entsprechende Methode in den anderen Klassen. Ursache hierfür ist die etwas ausführliche Aufbereitung der einzelnen Daten für den Ausdruck. Beim Anfangs- und Enddatum wird zunächst geprüft, ob jeweils ein Datum angegeben wurde. Falls dies der Fall ist, wird das entsprechende Datum verwendet, ansonsten werden der erste beziehungsweise der letzte Tag der aktuellen Woche ermittelt und verwendet. Falls Wochentage vorhanden sind, wird für diese der entsprechende Tagesname ermittelt. Der Ausdruck *self class tagesNameFuer:* referenziert dabei die entsprechende Klassenmethode *tagesNameFuer:* der Klasse *TVKalenderModell.* Da *TVKalenderModell* eine Oberklasse von *TVTerminauswahl* ist, werden natürlich auch deren Klassenmethoden vererbt und können über *self class* von Exemplaren aus angesprochen werden, was dem festen Eintrag eines Klassennamens in einer Methode vorzuziehen ist. Bei der Behandlung der Monatstage wird jetzt noch eine Besonderheit realisiert: Über die Einträge 32 bis 35 sollen der drittletzte bis der letzte Tag eines Monats gewählt werden, unabhängig davon, wieviele Tage der Monat hat. Für die normalen Monatstage bis maximal 31 werden dazu die entsprechenden Daten in einer Schleife ermittelt und als Zahl ausgedruckt. Falls in den Monatstagen aber Einträge von 32 bis 35 enthalten sind, werden für diese Einträge Sprachkonstanten verwendet, die einen entsprechenden Text ausdrucken. Diese Sprachkonstanten müssen im Pooldictionary der Sprachkonstanten definiert werden, bevor diese Methode im Smalltalk-System gespeichert werden kann.

```
gueltigMachen
    "Setzt die fehlenden Angaben für datum und endDatum"

    | tmpDate |

    tmpDate := Date today.
    datum isNil

       ifTrue:
         [
         endDatum isNil
```

```
                        ifTrue:
                          [
                          datum := tmpDate tvGetWeekDates first.
                          endDatum := tmpDate tvGetWeekDates last.
                          ^self
                          ]
                        ifFalse:
                          [
                          endDatum < tmpDate
                            ifTrue:[^datum := endDatum subtractDays: 31]
                            ifFalse:[^datum := tmpDate tvGetWeekDates first].
                          ].
                      ]
                  ifFalse:
                    [
                    endDatum isNil
                      ifTrue:
                        [
                        datum < tmpDate
                          ifTrue:[^endDatum :=
                                        tmpDate tvGetWeekDates last]
                          ifFalse:[^endDatum := datum addDays: 32]
                        ]
                      ifFalse:
                        [
                        datum <= endDatum
                          ifFalse:
                          [
                            tmpDate := datum.
                            datum := endDatum.
                            endDatum := tmpDate
                          ].
                        ].
                      ].
```

In dieser Methode wird eine Reihe von Fallunterscheidungen
durchgeführt, die die unterschiedlichen Belegungen von *datum* und
endDatum ebenso berücksichtigen wie die Fälle, in denen der
Endtermin vor dem vom System einzusetzenden (Anfangs-)Datum
oder das Anfangsdatum hinter dem vom System einzusetzenden
Enddatum liegen. Falls das Datum nicht definiert ist, wird dafür der
Anfang der aktuellen Woche verwendet, ist das Enddatum nicht definiert, setzt das System das Ende der aktuellen Woche ein. Falls ein
vom System generiertes (Anfangs-)Datum hinter einem eingegebenen Enddatum liegt, wird als neues Anfangsdatum ein Datum ge-

wählt, das einen Monat früher liegt. Liegt im umgekehrten Fall ein vom System generiertes Enddatum vor einem eingegebenen Anfangsdatum, wird als neues Enddatum ein Datum gewählt, das einen Monat später liegt.

Als wesentliche Methode in der Klasse *TVTerminauswahl* soll abschließend eine Methode geschrieben werden, die eine Liste mit Auswahlterminen liefert. In dieser Liste ist jeder Tag im Auswahlzeitraum als ein Exemplar der Klasse *TVTerminauswahl* enthalten.

Aufgabenstellung:

Implementieren Sie eine Methode, die eine Liste von Exemplaren der Klasse *TVTerminauswahl* enthält. Dabei soll für einen Auswahl-Zeitraum jeder Tag des Zeitraums durch ein solches Exemplar repräsentiert werden, das als Anfangs- und Enddatum das Datum des jeweiligen Tages, gegebenenfalls als Wochentag, die Wochentagsnummer des jeweiligen Datums, und gegebenenfalls als Monatstag den Tag des Monats des jeweiligen Datums enthält. Falls Sie weitere, neue Methoden in dieser Methode verwenden, implementieren Sie auch diese neuen Methoden.

Lösung:

Sie sollten als Lösung der Aufgabe eine Methode geschrieben haben, die in ihrer Funktionalität der folgenden Methode *terminListe* entspricht:

```
terminListe
    "Durchläuft eine Schleife und liefert alle auswahltermine.
     die gültig sind"

    | liste dom auswahl testDatum |

    liste := OrderedCollection new.
    datum day to: endDatum day do: [ :tagesIndex |
        testDatum := Date fromDays: tagesIndex.
        (self testeWochenUndMonatstageVon: testDatum)
            ifTrue: [
                auswahl := TVTerminauswahl new initialisiere.
                auswahl datum: testDatum.
                auswahl endDatum: testDatum.
                auswahl setOfWochentage:
                        (Array with: (testDatum dayIndex)).
                dom := (testDatum dayOfMonth -
                        (testDatum daysInMonth)).
                auswahl setOfMonatstage:
```

```
                           (Set with: testDatum dayOfMonth) .
                    (dom >= -3) ifTrue: [
                       auswahl setOfMonatstage add: (35 + dom). ].
                       liste add: auswahl. ].
            ].

     ^liste
```

Die Terminliste wird in der als *OrderedCollection* definierten Variablen *liste* durch eine Schleife über die Tagesindizes vom Anfangs- und vom Enddatum aufgebaut. Dabei wird in der neuen, noch zu implementierenden Methode *testeWochenUndMonatstageVon:* zunächst getestet, ob das Datum in den Monats- oder Wochentagen enthalten ist, falls Monats- oder Wochentage vorhanden sind. Ist das Datum enthalten oder wurden keine Monats- oder Wochentage gewählt, liefert die Methode ein *true* zurück, woraufhin ein neues Exemplar der Klasse *TVTerminauswahl* erzeugt und mit den gewünschten Daten gefüllt wird. Dabei ist bei den Monatstagen die Sonderbehandlung für die Tage zu beachten, die als 32 bis 35 definiert wurden. Schließlich wird das neu erzeugte Exemplar in die Liste eingefügt. Als Ergebnis der Methode wird die Liste zurückgegeben.

Als letztes bleibt noch die Methode *testeWochenUndMonatstageVon:* zu implementieren:

```
testeWochenUndMonatstageVon: einDatum
    "Liefert true, wenn einDatum einer Wochentags-
    oder Monatstagsangabe entspricht"

    | monatsTag wochenTag endeTag |

  (setOfMonatstage isEmpty and: [ setOfWochentage isEmpty ])
        ifTrue: [ ^true ].

    (self getWochentage includes: einDatum dayIndex)
        ifTrue: [ ^true ].

    monatsTag := einDatum dayOfMonth.
    (self getMonatstage includes: monatsTag)
        ifTrue: [ ^true ].
    endeTag := monatsTag - einDatum daysInMonth.
    ((endeTag >= -3) and:
        [ (self getMonatstage includes: (35 + endeTag)) ])
            ifTrue: [ ^true ].


    ^false
```

Bei dieser Methode wird zunächst geprüft, ob die Monats- und Wochentage leer sind. Ist dies der Fall, ist das Datum als gültig anzusehen, und es wird ein *true* zurückgeliefert. Ansonsten werden folgende Fälle geprüft, bei denen das Datum als gültig betrachtet und ein *true* zurückgeliefert werden kann:

- In den Wochentagen ist der Tagesindex des Datums enthalten.
- In den Monatstagen ist der Tag des Datums enthalten.
- Der Tag des Datums entspricht einem der drei speziellen Tage von 32 bis 35, die unabhängig von der Anzahl Tage im Monat den drittletzten bis letzten Tag eines Monats angeben.

Trifft keiner der Fälle zu, so ist das Datum ungültig, und es wird ein *false* zurückgeliefert.

6.1.9   Aufbau der Klasse *TVTerminmanager*

Als letzte Klasse des Modells wird jetzt die Klasse *TVTerminmanager* bearbeitet. Diese Klasse ist die applikatorische Klasse der Terminkalender-Anwendung und handhabt als solche die Anwendung von der Modellseite. Gleichzeitig stellt sie die Basis und wichtigste Schnittstelle der im folgenden Abschnitt auf dem Modell aufbauenden Fensteroberfläche dar. Die Verwaltung eines Terminkalenders erfolgt durch ein Exemplar der Klasse *TVTerminmanager*, man kann sagen, durch einen *Terminmanager*, der die einzelnen Termine in einem Exemplar der Klassenhierarchie *Collection* in seiner Exemplarvariablen *collectionOfTermine* enthält. Weitere Exemplarvariablen sind *modifiedFlag*, eine Angabe, ob seit dem letzten Speichern der Termine Änderungen an den Terminen durchgeführt wurden, und *terminDateiname*, in der der Name der aktuell bearbeiteten Termindatei gespeichert ist. Die Funktionalität, die ein *Terminmanager* besitzen muß erstreckt sich auf folgende Bereiche:

- Einfügen, Löschen und Ändern von Terminen in der Terminliste.
- Speichern der Termine in einer Datei und Einlesen der Termine aus einer Datei.
- Auswahl von Terminen, Testen auf Erreichen eines Termins und Drucken von Terminen.

Vor der Implementierung dieser Funktionalität sollte zunächst die grundlegende Basisfunktionalität implementiert werden. Diese Basisfunktionalität umfaßt Zugriffsmethoden und die Initialisierung von Exemplaren der Klasse *TVTerminmanager*.

Aufgabenstellung:
Schreiben Sie Zugriffsmethoden, die die Werte der Exemplarvariablen zurückliefern sowie eine Methode zur Initialisierung von Exemplaren, die die *collectionOfTermine* auf eine *SortedCollection*, das *modifiedFlag* auf *false* und *terminDateiName* auf *nil* initialisiert.

Lösung:
Sie sollten folgende vier Methoden implementiert haben, die das Lesen der Exemplardaten sowie die Initialisierung durchführen:

```
alleTermine
    "Öffentliche Methode liefert eine Liste aller Termine"
    ^collectionOfTermine

getTerminDateiName

    ^terminDateiname

isModified
    "Liefert true. wenn Termine geändert wurden"
    ^modifiedFlag
initialisiere
        "Initialisierungsmethode für die Datenstrukturen"

    collectionOfTermine := (SortedCollection new).
    modifiedFlag := false.
    terminDateiname := nil.
```

Die drei Zugriffsmethoden liefern direkt den Wert der Exemplarvariablen zurück, während bei der Initialisierung das Setzen der Variablen durch direkte Zuweisung erfolgt.

Als nächstes sollen Methoden zum Ändern, zum Einfügen und zum Löschen von Terminen realisiert werden.

Aufgabenstellung:
Schreiben Sie die genannten Methoden. Die erste Methode ersetzt ein als Parameter übergebenes Terminexemplar in der Terminliste durch ein zweites, ebenfalls übergebenes Exemplar und realisiert damit die Ändern-Funktionalität. Zwei weitere Methoden dienen zum Einfügen eines Exemplars in die Terminliste und zum Löschen eines Exemplars aus der Terminliste.

Lösung:
Die zur Lösung der Aufgabe benötigte Grundfunktionalität ist in den Methoden zur Manipulation von *Collections* bereits enthalten, so daß die gesuchten Methoden relativ einfach zu formulieren sind:

```
aendernTermin: terminObjekt1 in: terminObjekt2
    "Öffentliche Methode entfernt terminObjekt1 aus der
    collectionOfTermine und fügt terminObjekt2 ein."

    self loescheTermin: terminObjekt1.
    self einfuegenTermin: terminObjekt2.

einfuegenTermin: einTerminObjekt
    "Öffentliche Methode fügt einTerminObjekt in die
     collectionOfTermine ein"
    modifiedFlag := true.
    collectionOfTermine add: einTerminObjekt.

loescheTermin: einTerminObjekt
    "Öffentliche Methode löscht einTerminObjekt aus der
    collectionOfTermine"
    modifiedFlag := true.
    collectionOfTermine remove: einTerminObjekt
                        ifAbsent:["Nichts tun"].
```

Das Ändern eines Terminexemplars in ein anderes Exemplar wird durch Löschen des zu ersetzenden Exemplars und Einfügen des neuen Exemplars realisiert.

Das Einfügen eines Terminexemplars erfolgt einfach durch Einfügen des Exemplars in die *collectionOfTermine*, während das Löschen durch Entfernen des Exemplars aus dieser *Collection* erfolgt. In beiden Fällen muß *modifiedFlag* auf *true* gesetzt werden, da Änderungen durchgeführt wurden.

Als nächstes soll die Funktionalität des Speicherns von Terminlisten in einer Datei und das Einlesen solcher Terminlisten aus einer Datei umgesetzt werden.

Aufgabenstellung:
Implementieren Sie Methoden zum Speichern von Terminlisten unter einem dem *Terminmanager* bereits bekannten Namen und unter Eingabe eines neuen Namens sowie Methoden zum Einlesen von Terminlisten, die in einer Datei mit einem jeweils bestimmbaren Namen gespeichert wurden. Falls Sie für diese Methoden weitere Methoden benötigen, sollten Sie diese auch implementieren.

Lösung:
Teile des Speicherns und Einlesens von Terminexemplaren sind bereits bei der Formulierung der Methoden der einzelnen Datenklassen implementiert worden, so daß sich auch das Speichern und Einlesen der Terminlisten relativ einfach formulieren lassen:

```
speichereTermine
    "Öffentliche Methode speichert die Terminliste unter
     dem in terminDateiname gespeicherten Namen."

    self speichereTermine: terminDateiname
```

Die Methode *speichereTermine* ruft zur Speicherung der Terminliste unter dem bereits im *Terminmanager* vorhandenen Dateinamen die als nächstes implementierte Methode *speichereTermine:* mit dem in der Variablen *terminDateiname* vorhandenen Dateinamen als Parameter auf. Diese Vorgehensweise, daß eine spezielle Methode ohne Parameter, die einen *Default*-Parameter benutzen soll, als einzigen Programmcode den Aufruf der entsprechenden, allgemeineren Methode mit Parameter enthält, ist in Smalltalk ebenso sinnvoll wie gebräuchlich.

```
speichereTermine: einDateiname
    "Öffentliche Methode speichert einen Kalender auf Datei
     mit Namen einDateiname"

    | datei |
    terminDateiname := einDateiname.
    datei := File newFile: terminDateiname.

    collectionOfTermine do:
        [ :elem |
            elem speichereIn: datei.
        ].

    datei close.
    modifiedFlag := false.
```

Auch die allgemeinere Methode zum Speichern mit Angabe des Dateinamens ist aufgrund der Vorarbeiten in den Datenklassen relativ einfach zu realisieren. Zunächst wird die Exemplarvariable *terminDateiname* auf den als Parameter übergebenen Dateinamen *einDateiname* gesetzt. Anschließend wird eine neue Datei mit diesem Namen geöffnet und in der lokalen Variablen *datei* gespeichert. In der folgenden Schleife über alle in der *collectionOfTermine* gespeicherten Terminexemplare wird jedem Exemplar die für Exemplare der *TVZeitpunkt*-Hierarchie implementierte Nachricht *speichereIn:* geschickt, in der sich das jeweilige Exemplar selbst in die Datei schreibt. Abschließend wird die Datei wieder geschlossen und das *modifiedFlag* auf *false* gesetzt.

```
ladeTermine: einDateiname
    "Öffentliche Methode zum Laden der Termine"
    | datei |

    (File exists: einDateiname)
        ifFalse: [ ^false ].

    self initialisiere.
    terminDateiname := einDateiname.
    datei := File pathName: einDateiname.
    [datei atEnd]
        whileFalse: [ collectionOfTermine add:
            (self ladeAus: datei).].
    datei close.

    ^true
```

In der Methode *ladeTermine:* wird zunächst überprüft, ob eine Datei mit dem als Parameter übergebenen Dateinamen existiert. Falls nicht, wird ein *false* zurückgeliefert. Existiert die Datei, so initialisiert sich das *Terminmanager*-Exemplar neu, um die Exemplarvariablen auf einen definierten Anfangszustand zu setzen. Danach wird die Exemplarvariable *terminDateiname* auf den als Parameter übergebenen Dateinamen *einDateiname* gesetzt, und es wird die Datei mit dem angegebenen Namen geöffnet und in der lokalen Variablen *datei* gespeichert. In der folgenden *whileFalse:*-Schleife bis zum Ende der Datei werden in die Exemplarvariable *collectionOfTermine* die mit der noch zu implementierenden Methode *ladeAus:* eingelesenen Terminexemplare gespeichert. Abschließend wird die Datei geschlossen und als Ergebnis der Methode ein *true* zurückgeliefert.

```
ladeAus: eineDatei
    "Lädt die Daten eines Objekts aus einer Datei,
     entscheidet dann, welche Klasse das Objekt hat, baut
     das entsprechende Objekt auf und liefert es zurück."

    | objektDatenArray terminObjekt |

    objektDatenArray := Array new: 9.
```

```
1 to: 9 do:
  [:zaehler |
  objektDatenArray at: zaehler put: eineDatei nextLine.
  ].
terminObjekt := TVZeitpunkt new initialisiere.

((objektDatenArray at: 5) notEmpty
 | (objektDatenArray at: 6) notEmpty)
  ifTrue: [terminObjekt :=
                     TVZeitraum new initialisiere].

((objektDatenArray at: 7) notEmpty)
  ifTrue: [terminObjekt :=
                     TVMonatstage new initialisiere].

((objektDatenArray at: 8) notEmpty)
   ifTrue: [terminObjekt :=
                     TVWochentage new initialisiere].


^(terminObjekt setzeDaten: objektDatenArray: yourself)
```

In der Methode *ladeAus:* werden die Terminexemplardaten aus der
Datei gelesen, und es wird ein entsprechendes Exemplar aufgebaut.
Dazu werden zunächst in einer Schleife die neun Zeilen der Datei
gelesen, die jeweils die Daten für ein Objekt enthalten. Diese Daten
werden in dem lokalen *Array*-Exemplar *objektDatenArray* gespeichert. Danach wird in der lokalen Variablen *terminObjekt* ein neues,
initialisiertes *TVZeitpunkt*-Exemplar gespeichert. In den folgenden
Fallunterscheidungen wird geprüft, ob

- die Felder an den Positionen 5 oder 6 im *objektDatenArray* nicht
  leer sind. Falls dies zutrifft, sind Enddatum oder Enduhrzeit vorhanden, und in *terminObjekt* wird ein neues *TVZeitraum-*
  Exemplar gespeichert,

- das Feld an der Position 7 im *objektDatenArray* nicht leer ist.
  Falls dies zutrifft, sind Monatstage vorhanden, und in *terminObjekt* wird ein neues *TVMonatstage*-Exemplar gespeichert,

- das Feld an der Position 8 im *objektDatenArray* nicht leer ist.
  Falls dies zutrifft, sind Wochentage vorhanden, und in *terminObjekt* wird ein neues *TVWochentage*-Exemplar gespeichert.

Abschließend werden in jedem Fall unter Benutzung der in der
TVZeitpunkt-Hierarchie implementierten Methode *setzeDaten:* die
Daten des in *terminObjekt* vorhandenen Exemplars gesetzt, und unter
Benutzung der *yourself*-Methode wird dieses Exemplar zurückgege-
ben.

Als abschließende Funktionalität sollen Methoden zur Auswahl von
Terminen, zum Test auf das Erreichen eines Termins und zum Ausdrucken einer Liste von Terminen geschrieben werden.

Aufgabenstellung:
Implementieren Sie eine Methode, die alle Termine liefert, die in
dem durch eine Terminauswahl definierten Zeitraum liegen. Die
Terminauswahl wird als Parameter übergeben, als Ergebnis soll eine
Liste von Einzelterminen zurückgeliefert werden. Schreiben Sie
weiterhin eine Methode, die testet, ob ein Termin erreicht ist, das
heißt, ob es einen Termin gibt, der dem aktuellen Datum und der
Uhrzeit entspricht. Als Ergebnis soll diese Methode eine Liste der
erreichten Termine liefern. Schreiben Sie schließlich eine Methode,
die die Termine innerhalb einer als Parameter übergebenen Terminauswahl ausdruckt. Falls Sie für Ihre Methoden weitere, neue
Methoden benötigen, implementieren Sie diese ebenfalls.

Lösung:
Auch bei diesen Methoden können die in der TVZeitpunkt-
Hierarchie implementierten genutzt werden, wodurch diese Metho-
den relativ einfach formuliert werden können:

```
terminAuswahl: eineTerminauswahl
    "Öffentliche Methode liefert alle Termine, die zwischen
    den durch eineTerminauswahl spezifizierten Daten liegen"

    | liste terminListe |

    liste := SortedCollection new.
    collectionOfTermine do:
        [ :termin |
        (termin istZeitraum and: [ terminListe isNil ])
            ifTrue:
                [ terminListe := eineTerminauswahl terminListe.
                ].
        liste addAll:
                (termin alleTermineFuer: eineTerminauswahl
                    mitListe: terminListe)
        ].

    ^liste
```

Die Methode *terminAuswahl:* erhält als Parameter ein Exemplar der
Klasse *TVTerminauswahl.* Zunächst wird die lokale Variable *liste* als

SortedCollection definiert. Dann wird in einer Schleife über die *collectionOfTermine* gelaufen und mit der noch zu implementierenden Methode *istZeitraum* geprüft, ob das jeweilige Terminexemplar einen Zeitraum darstellt und ob die lokale Variable *terminListe* den Wert *nil* hat. Trifft beides zu, wird von der Terminauswahl eine Liste aller Termine angefordert, die im Auswahlzeitraum liegen, und in *terminListe* gespeichert. Über das jeweilige Terminexemplar werden dann mit der Methode *alleTermineFuer:mitListe:* als Einzeltermine ermittelt und in *liste* gespeichert. Als Ergebnis der Methode wird die Liste zurückgegeben.

Zur Prüfung, ob ein Terminexemplar ein Zeitraum ist, muß jetzt noch die Methode *istZeitraum* in den beiden Klassen *TVZeitpunkt* und *TVZeitraum* implementiert werden:

```
istZeitraum
    "Liefert immer false"


    ^false
```

Obige Methode muß als Exemplarmethode in *TVZeitpunkt* realisiert werden. Die Methode liefert immer *false*, weil ein Zeitpunkt kein Zeitraum ist.

```
istZeitraum
    "Liefert immer true"
    ^true
```

Die in der Klasse *TVZeitraum* als Exemplarmethode zu implementierende Methode *istZeitraum* liefert immer *true*, da ab der Klasse *TVZeitraum* alle Terminexemplare einen Zeitraum angeben können.

```
terminTest
    "Öffentliche Methode testet, ob momentan Termine aktuell
     sind. Die aktuellen Termine werden in einem Set zurückgegeben."
    | setOfTermine auswahl datum zeit tagesIndex |

    auswahl := TVTerminauswahl new initialisiere.
    zeit := Time now.
    datum := Date today.
    auswahl datum: datum;
        endDatum: datum;
        setOfWochentage: (Set with: datum dayIndex);
        setOfMonatstage: (Set with: datum dayOfMonth).
    tagesIndex := (datum dayOfMonth - (datum daysInMonth)).
    (tagesIndex >= -3) ifTrue: [
        auswahl setOfMonatstage add: (35 + tagesIndex). ].
```

```
setOfTermine := OrderedCollection new.
collectionOfTermine do: [ :termin |
    (termin hatLetztenAlarm: datum)
        ifFalse: [ ((termin ueberlapptMit: auswahl)
                and: [termin istZeitGueltig: zeit ])
            ifTrue: [
                termin letzterAlarm: datum.
                setOfTermine add: termin ] ].
].

^setOfTermine
```

Die Methode *terminTest* ermittelt, ob zum gerade aktuellen Systemdatum und zur Systemzeit Termine erreicht werden, so daß der Benutzer benachrichtigt werden muß. Zu diesem Zweck wird zunächst in der lokalen Variablen *auswahl* ein neues Exemplar der Klasse *TVTerminauswahl* gespeichert sowie in der lokalen Variablen *zeit* die aktuelle Zeit und in der lokalen Variablen *datum* das aktuelle Datum. In dem Terminauswahl-Exemplar werden Anfangs- und Enddatum auf das aktuelle Datum gesetzt, in *setOfWochentage* wird ein *Set* mit dem aktuellen Tagesindex und in *setOfMonatstage* ein *Set* mit dem aktuellen Monatstag gespeichert. Die Monatstage zwischen 32 und 35 werden ebenfalls berücksichtigt. Danach wird die lokale Variable *setOfTermine* als *OrderedCollection* definiert. Anschließend wird in einer Schleife über die *collectionOfTermine* gelaufen und für jedes Terminexemplar mit der noch zu implementierenden Methode *hatLetztenAlarm:* geprüft, ob für dieses Exemplar an dem aktuellen Tag bereits Alarm gegeben wurde. Ist dies nicht der Fall, wird mit der Methode *ueberlapptMit:* geprüft, ob das Exemplar der lokal erzeugten Auswahl entspricht, und mit der noch zu implementierenden Methode *istZeitGueltig:* wird geprüft, ob das Exemplar als Zeit die aktuelle Zeit hat. Falls dies zutrifft, wird bei dem Exemplar mit der Methode *letzterAlarm:* das aktuelle Datum gesetzt, als Kennzeichen, daß für dieses Datum bereits Alarm gegeben wurde, und das Exemplar wird in *setOfTermine* eingefügt. Als Ergebnis der Methode wird *setOfTermine* zurückgeliefert. Dort sind alle Terminexemplare enthalten, für die (spätestens) jetzt Alarm gegeben werden muß.

Als zusätzliche Methoden in der Klasse *TVZeitpunkt* müssen außerdem noch die beiden Exemplarmethoden *hatLetztenAlarm:* und *istZeitGültig:* eingefügt werden:

```
hatLetztenAlarm: einDatum
    "liefert true. wenn letzerAlarm gespeichert wurde"
```

```
letzterAlarm isNil ifTrue: [ ^false ].
^letzterAlarm = einDatum
```

Falls die Exemplarvariable *letzterAlarm* den Wert *nil* hat, liefert die
Methode *hatLetztenAlarm:* ein *false* zurück, sonst liefert sie das Ergebnis des Vergleichs von *letzterAlarm* und dem übergebenen Parameter *einDatum* (also *true* bei Gleichheit, sonst *false*).

```
istZeitGueltig: eineZeit
    "Liefert true, wenn eineZeit mit der uhrzeit
    übereinstimmt bzw. wenn uhrzeit nil ist."

    uhrzeit isNil
        ifTrue: [ ^true ].

    ^uhrzeit = eineZeit.
```

Falls die Exemplarvariable *uhrzeit* den Wert *nil* hat, liefert die Methode *istZeitGueltig:* ein *true* zurück, sonst liefert sie das Ergebnis
des Vergleichs von *uhrzeit* und dem übergebenen Parameter *eine-
Zeit* (also *true* bei Gleichheit, sonst *false*).

```
druckeTermineMit: terminAuswahl
    "Ausgabe der Termin, die durch terminAuswahl
     spezifiziert werden"

    | ws |

    ws := WriteStream on: String new.
    terminAuswahl printOn: ws.
    ws cr;cr.

    (self terminAuswahl: terminAuswahl) do: [ :termin |
        termin printOn: ws.
        ws cr. ].

    ws cr;nextPutAll: 'TERMINER by S. Tietjen & E. Voss; '.
    ws nextPutAll: ' Copyright by Vieweg-Verlag 1996'.

    [ Printer print: ws contents
        font: nil
        title: TvAnwendungsLabel. ] forkAt: 3.
```

Die Methode *druckeTermineMit:* dient zum Ausdruck einer Liste
von Terminen, wobei der Zeitraum, für den ausgedruckt werden
soll, durch ein als Parameter übergebenes *TVTerminauswahl*-
Exemplar festgelegt wird. Zum Ausdruck wird zunächst in der loka-

len Variablen *ws* ein neuer *WriteStream* auf einer Zeichenkette gespeichert. Mit der *printOn:*-Methode für *TVTerminauswahl*-Exemplare werden dann die Angaben der Auswahl in das *WriteStream*-Exemplar geschrieben, gefolgt von zwei Zeilenvorschüben. Danach werden in einer Schleife alle Termine innerhalb der Auswahl ebenfalls in den *Stream* geschrieben, gefolgt jeweils von einem Zeilenvorschub. Damit sind die auszudruckenden Daten komplett in *ws* enthalten, und es wird jetzt in *dialog* ein neues *PrintDialog*-Exemplar erzeugt und geöffnet. Schlägt das Öffnen fehl, wird die Methode mit dem Rückgabewert *nil* verlassen. Sonst wird aufgrund des *PrinterDialogs* der lokalen Variablen *printer* ein *Printer*-Exemplar zugewiesen, über das der als Inhalt von *ws* vorhandene String mit den Ausdruckdaten mit der Methode *print:font:title:* gedruckt werden kann. Der *String* mit den Ausdruckdaten wird dabei hinter dem Nachrichtenteil *print:* als Parameter übergeben, als Titel hinter dem Nachrichtenteil *title:* wird die Sprachkonstante *TvAnwendungsLabel* verwendet, die vor dem Speichern dieser Methode im *Pooldictionary* der Sprachkonstanten definiert werden muß. Zu beachten ist noch, daß die Methode zum Drucken in eckigen Klammern steht, die einen Block definieren, an den die Nachricht *fortAt:* geschickt wird. Diese Nachricht bewirkt, daß das Drucken als eigenständiger Prozeß gestartet wird.

Mit dieser Methode ist die Implementierung der Funktionalität des Modells abgeschlossen.

6.1.10   Abschlußarbeiten und Tests im *Workspace*

Als Abschlußarbeiten nach der Implementierung ist nicht viel zu tun. Was in diesen Fall zunächst erfolgen könnte, ist die Prüfung, in welchen der implementierten Klassen das Pooldictionary *TVSprachKonstanten* verwendet wurde. In allen Klassen, die dieses *Dictionary* nicht verwenden, kann es anschließend aus der Klassendefinition entfernt und die Klassendefinition neu kompiliert werden. In diesem Fall werden die *TVSprachKonstanten* in den Klassen *TVKalenderModell*, *TVTerminauswahl* und *TVTerminmanager* weiter benötigt, während Sie aus den Klassen *TVEinzeltermin*, *TVZeitpunkt*, *TVZeitraum*, *TVMonatstage* und *TVWochentage* entfernt werden können.

Als nächstes sollten Sie durch Evaluieren des Ausdrucks *Smalltalk compressChanges* in einem *Workspace* oder dem *Transcript* das System veranlassen, die CHANGE.LOG-Datei zu komprimieren, so daß nur noch der dem System aktuell hinzugefügte Programmcode, nicht aber die komplette, eventuell längere Änderungshistorie der einzelnen Methoden in dieser Datei steht.

Nachdem eine gewisse Funktionalität implementiert ist, kann ein Smalltalk-Programm sofort getestet werden. In diesem Fall ist das komplette Modell implementiert, so daß es jetzt auch komplett getestet werden kann. Dieses Testen erfolgt durch Schreiben von Programmcode in einem *Workspace*, mit dem Exemplare erzeugt, angezeigt, inspiziert, verändert und gelöscht werden. Dabei gibt es zwei Möglichkeiten, die erzeugten Exemplare zu handhaben, die unterschiedliche Vor- und Nachteile besitzen:

- Erzeugte Exemplare können in lokalen Variablen gespeichert werden, die vor einem im *Workspace* auszuführenden Programmcode in senkrechten Strichen deklariert werden. Vor- und gleichzeitig Nachteil dieser Vorgehensweise ist der temporäre Charakter der lokalen Variablen. Die Lebensdauer der lokalen Variablen ist auf die Ausführung des Programmcodes und eventuell geöffneter Fenster (beisipielsweise eines *Inspectors*) beschränkt. Nach Ablauf beziehungsweise Schließen des Fensters sind die Variablen nicht mehr vorhanden, so daß man die Exemplare nicht, beispielsweise mit weiterem Programmcode, weiterbearbeiten kann.

- Erzeugte Exemplare können in globalen Variablen gespeichert werden, die global im Smalltalk-System deklariert werden. In diesem Fall bleiben die in solchen Variablen gespeicherten Exemplare solange erhalten, bis die Variable explizit wieder aus dem System entfernt wird, so daß eine Weiterbearbeitung jederzeit beliebig erfolgen kann. Andererseits müssen die globalen Variablen irgendwann auch explizit aus dem Smalltalk-System entfernt werden, allein schon, um den von ihnen beanspruchten Speicherplatz wieder freizugeben. Es bietet sich daher an, die Namen solcher zu Testzwecken deklarierten, globalen Variablen so zu wählen, daß sie bei der Bearbeitung des Smalltalk-Systemdictionary einfach zu finden und zu entfernen sind.

In der Praxis findet man beim Testen beide Vorgehensweisen, wobei die Variante mit den lokalen Variablen bei kurzen Tests verwendet wird, bei denen erzeugte Exemplare nicht weiter manipuliert werden müssen, während bei komplexeren Tests globale Variablen Verwendung finden, in denen die Exemplare erhalten bleiben und weiterverarbeitet werden können.

·Aufgabenstellung:
Testen Sie das Modell, in dem Sie beispielsweise in einem *Workspace* Programmcode zur Erzeugung von Terminexemplaren und zum Speichern dieser Exemplare in einem ebenfalls erzeugten *Terminmanager* schreiben. Inspizieren Sie die von Ihnen erzeugten Exemplare.

Lösung:
Als Lösung angegeben werden einige Beispiele für Programmcode, der verschiedene Aspekte des Modells testet:

```
TVZeitpunkt new initialisiere
```
Mit dieser Zeile wird die Erzeugung eines *TVZeitpunkt*-Exemplares getestet. Wenn die Zeile mit dem Menüpunkt *Inspect-It* ausgeführt wird, sollte sich ein *Inspector* auf einem neuen *TVZeitpunkt*-Exemplar öffnen. Durch Positionieren auf der Exemplarvariablen *terminAktionSet* sollte festgestellt werden, daß diese Variable als Exemplar der Klasse *Set* definiert wurde.

```
TVTerminmanager new initialisiere
```

Wenn diese Zeile mit dem Menüpunkt *Inspect-It* ausgeführt wird, wird ein *Terminmanager* erzeugt und inspiziert. Auch hier sollte im *Inspector* überprüft werden, ob die Exemplarvariablen richtig initialisiert wurden.

```
| manager termin |
termin := TVWochentage new initialisiere.
manager := TVTerminmanager new initialisiere.
manager einfuegenTermin: termin.
manager inspect
```

Durch Ausführung dieses Programmes werden in der temporären Variablen *termin* ein neues *TVWochentage*-Exemplar und in der temporären Variablen *manager* ein neues *TVTerminmanager*-Exemplar erzeugt. Der Termin wird dann im *Terminmanager* gespeichert, und dieser wird inspiziert. Es sollte sich jetzt feststellen lassen, daß der neue Termin im *Terminmanager* vorhanden ist.

```
| manager termin |
termin := TVZeitpunkt new initialisiere.
manager := TVTerminmanager new initialisiere.
manager einfuegenTermin: termin.
```

```
manager speichereTermine: 'TERMIN.DAT'.
manager inspect
```

Dieses Programm erweitert das vorherige Programm um das Speichern der Terminliste (mit einem Exemplar) in einer Datei mit dem Namen TERMIN.DAT.

Die Tests lassen sich beliebig fortsetzen und sehr komplex gestalten. Da sich der Inhalt eines *Workspace* speichern läßt, ist es auch möglich, komplexe Testprotokolle aufzubauen, die nach Änderungen oder Erweiterungen eines Smalltalk-Programms dazu genutzt werden können, zu testen, ob sich nach der Bearbeitung eventuell Fehler im Programm befinden.

6.2 Erstellung der Fenster

Im vorherigen Abschnitt wurden die Modell- und Datenklassen für die Beispielanwendung implementiert und getestet. In diesem Abschnitt wird der Sichtenanteil des Beispiels realisiert. Der Einstiegspunkt für die Anwendung soll ein Übersichtsfenster sein. Die hierfür benötigte Klasse wird zunächst angelegt.

6.2.1 Das Übersichtsfenster

Das Übersichtsfenster soll alle Eigenschaften eines „normalen" Fensters haben. Dazu gehören folgende Eigenschaften:

1. Veränderung der Größe

2. System-Menü

3. Fensterüberschrift

4. Knopf zum Minimieren (Darstellung des Symbols)

5. Knopf zum Maximieren

6. Ein Datei- und ein Bearbeiten-Menü

7. Einen Bereich zum Darstellen der aktuellen Uhrzeit und des Datums

8. Eine Liste zum Auflisten der Termine einschließlich eines Popup-Menüs

9. Einen Bereich in dem dargestellt wird, welcher Zeitraum gerade angezeigt wird.

Um die äußere Darstellungsform zu erreichen, wird unterhalb der Klasse *ViewManager* die Klasse *TVTerminUebersichtsFenster* angelegt. In dieser neuen Klasse wird eine Methode *oeffnen* implementiert.

Aufgabenstellung:
Legen Sie die neue Klasse und die Methode *oeffnen* mit einem
ClassHierarchyBrowser an. Versehen Sie die Methode mit einem
Kommentar. Die erste Anweisungszeile in der *oeffnen*-Methode soll
self label: 'Übersichtsfenster'. lauten, die zweite Zeile enthält die
Anweisung *self openWindow*. Führen sie die neue Methode in ei-
nem *Workspace*-Fenster aus.

Lösung:

Im *Workspace*-Fenster haben Sie den Ausdruck *TVTerminUebersichtsFenster new oeffnen* evaluiert, und es hat sich ein Fenster geöffnet, das die oben geforderten Bedingungen 1 bis 5 erfüllt. Um
also ein einfaches Fenster zu öffnen, ist nicht mehr zu programmieren als dieses kleine Beispiel. Um jedoch die Forderungen 6 bis 9
zu realisieren, ist ein wenig mehr Programmieraufwand nötig.

Zur Aufnahme jeweils eines Exemplares der Klassen *TVTerminmanager* und *TVTerminauswahl* werden in der Klasse *TVTermin-
UebersichtsFernster* die Exemplarvariablen *terminManager* und *terminAuswahl* definiert. Gleichzeitig fügen wir ein paar Pooldictionaries zur Klasse hinzu:

- *TVSprachKonstanten* zum Zugriff auf die Ausgabetexte

- *ColorConstants* enthält Werte für 16 Grundfarben sowie für De-
  faulteinstellungen.

- *CharacterConstants* enthält Variablen für bestimmte Zeichen wie
  zum Beispiel das Leerzeichen oder das Tabulatorzeichen.

- Das Pooldictionary *VirtualKeyConstants* enthält konstante Werte
  für beispielsweise die Funktionstasten, die Tabulatortaste oder
  die Shift-Tasten.

Sind diese Schritte durchgeführt, so existiert folgende Klassendefinition:

```
ViewManager subclass: #TVTerminUebersichtsFenster
   instanceVariableNames:
     'terminManager terminAuswahl '
   classVariableNames: ''
   poolDictionaries:'CharacterConstants  ColorConstants
        TVSprachKonstanten VirtualKeyConstants  '
```

Definition der *oeffnen*-Methode
Jedes Fenster besteht aus einem Rahmenfenster und den Fensterkomponenten. Das Rahmenfenster ist immer ein Exemplar aus der

Hierarchie unterhalb der Klasse *ApplicationWindow.* Hierzu gehören die Klassen *TopPane* und *DialogTopPane.* In diesen Klassen ist das gesamte Verhalten implementiert, das zur Steuerung von Fenstern benötigt wird.

An einem Rahmenfenster sind die einzelnen Fensterkomponenten verankert. Hierzu gehören die Exemplare der Unterklassen von *SubPane.* Innerhalb dieser Klassen ist das Verhalten realisiert, das die einzelnen Fensterkomponenten ausmacht. In der Klasse *Button* ist zum Beispiel die Funktionalität implementiert, die benötigt wird, um auf das Drücken eines Knopfes zu reagieren. Weiterhin sind Methoden vorhanden, um das Verhalten selbst zu steuern. Für alle Fensterkomponenten, die durch das Windows-System zur Verfügung gestellt werden, gibt es im Smalltalk-System eine Klasse, die dem Entwickler die Verwendung der Komponenten in eigenen Programmen einfach ermöglicht.

Die Klassenhierarchie unterhalb von *ViewManager* erlaubt es dem Programmierer, innerhalb einer eigenen Klasse, momentan ist das die Klasse *TVTerminUebersichtsFenster,* ein eigenes Verhalten des gesamten Fensters zu implementieren. Dieses stellt den bereits mehrfach erwähnten *Sicht-* oder *View*-Teil einer Anwendung dar. Soll das Verhalten des Fenster ein Dialogverhalten sein, so steht hierfür die Klasse *WindowDialog* unterhalb von *ViewManager* zur Verfügung.

In der Klasse *ViewManager* ist nur eine Exemplarvariable definiert, die das Exemplar für das Rahmenfenster aufnimmt. Die Klasse dieses Rahmenfensters ist durch eine Methode *topPaneClass* festgelegt. In der Klasse *ViewManager* liefert diese Methode die Klasse *TopPane,* in der Klasse *WindowDialog* die Rahmenfensterklasse *DialogTopPane.*

Ein Großteil der Methoden der Klasse *ViewManager* wird nur dazu verwendet, Informationen an das Rahmenfensterexemplar weiterzuleiten. Das Rahmenfenster wird automatisch erzeugt, wenn ein Methodenaufruf das erste Mal weitergeleitet werden soll.

Aufgabenstellung:

Entfernen Sie aus der *oeffnen*-Methode die Zeile mit der Nachricht *label:.* Führen Sie die *oeffnen*-Methode erneut aus. Da diesmal kein Fenster geöffnet wird, versuchen Sie, den Grund hierfür mit Hilfe des Debuggers zu ermitteln. Fügen Sie dazu vor der Nachricht *openWindow* die Zeile *self halt.* ein und führen Sie die *oeffnen*-Methode erneut aus. Ergänzen Sie hinter der *halt*-Zeile wieder die *label:*-Anweisung. Wiederholen Sie das Öffnen.

Lösung:

Das Fenster wird nicht geöffnet, weil die *label:*-Anweisung fehlt. Diese führt dazu, daß innerhalb der Klasse *ViewManager* überprüft wird, ob bereits das Rahmenfenster erzeugt wurde. Wenn dieses nicht der Fall ist, so wird es erzeugt und die Nachricht *label:* an das Rahmenfenster weitergeleitet. Die Anweisung *self openWindow* geht nicht davon aus, daß ein Rahmenfenster existiert. Nur wenn vorher eines definiert wurde, wird auch ein Fenster geöffnet.

Doch kommen wir nun zur Definition des Übersichtsfensters. Die vollständige Methode zur Definition des Fensters und Teilen der Funktionalität hat folgendes Aussehen:

```
oeffnen
     "Öffnet das Termin-Übersicht-Fenster."

| sfh pane |

sfh := SysFont height.


    self backColor: ClrPalegray.
    self owner: self.


    self mainView when: #menuBarBuilt send: #baueMenuesAuf:
         to: self with: self.
    self mainView when: #aboutToClose send: #schliessen:
         to: self with: self mainView.
    self mainView when: #closed send: #geschlossen:
         to: self with: self.
    self mainView when: #timer: send: #testTermin:
         to: self with: self.


    "aktuelles Datum und Uhrzeit"
    self addSubpane: (StaticText new owner: self;
        centered:
        contents: TvUhrzeitUndDatum;
        setName: 'Termin';
        framingBlock: [ :box |
           (box leftTop rightAndDown: 10@10)
           extentFromLeftTop: (box width - 20)@(sfh + 4)]).


    "Liste der Termine anzeigen"
    self addSubpane: ( (pane := ListBox new) owner: self;
        setName: #zeigeTerminListe:;
        when: #needsContents send: #zeigeTerminListe:
             to: self with: pane;
        backColor: ClrWhite;
        font: Font fixedSystemFont;
        framingBlock: [ :box |
```

```
            (box leftTop rightAndDown: (10@(24 + sfh)))
            extentFromLeftTop:
            (box width - 20)@(box height - (24 + sfh * 2))]).

    "Anzeigezeitraum darstellen"
    self addSubpane: (StaticText new owner: self;
        centered;
        contents: String new;
        setName: 'Anzeige';
        framingBlock: [ :box |
            (box leftBottom rightAndUp: 10@(sfh * 2 + 4))
            extentFromLeftTop:
            (box width - 20)@(sfh * 2 + 4)]).
    self openWindow.
    self initialisieren: self mainView.
```

Diese Methode enthält eine lokale Variable *sfh*, die die Höhe des
als *SysFont* verwendeten Zeichensatzes enthält. Diese Variable wird
eingeführt, da ansonsten der Ausdruck *SysFont height* zu häufig
verwendet werden müßte.

Das Fenster soll in den Bereichen, in denen keine Fensterkomponente dargestellt wird, mit Hellgrau gefüllt werden. Dieses wird
durch die Anweisung *self backColor: ClrPalegray* festgelegt. Diese
Farbe wird für alle weiteren Teilfenster verwendet, wenn bei den
einzelnen Exemplaren kein eigener Wert angegeben wird. Ist überhaupt keine Farbangabe gemacht, so wird die Voreinstellung vom
Windows-System übernommen.

Die Zeile *self owner: self.* legt den Besitzer für das Rahmenfenster
fest. Dem Besitzer eines Rahmenfensters kommen zwei Aufgaben
zu. Zum einen kann in der Klasse des Besitzerexemplares eine Methode *initWindowSize* implementiert sein, die die Größe des zu er-
zeugenden Fensters festlegt. Ist diese Methode nicht vorhanden, so
wird ein Fenster mit einer voreingestellten Größe geöffnet. Das Ergebnis der Methode *initWindowSize* kann sowohl ein Rechteck
sein, ein Exemplar der Klasse *Rectangle*, und damit die absolute
Position auf dem Bildschirm bestimmen, andererseits kann auch ein
Exemplar der Klasse *Point* zurückgeliefert werden. Das neue Fenster
wird dann mit der X- und Y-Ausdehnung, die der Punkt enthält, an
einer beliebigen Position auf dem Bildschirm angezeigt.

Für unser Übersichtsfenster wird eine Methode implementiert, die
einen Punkt zurückliefert, dessen X-Koordinate zwei Drittel der
Bildschirmbreite ausmacht und dessen Y-Wert der halben Höhe des
Bildschirmes entspricht.

```
initWindowSize
    "Fenstergröße festlegen."

    ^(Display width * 2 // 3) @ (Display height // 2)
```

Display enthält ein Exemplar der Klasse *Screen*. Mit der Nachricht *width* kann die X-Ausdehnung, mit *height* die Y-Ausdehnung in Bildpunkten des Bildschirms ermittelt werden. Die Nachricht „@" macht aus den beiden Einzelangaben ein Exemplar der Klasse *Point*.

Die zweite Aufgabe, die dem Besitzer eines Rahmenfensters zukommt, ist das Bearbeiten von Ereignissen, die am Rahmenfenster auftreten. Für die Fensterkomponenten kann ebenfalls ein Besitzer angegeben werden, der auf die Ereignisse der einzelnen Fensterkomponenten reagieren kann.

Was sind im Smalltalk-System Ereignisse? Zur Klärung dieser Frage sollen zuerst ein paar Beispiele aufgelistet werden:

- Wird ein Knopf gedrückt, dann wird ein Ereignis *#clicked* ausgelöst.

- Wird in einer Liste ein Eintrag markiert, so wird das Ereignis *#select* ausgelöst.

- Soll ein Rahmenfenster geschlossen werden, so wird vor dem Schließen das Ereignis *#close* ausgelöst.

Ein Ereignis wird in einer beliebigen Klasse durch eine *triggerEvent:*-Nachricht gestartet, beispielsweise durch die Zeile *self triggerEvent: #clicked*. Nun wird überprüft, ob eine Reaktion zu diesem Ereignis definiert worden ist. Zu jedem einzelnen Exemplar können unterschiedliche Reaktionen definiert werden. Diese Reaktionen bestehen aus Methodennamen, die für ein beliebiges Exemplar definiert sind. Ist zu einem Ereignis keine Reaktionsmethode angegeben, so wird das Ereignis nicht weiter verarbeitet. Wie eine Reaktion aussehen soll, wird einem Exemplar durch die *when:send:to:with*-Anweisung bekannt gemacht. In der *oeffnen*-Methode werden dem Rahmenfenster vier solcher Definitionen übermittelt:

```
self mainView when: #menuBarBuilt send: #baueMenuesAuf:
    to: self with: self.
self mainView when: #aboutToClose send: #schliessen:
    to: self with: self mainView.
self mainView when: #closed send: #geschlossen:
    to: self with: self.
self mainView when: #timer: send: #testTermin:
    to: self with: self.
```

Die erste Anweisung legt fest, daß die Nachricht *baueMenuesAuf:* an den Besitzer des Rahmenfensters gesendet wird, wiederum mit dem Besitzer des Rahmenfensters als Parameter versehen, wenn das Ereignis *#menuBarBuilt* aufgetreten ist.

Bei Auftreten des Ereignisses *#aboutToClose* soll die Besitzermethode *schliessen:* ausgeführt werden. Diese erhält ebenfalls den Besitzer des Rahmenfensters als Parameter. Dieses Ereignis wird ausgelöst, wenn das Fenster durch den Anwender oder das Programm geschlossen werden soll. Das Schließen selbst wird aber nicht unbedingt durchgeführt, wie später gezeigt wird.

Nach dem Schließen des Fensters wird die Nachricht *#geschlossen:* ausgeführt.

Wenn das *#timer*-Ereignis auftritt, dann soll die Methode *testTermin:* des Besitzers des Rahmenfensters ausgeführt werden. Als Parameter erhält die Methode den Besitzer des Rahmenfensters übergeben.

Jedem Ereignis kann nur eine Methode zugewiesen werden, die jeweils den Auslöser des Ereignisses als Parameter erhält sowie den Empfänger als auch Parameter für die auszuführende Methode. Die möglichen Ereignisse können durch die Klassenmethode *constructEventsTriggered* abgefragt werden. Alle Klassen des Smalltalk-Systems verstehen diese Nachricht.

Nachdem die notwendigen Ereignisse des Rahmenfensters mit Reaktionsmethoden versehen wurden, werden nun die einzelnen Fensterkomponenten spezifiziert. Dazu werden mit der Nachricht *addSubpane:* die abhängigen neuen Fensterkomponenten einzeln dem Rahmenfenster zugefügt. Dem Übersichtsfenster werden drei Komponenten zugefügt, zwei statische Fenster für die Anzeige von Datum und Uhrzeit sowie zum Anzeigen des Anzeigezeitraums. Die dritte Komponente listet die ausgewählten Termine auf.

Die Anzeige der aktuellen Uhrzeit und des Datums erfolgt in einem *StaticText.* Alle statischen Fenster dienen ausschließlich der Darstellung von Informationen. Der Benutzer kann keine Eingaben tätigen.

Dieser statische Text erhält als Besitzer wiederum das Exemplar der Klasse *TVTerminUebersichtsFenster.* Um später auf dieses *StaticText*-Exemplar zugreifen zu können, erhält es den Namen *Termin.* Der in diesem Teilfenster darzustellende Text, als Voreinstellung wird der Inhalt der Poolvariablen *TvUhrzeitUndDatum angezeigt,* soll horizontal zentriert sein. Der Block, der der Nachricht *framingBlock:* als Parameter mitgegeben wird, errechnet ein Rechteck, das die Position dieses Textes bezüglich des Rahmenfensters angibt. Wird das gesamte Übersichtsfenster aufgebaut, so wird dieser Block evaluiert. Als Parameter (*box*) wird ihm das Rechteck mitgegeben, in dem das Rahmenfenster dargestellt wird. Eine Ecke dieses Rechtecks liegt im Ursprung des Koordinatensystems, hat also einen Punkt mit den X- und Y-Koordinaten Null.

In Abschnitt 4.2 wurde bereits das Problem der Portierung angesprochen. Windows hat seinen Koordinatenursprung in der linken oberen Bildschirmecke. Bei OS/2 liegt dieser in der linken unteren Ecke. Um koordinatenunabhängig zu sein, erfolgt die Berechnung des Rechtecks ausschließlich über Methoden, die unabhängig vom Koordinatensystem sind.

Die Anweisung *box leftTop* liefert die Eckkoordinaten für die linke obere Ecke. Wird diesem Punkt die Nachricht *rightAndDown:* mit dem Parameter *10@10* geschickt, liegt danach ein Punkt vor, der vom Rahmenfenster 10 Pixel nach rechts und 10 Pixel nach unten verschoben liegt. Dieser Punkt bildet die linke obere Ecke des statischen Textes. Um ein Rechteck zu erhalten, wird diesem Punkt die Nachricht *extentFromLeftTop:* mit einem Punkt als Parameter geschickt, der die X- und Y-Ausdehnung angibt. Das statische Textfenster soll 20 Pixel schmaler sein als das Rahmenfenster. Die Höhe ergibt sich aus der Höhe des Systemzeichensatzes plus vier Pixel.

Die Verwendung von Blöcken zur Berechnung der Fensterposition hat den Vorteil, daß bei der Größenänderung des Rahmenfensters die Position der Teilfenster sehr einfach neu berechnet werden kann. Die Neuberechnung erfolgt automatisch durch das Smalltalk-System.

Mehr Angaben sind nicht nötig, um das Unterfenster zur Darstellung der aktuellen Uhrzeit und des Datums aufzubauen. Wie diese Informationen dann zur Laufzeit im Fenster dargestellt werden, folgt zu einem späteren Zeitpunkt. Alle weiteren Angaben, wie beispielsweise über den Zeichensatz oder die Schriftfarbe, werden mit Standardwerten besetzt.

Neben der Darstellung von Texten stehen noch Klassen zur Darstellung von *Icons* und zur Darstellung von Rahmen und Kästen zur Verfügung.

Eine Auswahl von Terminen wird in einer Listenkomponente dargestellt. Hierfür wird ein Exemplar der Klasse *ListBox* verwendet. Dieses Exemplar wird wieder mit einem Besitzer und dem Namen *#zeigeTerminListe:* versehen. Die Hintergrundfarbe wird explizit auf Weiß gesetzt. Um eine formatierte Ausgabe zu erhalten, erhält die

Listenkomponente einen nichtproportionalen Zeichensatz (*Font fixedSystemFont*), in dem alle Zeichen die gleiche Breite haben.

Die Zeile *when: #needsContents send: #zeigeTerminListe: to: self with: pane* definiert eine Reaktionsnachricht auf ein Ereignis. Wird das Ereignis *#needsContents* von der Fensterkomponente ausgelöst, so wird dem Besitzerexemplar die Nachricht *zeigeTerminListe:* gesendet. In dieser Methode kann dann die Listenkomponente, gespeichert im Parameter *pane*, mit Inhalt versehen werden.

Der Block zur Berechnung der Position ist wieder koordinatenunabhängig definiert. Er berechnet ein Rechteck, dessen linke obere Ecke 10 Pixel und *24 + Höhe des Systemzeichensatzes* gegenüber der linken oberen Ecke des Rahmenfensters verschoben ist. Das Listenfenster ist 20 Pixel schmaler (*box width - 20*) als das Rahmenfenster. Die Höhe des Listenfensters ist *zweimal 24 + Höhe des Systemzeichensatzes* geringer als das Rahmenfenster (*box height - (24 + sfh * 2)*). Beachten Sie, daß der Ausdruck *24 + sfh * 2* nicht nach der Regel „Punkt vor Strich" sondern von links nach rechts abgearbeitet wird. Die Größe des Listenfensters wird wiederum neu berechnet, wenn sich die Größe des Rahmenfensters ändert.

Für die Darstellung des Anzeigezeitraums wird wiederum ein *StaticText* verwendet. Der Besitzer wird gesetzt und das Teilfenster mit dem Namen *Anzeige* versehen. Die Anzeige des Textes, der zu Anfang aus einem leeren *String* besteht, erfolgt, wie im ersten Fall, horizontal zentriert.

Die Berechnung des Positionsrechtecks erfolgt bei diesem Teilfenster ausgehend von der linken unteren Ecke des Rahmenfensters (*box leftBottom*) nach rechts und nach oben (*rightAndUp:*). Die Ausdehung geht erneut von der linken oberen Ecke aus (*extentFromLeftTop:*). Sie beträgt in X-Richtung 20 Pixel weniger als die Rahmenfensterbreite (*box width - 20*) und in Y-Richtung die Höhe des Systemzeichensatzes plus vier Pixel (*sfh + 4*).

Die bekannte Anweisung *self openWindow* öffnet das Übersichtsfenster. Die Anweisung *self initialisieren: self mainView.* sorgt für die Belegung der Exemplarvariablen, das Starten des Zeitgebers und der Anzeige weiterer Informationen.

Aufgabenstellung:
Evaluieren Sie den Ausdruck *TVTerminUebersichtsFenster new oeffnen*, um das Übersichtsfenster zu öffnen. Es erscheint ein Fenster

mit einer Fehlermeldung. Diese Fehlermeldung besagt, daß eine Methode, die in der *oeffnen*-Methode angegeben wurde, nicht verstanden wird. Implementieren Sie die erwartete Methode in der Klasse *TVTerminUebersichtsFenster,* ohne auch schon den Methodenrumpf zu realisieren, also nur den Methodennamen und unter Umständen einen Parameter. Öffnen Sie das Fenster erneut, und behandeln Sie die Fehlermeldungen, wie hier beschrieben wurde, bis sich das Fenster fehlerfrei öffnen läßt. Implementieren Sie die *initWindowSize*-Methode, um die richtige Fenstergröße zu erhalten.

Lösung:

Zum Öffnen des Fenster müssen Sie die Methoden *initialisieren:*, *baueMenuesAuf:* und *zeigeTerminListe:* implementieren. Um Abschlußarbeiten vor dem Schließen des Fensters durchführen zu können, ist die Methode *schliessen:* notwendig. Als letzte Methode ist die Methode *geschlossen:* zu realisieren. Die Methode *testTermin* ist noch nicht notwendig, da noch kein Zeitgeber gestartet wurde.

Initialisierung des Fensters

Es ist zum jetzigen Zeitpunkt zwar möglich, das Fenster zu öffnen, doch wird bislang weder die Fensterüberschrift angezeigt noch die aktuelle Uhrzeit oder der Anzeigezeitraum. Auch die Exemplarvariablen *terminManager* und *terminAuswahl* wurden noch nicht mit geeigneten Exemplaren belegt. All diese Aktionen werden in der Methode *initialisieren:* realisiert, die bereits existiert, aber noch über keinen Methodenrumpf verfügt.

Die Exemplarvariable *terminManager* wird mit einem Exemplar der Klasse *TVTerminmanager* belegt. In der Variablen *terminAuswahl* wird ein Exemplar der Klasse *TVTerminauswahl* gespeichert. Die Exemplarvariablen der beiden neuen Exemplare werden jeweils durch die Nachricht *initialisiere* mit Anfangswerten belegt.

Zur zyklischen Anzeige des Datums und der aktuellen Uhrzeit muß ein Zeitgeber gestartet werden. Das Anzeigen durch eine Endlosschleife ist nicht akzeptabel, da diese die gesamte Rechenzeit des Computers verbrauchen würde. In der Klasse *Time* gibt es zwei Klassenmethoden, die die Einrichtung und Entfernung eines Zeitgebers realisieren. Ein Zeitgeber hängt im Smalltalk-System immer an einem Rahmenfenster. Außerdem wird eine laufende Nummer benötigt, da es möglich ist, mehrere Zeitgeber an ein Rahmenfenster zu koppeln. Der dritte Parameter gibt an, in welchem Zeitintervall das Rahmenfenster auf ein Zeitereignis hingewiesen werden soll.

Diese Angabe erfolgt in Millisekunden. Die Anweisung *Time start-Timer: 1 period: 1000 forWindow: rahmenfenster* startet den Zeitgeber Nummer 1 für ein Rahmenfenster und informiert dieses alle 1000 Millisekunden. In der *oeffnen*-Methode wurde dem Rahmenfenster bereits bekannt gemacht, daß es bei Auftreten des Ereignisses *#timer* die Nachricht *#testTermin:* an seinen Besitzer senden soll. Der Zeitgeber wird entfernt, wenn die Klassenmethode *stopTimer:forWindow:* mit den entsprechenden Parametern an die Klasse *Time* gesendet wird. Die Parameter sind die Zeitgebernummer und das Rahmenfenster, die auch schon beim Starten verwendet wurden. Diese Zeile wird in die *schliessen:*-Methode noch vor der Zeile *self close* eingefügt.

Nach dem Öffnen des Fensters wird die Fensterüberschrift gesetzt, die Informationen über das Programm sowie die geladene Datei enthält. Da sich der Dateiname durch erneutes Laden oder Speichern ändern kann, wird hierfür eine eigene Methode *zeigeFensterLabel* erstellt. Der erste Aufruf wird in der *initialisieren:*-Methode durchgeführt. Da bis zur Anzeige von Datum und Uhrzeit durch den Zeitgeber noch einige Millisekunden vergehen können, werden diese Informationen durch Aufruf der Methode *zeigeDatumUndZeit* ebenso wie das Anzeigen des Anzeigezeitraums mit der Methode *zeigeAnzeigeBereich* nach dem Öffnen durchgeführt. Die vollständige *initialisieren:*-Methode hat somit folgendes Aussehen:

```
initialisieren: rahmenFenster
    "Initialisierung der Exemplarvariablen und starten des Timers."

    terminManager := TVTerminmanager new initialisiere.
    terminAuswahl := TVTerminauswahl new initialisiere.
    Time startTimer: 1 period: 1000 forWindow: rahmenFenster.
    self zeigeFensterLabel.
    self zeigeDatumUndZeit.
    self zeigeAnzeigeBereich.
```

Achtung: Versuchen Sie jetzt <u>nicht,</u> das Übersichtsfenster zu öffnen. Zum einen existieren die *zeige...*-Methoden noch nicht, zum anderen wird der Zeitgeber gestartet. Durch den Zeitgeber wird versucht, die Methode *testTermin:* auszuführen, die aber noch nicht existiert. Dadurch erscheint alle 1000 Millisekunden ein neues Fehlerfenster. Die dann notwendige Behebung dieses Fehlers ist nicht einfach! Wenn Sie es dennoch versuchen möchten, dann sichern Sie sich zuerst Ihre Arbeit durch *Save Image*.

Fensterüberschrift anzeigen

Die Fensterüberschrift soll Informationen über das aktuelle Programm, das aktuelle Fenster und die gerade bearbeitete Datei enthalten.

Für das Setzen der Fensterüberschrift stehen unterhalb der Klassenhierarchie von *ViewManager* und *ApplicationWindow* die beiden Methoden *label:* und *labelWithoutPrefix:* zur Verfügung. Die erste Methode setzt den *String*-Parameter als Überschrift eines Fensters, wobei dem *String* der Inhalt der globalen Variablen *WindowLabelPrefix* vorangestellt wird. Die Variable enthält ebenfalls einen *String*. Sie wird später noch verwendet, um allen Fenstern des Beispielprogramms eine einheitliche Programmkennung zu geben.

Die Methode *labelWithoutPrefix:* setzt nur den *String* als Fensterüberschrift, der als Parameter übergeben wird.

Da der Name der aktuell geladenen Datei einschließlich des zugehörigen Pfadnamens sehr lang sein kann, wird bei Überschreiten einer bestimmten Länge der Pfad gekürzt. Dieses geschieht durch Lesen von einem *ReadStream*, in dem der gesamte Dateiname einschließlich des Pfades abgelegt ist. Die Ausgabe erfolgt auf einem *WriteStream*. Ist der Pfad gekürzt, so wird der Name der Datei durch die Anweisung *(dateiName reversed asStream upTo: $\) reversed* ermittelt. *dateiName* ist eine lokale Variable und enthält den vollständigen Dateinamen. Der gesamte *String* wird umgekehrt, so daß das letzte Zeichen an erster und das erste an letzter Stelle steht. Dieser umgekehrte *String* wird zu einem *Stream* gemacht, auf dem bis zum ersten Verzeichnistrennzeichen ($\) gelesen wird. Der bis dahin gelesene *String* wird wieder umgekehrt.

Der Dateiname wird mit dem Inhalt der Poolvariablen *TvUebersichtsFensterLabel* als Überschrift mit der Methode *label:* gesetzt:

```
zeigeFensterLabel
    "Setzen der Fensterüberschrift."

    | dateiName readStream writeStream |

    dateiName := terminManager getTerminDateiName.
    dateiName isNil
     ifTrue: [ dateiName := '' ]
     ifFalse: [ dateiName := ' - ',dateiName asUpperCase ].
    dateiName size > 22
        ifTrue: [
            readStream := dateiName asStream.
            (writeStream := String new asStream)
```

```
                    nextPutAll: (readStream upTo: $\);
                    nextPut: $\;
                    nextPutAll: (readStream upTo: $\);
                    nextPutAll: '\...\';
                    nextPutAll: (dateiName reversed asStream
                                            upTo: $\) reversed.
            dateiName := writeStream contents. ].


        self label: (TvUebersichtsFensterLabel,dateiName)
```

Aktuelle Uhrzeit und Datum anzeigen

Die aktuelle Uhrzeit und das aktuelle Datum werden mit Hilfe der
Methode *zeigeDatumUndZeit* im statischen Text mit dem Namen
Termin angezeigt. Gleichzeitig liefert diese Methode die aktuelle
Uhrzeit zurück. Diese wird benötigt, um alle 60 Sekunden die
Überprüfung der Termine zu starten.

Ist das Übersichtsfenster nur als Symbol auf dem Bildschirm zu sehen, so wird keine aktuelle Angabe gemacht, sondern nur die Uhrzeit zurückgeliefert. Dieses dient in erster Linie dem Einsparen von
Rechenzeit.

Die vollständige Methode:

```
zeigeDatumUndZeit
        "Anzeige von Datum und Uhrzeit. Die aktuelle
        Uhrzeit wird zur Weiterverarbeitung als
        Ergebnis von dieser Methode zurückgegeben."

        | uhrzeit writeStream |

        self mainView minimized ifTrue: [ ^Time now ].

        writeStream := WriteStream on: (String new: 80).
        writeStream
            nextPutAll: TvUhrzeitUndDatum;
            nextPutAll: ':    ';
            nextPutAll: Date today tvPrintString.
        writeStream nextPutAll: ';    '.
        (uhrzeit := Time now) printOn: writeStream.

        (self paneAt: 'Termin') contents: writeStream contents.

        ^uhrzeit
```

In der ersten Anweisungszeile wird überprüft, ob das Übersichtsfenster minimiert ist. Hierzu wird dem Rahmenfenster (*self main-
View*) die Nachricht *minimized* geschickt. Das Ergebnis ist ein boolescher Wert. Ist das Fenster miminiert, so wird die aktuelle Uhrzeit

zurückgeliefert. In Smalltalk ist es jederzeit möglich, die aktuelle Methode zu verlassen. Hierdurch kann die Verschachtelung von Anweisungen erheblich verringert werden.

Sind Ausgaben erforderlich, so werden diese auf einem *WriteStream* durchgeführt. Zuerst wird der Text der Poolvariablen *TvUhrzeitUndDatum* ausgegeben. Danach folgen Trennzeichen und dann das aktuelle Datum, das mit dem Ausdruck *Date today* ermittelt wird. Es folgen wieder Trennungszeichen und dann die aktuelle Uhrzeit. Diese wird gleichzeitig der lokalen Variablen *uhrzeit* zugewiesen, um sie am Ende der Methode als Ergebnis an die Aufrufstelle zurückzugeben.

Der Text, der auf dem *WriteStream* ausgegeben wurde (*writeStream contents*), wird als Parameter der Nachricht *contents:* an das statische Textfenster übergeben. In dieser Fensterkomponente wird dann der Text dargestellt.

Darstellung des Anzeigezeitraums

In der Exemplarvariablen *terminAuswahl* ist ein Exemplar der Klasse *TVTerminauswahl* gespeichert. Dieses wird benötigt, um die Anzeige der Termine auf einen bestimmten Zeitraum zu begrenzen. Damit der Benutzer weiß, welcher Zeitraum gerade angezeigt wird, wird in dem statischen Textfenster mit dem Namen *Anzeige* der Anzeigezeitraum dargestellt. Dazu wird das *TVTerminAuswahl*-Exemplar aufgefordert, sich selbst in einen *String* umzuwandeln. Dieses erfolgt mit der Nachricht *printString*. Der Ergebnis-*String* dieser Nachricht wird wie bei der Anzeige von Datum und Uhrzeit mit der Methode *contents:* and das Textfenster übermittelt:

```
zeigeAnzeigeBereich
    "Anzeige des angezeigten Zeitbereichs"

    (self paneAt: 'Anzeige') contents:
        (TvAnzeige,': ',terminAuswahl printString).
```

Wenn Sie jetzt das Übersichtsfenster öffnen, dann erscheint dieses fehlerfrei auf dem Bildschirm. Um jetzt noch die aktuelle Uhrzeit laufend anzuzeigen, muß die Methode *testTermin:* in der Klasse *TVTerminUebersichtsFenster* vervollständigt werden.

Termintest anstoßen

In der *oeffnen*-Methode wurde mit der Anweisung *when: #timer send: #testTermin: to: self with: self* bereits die Nachricht festgelegt,

die bei Eintreten eines Zeitgeberereignisses abgeschickt werden
soll. In der *initialisieren:*-Methode wurde der Zeitgeber gestartet.

In der zur Nachricht *#testTermin:* gehörenden Methode muß die
Anzeige der aktuellen Uhrzeit und des Datums angestoßen werden,
was in der Methode *zeigeDatumUndZeit* geschieht. Darüberhinaus
wird zu Beginn einer neuen Minute, also wenn die aktuelle Uhrzeit
einen Wert von Null Sekunden hat, überprüft, ob zu dieser Uhrzeit
Termine existieren. Ist dieses der Fall, dann werden alle Termine
der Reihe nach abgearbeitet und je nach Aktion ein Ton erzeugt
und/oder eine Nachricht angezeigt. Die Überprüfung der Termine
erfolgt mit der Anweisung *terminManager terminTest.* Das Ergebnis
ist eine Liste von gültigen Terminen.

```
testTermin: rahmenFenster
    "Termine testen und Uhrzeit und Datum anzeigen.
    Da nur die Minuten für die Uhrzeit wichtig sind,
    wird nur bei Null Sekunden die Terminliste
    überprüft. "

    | zeit termine |

    zeit := self zeigeDatumUndZeit.
    (zeit seconds = 0)
        ifFalse: [ ^self ].

    termine := terminManager terminTest.
    termine do: [ :termin |
        (termin getAktionen includes: #Klingeln)
            ifTrue: [ Terminal bell ].
        (termin getAktionen includes: #Nachricht)
            ifTrue: [ MessageBox message:
                        termin getTerminText ]. ].
```

Soll bei einem Termin ein Klingelzeichen ertönen, so wird der globalen Variablen *Terminal* die Nachricht *bell* geschickt. In *Terminal*
ist ein Exemplar der Klasse *Pen* gespeichert. Dieser *Pen* ist der
„Stift", um auf dem Bildschirm, der durch die globale Variable *Display* gegeben ist, zu schreiben oder zu malen.

Zur Ausgabe einer Nachricht auf dem Bildschirm wird der Klasse
MessageBox die Nachricht *message:* geschickt. Der Parameter dieser
Nachricht ist der auszugebende Text. Da die *MessageBox* ein Dialog
ist, bei dem die Verarbeitung bis zum Schließen angehalten wird,
wird zu einem nächsten Termin erst die nächste entsprechende Ak-

tion ausgeführt, wenn die *MessageBox* des letzten Termins geschlossen wurde.

Sie können jetzt erneut das Übersichtsfenster öffnen. Jetzt sollten immer die aktuelle Uhrzeit und das zugehörige Datum angezeigt werden. Es können aber noch keine Termine bearbeitet werden. Um diese Funktionalität zu ermöglichen, müssen erst Menüs realisiert werden und die für die Menüeinträge zuständigen Verfahren in Form von Methoden implementiert werden.

Anzeige der Termine

Die Anzeige der Termine wird in der Methode *zeigeTerminListe:* durchgeführt. Die Listenkomponente wird dieser Methode als Parameter übergeben. Da bereits vor dem Initialisieren der Exemplarvariablen diese Methode ausgeführt wird (das Ereignis *#needsContents* wird vor dem eigentlichen Anzeigen einmal angestoßen), muß eine Abfrage erfolgen, ob die Exemplarvariable *terminManager* noch mit *nil* belegt ist. Wenn dieses der Fall ist, so erhält die Listenkomponente ein leeres *Array* als Inhalt. Ist in der Exemplarvariablen bereits ein Exemplar der Klasse *TVTerminmanager* gespeichert, so wird diesem die Nachricht *terminAuswahl:* geschickt. Der Parameter für diese Nachricht ist ein Exemplar der Klasse *TVTerminauswahl*, das in der Exemplarvariablen *terminAuswahl* gespeichert ist. Das Ergebnis dieser Anfrage, eine Liste von *TVEinzeltermin*-Exemplaren, wird mit der Nachricht *contents:* gleich an die Listenkomponente weitergereicht. Die Listenkomponente sorgt selbst dafür, daß die *TVEinzeltermin*-Exemplare jeweils zu einem *String* konvertiert werden. Hierzu wird die Methode *printOn:* aus der Klasse *TVEinzeltermin* verwendet:

```
zeigeTerminListe: einListenfenster
    "Anzeige der Terminliste."

    einListenfenster contents:
      (terminManager isNil
        ifTrue: [ Array new ]
        ifFalse: [ terminManager terminAuswahl:
                                 terminAuswahl ])
```

Da die Anzeige der Termine mehrfach benötigt wird, wird eine weitere Methode implementiert, die die Methode *zeigeTerminListe:* mit dem richtigen Parameter aufruft. Diese Methode heißt *zeigeAktuelleListe:*

```
zeigeAktuelleListe
    "Anzeige der Termine aktualisieren."

    CursorManager execute change.
    self zeigeTerminListe: (self paneAt: #zeigeTerminListe:).
    CursorManager normal change.
```

CursorManager ist eine Klasse, deren Exemplare die verschiedenen Mauszeiger enthalten. Mit entsprechenden Klassenmethoden können diese Exemplare ausgewählt und mit der Nachricht *change* aktiviert werden. Die Anweisung *CursorManager execute* liefert den Sanduhr-Mauszeiger. Die Anweisung *CursorManager normal* liefert den Mauszeiger, der für das unter dem aktuellen Mauszeiger liegende Fenster gültig ist. Dieses kann sowohl der Pfeil als auch ein Schreibmarke oder ein Fadenkreuz sein. Der sichtbare Mauszeiger ist in der globalen Variablen *Cursor* gespeichert. Durch Exemplarmethoden, die an dieses Exemplar gesendet werden, kann z.B. die aktuelle Mauszeigerposition ermittelt werden (*Cursor sense*), oder der Mauszeiger kann auf dem Bildschirm neu plaziert werden (*Cursor offset: aPoint*). Änderungen der Darstellung des Mauszeigers sollten immer mit der Anweisung *CursorManager normal change* abgeschlossen werden, um einen korrekten Mauszeiger zu gewährleisten. Länger andauernde Aktionen können so mit dem Mauszeiger angezeigt werden.

Das Absenden der Nachricht *zeigeTerminListe:* mit der Listenkomponente als Parameter führt zur Aktualisierung der Terminanzeige, wie sie bereits beschrieben wurde.

Aufbau der Menüs

Wenn zu diesem Zeitpunkt das Übersichtsfenster geöffnet wird, so existiert ein Pulldown-Menü mit dem Namen *File*. Dieses Menü wird automatisch jedem Fenster hinzugefügt. Da die in diesem Menü enthaltenen Einträge für unsere Beispielanwendung nicht benötigt werden, muß das *File*-Menü aus der Menüzeile entfernt werden.

Dafür kommen zwei neue Menüs hinzu. Das erste enthält Einträge zum Laden, Speichern und Drucken der Termine. Mit dem zweiten Menü können neue Termine eingegeben werden und der Anzeigezeitraum verändert werden. Weiter kann über das zweite Menü ein Kalenderdialog geöffnet werden, um die Zuordnung von Monatstagen zu Wochentagen in einem Kalenderblatt zu erhalten.

Über der Listenkomponente der Termine soll ein Popup-Menü geöffnet werden können, das die Funktionen der Pulldown-Menüs enthält, allerdings ohne den Eintrag *Information...* aus dem Datei-Menü.

In der *oeffnen*-Methode wurde zum Manipulieren der Menüzeile bereits die Methode *baueMenuesAuf:* benannt. In dieser Methode wird das nicht benötigte *File*-Menü entfernt sowie die zwei Pull-down-Menüs zur Menüzeile hinzugefügt. Außerdem wird in dieser Methode das Popup-Menü zum Terminlistenfenster hinzugefügt.

```
baueMenuesAuf: rahmenFenster
    "Aufbauen der Menus"
    (rahmenFenster menuWindow)
        removeMenu: (rahmenFenster menuTitled: 'File'):
        addMenu: (self dateiMenue);
        addMenu: (self bearbeitenMenue).

    (self paneAt: #zeigeTerminListe:) setPopupMenu:
        (self basisDateiMenue
            appendSeparator:
            appendSubMenu: self bearbeitenMenue;
            yourself)
```

Jedes Rahmenfenster besitzt ein Exemplar der Klasse *MenuWindow*, in dem das Rahmenfenster Informationen über seine Pulldown-Menüs speichert. Wird an das Rahmenfenster die Nachricht *menuWindow* geschickt, so erhält der Programmierer Zugriff auf das *MenuWindow*-Exemplar. Mit der Nachricht *removeMenu:* wird ein Menü aus der Menüzeile entfernt. Der Parameter für diese Nachricht ist das zu entfernende *Menu*-Exemplar selbst. Es kann mit der Anweisung *rahmenFenster menuTitled: 'File'* ermittelt werden (*rahmenFenster* ist wieder das Exemplar des Rahmenfensters).

Die Nachricht *addMenu:* an das Menüfenster fügt das als Parameter übergebene Menü zur Menüzeile hinzu. Auf diese Weise werden die Pulldown-Menüs, die von den Methoden *dateiMenue* und *bearbeitenMenue* aufgebaut werden, in die Menüzeile eingefügt.

Um das Popup-Menü an die Terminlistenkomponente anzuhängen, wird diesem Fenster die Nachricht *setPopupMenu:* geschickt. Das Menü ist wieder der Parameter für diese Nachricht.

Das Popup-Menü wird von der Methode *basisDateiMenue* aufgebaut. Diesem Menü wird durch eine Trennlinie, die mit der Nachricht *appendSeparator* ans Ende der Menüeinträge angefügt wird, um ein abhängiges Menü erweitert. Dieses Menü hat den gleichen

Aufbau wie das *Bearbeiten*-Menü und wird somit von der selben Methode *bearbeitenMenue* aufgebaut.

Das *Datei*-Menü setzt sich aus dem Basisdateimenü und einem weiteren Menüeintrag zusammen. Das Basisdateimenü wird von der Methode *basisDateiMenue* aufgebaut:

```
basisDateiMenue
    "Liefert das Basis-Menü für die Dateizugriffe."

    ^Menu new
      owner: self;
      appendItem: TvNeueDatei selector: #menueNeueTermine;
      appendItem: (TvLaden,'...',Tab asString,TvStrg,'+L')
          selector: #menueLadeTermine
        accelKey: $L
        accelBits: AfChar | AfControl;
      appendItem: (TvSichern,Tab asString,TvStrg,'+S')
          selector: #menueSpeichereTermine
        accelKey: $S
        accelBits: AfChar | AfControl;
      appendItem: (TvSichernAls,'...')
          selector: #menueSpeichereTermineAls;
      appendSeparator;
      appendItem: (TvDrucken,'...',Tab asString,TvStrg,'+D')
          selector: #menueDruckeTermine
        accelKey: $D
        accelBits: AfChar | AfControl;
      yourself
```

Einem *Menu*-Exemplar wird die Nachricht *owner:* geschickt. Hiermit wird wieder bekannt gemacht, wo die zu den einzelnen Menüeinträgen definierten Methoden implementiert sind. Dieses ist identisch mit dem Zuweisen eines Besitzers zu einer Fensterkomponente. Zum Aufbau eines Menüs werden in der *basisDateiMenue*-Methode drei verschiedene Nachrichten verwendet, die alle einem *Menu*-Exemplar geschickt werden. Eine dieser Methoden ist die bereits oben erwähnte Methode *appendSeparator*. Die Reihenfolge der Menüeinträge ergibt sich aus der Reihenfolge der abgeschickten Nachrichten.

appendItem:selector: fügt einen Menüeintrag, der durch den ersten *String*-Parameter bezeichnet wird, an ein Menü an. Da für die Menüeinträge Poolvariablen verwendet werden, kann innerhalb dieser Methode nicht erkannt werden, wie in den Menüeinträgen einzelne Buchstaben zur Schnellauswahl markiert, also unterstrichen dargestellt werden können. Dazu wird in dem String für den Eintrag vor dem zu markierenden Buchstaben ein „~"-Zeichen eingefügt. Der nächste Buchstabe wird dann unterstrichen dargestellt. So enthält der Wert der Poolvariablen *TvNeueDatei* den String *Neue ~Termindatei*. Das „T" wird im geöffneten Menü unterstrichen: *Neue Termindatei*. Die auszuschickende Nachricht wird als Symbol, dem zweiten Parameter, dem Eintrag, zugeordnet. Eine Methode mit dem Symbol als Namen muß bei dem Besitzer des Menüs implementiert sein.

Die Methode *appendItem:selector:accelKey:accelBits:* erweitert die Angaben zu einem Menüeintrag um eine Tastatureingabe (Short-Cut). Dadurch können die zu Menüeinträgen zugeordneten Nachrichten schnell über die Tastatur eingegeben werden. Die ersten beiden Parameter entsprechen den vorherigen Beschreibungen der Methode *appendItem:selector:*. Der Parameter hinter *accelKey:* steht für ein über die Tastatur einzugebendes Zeichen. Hinter *accelBits:* wird ein Parameter verlangt, der die Tastenkombination beschreibt. In der *basisDateiMenue*-Methode ist dieses für alle die Kombination aus Zeichen (*AfChar*) und Strg-Taste (*AfControl*). Die kompliziert aussehenden Angaben für den Bezeichner eines Menüeintrags dienen nur der Formatierung des Menüeintrags. Hinter dem eigentlichen Menüeintrag, der durch eine Poolvariable gegeben wird, folgt ein Tabulatorzeichen. Hinter dem Tabulatorzeichen steht die Bezeichnung für die Strg-Taste in der Poolvariablen *TvStrg*. Hinter dieser Tastenbezeichnung folgt das zu diesem Eintrag zugehörige Zeichen. Der Text hinter dem Tabulatorzeichen wird rechtsbündig im Menü dargestellt.

Die *basisDateiMenue*-Methode wird zuerst verwendet, um das Pull-down-Menü mit dem Namen *Datei* aufzubauen, das vollständig durch die Methode *dateiMenue* zur Verfügung gestellt wird:

```
dateiMenue
    "Liefert das Menu für die Dateizugriffe"

    ^(self basisDateiMenue)
      title: TvDateiMenuTitle;
      appendSeparator;
      appendItem: (TvSchliessen,Tab asString,'Alt+F4')
              selector: #menueSchliessen
              accelKey: F4Key
              accelBits: AfAlt;
      appendSeparator;
      appendItem: (TvInformation,'...')
              selector: #menueInformation;
      yourself
```

Der Aufruf *self basisDateiMenue* liefert das Basisdateimenü. Dieses wird, nachdem ihm ein Titel zugewiesen wurde, mit dem es in der Menüzeile erscheint, wiederum um eine Trennlinie erweitert und anschließend um zwei weitere Einträge ergänzt. Der erste dieser Einträge fügt einen Menüeintrag zum Schließen des Übersichtsfensters an. Die Funktionalität dieses Eintrags kann durch die Tastenkombination ⸢Alt⸥+⸢F4⸥ ebenfalls ausgeführt werden. Der zweite Eintrag wird verwendet, um Informationen abzufragen.

Das Menü zum Bearbeiten der Termine wird von der Methode *bearbeitenMenue* aufgebaut:

```
bearbeitenMenue
    "Liefert das Menu zum Bearbeiten der Termine"
    ^Menu new
        title: TvBearbeiten;
        owner: self;
        appendItem: (TvTermineBearbeiten,'...')
                selector: #menueTermineBearbeiten;
        appendItem: (TvZeitraumFestlegen,'...')
                selector: #menueZeitraumFestlegen;
        appendSeparator;
        appendItem: (TvKalender,'...')
                selector: #menueKalender;
        yourself
```

Einem neuen *Menu*-Exemplar wird erneut ein Titel gegeben, der als *String* in der Poolvariablen *TvBearbeiten* gespeichert ist. Das *Menu* erhält als Besitzer das *TVTerminUebersichtsFenster*-Exemplar. Die drei Einträge dienen zum Erstellen neuer Termine (Eintrag *TvTerminBearbeiten*), zum Festlegen des Anzeigezeitraums (*TvZeitraumFestlegen*) und zum Anzeigen eines Kalenders (*TvKalender*). Die Funktionalität dieser Menüeinträge ist ausschließlich über das Menü zu erreichen und nicht, wie bei Teilen der Einträge aus dem *Datei*-Menü, über Tastenkürzel.

Der Titel dieses Menüs wird an zwei Stellen verwendet. Zum einen wird er in der Menüzeile angezeigt, so daß über ihn das *Bearbeiten*-Menü ausgewählt werden kann, zum anderen erscheint der Titel auch im Popup-Menü der Terminliste. Durch Auswahl dieses Eintrags wird das abhängige Menü sichtbar, und dessen Einträge können ausgewählt werden. Das Popup-Menü selbst sollte nicht über einen Titel verfügen.

Nachdem die vier Methoden zum Aufbau der Menüzeile implementiert sind, kann das Übersichtsfenster erneut geöffnet werden. Es hat jetzt sein endgültiges Aussehen (Abb 6.1). Wenn Sie einen

Menüeintrag auswählen, erscheint ein Fehlerfenster, das angibt, daß die zu diesem Eintrag gehörende Nachricht vom Übersichtsfensterexemplar nicht verstanden werden kann. Somit gehören zur vollständigen Implementierung des Übersichtsfensters noch die zu den Menüs gehörenden Methoden.

Methoden für die Menüs

Hinter den Menüs steht die eigentliche Funktionalität des Übersichtsfensters zum Anzeigen, Laden, Speichern und Bearbeiten der Termineinträge. Trotzdem enthalten die einzelnen Methoden immer nur ein paar Zeilen Programmcode. Durch diese Anweisungen wird eine bestimmte Funktionalität in anderen Modulen angestoßen und ist so vollkommen getrennt vom Programmcode des Übersichtsfensters. Damit können diese Module eigenständig entwickelt werden.

Bild 6.1:
Das Übersichtsfenster mit aufgeschaltetem Popup-Menü

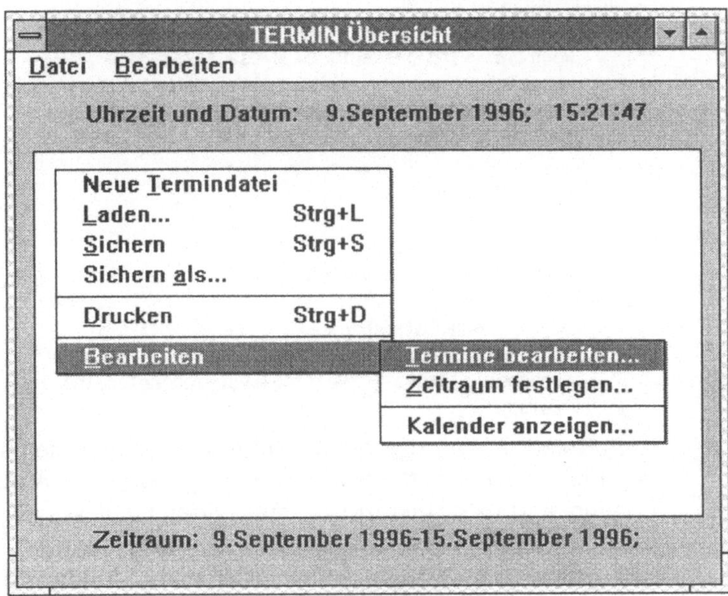

Aufgabenstellung:
Implementieren Sie die Methoden in der Klasse *TVTerminUebersichtsFenster*, die Sie aus den definierten Menüs als notwendig ermitteln können. Versehen Sie jede Methode mit einem Methodenkommentar und leerem Methodenrumpf.

Lösung:
Wenn Sie alle Methoden gefunden haben, so haben Sie 10 Methoden implementiert, die alle mit der Bezeichnung *menue* beginnen.

Diese werden jetzt in der Reihenfolge der Menüeinträge realisiert.

Neue Termindatei
Mit diesem Eintrag werden die im Speicher aktiven Termine gelöscht und somit der Weg frei gemacht, um vollkommen neue Termine einzugeben. Vorher muß jedoch überprüft werden, ob nach der letzten Änderung die Eingaben gespeichert wurden. Da diese Funktionalität auch beim Laden und Schließen des Fensters notwendig ist, wird hierfür eine eigene Methode implementiert. Diese heißt *aenderungenVorhanden* und hat folgenden Methodenrumpf:

```
aenderungenVorhanden
      "Überprüft, ob Änderungen vorhanden sind.
      Wenn ja, wird gefragt, ob diese Änderungen
      gespeichert werden sollen. Als Ergebnis wird
      true oder false zurückgegeben. Dieses gibt
      an, ob Änderungen vorhanden sind."

      | ergebnis |

      ergebnis := false.
      terminManager isModified
          ifTrue: [
              ergebnis :=
              MessageBox confirm: TvBestaetigeSichern ].
      ergebnis ifTrue: [ ^self menueSpeichereTermine ].
      ^false
```

Ausgehend davon, daß keine Änderungen vorhanden sind (*ergebnis := false*), wird der *TVTerminmanager* gefragt, ob Änderungen vorhanden sind (*terminManager isModified*). Ist dieses der Fall, so wird eine *MessageBox* geöffnet, die den Benutzer fragt, ob die Änderungen gespeichert werden sollen oder nicht. Sollen die Einträge gespeichert werden, so wird die Nachricht *menueSpeichereTermine* abgeschickt und das Ergebnis dieses Aufrufs zurückgegeben. Ansonsten wird *false* zurückgegeben, was bedeutet, daß weiterhin Änderungen vorhanden sind.

Doch zurück zum Menüpunkt *Neue Termindatei*:

Der Terminmanager wird neu initialisiert und somit in einen leeren Startzustand versetzt. Anschließend wird die Terminliste neu aufgebaut und angezeigt (die Terminliste ist natürlich leer) und die Fensterüberschrift neu gesetzt. Die Methode *menueNeueTermine* hat somit folgendes Aussehen:

```
menueNeueTermine
    "Eine neue Termineliste eingeben."

    self aenderungenVorhanden ifTrue: [ ^self ].

    terminManager initialisiere.
    self zeigeFensterLabel.
    self zeigeAktuelleListe.
```

Laden einer Termindatei

Das Laden einer neuen Datei erfolgt nach folgendem Ablauf: Zuerst muß überprüft werden, ob nichtgespeicherte Änderungen in der aktuellen Liste existieren. Diese werden gegebenenfalls gesichert. Danach wird eine Datei ausgewählt. Existiert die Datei, so wird sie geladen und anschließend werden die Termine und die Fensterüberschrift angezeigt.

Der Programmcode der Methode *menueLadeTermine*:

```
menueLadeTermine
    "Laden neuer Termine"

    | dateiDialog |

    self aenderungenVorhanden ifTrue: [ ^self ].
    dateiDialog := FileDialog new.
    dateiDialog openFile: '*.TVD'.
    dateiDialog file isNil ifTrue: [ ^self ].
    self ladeTermine: dateiDialog file.
```

Zuerst wird wieder nach nicht gespeicherten Änderungen gefragt und für den Fall, daß diese vorhanden sind, wird das Laden abgebrochen. Anschließend wird der lokalen Variablen *dateiDialog* ein Exemplar der Klasse *FileDialog* zugewiesen. Dieser Dialog erhält als Voreinstellung für die zu ladende Datei die Auswahlmaske **.TVD*. *TVD* ist die definierte Erweiterung für Termindateien. Der Dialog wird geöffnet, und nach dem Schließen wird gefragt, ob wirklich eine Datei ausgewählt wurde oder ob der Dialog ohne Auswahl geschlossen wurde.

Ist eine Datei ausgewählt worden, so wird der Name dieser Datei (*dateiDialog file*) an die Methode *ladeTermine:* übergeben:

```
ladeTermine: dateiName
    "Laden neuer Termine"
```

```
(terminManager ladeTermine: dateiName)
    ifFalse: [ ^MessageBox message: TvKeineTermineGeladen ].
self zeigeFensterLabel.
self zeigeAktuelleListe.
```

Der Terminmanager wird aufgefordert, den Inhalt der Datei *dateiName* zu laden. War das Laden nicht erfolgreich, so wird erneut eine *MessageBox* geöffnet, die auf diesen Zustand hinweist. Ansonsten werden wieder die Fensterüberschrift und die Terminliste aktualisiert.

Speichern der Termine

Das Speichern der Termine erfolgt in der Methode *menueSpeichereTermine*. In dieser wird zuerst geprüft, ob für die aktuellen Termine eine Datei existiert. Ist dieses nicht der Fall, so wird die Methode *menueSpeichereTermineAls* aufgerufen. Als Ergebnis wird *true* oder *false* zurückgegeben, je nachdem, ob weiterhin Änderungen vorhanden sind (*true*) oder nicht (*false*):

```
menueSpeichereTermine
    "Speicherung der Termine"
    terminManager getTerminDateiName isNil
        ifTrue: [
            ^self menueSpeichereTermineAls ].
    terminManager speichereTermine.
    ^false
```

Speichern der Termine unter einem bestimmten Namen

Sollen die aktuellen Termine unter einem neuen Namen gespeichert werden, so wird ein *FileDialog* geöffnet und eine Datei ausgewählt. Wird keine Datei ausgewählt, so wird das Speichern abgebrochen. Ansonsten wird der Terminmanager aufgefordert, die Termine in der Datei mit dem als Parameter übergebenen Namen zu speichern. Anschließend wird die Fensterüberschrift aktualisiert, um den neuen Dateinamen anzuzeigen:

```
menueSpeichereTermineAls
    "Speicherung der Termine"

    | dateiDialog dateiName |

    dateiDialog := FileDialog new.
    dateiDialog  saveFile: '*.TVD'.
    dateiDialog file isNil ifTrue: [ ^true ].
    terminManager speichereTermine: dateiDialog file.
    self zeigeFensterLabel.
    ^false
```

Drucken der Termine

Der Terminmanager wird angewiesen, die Termine aus dem aktuellen Anzeigezeitraum auszudrucken. Dazu wird diesem die Nachricht *druckeTermineMit:* geschickt, die als Parameter das Exemplar der Klasse *TVTerminauswahl* erhält:

```
menueDruckeTermine
    "Ausdrucken der Termine"

    terminManager druckeTermineMit: terminAuswahl
```

Schließen des Übersichtsfensters

Zum Schließen des Übersichtsfensters wird dem *TVTerminUebersichtsFenster*-Exemplar die Nachricht *schliessen:* geschickt, die als Parameter das Rahmenfenster des Übersichtsfensters enthält. Diese Anweisung erfolgt in der Methode *menueSchliessen*:

```
menueSchliessen
    "Fenster schließen"
    self close.
```

Anzeigen von Informationen

Informationen über Copyright und Entwickler werden mit einem Fenster der Klasse *TVAboutDialog* angezeigt. Dieses wird in der Methode *menueInformation* geöffnet:

```
menueInformation
    "Öffnet ein Fenster zum Anzeigen von
     Informationen über dieses Programm."
    TVAboutDialog new oeffnen
```

Sollten Sie die Klasse *TVAboutDialog* noch nicht angelegt haben, so fügen Sie diese bitte als Unterklasse von *WindowDialog* ein. Es wird ein neues Exemplar der Klasse *TVAboutDialog* erzeugt und diesem die Nachricht *oeffnen* geschickt.

Dieses war der letzte Eintrag des *Datei*-Menüs. Es fehlen jetzt noch die drei Einträge aus dem *Bearbeiten*-Menü. Innerhalb der Methoden dieser Einträge werden neue Dialoge geöffnet.

Terminliste bearbeiten

Der erste Menüeintrag öffnet einen Dialog zum Bearbeiten der Terminliste. In diesem Dialog können neue Termine eingegeben, alte gelöscht oder verändert werden. Wird der Dialog wieder geschlossen, so wird die aktuelle Terminliste aktualisiert, wenn wirklich Veränderungen vorgenommen wurden. Dieses wird durch das

Ergebnis des Dialogaufrufs angegeben. Wird *true* zurückgeliefert, so wurden Änderungen durchgeführt. Ansonsten wird *false* vom Dialog zurückgegeben. Die Methode für diesen Menüeintrag heißt *menue-TermineBearbeiten*:

```
menueTermineBearbeiten
    "Öffnen des Dialogs zum Bearbeiten der Termine.
     Wird true als Ergebnis dieses Aufrufs zurückgeliefert,
     so muß die Liste der Termine aktualisiert werden."
    (TVTerminListenBearbeitungsDialog new oeffneMit: terminManager)
        ifTrue: [ self zeigeAktuelleListe ].
```

Legen Sie zuerst die Klasse *TVTerminListenBearbeitungsDialog* als Unterklasse von *WindowDialog* an. Als Parameter wird dem Bearbeitungsdialog der Terminmanager übergeben. Änderungen können dadurch sofort wirksam gemacht werden.

Anzeigebereich festlegen

Änderungen am angezeigten Zeitraum werden in der Methode *menueZeitraumFestlegen* durch Öffnen eines Auswahldialogs vorgenommen. Legen Sie daher die Klasse *TVAuswahlDialog* als Unterklasse von *TVWindowDialog* an. Die Klasse *TVWindowDialog* muß vorher als Unterklassen von *WindowDialog* angelegt werden. Dem Exemplar dieser Klasse wird in der Nachricht *oeffneMit:* als Parameter das Exemplar der Klasse *TVTerminauswahl* (Inhalt der Exemplarvariablen *terminAuswahl*) übergeben, das die aktuellen Einstellungen enthält. Werden Änderungen im Auswahldialog an diesen Einstellungen vorgenommen, so werden diese in einem neuen Exemplar gespeichert und dieses dann zurückgeliefert. Sollen die Eingaben vom Auswahldialog unwirksam sein, so werden die Änderungen nicht im *TVTerminauswahl*-Exemplar festgehalten, sondern es wird *nil* aus dem Aufruf zurückgegeben. Wurden Änderungen gemacht, so werden diese durch Zuweisung auf die Exemplarvariable *terminAuswahl* gesichert. Danach muß die Anzeige des Anzeigezeitraums und die Terminliste aktualisiert werden:

```
menueZeitraumFestlegen
    "Anzuzeigenden Zeitraum festlegen.
    Dazu wird der entsprechende Dialog
    geöffnet."

    | neueTerminAuswahl |

    neueTerminAuswahl := TVAuswahlDialog new
                            oeffneMit: terminAuswahl
```

```
neueTerminAuswahl notNil
    ifTrue: [
        terminAuswahl := neueTerminAuswahl.
        self zeigeAnzeigeBereich.
        self zeigeAktuelleListe ].
```

Anzeige eines Kalenders

Der letzte Menüeintrag des *Bearbeiten*-Menüs öffnet einen Kalenderdialog. Hierzu müssen Sie eine Klasse *TVKalenderDialog* als Unterklasse von *TVWindowDialog* anlegen. In diesem Dialog kann der Benutzer ein Jahr und einen Monat auswählen und erhält Informationen über die Zuordnung von Monatstagen zu Wochentagen in einem Kalenderblatt. Das Ergebnis dieses Dialogaufrufs, das ausgewählte Datum, wird an dieser Stelle nicht weiter benötigt. Somit dient die einzige Anweisung in der Methode *menueKalender* nur zum Öffnen des Kalenderdialogs:

```
menueKalender
    "Anzeige eines Kalenders"
    TVKalenderDialog new oeffneFenster
```

Mit der letzten Methode ist der Programmcode zum Arbeiten mit dem Übersichtsfenster komplett. Jetzt müssen noch die Klassen der verschiedenen Dialoge implementiert werden.

Es soll dabei jedoch nicht in der Reihenfolge der Menüeinträge vorgegangen werden, sondern in umgekehrter Reihenfolge. Es wird somit mit der Festlegung der Funktionalität des Kalenderdialogs begonnen. Anschließend wird der Dialog zur Auswahl eines Anzeigezeitraums beschrieben. Im Anschluß daran wird der Dialog zur Bearbeitung der Termine erklärt. Den Abschluß bildet der Dialog zur Spezifikation eines Termineintrags. Die hierfür verwendete Klasse mit dem Namen *TVTerminBearbeitungsDialog* ist eine Unterklasse von *TVAuswahlDialog*. Warum diese Klassenstruktur in der Form realisiert wurde, wird zu gegebener Zeit verdeutlicht.

Die Klasse für den *TVAboutDialog* soll in diesem Buch nicht weiter erläutert werden. Der Programmcode hierfür befindet sich jedoch, wie der übrige Programmcode auch, auf der beigefügten Diskette (siehe Datei \PROG_TXT\TVABOUT.SRC).

6.2.2   Die abstrakte Oberklasse *TVWindowDialog*

Die abstrakte Oberklasse *TVWindowDialog* wird verwendet, um den Exemplaren der Unterklasse eine bestimmte Funktionalität durch

Vererbung zur Verfügung zu stellen. Diese Funktionalität fügt zu einem Dialog in einem anzugebenden Bereich des Fensters ein Feld von Exemplaren der Klasse *Button* zu. Diese Knöpfe sind in Zeilen und Spalten organisiert und stellen eine Matrix dar, deren Felder durch Anklicken markiert werden können.

Solch ein Feld wird benutzt, um z.B. ein Kalenderblatt darzustellen. In diesem Kalenderblatt werden die Monatstage den Wochentagen zugeordnet. Es sollen weiterhin nur Knöpfe markiert werden können, die einen numerischen Wert enthalten, der nicht Null sein darf.

Es gibt Methoden, die die Knöpfe mit einer Markierung vorbelegen und die Belegung der Knöpfe mit Markierungen zurückliefern können. Teilweise stellen die Methoden Basisfunktionalität bereit, die in den Unterklassen weiter verfeinert werden kann. Hierzu werden einige Methoden, wie später gezeigt wird, redefiniert.

Die Klassendefinition ergibt sich aus den folgenden Programmzeilen:

```
WindowDialog subclass: #TVWindowDialog
  instanceVariableNames:
    'feld '
  classVariableNames: ''
  poolDictionaries:''
```

In der Exemplarvariablen *feld* wird ein Exemplar der Klasse *Dictionary* abgelegt, in dem die Exemplare der Klasse *Button* unter einer laufenden Nummer, beginnend bei 1, gespeichert werden. Über dieses *Dictionary* wird später das Setzen und Abfragen von Markierungen vorgenommen. Der Knopf in der linken oberen Ecke des Feldes hat die Position 1, der Knopf darunter die Position 2 usw. Der letzte Knopf befindet sich in der rechten unteren Ecke und hat die Position Zeilenzahl mal Spaltenzahl.

Methoden für den Aufbau des Feldes

Die erste Methode, die zugleich die Methode zum Erzeugen des Feldes ist, erhält drei Parameter. Die ersten beiden Parameter enthalten die Spalten- und Zeilenzahl. Der dritte Parameter enthält einen Block, der die Position innerhalb des Dialogs angibt. Wie bereits beim Terminübersichtsfenster, bei dem die Fensterkomponenten relativ zum Rahmenfenster angegeben wurden, werden die Positionen der Knöpfe relativ zu dem Rechteck angegeben, das durch diesen Block festgelegt wird.

Um die Position eines Knopfes innerhalb des Rechtecks angeben zu
können, muß bekannt sein, wieviele Zeilen und Spalten vorhanden
sind. Dieses wird als Ausdehnung des Feldes bezeichnet. Die Methode erhält den Methodenkopf *spalten: spaltenZahl zeilen: zeilen-
Zahl in: framingBlock*.

```
spalten: spaltenZahl zeilen: zeilenZahl in: framingBlock
    "Hinzufuegen von spaltenZahl * zeilenZahl
    Buttons zu einFenster."

    | pos ausdehnung |
    pos := 1.
    ausdehnung := spaltenZahl @ zeilenZahl.
    feld := Dictionary new.
    1 to: spaltenZahl do: [ :spalte |
        1 to: zeilenZahl do: [ :zeile |
            feld at: pos put:
                (self hinzufuegenButtonAn: (spalte@zeile)
                    block: framingBlock
                    ausdehnung: ausdehnung).
            pos := pos + 1.
        ].
    ].
```

Das Hinzufügen der Knöpfe erfolgt nicht direkt in der ersten Method.
Es wird in der Methode *hinzufuegenButtonAn:block:ausdehnung:*
durchgeführt. Dazu wird in zwei geschachtelten Schleifen, die äußere Schleife läuft über die *spaltenZahl*, die innere Schleife über die
zeilenZahl, die zweite Methode aufgerufen. Als Parameter erhält
diese eine Koordinate (*spalte@zeile*), eine Exemplar der Klasse
Point, das durch die Nachricht @ gebildet wird. Der zweite Parameter ist der Block, der die Position zum Rahmenfenster angibt. Als
letzter Parameter wird die *ausdehnung* übergeben. Das Ergebnis
des Methodenaufrufs ist ein erzeugtes Exemplar der Klasse *Button*.
Dieses wird an seiner Position in der Exemplarvariablen *feld* gespeichert.

```
hinzufuegenButtonAn: koordinate block:
    rahmenBlock ausdehnung: ausdehnung
    "Aufbau eines Buttons in diesem Fenster"

    | komponente rahmen |

    self addSubpane: ((komponente := Button new)
        owner: self;
```

```
when: #clicked send: #feldSelektion:
    to: self with: komponente;
framingBlock: [ :box |
    rahmen := rahmenBlock value: box.
    (rahmen leftTop rightAndDown:
    (rahmen extent*(koordinate-(1@1))//ausdehnung))
    extentFromLeftTop:
    (rahmen extent // ausdehnung) ] ).


^komponente
```

Für das Zufügen einer Fensterkomponente wird wieder die Methode *addSubpane:* verwendet. Die Fensterkomponente wird mit einem Besitzer versehen. Die Anweisung *when: #clicked send: #feldSelektion: to: self with: komponente* ordnet dem Ereignis *#clicked* die Aktion *#feldSelektion:* zu, die als Parameter die Fensterkomponente selbst (*komponente*) übergeben bekommt. Der Empfänger der Nachricht *#feldSelektion:* ist der Dialog selbst. Diese Nachricht wird ausgeführt, wenn ein Knopf gedrückt wird. Die Standardfunktionalität wird dann diesen Knopf markieren bzw. eine vorhandene Markierung entfernen.

Die Berechnung der Fensterposition erfolgt, wie bereits mehrfach durchgeführt, durch die Definition eines Blocks. Die Berechnung des sich aus dem Block ergebenen Rechtecks erfolgt in diesem Fall in zwei Schritten. Zuerst wird das Bezugsrechteck durch die Anweisung *rahmen := rahmenBlock value: box* ermittelt. Dieses Rechteck wird dann für die Errechnung des eigentlichen Komponentenrechtecks verwendet, zu dem die maximale Ausdehnung benötigt wird. Als Ergebnis des Methodenaufrufs wird die neu hinzugefügte Komponente an die aufrufenden Methode zurückgegeben.

Anklicken eines Knopfes

Wird ein Knopf angeklickt, so wird ein Ereignis *#clicked* ausgelöst, auf das mit der Nachricht *#feldSelektion:* reagiert wird. Diese Methode muß dafür sorgen, daß ein markierter Knopf seine Markierung verliert bzw. ein nicht markierter Knopf seine Markierung bekommt. Ein Markierung besteht aus dem eigentlichen numerischen Inhalt des Knopfes, der in die Zeichen < und > eingeschlossen ist.

```
feldSelektion: einButton
    "markiert oder demarkiert den Button einButton"

    | inhalt |
```

```
inhalt := einButton contents.
   inhalt := inhalt select: [ :c |
               c isDigit or: [ '-<>' includes: c ] ].
   (inhalt size > 0)
      ifTrue: [
        (inhalt first = $>)
          ifTrue: [ einButton contents:
             (inhalt copyFrom: 2 to: (inhalt size - 1)). ]
          ifFalse: [ einButton contents:
                  ('>',inhalt,'<') ].
      ]
```

Mit der Anweisung *inhalt select: [:c | c isDigit or: ['-<>' includes: c]]*
werden aus dem Text, der auf dem Knopf dargestellt wird, alle
Zahlen, sowie die Zeichen -, < und > ausgewählt. Danach wird geprüft, ob eines dieser Zeichen vorhanden war, denn nur dann kann
eine Markierung gesetzt oder entfernt werden. Wenn eine Markierung vorhanden ist, das erste Zeichen war das Zeichen >, dann
werden die einschließenden Größer-/Kleinerzeichen entfernt, ansonsten werden sie hinzugefügt. Der neue Inhalt wird dem Knopf
einButton wieder zugewiesen.

Methoden zum Setzen und Abfragen von Markierungen

Die Methoden zum Setzen und Abfragen von Markierungen erfolgen über die Methoden *feldSelektionen:* und *feldSelektionen.* Die
erste Methode erhält als Parameter eine Liste von Positionen, die
markiert werden sollen. Alle nicht in der Liste enthaltenen Knöpfe
werden demarkiert. Um die Markierungen zu setzen, wird in einer
Schleife über alle Positionen gelaufen. Dann wird von jedem
Knopftext eine eventuell vorhandene Markierung entfernt. Dabei
bedeutet die Anweisung *inhalt size > 0 and: [inhalt first = $>]* ,
daß zuerst überprüft wird, ob überhaupt Zeichen in *inhalt* stehen,
um einen Indexfehler beim Zugriff auf ein nicht vorhandenes erstes
Zeichen zu verhindern.

```
feldSelektionen: liste
     "Waehlt die Button mit dem Index
     aus liste aus."

     | inhalt |

     1 to: field size do: [ :index |
         inhalt := (field at: index) contents.
         (inhalt size > 0 and: [ inhalt first = $> ])
             ifTrue: [ inhalt := inhalt copyFrom: 2 to:
                                   (inhalt size - 1) ].
         (liste includes: index)
```

```
          ifTrue: [ inhalt := '>',inhalt,'<' ].
    (field at: index) contents: inhalt.
].
```

Wenn die Position des aktuellen Knopfes in der als Parameter übergebenen Liste vorhanden ist (*liste includes: index*), so wird die Markierung durch Einschließen des alten Knopftextes in die Markierungszeichen hergestellt. Der neue Text wird dem aktuellen Knopf wieder zugewiesen.

Aufgabestellung:

Wie man leicht erkennen kann, ist die Methode nicht auf Geschwindigkeit ausgelegt. Überlegen Sie sich doch einmal einen schnelleren Algorithmus, den Sie nach der vollständigen Implementierung des Beispielprogramms programmieren und testen können.

Das Ermitteln der markierten Knöpfe erfolgt ähnlich dem gerade beschriebenen Algorithmus. Die Methode *feldSelektionen* liefert eine *OrderedCollection* der Positionen der markierten Knöpfe zurück.

```
feldSelektionen
    "Liefert ein Liste der markierten
    Button zurueck"

    | liste inhalt |

    liste := OrderedCollection new.
    1 to: field size do: [ :index |
        inhalt := (field at: index) contents.
        (inhalt size > 0 and: [ inhalt first = $> ])
            ifTrue: [ liste add: index ]
    ].
    ^liste
```

In einer Schleife über die Knöpfe wird ermittelt, ob eine Markierung existiert. Die Positionen von markierten Knöpfen werden in der *OrderedCollection* mit dem Namen *liste* gesammelt und am Ende der Verarbeitung von der Methode zurückgegeben.

Für die Realisierung der Funktionalität eines Feldes sind die beschriebenen Methoden ausreichend. Jetzt müssen die eigentlichen Dialoge programmiert werden, um die Funktionalität zu nutzen. Dazu wird als erstes ein Dialog erstellt, mit dessen Hilfe ein Monatsblatt eines Kalenders dargestellt werden kann.

6.2.3   Der Kalenderdialog

Der Kalenderdialog wird für die Beispielanwendung dazu benötigt, um einerseits dem Benutzer die Möglichkeit zu geben, von einem bestimmten Datum den zugehörigen Wochentag zu ermitteln, andererseits wird dieser Dialog auch dazu verwendet, bequem ein Datum einzugeben, ohne dafür die Tastatur benutzen zu müssen.

Für die Sicht des Kalenderdialogs wird die Klasse *TVKalenderDialog* verwendet. Da der Modell-Anteil für diese Oberfläche nur sehr gering ist, wird er ebenfalls in der Sicht-Klasse implementiert.

Das dargestellte Datum, intern als Exemplar der Klasse *Date* geführt, wird in einer Exemplarvariablen mit dem Namen *datum* zwischengespeichert. Der Inhalt der Exemplarvariablen *eingabeDatum* wird als Ergebnis des Dialogaufrufs an die aufrufende Methode zurückgegeben. Wird die Eingabe eines Datums abgebrochen, so wird kein Datum sondern *nil* zurückgegeben.

Aufgabenstellung:
Legen Sie die Klasse *TVKalenderDialog* an, wenn Sie dieses noch nicht getan haben. Fügen Sie die Exemplarvariablen *datum* und *eingabeDatum* und die Pooldictionaries *OperatingSystemConstants* und *TVSprachKonstanten* zur Definition hinzu. Warum müssen Sie als Oberklasse die Klasse *TVWindowDialog* verwenden?

Lösung:
Nachdem Sie Klasse mit ihren Variablen angelegt haben, erhalten Sie für die Klassendefinition folgenden Ausdruck:

```
TVWindowDialog subclass: #TVKalenderDialog
    instanceVariableNames:
      'datum '
    classVariableNames: ''
    poolDictionaries:
      'OperatingSystemConstants TVSprachKonstanten '
```

Sie müssen die Klasse *TVWindowDialog* als Oberklasse wählen, da der Kalenderdialog die Funktionalität und das Aussehen eines Dialogs haben soll. Zur Funktionalität eines Dialogs gehört beispielsweise, daß die Arbeit in dem Fenster, von dem ein Dialog geöffnet wurde, solange unterbrochen wird, bis der Dialog wieder geschlossen wird. Dieses Verhalten wird als *modal* bezeichnet. Ein weiteres Verhalten kann sein, daß ein Dialog im Vordergrund bleibt und dennoch auf dem darunterliegenden Fenster gearbeitet werden kann. Dieses Verhalten wird mit *nicht modal* oder englisch *modeless* bezeichnet. Weiterhin gehört zu einem Dialog, daß dieser in seiner Größe nicht veränderbar ist und über keine Pulldown-Menüs verfügt. Die einzelnen Fensterkomponenten können über die ⬚-Taste (Tabulator-Taste) angesteuert werden.

Für unseren Kalenderdialog werden wir ein modales Verhalten verwenden, wie im übrigen für die restlichen Dialoge auch.

Für die Verwendung des Kalenderdialogs sowohl als Auswahldialog als auch als Informationsquelle werden in der Klasse *TVKalenderDialog* zwei Methoden implementiert. Der ersten Methode, zum Auswählen eines Datums, wird ein Datum, ein Exemplar der Klasse *Date*, als Parameter übergeben. Als Name für diese Methode wird *oeffneMit:* gewählt. Die zweite Methode, ausschließlich zum Informieren, öffnet den Dialog mit dem aktuellen Datum. Diese Methode erhält den Namen *oeffneFenster*. In der Methode *oeffneFenster* wird die Methode *oeffneMit:* verwendet.

Aufgabenstellung:
Implementieren Sie die Methode *oeffneFenster*. Ermitteln Sie zur Erzeugung des aktuellen Datums den entsprechenden Ausdruck. Beachten Sie, daß von dieser Methode der Inhalt der Exemplarvariablen *eingabeDatum* zurückgegeben wird.

Lösung:
Die Methode *oeffneFenster* kann mit einer einzigen Anweisungszeile realisiert werden:

```
oeffneFenster
    "Öffnet das Fenster und gibt als
    Ergebnis das ausgewählte Datum zurück."

    ^self oeffneMit: Date today
```

In der Methode wird die Nachricht *oeffneMit:* abgeschickt. Als Parameter wird das aktuelle Datum, das mit dem Ausdruck *Date today* ermittelt wird, mitgegeben. Da die Methode *oeffneMit:* auch einzeln aufgerufen werden kann und auch dann das ausgewählte Datum zurückliefert, kann das Ergebnis diese Methode ohne weitere Zwischenschritte weitergereicht werden.

Die eigentliche Funktionalität liegt in der Methode *oeffneMit:*. Wie bereits beim Übersichtsfenster wird in dieser Methode das Aussehen und die Funktionalität des Kalenderdialogs implementiert. Für die Darstellung der Monatsnamen wird eine Form der Listendarstellung gewählt, die den ausgewählten Eintrag gesondert anzeigt. Diese Komponente, ein Exemplar der Klasse *ComboBox*, verfügt über eine aufschaltbare Liste, in der ein Monatsname ausgewählt werden kann. Zur Eingabe der Jahreszahl wird ebenfalls ein *ComboBox*-Exemplar verwendet. Es sind die Jahreszahlen von 1950 bis 2050 vorhanden. Die Anzeige des Kalenderblattes erfolgt in dem bereits erwähnten *Button*-Feld, das durch die Oberklasse *TVWindowDialog* realisiert wird. In der ersten Spalte sind Abkürzungen der Tagesnamen eingetragen, die restlichen Spalten enthalten die Tageszahlen der jeweiligen Wochen des ausgewählten Monats. Es werden nur die Knöpfe angezeigt, die auch wirklich einen Monatstag enthalten.

Zwei Knöpfe zum Bestätigen der Auswahl oder zum Abbrechen der Eingabe vervollständigen den Kalenderdialog.

Öffnen des Kalenderdialogs

Die Definition des Dialogfensters erfolgt analog dem bereits vorgestellten Verfahren beim Erstellen des Übersichtsfensters. Ein Unterschied hierzu besteht allerdings in der Angabe der Größen der Fensterkomponenten. Handelt es sich bei einem Fenster nicht um einen Dialog, so entsprechen die Größenangaben der Fensterkomponenten in Bild(schirm)punkten genau der späteren Darstellung auf dem Bildschirm. Bei Dialogen ist dieses anders. Hier müssen sämtliche Angaben umgerechnet werden, um die richtige Größe zu erreichen. Um einen Dialog der Größe von 300*300 Bildpunkten zu öffnen, wird dieser Punkt, ein Rechteck ist ebenfalls möglich, der Klassenmethode *inDialogUnits:* aus der Klasse *WindowDialog* übergeben. Das Ergebnis ist der zu verwendende Wert. In dem Beispiel ergibt der Ausdruck *WindowDialog inDialogUnits: (300@300)* das Ergebnis *150@150*. Weitere wichtige Methoden zu diesem Thema in der Klasse *WindowDialog* sind:

- *charHeight* liefert die Höhe eines Zeichens in einem Dialog.

- *charWidth* liefert die Breite eines Zeichens in einem Dialog.

- *entryHeight* liefert die Höhe eines Texteingabefeldes in einem Dialog.

Die später fertige *oeffneMit:*-Methode hat folgenden Programmcode:

```smalltalk
oeffneMit: einDatum
    "Oeffnet den Dialog mit der Voreinstellung einDatum."

    | eh ch fb pane |

    eh := self class entryHeight.
    ch := self class charHeight + 1.

    datum := einDatum.
    self owner: self.
    self label: TvKalender.

    "Liste der Monate"
    self addSubpane: ( (pane := ComboBox new)
        setName: #zeigeMonate:;
        owner: self;
        dropDownList;
        when: #needsContents send: #zeigeMonate:
            to: self with: pane;
        when: #clicked: send: #neuerMonat:
            to: self with: pane;
        framingBlock: [ :box |
            (box leftTop rightAndDown: 10@10)
            extentFromLeftTop:
                    (box width // 2 - 15 )@(eh * 4)])

    "Liste der Jahre"
    self addSubpane: ( (pane := ComboBox new)
        setName:  #zeigeJahre:;
        owner: self;
        dropDownList;
        when: #needsContents send: #zeigeJahre:
            to: self with: pane;
        when: #clicked: send: #neuesJahr:
            to: self with: pane;
        framingBlock: [ :box |
            (box leftTop rightAndDown:
                    (box width // 2 + 5)@10)
            extentFromLeftTop:
                    (box width // 2 - 15 )@(eh * 4) ] ).

    "Buttonfeld fuer Tageszahlen und Tagesnamen"
    fb := [ :box |
            (box leftTop rightAndDown: 14@(eh * 3 - 7))
            extentFromLeftTop:
                    (box width - 31)@(ch * 7 + 7) ].

    self spalten: 7 zeilen: 7 in: fb.

    "Knopf  zum Bestaetigen der Eingabe"
    self addSubpane: ( (pane := Button new)
```

```
          owner: self;
          defaultPushButton;
          contents: TvOk;
          when: #clicked send: #ok:
              to: self with: pane;
          framingBlock: [ :box |
            (box leftBottom rightAndUp: 10@(eh * 3 // 2 - 2))
               extentFromLeftTop: 60@eh ] ).

    "Knopf zum Abbrechen der Eingabe"
    self addSubpane: ( (pane := Button new)
          owner: self;
          contents: TvAbbruch;
          when: #clicked send:  #abbrechen:
              to: self with: pane;
          framingBlock: [ :box |
            (box leftBottom rightAndUp: 80@(eh * 3 // 2 - 2))
               extentFromLeftTop: 60@eh ] ).

    self zeigeTagesZahlen.

    eingabeDatum := nil.
    self openWindow.
    ^eingabeDatum
```

Der Parameter dieser Methode muß ein Exemplar der Klasse *Date*
sein. In den lokalen Variablen *eh* und *ch*, die aus Gründen der
Übersichtlichkeit jeweils nur zwei Buchstaben besitzen, sind die
Werte der oben erwähnten Methoden *entryHeight* und *charHeight*
enthalten. *datum := einDatum* weist der Exemplarvariablen *datum*
das Parameter-Exemplar zu. Mit den Nachrichten *owner:* und *label:*
werden wieder der Besitzer und die Fensterüberschrift des Dialogs
gesetzt.

An die Fensterkomponente zur Aufnahme der Monatsnamen, ein
Exemplar der Klasse *ComboBox*, wird die Nachricht *dropDownList*
gesendet. Diese fügt zum Stil des Empfängerexemplares einen Wert
hinzu, der bei der späteren Arbeit die Komponente mit einer auf-
klappbaren Liste versieht. Zur Monatsnamenkomponente werden
zwei Ereignisse definiert: Das erste Ereignis (*#needsContents* und
die Ereignisnachricht *zeigeMonate:*) wird zum Füllen der Liste mit
Inhalt verwendet, das zweite Ereignis (*#clicked:* und die Ereignisnachricht *neuerMonat:*) wird ausgelöst, wenn ein Eintrag in dieser
Liste neu ausgewählt wird. Die Angabe der Position der Komponente im Dialogfenster erfolgt nach oben beschriebenem Verfahren.

Die Jahreszahlen werden in einer gleichen Komponente angezeigt wie die Monatsnamen. Es sind ebenfalls zwei Ereignisse definiert, die zum Füllen der Liste dienen und bei der Selektion eines Eintrags ausgeführt werden.

Die Anzeige der zum Paar Monatsname und Jahreszahl gehörenden Monatstage, also das eigentliche Kalenderblatt, erfolgt in einem Button-Feld. Dieses Feld ist sieben Spalten breit und sieben Zeilen hoch. Die Position des Feldes ergibt sich aus einem Block, der in der Variablen *fb* gespeichert wird. Das Erzeugen des Feldes erfolgt durch den Ausdruck *self spalten: 7 zeilen: 7 in: fb.* Die notwendige Funktionalität ist in der Oberklasse *TVWindowDialog* implementiert. Die Basisfunktionalität des Feldes sieht vor, daß ein angeklickter Knopf markiert oder demarkiert wird. Hierzu kommt für eine Kalenderanwendung noch die Anforderung, einen anderen bereits markierten Knopf zu demarkieren. Hierzu wird die Methode *feldSelektion:* aus der Oberklasse redefiniert.

Der Positionsblock des Feldes enthält Angaben, die sich auf die Ausdehnung (Spalten/Zeilen: 7/7) des Feldes beziehen. Beachten Sie bei den Positionsangaben in Dialogen, diese in Dialogeinheiten anzugeben.

Zum Bestätigen der Eingabe wird ein Exemplar der Klasse *Button* verwendet. Zur Darstellung dieses *Ok*-Knopfes als Default-Knopf (mit dickerem Rahmen) wird diesem die Nachricht *defaultPushButton* geschickt.

Wird die Eingabe-Taste betätigt, ohne daß der *Ok*-Knopf aktiv ist, so ist das dasselbe, als wenn der *Ok*-Knopf selbst gedrückt worden wäre. Für das Ereignis des Drückens (*#clicked*) wird die Nachricht *ok:* definiert. Im Knopf wird der Text aus der Poolvariablen *TvOk* angezeigt.

Zum Abbrechen der Eingabe wird ebenfalls ein Exemplar der Klasse *Button* definiert. Wird die Esc -Taste gedrückt, so wird die Eingabe abgebrochen und der Kalenderdialog geschlossen. Der *Abbrechen*-Knopf erhält als Beschriftung den Inhalt der Poolvariablen *TvAbbruch.* Für das Ereignis *#clicked* wird die Nachricht *abbrechen:* festgelegt.

Mit der Nachricht *openWindow* wird der Kalenderdialog als modales Fenster geöffnet. Dadurch kann der Benutzer mit dem vorher aktiven Fenster solange nicht mehr arbeiten, bis der Dialog geschlossen wird. Auch die Abarbeitung der *oeffnenMit:*-Methode wird an der Stelle *openWindow* „angehalten", bis der Dialog beendet wird. Dadurch kann am Ende der Methode das erst noch einzugebende Datum zurückgegeben werden.

Obwohl die Methode zur Definition fertig ist, sollten Sie nicht versuchen, den Kalenderdialog zu öffnen! (Sollten Sie es dennoch getan haben, lesen Sie diesen Absatz erst vollständig zuende.) Sie würden ein rotes Fehlerfenster erhalten, das Ihnen angibt, daß eine Nachricht nicht verstanden wurde. Darüberhinaus wäre das Fenster, von dem Sie den Dialog öffnen wollten, blockiert und nicht mehr bedienbar. Gehen Sie dann auf ein Fenster eines Entwicklungswerkzeuges, und evaluieren Sie im dazugehörigen Textbereich den Ausdruck *Notifer windows do: [:window | window enable]*. Jetzt sollte kein Fenster mehr blockiert sein.

Aufgabenstellung:

Implementieren Sie die durch die *oeffnenMit:*-Methode festgelegten Methoden in der Klasse *TVKalenderDialog* sowie die *initWindowSize*-Methode, die 300 mal 240 Bildschirmpunkte korrekt zurückliefern soll. Versehen Sie jede Methode mit einem passenden Parameternamen und Kommentar. Sollten Sie alle Methoden implementiert haben, so können Sie den Kalenderdialog über den Ausdruck *TVKalenderDialog new oeffneFenster* oder den entsprechenden Menüeintrag im Übersichtsfenster öffnen. Sollten Sie eine Fehlermeldung erhalten, so müssen Sie eventuell nach dem Verfahren aus dem vorherigen Absatz vorgehen.

Lösung:

Die *initWindowSize*-Methode enthält nur eine Anweisungszeile, die sich aus der bereits oben besprochenen Funktionalität ergibt:

```
initWindowSize
        "Liefert die Größe des Rechtecks für das Fenster."
    ^self class inDialogUnits: 300 @ 240
```

Um den Dialog öffnen zu können, müssen die drei Methoden *zeigeMonate:*, *zeigeJahre:* und *zeigeTagesZahlen* realisiert werden. Die beiden ersten Methoden erhalten als Parameter eine Fensterkomponente. Da der Kalenderdialog über den *Ok*-Knopf aufgrund der fehlenden *ok:*-Methode noch nicht geschlossen werden kann, muß der Dialog über das System-Menü oben links geschlossen werden. Dabei auftretende Fehler können ignoriert werden. Sie treten nicht

mehr auf, wenn die Methoden *neuerMonat:* und *neuesJahr:*
(ebenfalls leer) implementiert werden.

Inhalt der Fensterkomponenten erstellen

Die Methode *zeigeMonate:* muß eine Liste mit den zwölf Monatsnamen aufbauen, und in der Listenkomponente, die als Parameter
der Methode übergeben wird, anzeigen. Der Monat des in der Exemplarvariablen gespeicherten Datums soll angezeigt/ausgewählt
werden. Die Monatsnamen werden durch die Methode *monatsName-
Fuer:* aus der Klasse *TVKalenderModell* ermittelt. Die Methode hat
somit folgenden Inhalt:

```
zeigeMonate: einFenster
    "Liste der Monatsnamen setzen."

    | liste |

    liste := OrderedCollection new: 12.
    1 to: 12 do: [ :index |
        liste add: (TVKalenderModell monatsNameFuer: index)
                ].

    einFenster contents: liste.
    einFenster selection: datum monthIndex.
```

Als Liste wird eine *OrderedCollection* mit 12 Einträgen verwendet. In
diese werden nacheinander die Namen der 12 Monate eingetragen.
Die Nachricht *monthIndex* wird einem *Date*-Exemplar geschickt und
liefert als Ergebnis die Monatsnummer des Empfängerdatums, die
zur Auswahl des zugehörigen Monatsnamens verwendet wird.

Die Methode zum Anzeigen der Jahre von 1950 bis 2050 ist aufgrund des Polymorphismus einfach zu realisieren.

```
zeigeJahre: einFenster
    "Liste der Jahreszahlen setzen"

    | jahre |

    jahre := (1950 to: 2050) asArray.
    1 to: jahre size do: [ :index |
        jahre at: index put: (jahre at: index) printString.
                ].

    einFenster contents: jahre.
    einFenster selection: (datum year printString).
```

Die Anweisung *1950 to: 2050* liefert ein Exemplar der Klasse *Interval*. Diesem Exemplar wird die Nachricht *asArray* geschickt, was als Ergebnis ein Exemplar der Klasse *Array* liefert, in dem die Zahlen von 1950 bis 2050 enthalten sind. Danach wird in einer Schleife über dieses erzeugte Array gelaufen und an jeder Position des Arrays der dort enthaltene Wert als String eingetragen. Nachdem der Fensterkomponente *einFenster* das *Array* als Inhalt zugewiesen wird, wird noch das im Datum enthaltene Jahr ausgewählt.

Die Methode *zeigeTagesZahlen* benötigt etwas mehr Funktionalität als die vorherige Methode. In dieser Methode wird das Knopffeld aus der Klasse *TVWindowDialog* verwendet. Somit besteht die Hauptaufgabe, die 49 Knöpfe korrekt mit Inhalt zu füllen. Die ersten sieben Knöpfe werden mit einem Kürzel der sieben Wochentage gefüllt. Damit ist die erste Spalte vollständig. Die Wochentage werden über den Ausdruck *TVKalenderModell tagesNameFuer: index* ermittelt, wobei *index* einer Zahl im Bereich eins bis sieben entspricht. Das zu verwendende Kürzel besteht aus den ersten beiden Buchstaben des ermittelten Wochentages. Dieser Text wird im Knopf über die Anweisung *(field at: index) contents: (tagesName copyFrom: 1 to: 2)* gesetzt.

Für die Darstellung des Kalenderblattes wird die Information benötigt, auf welchen Wochentag der erste Tag fällt. Dieses wird mit zwei Anweisungen ermittelt. Die erste Anweisung *neuesDatum := datum firstDayOfMonth.* ermittel zu einem gegebenen Datum das Datum des ersten Monatstages. Mit *tagesIndex := neuesDatum dayIndex* wird ermittelt, auf welchen Wochentag ein Datum fällt. Der Index 1 entspricht dabei dem Montag.

In drei Schleifen werden nun die übrigen Knöpfe mit Inhalt versehen. Dabei wird aus den nicht benötigten Knöpfen der Inhalt entfernt und die Knöpfe verdeckt (1. und 3. Schleife). In der zweiten Schleife werden die Monatstage angezeigt und vorher verdeckte Knöpfe wieder sichtbar gemacht. Wenn alle Knöpfe korrekt konfiguriert worden sind, wird noch der Monatstag des anzuzeigenden Datums markiert. Dazu wird aus der Oberklasse *TVWindowDialog* die Methode *feldSelektion:* aufgerufen, die als Parameter den Index des zu markierenden Knopfes erhält. Lassen Sie sich in der implementierten Methode nicht durch die umfangreiche Berechnung der Positionen der Knöpfe verwirren, die für die drei zuletzt angesprochenen Schleifen benötigt wird. Versuchen Sie einmal, die Berechnung nachzuvollziehen.

Die Methode *zeigeTagesZahlen:* :

```
zeigeTagesZahlen
    "Tageszahlen im Button-Feld anzeigen."

    | neuesDatum tagesIndex tagesName |

    neuesDatum := datum firstDayOfMonth.
    tagesIndex := neuesDatum dayIndex.
    1 to: 7 do: [ :index |
        tagesName := TVKalenderModell tagesNameFuer: index.
        (field at: index) contents:
                        (tagesName copyFrom: 1 to: 2). ].
    8 to: (6 + tagesIndex) do: [ :index |
        (field at: index) contents: '';hideWindow ].
    1 to: neuesDatum daysInMonth do: [ :tag |
        (field at: (6 + tagesIndex + tag))
            contents: tag printString;showWindow. ].

    (neuesDatum daysInMonth + 7 + tagesIndex) to: 49 do:
    [ :index |
        (field at: index) contents: '';hideWindow ].

    super feldSelektion: (field at:
                    (6 + tagesIndex + datum dayOfMonth)).
```

Die Nachrichten *hideWindow* und *showWindow* werden ebenfalls
dem Exemplar aus der Anweisung *field at: index* geschickt, nachdem diesem bereits die Nachricht *contents:* zum Setzen des Inhalts
geschickt wurde. *hideWindow* und *showWindow* bewirken ein
Ausblenden oder Anzeigen eines existierenden Fensters oder einer
Fensterkomponente.

Es stehen jetzt alle Methoden zum Öffnen und Anzeigen zur Verfügung, und somit öffnet sich durch die Anweisung *TVKalenderDialog
new oeffneMit: Date today* ein Kalenderdialog (Bild 6.2), bei dem
die Werte für das aktuelle Datum ausgewählt sind.

Eingabe eines Datums

Änderungen an den angezeigten Werten werden in den Methoden
neuerMonat:, *neuesJahr:* und *feldSelektion:* bearbeitet. Diese Methoden haben grob betrachtet alle die gleiche Funktionalität. Zuerst
wird überprüft, ob wirklich ein Eintrag selektiert wurde. Ist dieses
nicht der Fall, so wird die Verarbeitung abgebrochen. Nach der
Überprüfung wird der selektierte Wert ermittelt.

Führt die Auswahl eines Monats oder Jahres gegenüber dem Datum
aus der Exemplarvariablen *datum* zu keiner Änderung, so wird die

Bild 6.2:
Dialog zur
Eingabe ei-
nes Datums.
Es ist der
9.9.96 aus-
gewählt.

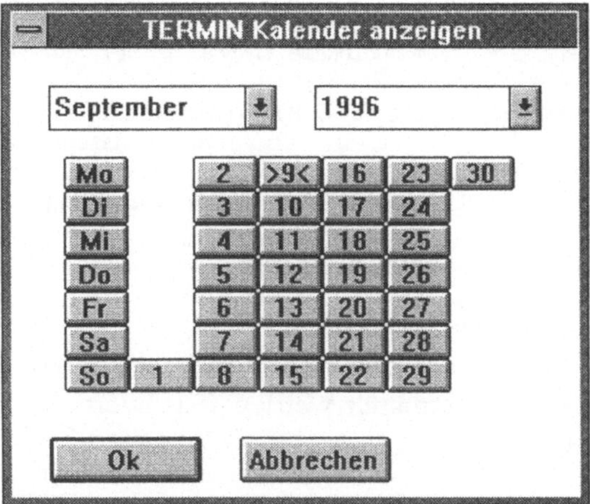

Verarbeitung abgebrochen. Ansonsten wird aus dem in *datum* gespeicherten Exemplar und der neuen Eingabe ein neues Datum errechnet. Ändern sich der Monat oder das Jahr, so muß beachtet
werden, daß die Anzahl der Tage des neuen Monats nicht mehr mit
der Anzahl der Tage des alten Monats übereinstimmen muß. Haben
sich das Jahr oder der Monat geändert, so muß der Inhalt des Kalenderblattes neu aufgebaut werden. Dieses geschieht mit der Ausführung der *zeigeTagesZahlen*-Methode. Das *TVKalenderDialog*-
Exemplar sendet sich selbst die Nachricht *zeigeTagesZahlen*.

Da im Feld des Kalenderblattes auch die Wochentage stehen, muß
auf die Auswahl eines solchen Eintrags reagiert werden. Wird so ein
Knopf angeklickt, wird die Methode sofort verlassen. In der Methode
feldSelektion: wird wieder die Methode *feldSelektion:* aus der Oberklasse aufgerufen. Der erste Aufruf dient dazu, die vorherige Markierung zu entfernen, der zweite Aufruf setzt die neue Markierung.

Die Methode *neuerMonat:* ändert den Monat des gespeicherten
Datums. Das Jahr bleibt erhalten. Der Tag wird an die maximale
Anzahl von Tagen des neuen Monats angepaßt:

```
neuerMonat: einFenster
    "ein neuer Monat wurde selektiert"

    | selektion tageProMonat monatsname |

    datum isNil ifTrue: [ ^self ].
    selektion := einFenster selection.
    selektion isNil ifTrue: [ ^self ].
```

```
monatsname := Date nameOfMonth: selektion.
monatsname = datum monthName ifTrue: [ ^self ].


tageProMonat := Date daysInMonth: monatsname
                                forYear: datum year.
datum := Date newDay:
                (datum dayOfMonth min: tageProMonat)
             month: monatsname
             year: datum year.


self zeigeTagesZahlen.
```

Bei der Änderung des Jahres bleibt der Monat erhalten. Der Tag
muß eventuell neu ermittelt werden (Stichwort: 29. Februar in einem Schaltjahr).

```
neuesJahr: einFenster
    "ein neues Jahr wurde selektiert."

    | selektion tageProMonat |

    datum isNil ifTrue: [ ^self ].
    selektion := einFenster selection.
    selektion isNil ifTrue: [ ^self ].
    selektion := einFenster selectedItem asInteger.
    selektion = datum year ifTrue: [ ^self ].
    tageProMonat := Date daysInMonth: datum monthName
                                forYear: selektion.
    datum := Date newDay:
                    (datum dayOfMonth min: tageProMonat)
                 month: datum monthName
                 year: selektion.


self zeigeTagesZahlen.
```

Bei der Änderung des Tages muß geprüft werden, ob überhaupt
eine Tageszahl ausgewählt wurde. Dazu werden aus dem angezeigten Text des als Parameter übergebenen Knopfes alle für numerische Werte gültige Zeichen ausgewählt. Aus diesen Zeichen wird
anschließend versucht, eine Zahl zu generieren. Dabei liefert ein
String, der keinem *Integer*-Wert entspricht, als Ergebnis der Nachricht *asInteger* den Wert *0*.

```
feldSelektion: einButton
    "Ein Tag wurde ausgewaehlt. einButton enthaelt
    den ausgewaehlten Monatstag."

    | selektion hilfsDatum index |
```

```
selektion := (einButton contents select: [ :c |
                    c isDigit or: [ c == $- ] ]) asInteger.
selektion = 0 ifTrue: [ ^self ].

hilfsDatum := datum firstDayOfMonth.
index := hilfsDatum dayIndex.

"Auswahl gueltiger Tag?"
selektion = 0
    ifFalse: [
        super feldSelektion: (field at: (6 + index
                                + datum dayOfMonth)).
        datum := Date newDay: selektion
                          month: datum monthName
                          year: datum year.
        super feldSelektion: (field at: (6 + index
                                + datum dayOfMonth)). ]
```

Beenden des Kalenderdialogs

Zum Abschluß der Methodendefinition für den Kalenderdialog werden noch die Ereignismethoden für den *Ok*-Knopf und den *Abbrechen*-Knopf benötigt. Diese sind sehr einfach. Die Methode *ok:* enthält die Anweisungen *eingabeDatum := datum* und *self close*. Das eingegebene Datum wird der vorher mit *nil* belegten Exemplarvariablen *datum* zugewiesen. Die Methode *abbrechen:* enthält die Anweisungszeile *self close*. Die Exemplarvariable behält das Exemplar *nil*. Als Parameter erhalten beide Methoden das zugehörige *Button*-Exemplar:

```
ok: einButton
    "Schließen des Fenster"

    eingabeDatum := datum.
    self close.


abbrechen: einButton
    "Abbruch der Eingabe"

self close.
```

Die Nachricht *close* bewirkt, daß der Dialog geschlossen wird. Das den Dialog öffnende und blockierte Fenster wird freigegeben und die Verarbeitung an der Aufrufstelle fortgesetzt.

6.2.4   Auswahl eines Anzeigezeitraums

Für die Eingabe eines Anzeigezeitraums wird ein Dialog mit dem gleichen Verhalten verwendet, wie es der Kalenderdialog bereits aufweist. Es werden zwei Eingabefelder für das Start- und das Endedatum des Zeitraums benötigt. Weiterhin können die anzuzeigenden Wochentage oder wahlweise die Monatstage ausgewählt werden.

Der Auswahldialog wird in der Klasse *TVAuswahlDialog* realisiert. Als Parameter erhält dieser Dialog ein Exemplar der Klasse *TVTerminauswahl*, das für den Aufbau des Dialogs in der Exemplarvariablen *auswahl* abgelegt wird. Die Exemplarvariable *auswahl* wird vor dem Öffnen des Fensters jedoch wieder gelöscht und als Ergebnis an die aufrufende Methode zurückgegeben. Durch die Methode, die durch Betätigen des Ok-Knopfes ausgelöst wird, wird die Exemplarvariable *auswahl* jedoch wieder gefüllt. Als Pooldictionaries werden wieder die Dictionaries *OperatingSystemConstants* und *TVSprachKonstanten* benötigt.

Aufgabenstellung:

Legen Sie die Klasse *TVAuswahlDialog* an. Deklarieren Sie die benötigten Exemplarvariablen und Pooldictionaries. Implementieren Sie eine Methode, die die Fenstergröße von realen 446*264 Bildpunkten für einen Dialog liefert. Implementieren Sie weiterhin eine Methode *oeffneMit:*, die als Parameter das Exemplar für die Exemplarvariable *auswahl* erhält, und in der die Basisfunktionalität zum Öffnen eines Dialogs enthalten ist. Die Definition der Fensterkomponenten erfolgt diesmal jedoch nicht innerhalb der *oeffneMit:*-Methode, sondern in den drei Methoden mit den Namen *hinzufuegenDerFensterOben*, *hinzufuegenDerFensterMitte* und *hinzufuegenDerFensterUnten*, die ebenfalls leer zu implementieren sind. Die *oeffneMit:*-Methode gibt den Inhalt der Exemplarvariablen *auswahl* zurück, außerdem wird diese Variable vor dem Öffnen des Fensters mit *nil* belegt. Realisieren Sie eine Methode *label*, die als Ergebnis den Inhalt der Poolvariablen *TvZeitraumLabel* liefert.

Lösung:

Wenn Sie die Klasse korrekt angelegt haben, so erhalten Sie die Klassendefinition:

```
TVWindowDialog subclass: #TVAuswahlDialog
    instanceVariableNames:
```

```
    'auswahl '
classVariableNames: ''
poolDictionaries:
    'OperatingSystemConstants TVSprachKonstanten '
```

Die Methode mit der Größenangabe für den Auswahldialog gibt das
Ergebnis des Ausdrucks *self class inDialogUnits: 446@264* zurück:

```
initWindowSize
    "Liefert die Größe des Rechtecks für das Fenster"

    ^self class inDialogUnits: 446@264
```

Öffnen des Auswahldialogs

Zum Öffnen des Dialogs sollte die Methode *oeffneMit:* verwendet
werden. In dieser wird die Exemplarvariable *auswahl*, der Besitzer
und die Fensterüberschrift gesetzt. Weiterhin sendet das *TVAuswahlDialog*-Exemplar sich selbst drei Nachrichten zum hinzufügen
der Fensterdefinition. Mit dem Ausdruck *self openWindow* wird ein
modaler Dialog geöffnet, der nach dem Schließen mit der Anweisung ∧*auswahl* ein Ergebnis zurückliefert:

```
oeffneMit: einTerminAuswahl
    "Öffnet den Dialog"

    auswahl := einTerminAuswahl.
    self owner: self.
    self label: self label.
    self hinzufuegenDerFensterOben.
    self hinzufuegenDerFensterMitte.
    self hinzufuegenDerFensterUnten.

    auswahl := nil.
    self openWindow.

    ^auswahl
```

Die noch benötigte Methode *label* enthält als einzige Anweisung
den Ausdruck ∧*TvZeitraumLabel*:

```
label
    "Liefert den Fenstertitel."
    ^TvZeitraumLabel.
```

Die Methoden zum Zufügen der Fensterkomponenten sind leer. Der
Dialog kann jetzt mit der Anweisung *TVAuswahlDialog new oeffneMit: nil* angezeigt werden.

Der Leser wird sich jetzt sicher fragen, wozu für den Fenstertitel und die Fensterkomponenten eigene Methoden verwendet werden? In der Tat ist dieses für den Auswahldialog nicht notwendig. Da die jetzt gemachten Definitionen allerdings später noch für die Eingabe eines Termins verwendet werden sollen, der Dialog hierfür wird in der Unterklasse *TVTerminBearbeitungsDialog* der Klasse *TVAuswahlDialog* weiter spezifiziert, ist die hier gewählte Aufteilung in Methoden sinnvoll.

In der Methode *hinzufügenDerFensterOben* werden jeweils zwei Fensterkomponenten für statischen Text und Eingabefelder definiert. Die statischen Texte werden als *StaticText*-Exemplare, die Eingabefelder als *EntryField*-Exemplare realisiert. In den Eingabefeldern wird das Startdatum (*auswahl getDatum*) beziehungsweise das Enddatum (*auswahl getEndDatum*) aus dem *TVTerminauswahl*-Exemplar angezeigt. Als Eingabehilfe kann der Kalenderdialog von den beiden Eingabefeldern aus aufgeschaltet werden, indem die zum Aufschalten des Popup-Menüs verwendete rechte Maustaste über einem Eingabefeld betätigt wird. Das in dem geöffneten Kalenderdialog ausgewählte Datum wird dann in das Eingabefeld übertragen. Zum Aufschalten wird das Ereignis *#needsPopupMenu* mit der Methode *datumEinfuegen:* belegt (*when: #needsPopupMenu send: #datumEinfuegen: to: self with: pane*). Somit ergibt sich für die Methode *hinzufuegenDerFensterOben* der folgende Inhalt:

```
hinzufuegenDerFensterOben
    "Definiert die oberen Fenster"

    | eh pane |

    eh := self class entryHeight.

    "Ueberschrift in einem StaticText"
    self addSubpane: ( StaticText new owner: self;
        contents: (TvStartDatum,':');
        framingBlock: [ :box |
            (box leftTop rightAndDown: 8@10)
            extentFromLeftTop: 51@eh ] ).

    "Eingabefeld fuer das Startdatum"
    self addSubpane: ( (pane := EntryField new)
        owner: self;
        setName: 'Von';
        contents: auswahl getDatum;
        when: #needsPopupMenu send: #datumEinfuegen:
            to: self with: pane;
```

```
framingBlock: [ :box |
    (box leftTop rightAndDown: (61@8))
    extentFromLeftTop: 77@eh ] ).


"Ueberschrift in einem StaticText"
self addSubpane: ( StaticText new owner: self;
    contents: (TvEndeDatum,':');
    framingBlock: [ :box |
        (box leftTop rightAndDown: 140@10)
        extentFromLeftTop: 51@eh ] ).


"Eingabefeld fuer das Endedatum"
self addSubpane: ( (pane := EntryField new)
    owner: self;
    setName: 'Bis';
    contents: auswahl getEndDatum;
    when: #needsPopupMenu send: #datumEinfuegen:
        to: self with: pane;
    framingBlock: [ :box |
        (box leftTop rightAndDown: 193@8)
        extentFromLeftTop: 77@eh ] ).
```

Die lokale Variable *eh* wird der Übersichtlichkeit halber verwendet. Die Beschreibung der Blöcke zur Ermittlung der Komponentengröße soll nicht weiter verfolgt werden.

Öffnen Sie den Auswahldialog, um die oberen Fensterkomponenten zu sehen, beachten Sie jedoch, daß jetzt als Parameter ein Exemplar der Klasse *TVTerminauswahl* benötigt wird. Evaluieren Sie den Ausdruck *TVAuswahlDialog new oeffneMit: TVTerminauswahl new initialisiere.*

In der Mitte des Auswahldialogs sollen die Wochentage sowie eine Liste der Monatstage angezeigt werden. In beiden Listen können mehrere Einträge ausgewählt werden, wobei die Auswahl immer nur in einer Liste erfolgen kann. Ein Mischen ist nicht möglich. Wird in einer Liste ein Eintrag selektiert, so wird die Auswahl in der anderen Liste gelöscht. Zum schnellen Löschen existiert für jede Liste zusätzlich ein eigener Knopf.

Die Darstellung der sieben Wochentage erfolgt durch Exemplare der Klasse *CheckBox*. Diese Fensterkomponente besitzt ein Auswahlkästchen, das angekreuzt werden kann. Die Darstellung der Monatstage erfolgt in dem bereits beschriebenen und eingesetzten Knopf-Feld, in dem fünf Spalten angezeigt werden:

```
hinzufuegenDerFensterMitte
    "Definiert die mittleren Fenster"
```

```
| sfh ch fb pane |

sfh := SysFont height.
ch := self class charHeight.

"Statischer Text fuer eine Ueberschrift"
self addSubpane: ( StaticText new owner: self;
    contents: (TvWochentage,':');
    framingBlock: [ :box |
        (box leftTop rightAndDown:
            8@(sfh * (self yOffset) // 2 + 2))
        extentFromLeftTop: 45@ch ] ).

"Zufuegen der sieben CheckBoxen"
1 to: 7 do: [ :yIndex |
    self addSubpane: ( (pane := CheckBox new)
        owner: self;
        setName: yIndex printString;
        selection: (auswahl getWochentage
                                    includes: yIndex);
        contents: (TVKalenderModell
                                tagesNameFuer: yIndex);
        when: #clicked: send: #loescheMonatstage:
            to: self with: pane;
        framingBlock:
          (self framingBlockFuerPosition: yIndex) ).
].

"Zufuegen des Loeschen-Buttons fuer die Wochentage"
self addSubpane: ( (pane := Button new) owner: self;
    contents: TvLoeschen;
    when: #clicked send: #loescheWochentage:
        to: self with: pane;
    framingBlock: [ :box |
        (box leftTop rightAndDown:
            20@(sfh * (self yOffset + 1) //
                            2 + 4 + (7 * ch) + 2))
        extentFromLeftTop: 60@(ch + 1) ] ).

"Statischer Text fuer eine Ueberschrift"
self addSubpane: ( StaticText new owner: self;
    contents: (TvMonatstage,':');
    framingBlock: [ :box |
        (box leftTop rightAndDown:
            100@(sfh * (self yOffset) // 2 + 2))
        extentFromLeftTop: 45@ch ] ).

"Buttonfeld fuer Monatstage"
fb :=  [ :box |
        (box leftTop rightAndDown:
            110@(sfh * (self yOffset + 1) // 2 + 4))
```

```
        extentFromLeftTop: 156@(7 * ch - 2) ].

    self spalten: 7 zeilen: 5 in: fb.

    "Zufuegen des Loeschen-Buttons fuer die Monatstage"
    self addSubpane: ( (pane := Button new) owner: self;
        contents: TvLoeschen;
        when: #clicked send: #loescheMonatstage:
            to: self with: pane;
        framingBlock: [ :box |
            (box leftTop rightAndDown:
                110@(sfh * (self yOffset + 1) //
                                2 + 4 + (7 * ch) + 2))
            extentFromLeftTop:
            60@(ch + 1) ] ).

    self zeigeTagesZahlen.!
```

Die lokalen Variablen *sfh* und *ch* werden für die Berechnung der
Positionen der einzelnen Fensterkomponenten benötigt. Für die
Positionen wird ebenfalls eine Methode *yOffset* verwendet, die als
Ergebnis den Wert 3 liefert. Diese Methode wird benötigt, da später
zwischen den „oberen", den „mittleren" und „unteren" Fensterkomponenten weitere eingefügt werden können. Die Methode *yOffset* ist
in der Unterklasse *TVTerminBearbeitungsDialog* redefiniert.

Zwei Knöpfe werden spezifiziert, zu denen jeweils ein Ereignis
#clicked definiert wird. Der erste Knopf reagiert mit dem Versenden
der Nachricht *loescheWochentage:*, der zweite mit der Nachricht *loe-
scheMonatstage:*. Diese Methoden werden auch aufgerufen, wenn
einerseits in einer *CheckBox* ein Kästchen angekreuzt beziehungsweise frei gemacht wird und andererseits ein Monatstag aus dem
Kalenderblatt ausgewählt oder entfernt wird. Bei den Monatstagen
erfolgt der Aufruf nicht direkt durch ein Ereignis, sondern wird von
der redefinierten Methode *feldSelektion:* übernommen. Bei den
CheckBox-Exemplaren der Wochentagen wird die Nachricht *loe-
scheMonatstage:* abgeschickt, bei den Monatstage die Nachricht *loescheWochentage:*.

Die sieben *CheckBox*-Exemplare werden in einer Schleife erzeugt,
die über die Werte 1 bis 7 läuft. Die Laufvariable in dieser Schleife
hat den Namen *yIndex*. Jede *CheckBox* erhält ihren Index in Form
eines *Strings* als Namen (*setName: yIndex printString*). Ob das Kästchen angekreuzt wird, erfolgt durch die Übermittlung eines booleschen Werts, der sich aus dem Ausdruck *auswahl getWochentage
includes: yIndex* ermittelt und der über die Nachricht *selection:* ge-

setzt wird. Jeder *CheckBox* wird ein Wochentag zugewiesen
(TV*KalenderModell tagesNameFuer: yIndex*), der bei der *CheckBox*
angezeigt wird. Auf die Definition eines Ereignisses *#clicked* wurde
bereits im vorherigen Absatz eingegangen. Viel interessanter ist die
Anwort auf die Frage, warum der Block zur Berechnung der Fensterposition nicht direkt angegeben wird (Die Position würde sich
aus dem Laufindex *yIndex* in den einzelnen Blöcken errechnen lassen), sondern durch die Methode *framingBlockFuerPosition:* geliefert wird.

Diese Methode *framingBlockFuerPosition:* hat folgenden Inhalt:

```
framingBlockFuerPosition: yPosition
    "Liefert den Fensterblock fuer Zeile yPosition"

    | ch offset |

    ch := self class charHeight.
    ^[ :box |
        offset := 20@((yPosition - 1) * ch +
                (SysFont height * ((self yOffset + 1)
                                   // 2) + 4)).
        (box leftTop rightAndDown: offset)
        extentFromLeftTop: 70@ch ].
```

Im Vergleich mit den anderen Blöcken zur Berechnung der Fen-
sterpositionen kann in dieser Methode nichts Außergewöhnliches
festgestellt werden. Das Ergebnis des Blocks ist nur vom Methoden-
parameter *yPosition* (also praktisch *yIndex*) abhängig. Die Frage
nach dem Warum? bleibt also bestehen. Die Beantwortung hängt
mit der Art und Weise der Verarbeitung eines Blocks zusammen.
Wie bereits in Kapitel 2 erwähnt wurde, wird ein Block wie ein beliebiges Exemplar betrachtet, das über eine eigene Klassendefinition
im Smalltalk-System verfügt. Obwohl in einer Methode ein Block
durch eckige Klammern definiert wird, wird das Exemplar für diesen Block erst aufgebaut, wenn der Block selbst benötigt wird. Das
ist dann der Fall, wenn der Block zum Beispiel einer Methode als
Parameter übergeben oder einer Variablen zugewiesen wird. In
dem dann erzeugten Exemplar wird eine Referenz auf den Methodenkontext der aktuellen, gerade ausgeführten Methode gelegt. In
diesem Methodenkontext sind sowohl die Parameter, aber auch die
lokalen Variablen sowie das Empfängerexemplar gespeichert (Durch
den Methodenkontext werden überhaupt erst Zugriffe auf lokale
Variablen der Methode innerhalb des Blocks ermöglicht). Der Methodenkontext ist für alle Blöcke, die in der aktuellen Methode
verwendet/erzeugt werden, identisch. Dadurch ist aber auch der In-

halt der Laufvariablen *yIndex* für alle Blöcke identisch, nämlich der
Wert 7, da die Blöcke erst dann ausgeführt werden, wenn die Position
der Fensterkomponenten benötigt wird – und das ist erst am Ende der
oeffneMit:-Methode der Fall! Da der Laufindex *yIndex* für alle Blöcke
identisch ist, würden auch alle sieben *CheckBox*-Exemplare an der
gleichen Stelle, also übereinander, dargestellt werden. Durch die
Verwendung einer eigenen Methode wird für jeden Block ein eigener
Methodenkontext verwendet, in dem der zur Berechnung verwendete
Parameter den jeweils geforderten Wert enthält.

Die Definition des *Button*-Feldes erfolgt analog der Definition des
Kalenderblattes im Kalenderdialog. Das Erzeugen eines solchen
Feldes funktioniert übrigens nur, da auch hier für die Definition der
Knöpfe ein eigener Methodenkontext aufgebaut wird.

Kommen wir jetzt zur letzten Methode, die in der Methode *hinzu-
fügenDerFensterMitte* festgelegt wird. Diese Methode hat den Namen
zeigeTagesZahlen und füllt die Listenkomponente mit den zugehörigen 35 Zahlen:

```
zeigeTagesZahlen
    "Fenster mit Inhalt fuellen"
    1 to: 31 do: [ :tag |
        (field at: tag) contents: tag printString ].
    -3 to: 0 do: [ :tag |
        (field at: (tag + 35)) contents: tag printString ].
    self feldSelektionen: auswahl getMonatstage.
```

Zuerst werden den ersten 31 Knöpfen des Knopffeldes die Zahlen
von 1 bis 31 als *Strings* über die Nachricht *contents:* zugewiesen.
Anschließend werden in diesem Feld die Knöpfe 32 bis 35 mit den
Zahlen von *-3* bis *0* belegt (Diese Zahlen werden verwendet, um
beispielsweise „den vorletzten Tag eines Monats" anzugeben (Wert -
1)). Mit der Anweisung *self feldSelektionen: auswahl getMonatstage*
werden die im Parameter angegebenen Knöpfe markiert.

Indirekt über das Knopffeld wird noch die Methode *feldSelektion:*
angesprochen. Diese Methode wird immer dann ausgeführt, wenn
ein Knopf des Feldes gedrückt wird. Da die Liste der Wochentage
zu löschen ist, wenn ein Monatstag ausgewählt wird, so muß diese
Methode noch redefiniert werden:

```
feldSelektion: einButton
    "Ein Button wurde gedrueckt. Es wird das
    Feld selektiert bzw. deselektiert"
```

```
self loescheWochentage: einButton.
super feldSelektion: einButton.
```

Die Methode *hinzufuegenDerFensterUnten* definiert zwei Knöpfe. Diese Knöpfe dienen zum Bestätigen der Eingabe, hierzu wird bei Eintreten des Ereignisses *#clicked* die Nachricht *ok:* und zum Abbrechen der Eingabe die Nachricht *abbrechen:* abgeschickt. Von den Blöcken zur Berechnung der Position der Knöpfe einmal abgesehen, sieht die Definition genauso aus wie für die entsprechenden Komponenten des Kalenderdialogs:

```
hinzufuegenDerFensterUnten
    "Definiert die unteren Fenster"

    | eh pane |

    eh := self class entryHeight.

    "Ok-Button"
    self addSubpane: ( (pane := Button new) owner: self;
        defaultPushButton;
        contents: TvOk;
        when: #clicked send: #ok:
            to: self with: pane;
        framingBlock: [ :box |
            (box leftBottom rightAndUp: 8@(eh * 3 //
                                            2 - 2))
            extentFromLeftTop: 60@eh ] ).

    "Abbrechen-Button"
    self addSubpane: ( (pane := Button new) owner: self;
        contents: TvAbbruch;
        when: #clicked send: #abbrechen:
            to: self with: pane;
        framingBlock: [ :box |
            (box leftBottom rightAndUp: 80@(eh * 3 //
                                            2 - 2))
            extentFromLeftTop: 60@eh ] ).!
```

Beenden des Dialogs

Die Methode zum Abbrechen der Eingabe enthält wiederum nur die Anweisung *self close*.

```
abbrechen: einButton
    "Eingaben verwerfen."

    self close.
```

In der *ok:*-Methode wird der Exemplarvariablen *auswahl* zuerst ein Exemplar der Klasse *TVTerminauswahl* zugewiesen. Danach müssen die Texteingaben überprüft werden. Dazu wird der Inhalt der beiden Eingabefelder einzeln an die Klassenmethode *testeDatum:* aus der Klasse *TVKalenderModell* übergeben. Diese Methode liefert einen booleschen Wert in Abhängigkeit davon, ob der übergebene *String* einem gültigen Datumsformat entspricht. Ist dieses der Fall, so wird das entsprechende Datum für den Anzeigezeitraum verwendet. Außerdem muß der Auswahlzustand der sieben *CheckBox*-Exemplare ermittelt werden. Dieses wird von der Methode *tagesWerte* übernommen. Die selektierten Monatstage können über die Nachricht *feldSelektionen* direkt übernommen werden. Sind alle Werte an das Exemplar *TVTerminauswahl* übergeben, so wird diesem die Nachricht *gueltigMachen* geschickt. Anschließend wird der Dialog geschlossen:

```
ok: aPane
    "Eingabe bestaetigen"


    | testDatum |


    auswahl := TVTerminauswahl new initialisiere.
    testDatum := (self paneAt: 'Von') contents.
    (TVKalenderModell testeDatum: testDatum)
        ifTrue: [ auswahl putDatum: testDatum ]
        ifFalse: [ auswahl putDatum: '' ].

    testDatum := (self paneAt: 'Bis') contents.
    (TVKalenderModell testeDatum: testDatum)
        ifTrue: [ auswahl putEndDatum: testDatum ]
        ifFalse: [ auswahl putEndDatum: '' ].

    auswahl putWochentage: self tagesWerte.
    auswahl putMonatstage: self feldSelektionen.
    auswahl gueltigMachen.

    self close.
```

Die Eingabefelder mit den Namen *Von* und *Bis* enthalten die erwähnten Datum-*Strings*. Enthält ein *String* keine gültige Datumsangabe, so wird das entsprechende Feld in der Exemplarvariablen mit einem leeren *String* belegt.

Die Methode *tagesWerte* hat folgenden Inhalt:

```
tagesWerte
    "Liefert die Liste der Wochentage"
```

```
| werte |

werte := OrderedCollection new.
1 to: 7 do: [ :tag |
    (self paneAt: tag printString) selection
        ifTrue: [ werte add: tag ]
].
^werte
```

An die sieben *CheckBox*-Exemplare wird nacheinander die Nachricht *selection* geschickt, die ein boolesches Ergebnis liefert. Abhängig von dessen Wert wird der Index der *CheckBox* zur Ergebnisliste *werte* hinzugefügt. Die Liste wird am Ende der Methode an die aufrufenden Methode zurückgegeben.

Um den Auswahldialog zu vervollständigen, werden jetzt noch drei Methoden benötigt. Eine Methode, in der mit dem Kalenderdialog ein Datum eingegeben werden kann, und zwei Methoden zum Löschen der Wochen- und Monatstage.

Löschen der ausgewählten Tage

In der Methode zum Löschen der Monatstage werden alle Markierungen im Knopffeld gelöscht. Dieses geschieht durch den Ausdruck *self feldSelektionen: #()*. Es werden alle Knöpfe markiert, die in der als Parameter übergebenen Liste stehen. Da die Liste leer ist, wird von allen Knöpfen die Markierung entfernt.

```
loescheMonatstage: einFenster
    "Loeschen der Monatstag-Selektionen"

    self feldSelektionen: #()!
```

Um die Kreuze aus den sieben *CheckBox*-Exemplaren zu entfernen, wird in einer Schleife den einzelnen Komponenten die Nachricht *selection:* mit dem Parameter *false* geschickt:

```
loescheWochentage: einFenster
    "Löschen der Wochentag-Selektionen"

    1 to: 7 do: [ :tag |
        (self paneAt: tag printString) selection: false ].
```

Öffnen des Kalenderdialogs

Das Ereignis *#needsPopupMenu* der Eingabefelder ist mit der Nachricht *datumEinfuegen:* verbunden. Die zu dieser Nachricht gehörende Methode erhält als Parameter jeweils das Eingabefeld, für das der Kalenderdialog geöffnet werden soll. Ist in dem übergebenen

Eingabefeld bereits ein Datum enthalten, dieses wird wieder mit der Methode *testeDatum:* aus der Klasse *TVKalenderModell* überprüft, so soll das dargestellte Datum auch in dem zu öffnenden Kalenderdialog angezeigt werden. Andernfalls wird das aktuelle Datum angezeigt.

Wird die Eingabe im Kalenderdialog abgebrochen, so wird vom Kalenderdialog das Exemplar *nil* zurückgeliefert und das vorher dargestellte Datum bleibt erhalten. Ansonsten wird das neu eingegebene Datum angezeigt:

```
datumEinfuegen: einEntryField
    "Datum ueber den Kalender-Dialog in
    einEntryField einfuegen"

    | datum |

    datum := (TVKalenderModell testeDatum:
                             einEntryField contents)
        ifTrue: [ TVKalenderDialog new oeffneMit:
            (Date tvFromString: einEntryField contents) ]
        ifFalse: [ TVKalenderDialog new oeffneFenster ].

    datum isNil ifTrue: [ ^self ].
    einEntryField contents: datum tvPrintString
```

Die lokale Variable *datum* nimmt das Ergebnis des Dialogaufrufs auf. Ist dieses Ergebnis nicht definiert, so bleibt der alte Inhalt des Eingabefeldes erhalten. Mit dem Ausdruck *einEntryField contents: datum tvPrintString* wird das neue Datum im Eingabefeld angezeigt.

Bild 6.3:
Der Dialog zur Eingabe des Anzeige-Zeitraums. Es sollen der Montag, Mittwoch und Freitag in der Zeit von 9.9.96 bis 15.9.96 angezeigt werden.

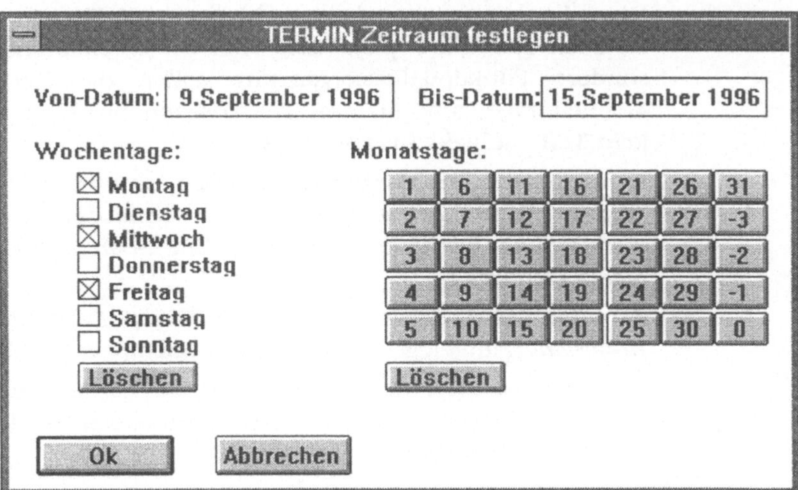

Die Idee, den Kalenderdialog zur Eingabe eines Datums zu verwenden, ist erst während der Erstellung des Beispiels entstanden. Eigentlich sollten alle Datumseingaben ausschließlich über die Tastatur erfolgen. Wie Sie selbst gesehen haben, ist die Ergänzung der Funktionalität recht einfach durchführbar. Es wurden nur die Ereignisse *#needsPopupMenu* für die Eingabefelder spezifiziert und die zugehörige Methode *datumEinfügen:* implementiert, und schon stand eine erweiterte Funktionalität bereit.

Es steht jetzt ein Dialog zur Verfügung, mit dem der Benutzer des Übersichtfensters den Zeitraum für die darzustellenden Termine verändern kann. Wird dieser Auswahldialog geöffnet, so erhält der Benutzer ein Dialogfenster, wie es in Bild 6.3 dargestellt wird.

6.2.5   Terminliste bearbeiten

Bislang war es nur möglich, Termine zu laden und zu speichern, wenn Sie die notwendige Datei mit einem Texteditor erstellt haben oder die Modell-Klassen über ein *Workspace*-Fenster benutzt haben. In den nächsten beiden Abschnitten sollen die Dialoge zur Bearbeitung der Termine über ein Fenster realisiert werden.

Der erste der beiden Dialoge zeigt die Liste der einzelnen Terminobjekte an. Während im Übersichtsfenster eine expandierte Liste angezeigt wurde, das heißt aus einem Terminobjekt für eine Woche wurden beispielsweise sieben Termine, werden in diesem Dialog die einzelnen Terminobjekte angezeigt. Als Funktionalität steht das *Einfügen*, *Löschen* und *Ändern* von Terminobjekten zur Verfügung. Diese Funktionalität steht sowohl über drei Knöpfe zur Verfügung als auch über ein Popup-Menü über der Listenkomponente. Als besondere Funktionalitätsergänzung sollen die Knöpfe und die Menüeinträge zum Ändern und Löschen blockiert werden, wenn kein Terminobjekt ausgewählt ist.

Werden neue Terminobjekte eingefügt, so werden diese sofort im Terminmanager abgelegt. Somit sind alle in der Listenkomponente dargestellten Terminobjekte gültig. Ein *Abbrechen*-Knopf ist somit nicht erforderlich.

Für den Bearbeitendialog wird die Klasse *TVTerminListenBearbeitungsDialog* angelegt. Es werden vier Exemplarvariablen angelegt:

- *terminManager* enthält ein Exemplar der Klasse *TVTerminmanager*. Dieses Exemplar wird als Parameter an den Bearbeitendialog übergeben.

- *termine* enthält eine Liste der Terminobjekte, wie sie auch im Terminmanager gespeichert sind.

- In der Exemplarvariablen *aenderungen* steht ein boolescher Wert, der angibt, ob Änderungen an der aktuellen Terminliste durchgeführt worden sind. Der Inhalt dieser Exemplarvariablen wird an die aufrufende Methode zurückgegeben. Wurden Änderungen gemacht, so wird die Liste der Termine im Übersichtsfenster aktualisiert. Nach dem Öffnen des Dialogs enthält die Variable den Wert *false*.

- *auswahlIndex* enthält den Listenindex des selektierten Terminobjekts. Ist kein Eintrag selektiert, so enthält diese Variable *nil*.

Zusätzlich zu den Exemplarvariablen wird das Pooldictionary *TVSprackKonstanten* benötigt:

```
WindowDialog subclass: #TVTerminListenBearbeitungsDialog
  instanceVariableNames:
    'terminManager termine aenderungen auswahlIndex '
  classVariableNames: ''
  poolDictionaries:
    'TVSprachKonstanten '
```

Öffnen des Dialogs

Die Methode, die das Aussehen des Dialogs festlegt, hat den Namen *oeffneMit:*. Der Parameter dieser Methode ist das *TVTerminmanager*-Exemplar, das der Exemplarvariablen *terminManager* zugewiesen wird.

Für die Listenkomponente zur Darstellung der Terminobjekte werden drei Ereignisse definiert. Tritt das Ereignis *#needsContents* ein, so soll die Nachricht *zeigeTerminListe:* abgeschickt werden. Auf das Ereignis *#needsPopupMenu* wird mit dem Absenden der Nachricht *listenMenue:* reagiert. Wird ein Eintrag in der Liste selektiert, so tritt das Ereignis *#clicked:* ein, bei dem die Nachricht *terminSelektiert:* abgeschickt wird. Weiterhin muß die Listenkomponente einen nichtproportionalen Zeichensatz erhalten, um die Anzeige gut lesbar zu gestalten.

Für die drei Knöpfe zum Einfügen, Ändern und Löschen wird jeweils das Ereignis *#clicked* definiert, auf das mit einer geeigneten Methode reagiert wird. Außerdem erhalten die Knöpfe zum Ändern und Löschen das Ereignis *#needsContents*, das mit der Nachricht *knopfGueltig:* verbunden wird.

Bei dem *Ok*-Knopf zum Schließen des Dialogs wird das Ereignis *#clicked* definiert, sowie der Stil zur Anzeige als Default-Knopf.

Am Ende der Methode wird der Inhalt der Exemplarvariablen *aenderungen* an die aufrufende Methode zurückgegeben:

```
oeffneMit: einTVTerminManager
      "Oeffnet ein Fenster zum Bearbeiten der Terminlisten."
      | eh pane |

      eh := self class entryHeight.

      terminManager := einTVTerminManager.
      aenderungen := false.

      self label: TvTermineBearbeitenLabel.
      self owner: self.

      "Liste fuer die Terminobjekte"
      self addSubpane: ( (pane := ListBox new) owner: self;
          font: Font fixedSystemFont;
          setName: #zeigeTerminListe:;
          when: #needsContents send: #zeigeTerminListe:
              to: self with: pane;
          when: #needsPopupMenu send: #listenMenue:
              to: self with: pane;
          when: #clicked: send: #terminSelektiert:
              to: self with: pane;
          framingBlock: [ :box |
              (box leftTop rightAndDown: (10@10))
              extentFromLeftTop:
              (box width - 90)@(box height - 20 - eh) ]).

      "Knopf zum Einfuegen"
      self addSubpane: ( (pane := Button new) owner: self;
          contents: TvEinfuegen;
          setName: #einfuegen:;
          when: #clicked send: #einfuegen:
              to: self with: pane;
          framingBlock: [ :box |
              (box leftBottom rightAndUp:
                      ((box width - 70)@(20 + (3*eh))))
              extentFromLeftTop: (60@(eh - 1)) ]).

      "Knopf zum Loeschen"
      self addSubpane: ( (pane := Button new) owner: self;
          contents: TvLoeschen;
          setName: #knopfGueltig:;
          when: #clicked send:  #loeschen:
              to: self with: pane;
          when: #needsContents send: #knopfGueltig:
```

```
                    to: self with: pane;
        framingBlock: [ :box |
            (box leftBottom rightAndUp:
                    ((box width - 70)@(20 + (2*eh))))
             extentFromLeftTop: (60@(eh - 1)) ]).


    "Knopf zum Aendern"
    self addSubpane: ( (pane := Button new) owner: self;
        contents: TvAendern;
        setName: #knopfGueltig:;
        when: #clicked send: #aendern:
            to: self with: pane;
        when: #needsContents send:  #knopfGueltig:
            to: self with: pane;
        framingBlock: [ :box |
            (box leftBottom rightAndUp:
                ((box width - 70)@(20 + eh)))
             extentFromLeftTop: (60@(eh - 1)) ]).


    "Knopf zum Beenden"
    self addSubpane: ( (pane := Button new) owner: self;
        defaultPushButton;
        contents: TvOk;
        when: #clicked send: #ok:
            to: self with: pane;
        framingBlock: [ :box |
            (box leftBottom rightAndUp: (10@(eh * 3 //
                                              2 - 2)))
             extentFromLeftTop: (60@eh) ]).


    self openWindow.


    ^aenderungen.
```

Die *oeffneMit:*-Methode liefert einen Dialog, der, wenn alle weiteren Methoden ebenfalls realisiert sind, das Aussehen wie in Bild 6.4 hat.

Bild 6.4: Dialog zum Bearbeiten der Termine. Das Popup-Menü ist aufgeschaltet.

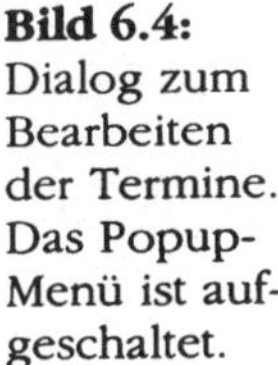

Anzeige der Terminobjekte

Für die Anzeige der Terminobjekte soll die Methode *zeigeTermin-Liste:* verwendet werden. In dieser wird der Inhalt der Exemplarvariablen *termine* gesetzt, die Liste der Terminobjekte wird durch den Ausdruck *terminManager alleTermine* ermittelt. Ebenso wird die Exemplarvariable *auswahlIndex* auf *nil* gesetzt, da das Füllen einer Listenkomponente mit neuem Inhalt auch die vorherige Selektion entfernt:

```
zeigeTerminListe: einListenfenster
    "Setzt den Inhalt des Terminlistenfensters
    mit den einzelnen Termin-Objekten."
    auswahlIndex := nil.
    einListenfenster contents: (termine := terminManager alleTermi-
ne).
```

Auswahl eines Terminobjekts

In der Methode *terminSelektiert:*, die durch das Ereignis *#clicked:* angestoßen wird, erhält die Exemplarvariable *auswahlIndex* die Position des selektierten Terminobjekts. Weiterhin wird in dieser Methode das Blockieren der *Ändern-* und *Löschen-*Knöpfe angestoßen. Dazu wird die *changed:*-Nachricht mit dem Parameter *#knopfGueltig:* abgeschickt. Voraussetzung dafür ist jedoch, daß dem Ändern- und Löschenknopf der Name *#knopfGültig:* mit der Nachricht *setName:* zugewiesen wird. Das Rahmenfenster des Dialogs ermittelt jetzt die Fensterkomponenten, die mit der Nachricht *knopfGueltig:* auf ein Ereignis reagieren sollen. Dieses sind die beiden zu blockierenden Knöpfe, da bei diesen die Nachricht in Verbindung mit dem Ereignis *#needsContents* definiert wurde. In beiden Knöpfen wird das Ereignis *#neddsContents* ausgelöst, und die Nachricht *knopfGueltig:* abgeschickt.

Die Methode *terminSelektiert::*

```
terminSelektiert: einListenfenster
    "Ein Termin-Eintrag wurde selektiert."
    auswahlIndex := einListenfenster selection.
    self changed: #knopfGueltig:.
```

und die Methode *knopfGueltig::*

```
knopfGueltig: einKnopf
    "Macht den einKnopf gueltig, wenn ein
    Terminobjekt ausgewaehlt ist."

    | pane |
    pane := self paneAt: #zeigeTerminListe:.
```

```
pane setPopupMenu: nil.

auswahlIndex isNil
        ifTrue: [ einKnopf disable ]
        ifFalse: [ einKnopf enable ].
```

Die Methode *knopfGueltig:* wird sowohl zum Blockieren als auch zum Freigeben der Knöpfe verwendet. Dieses geschieht in Abhängigkeit des Inhalts der Exemplarvariablen *auswahlIndex*. Ist in *auswahlIndex* ein *Integer*-Wert enthalten, so wird dem als Parameter übergebenen Knopf die Nachricht *enable* geschickt. Ist kein Eintrag selektiert, so wird dem Knopf die Nachricht *disable* geschickt. Die Methode *knopfGueltig:* wird zweimal ausgeführt: Einmal mit dem *Ändern*-Knopf und beim zweiten Mal mit dem *Löschen*-Knopf. Über die Reihenfolge kann jedoch keine Aussage gemacht werden. Mit der Nachricht *changed:* kann ein Aktualisieren in mehreren Fenster bewirkt werden. Der Ausdruck *pane setPopupMenu: nil* ist notwendig, damit im Listenfenster beim Betätigen der rechten Maustaste ein aktuelles Menü aufgeschaltet wird. Die Methode, die auf das Ereignis *#needsPopupMenu* reagiert, muß ein Menü in der anfordernden Fensterkomponente über die Nachricht *setPopupMenu:* setzen. Das gesetzte Menü wird in der Fensterkomponente gespeichert, was dazu führt, daß ein weiteres Ereignis *#needsPopupMenu* nicht mehr ausgeführt wird.

Das Popup-Menü

Das dritte Ereignis der Listenkomponente forderte das Popup-Menü an. Dieses Menü wird in der Methode *listenMenue:* aufgebaut und danach bereitgestellt:

```
listenMenue: einListenfenster
    "Menue fuer das Listenfenster aufbauen."

    | menu |

    menu := Menu new owner: self;
        appendItem: TvEinfuegen selector: #menueEinfuegen;
        appendItem: TvLoeschen selector: #menueLoeschen;
        appendItem: TvAendern selector: #menueAendern;
        yourself.
    auswahlIndex isNil
        ifTrue: [
            menu
                disableItem: TvLoeschen;
                disableItem: TvAendern ].

    einListenfenster setPopupMenu: menu.
```

Einem *Menu*-Exemplar werden nacheinander die drei Einträge mit der Nachricht *appendItem:selector:* bekannt gemacht. Jedem Eintrag wird eine spezielle Nachricht zugeordnet, die abgeschickt wird, wenn der entsprechende Eintrag ausgewählt wird.

Das Blockieren der Menüeinträge *Ändern* und *Löschen* erfolgt wieder in Abhängigkeit von der Exemplarvariablen *auswahlIndex*. Da nach der Definition eines Menüs alle Einträge freigegeben sind, muß nur bei Bedarf eine Blockiernachricht an das Menü abgeschickt werden. Diese Nachricht lautet *disableItem:* (das Gegenstück lautet *enableItem:*) und erhält als Parameter entweder den Namen des Eintrags oder das als Nachricht angegebene *Symbol*-Exemplar. Mit der Nachricht *setPopupMenu:* wird das Menü der Listenkomponente bekannt gemacht.

Die Methode zum Einfügen eines neuen Terminobjekts hat den Namen *menuEinfuegen*. In dieser Methode wird ein Spezifikationsdialog geöffnet, in dem der Benutzer einen neuen Termin eingeben kann. Der Spezifikationsdialog ist in der Klasse *TVTerminBearbeitungsDialog*, einer Unterklasse von *TVAuswahlDialog*, definiert. Als Parameter erhält der Dialog ein Exemplar aus der Hierarchie unterhalb von *TVZeitpunkt* in der Nachricht *oeffneMit:* übermittelt. Zum Einfügen wird ein neues Exemplar der Klasse *TVZeitpunkt* übergeben. Ist das Ergebnis aus dem Aufruf des Spezifikationsdialogs nicht *nil*, so wird das Ergebnisexemplar vom Terminmanager weiterverarbeitet. Anschließend wird die Liste der Terminobjekte aktualisiert. Dieses geschieht durch die Nachricht *anzeigeAktualisieren*.

Die Methode zum Einfügen eines neuen Terminobjektes:

```
menueEinfuegen
    "Einfuegen eines neuen Eintrags."

    | ergebnis |

    ergebnis := TVTerminBearbeitungsDialog new
                          oeffneMit: TVZeitpunkt new.
    ergebnis isNil ifTrue: [ ^self ].

    terminManager einfuegenTermin: ergebnis.
    self anzeigeAktualisieren.
```

In der Methode *anzeigeAktualisieren* wird neben der Aktualisierung der Liste der Terminobjekte auch das Blockieren und Freigeben der *Ändern*- und *Löschen*-Knöpfe angestoßen. Diese beiden Aktionen erfolgen durch die Verwendung der *changed:*-Methode. Die Exem-

plarvariable *aenderungen* wird mit *true* belegt, da diese Methode
nur nach einer Änderung ausgeführt wird:

```
anzeigeAktualisieren
    "Anzeige der Termine und Zustand
    der Button aktualisieren."

    self changed: #zeigeTerminListe:.
    self changed: #knopfGueltig:.
    aenderungen := true.
```

Die Methode zum Löschen ist nur dann ausführbar, wenn ein Terminobjekt selektiert ist. Denn nur dann sind auch die *Löschen*-
Einträge im Popup-Menü und der *Löschen*-Knopf freigegeben. Somit
muß in der Methode *menueLöschen* auch kein Test erfolgen, ob ein
Eintrag selektiert ist. Der Benutzer wird in einem Nachrichtenfenster
gefragt, ob das selektierte Terminobjekt wirklich gelöscht werden
soll (*MessageBox   confirm: TvBestaetigeLoeschen*).   Soll   keine
Löschung erfolgen, so wird die Verarbeitung beendet. Ansonsten
wird das Terminobjekt, das sich an der Position *auswahlIndex* in
der Liste *termine* befindet, vom Terminmanager gelöscht. Anschließend wird die Anzeige aktualisiert:

```
menueLoeschen
    "Loeschen des selektierten Eintrags."
    (MessageBox confirm: TvBestaetigeLoeschen)
        ifFalse: [ ^self ].
    terminManager loescheTermin: (termine at: auswahlIndex).
    self anzeigeAktualisieren.!
```

Zum Ändern eines Terminobjekts wird dieses an den Spezifikationsdialog übergeben. Dieser entnimmt dem übergebenen Exemplar
die gespeicherten Informationen und stellt diese dar. Sollen die Änderungen verworfen werden, so muß der Benutzer den Spezifikationsdialog abbrechen, wodurch *nil* an die aufrufende Methode zurückgeliefert und die Verarbeitung abgebrochen wird. Das Ergebnisexemplar, ein Exemplar aus der Hierarchie unterhalb von *TVZeitpunkt*, wird zusammen mit dem zu ändernden Exemplar an den
Terminmanager übergeben und danach der Bearbeitungsdialog erneut aktualisiert:

```
menueAendern
    "Aendern des selektierten Eintrags."
```

```
| ergebnis |

ergebnis := TVTerminBearbeitungsDialog new
                oeffneMit: (termine at: auswahlIndex).
ergebnis isNil ifTrue: [ ^self ].

terminManager aendernTermin: (termine at: auswahlIndex)
                          in: ergebnis.
self anzeigeAktualisieren.
```

Funktionalität der Knöpfe

Zum Schluß fehlen noch die vier Methoden, die ausgeführt werden
sollen, wenn einer der vier Knöpfe gedrückt wird. Die Methode für
den *Ok*-Knopf enthält als einzige Anweisung den Ausdruck *self close*:

```
ok: einFenster
    "Schließen des Fensters"
    self close
```

Die Methoden für die drei Knöpfe zum Bearbeiten der Terminliste
lenken die Verarbeitung auf die entsprechenden Methoden des Popup-Menüs um:

```
aendern: einButton
    "Ändern des selektierten Eintrags."
    self menueAendern

einfuegen: einButton
    "Einfügen eines neuen Eintrags."
    self menueEinfuegen

loeschen: einButton
    "Löschen des selektierten Eintrags."

    self menueLoeschen
```

Größe des Bearbeitendialogs festlegen

Die letzte noch benötigte Methode, das ist natürlich die Methode
initWindowSize, liefert die Größe des Bearbeitendialogs:

```
initWindowSize
    "Liefert die Größe des Dialogfenster."

    ^self class inDialogUnits: 640 @ 240
```

Aufgabenstellung:

Erweitern Sie die Funktionalität des Bearbeitendialogs dahingehend, daß Sie durch Doppelklicken ebenfalls den Spezifikationsdialog öffnen, um das selektierte Terminobjekt zu bearbeiten!

Lösung:

Um einen Doppelklick zu verarbeiten, ist ein neues Ereignis in der Listenkomponente zu verwenden. Das notwendige Ereignis heißt *#doubleClickSelect*. Als Reaktion auf dieses Ereignis kann die Methode *aendern:* verwendet werden, die bereits beim *Ändern*-Knopf zum Einsatz kommt. Es wird also in der *oeffnenMit:*-Methode zu den bereits implementierten Ereignissen die Zeile *when: #doubleClickSelect send: #aendern: to: self with: pane* hinzugefügt. Das ist alles für diese Erweiterung.

Um das Beispielprogramm zu komplettieren, muß nun noch der Spezifikationsdialog programmiert werden.

6.2.6   Termine spezifizieren

Über den Spezifikationsdialog kann der Benutzer seine Termine eingeben und bereits vorhandene Termine ändern. Die Definitionen für den Spezifikationsdialog erfolgen in der Klasse *TVTerminBearbeitungsDialog*, einer Unterklasse der Klasse *TVAuswahlDialog*, die ihrerseits eine Exemplarvariable *auswahl* deklariert. Diese Exemplarvariable nimmt in unserem Spezifikationsdialog ein Terminobjekt, ein Exemplar einer Klasse der Hierarchie unterhalb von *TVZeitpunkt*, auf. Wird der Dialog geöffnet, so erhalten die einzelnen Fensterkomponenten ihre Inhalte aus dem gespeicherten Terminobjekt. Wird die Eingabe abgebrochen, so wird *nil* und die Methode zurückgegeben, in der der Spezifikationsdialog geöffnet wurde. Ansonsten wird für die Eingaben eine Klasse aus der *TVZeitpunkt*-Hierarchie ermittelt, von der ein Exemplar erzeugt wird. In dieses Exemplar werden dann die notwendigen Informationen eingetragen.

Warum ist die Klasse *TVTerminBearbeitungsDialog* eine Unterklasse von *TVAuswahlDialog*?

Um diese Frage zu beantworten, müssen die dargestellten Informationen und die Funktionalität der beiden Dialoge verglichen werden:

1. Beide Dialoge erhalten ein Exemplar, aus dem sie ähnliche darzustellende Informationen ableiten.

2. Beide Dialoge geben ein Exemplar oder *nil* zurück, je nachdem, ob die Eingabe abgebrochen wurde oder nicht.

3. In beiden Dialogen ist die Eingabe eines Bereiches, bestehend aus einem Anfangs- und einem Enddatum, möglich.

4. In beiden Dialogen kann eine Liste von Wochentagen eingegeben werden.

5. In beiden Dialogen kann eine Liste von Monatstagen eingegeben werden.

6. Beide Dialoge erhalten zwei Abschlußknöpfe, einen *Ok-* und einen *Abbrechen*-Knopf.

Darüberhinaus muß in dem Spezifikationsdialog eine Start- und eine Enduhrzeit unterhalb der Datumsangaben eingebbar sein sowie ein Text für die Beschreibung des Termins oberhalb der Abschlußknöpfe. Weiterhin ist für die auszuführenden Aktionen jeweils ein Auswahlkasten notwendig.

Sie sehen also, so groß sind die Unterschiede zwischen Auswahldialog und dem Spezifikationsdialog gar nicht. Für die Realisierung werden fünf Methoden aus der Klasse *TVAuswahlDialog* redefiniert und eine neue Methode implementiert.

Öffnen des Spezifikationsdialogs

Der Spezifikationsdialog wird über die vererbte Methode *oeffneMit:* geöffnet. In dieser Methode wird auf die Methode *label* zugegriffen, die redefiniert werden muß:

```
label
    "Liefert den Labelstring"
    ^TvNeuerTerminLabel
```

Die einzelnen Fensterkomponenten des Auswahldialogs werden in den drei Methoden *hinzufuegenDerFensterOben*, *...Mitte* und *...Unten* definiert. Dieses ist notwendig, da die Komponenten für die Zeiten, den Text und die Aktionen zwischen den bereits definierten Komponenten eingefügt werden sollen. Dieses ginge zwar auch durch eine einzige Methode, da die Darstellung der Komponenten eines Fensters nicht von der Reihenfolge ihrer Definition abhängt, sondern nur vom spezifizierten Block für die Position. Allerdings, und das ist wichtig, spielt die Reihenfolge der Definition von Fensterkomponenten bezüglich der Weiterschaltung mit Hilfe der Tabulatortaste (⑤-Taste) in Dialogen eine Rolle. Betätigt der Benutzer in einem Dialog die ⑤-Taste, so wird die Komponente

aktiv, die hinter der gerade aktiven definiert worden ist. Um ein
vernünftiges Weiterspringen zu realisieren, werden die Fensterkomponenten mit Hilfe der drei Methoden in einer sinnvollen Reihenfolge definiert.

Um die Zwischenräume für die neuen Fensterkomponenten zu erhalten, wird die Methode *yOffset* redefiniert. Diese liefert in der
Klasse *TVTerminBearbeitungsDialog* den Wert *5*, wodurch zwischen
den „oberen" Fensterkomponenten und den „mittleren" ein Frei-
raum entsteht. In diesen Raum werden die Komponenten für die
Uhrzeiten plaziert.

Die Lücke für den Hinweistext und die Aktions-Auswahlkästchen
wird dadurch geschaffen, daß die Positionen für die Abschlußknöpfe von der unteren Fensterkante berechnet werden (alle anderen
Positionen werden von der oberen Kante berechnet), so daß die
Vergrößerung des Fensters in Y-Richtung, eine weitere Lücke entstehen läßt. Die Fenstergröße wird durch die ebenfalls zu redefinie-
rende *initWindowSize*-Methode angegeben:

```
initWindowSize
    "Liefert die Größe des Rechtecks für das Fenster"
    ^self class inDialogUnits: 446@390
```

Wiederum ist eine Konvertierung in Dialogeinheiten notwendig, um
die richtige Fenstergröße von 446*390 Bildpunkten zu erhalten.

Die gegenüber dem Auswahldialog weiter notwendigen Fensterkomponenten werden in der Methode *hinzufuegenDerFensterMitte*
definiert. Nach der Definition von zwei statischen Texten und zwei
Eingabefeldern für die Uhrzeiten wird die Methode *hinzufuegen-
DerFensterMitte* aus der Klasse *TVAuswahlDialog* über die Pseudovariable *super* aufgerufen. Nach diesem Aufruf werden die restlichen Komponenten für den Meldungstext und die Auswahl der Aktionen hinzugefügt:

```
hinzufuegenDerFensterMitte
    "Definiert die mittleren Fenster"

    | eh sfhl |

    eh := self class entryHeight.
    sfhl := SysFont height * 7 // 4.
    "Ueberschrift fuer die Start-Zeit"
    self addSubpane: ( StaticText new owner: self;
        font: SysFont;
```

```
          contents: (TvStartZeit,':');
          framingBlock: [ :box |
              (box leftTop rightAndDown: 8@sfh1)
              extentFromLeftTop: 51@eh ] ).
"Eingabefeld fuer die Start-Zeit"
self addSubpane: ( EntryField new owner: self;
      setName: 'VonZeit';
      contents: auswahl getUhrzeit;
      framingBlock: [ :box |
          (box leftTop rightAndDown: 61@(sfh1 - 2))
          extentFromLeftTop: 77@eh ] ).

"Ueberschrift fuer die Ende-Zeit"
self addSubpane: ( StaticText new owner: self;
      contents: (TvEndeZeit,':');
      framingBlock: [ :box |
          (box leftTop rightAndDown: 140@sfh1)
          extentFromLeftTop: 51@eh ] ).

"Eingabefeld fuer die Ende-Zeit"
self addSubpane: ( EntryField new owner: self;
      setName: 'BisZeit';
      contents: auswahl getEndUhrzeit;
      framingBlock: [ :box |
          (box leftTop rightAndDown: 193@(sfh1 - 2))
          extentFromLeftTop: 77@eh ] ).

"Definition der Monats- und Wochentagsfenster"
super hinzufuegenDerFensterMitte.

"Ueberschrift fuer den Text und die Aktionen"
self addSubpane: ( StaticText new owner: self;
      contents: (TvHinweistext,':');
      framingBlock: [ :box |
          (box leftBottom rightAndUp: 10@(eh * 5 - 2))
          extentFromLeftTop: 145@eh ] ).

"Eingabefeld fuer den Text"
self addSubpane: ( EntryField new owner: self;
      setName: 'Kommentar';
      contents: auswahl getTerminText;
      framingBlock: [ :box |
          (box leftBottom rightAndUp: 20@(eh * 4 - 2))
          extentFromLeftTop: (box width - 27)@eh ] ).

"CheckBox fuer die Aktion Klingeln"
self addSubpane: ( CheckBox new owner: self;
      setName: 'Klingeln';
      contents: TvKlingeln;
      selection: (auswahl getAktionen
                              includes: #Klingeln);
```

```
            framingBlock: [ :box |
                (box leftBottom rightAndUp: 20@(eh * 3 - 2))
                extentFromLeftTop: 60@eh ] ).


        "CheckBox fuer die Aktion Nachricht"
        self addSubpane: ( CheckBox new owner: self;
            setName: 'Nachricht';
            contents: TvNachricht;
            selection: (auswahl getAktionen
                                    includes: #Nachricht);
            framingBlock: [ :box |
                (box leftBottom rightAndUp: 100@(eh * 3 - 2))
                extentFromLeftTop: 60@eh ] ).
```

Beenden des Spezifikationsdialogs

Jetzt sind die Oberflächenelemente des Spezifikationsdialogs vollständig definiert. Es fehlt jetzt noch die *ok:*-Methode, da diese eine
andere Funktionalität als die Methode aus der Oberklasse hat. Wird
der *Ok*-Knopf gedrückt, so muß anhand der eingegebenen Informationen geprüft werden, von welcher Klasse aus der Hierarchie unterhalb von *TVZeitpunkt* das Ergebnisexemplar sein muß. Für die
Ermittlung der Klasse wird die Methode *ermittleDieKlasse* ausgeführt. Der Algorithmus zur Bestimmung der Klasse ist in vier Teile
aufgeteilt:

1. Zuerst wird geprüft, ob ein Monatstag ausgewählt wurde. Ist dies
   der Fall, so muß das Ergebnisexemplar von der Klasse *TVMonatstage* sein.

2. Ist ein Wochentag angewählt, so muß die Klasse *TVWochentage*
   für die Exemplarerzeugung verwendet werden.

3. Ist entweder ein korrektes Enddatum oder eine korrekte
   Enduhrzeit eingegeben, so muß das Ergebnisexemplar die Klasse
   TVZeitraum haben.

4. Da bis jetzt keine Klasse ermittelt werden konnte, wird für das
   Ergebnisexemplar die Klasse *TVZeitpunkt* verwendet.

Als Smalltalk-Methode sieht dieser Algorithmus wie folgt aus:

```
ermittleDieKlasse
    "Ueberpruefung, welches Objekt erzeugt werden muss."
    self feldSelektionen notEmpty
        ifTrue: [ ^TVMonatstage ].
    1 to: 7 do: [ :tag |
        (self paneAt: tag printString) selection
            ifTrue: [ ^TVWochentage ].
    ].
```

```
((TVKalenderModell
    testeDatum: (self paneAt: 'Bis') contents )
        or: [ TVKalenderModell
    testeUhrzeit: (self paneAt: 'BisZeit') contents ])
        ifTrue: [ ^TVZeitraum ].
^TVZeitpunkt
```

Die Monatstage stehen in einer Listenkomponente, somit wird überprüft, ob wenigstens ein Eintrag ausgewählt wurde. Die Wochentage werden in einer Schleife überprüft.

Zum Überprüfen des Enddatums oder der Enduhrzeit wird der Inhalt der entsprechenden Eingabefelder dahingehend getestet, ob er einem Datums- oder Zeitformat entspricht. Ist dieses der Fall, so wird die Klasse *TVZeitraum* als Ergebnis zurückgegeben.

Als Standardklasse wird die Klasse *TVZeitpunkt* an die aufrufende Methode zurückgeben.

In der Methode *ok:* wird das Ergebnis der Methode *ermittleDieKlasse* weiterverarbeitet. Danach wird der Exemplarvariablen *auswahl* ein neues Exemplar der ermittelten Klasse zugewiesen.

Dem Exemplar der Exemplarvariablen *auswahl* werden nacheinander die Inhalte der Fensterkomponenten mit entsprechenden Nachrichten übermittelt. Wird die dabei übergebene Information nicht benötigt, weil zum Beispiel ein *TVZeitpunkt*-Exemplar keine Wochentage speichern kann, so sorgt die entsprechende Methode des Empfängers dafür, daß die Information ignoriert wird (das bedeutet nichts anderes, als daß die Methode keine Anweisungen enthält). Am Ende der *ok:*-Methode wird der Dialog geschlossen und der Inhalt der Variablen *auswahl* der aufrufenden Methode zur Weiterverarbeitung übermittelt:

```
ok: einButton
    "Eingabe bestaetigen. Es muss geprueft werden,
    welches Objekt erzeugt werden muss. "

    | class |

    class := self ermittleDieKlasse.
    auswahl := class new initialisiere.
    auswahl putDatum: (self paneAt: 'Von') contents;
        putEndDatum: (self paneAt: 'Bis') contents;
        putUhrzeit: (self paneAt: 'VonZeit') contents;
        putEndUhrzeit: (self paneAt: 'BisZeit') contents;
        putWochentage: self tagesWerte;
        putMonatstage: self feldSelektionen;
        putTerminText: (self paneAt: 'Kommentar') contents;
```

```
putAktionen: (#(Nachricht Klingeln)
   select: [ :aktion |
       (self paneAt: aktion asString) selection ]).
self close.
```

Das Exemplar *auswahl* wird über kaskadierte Nachrichten mit Informationen gefüllt. Während die meisten Informationen direkt aus den Fensterkomponenten übertragen werden können, werden die Wochentage in der Methode *tagesWerte* und die Aktionen über eine *select:*-Methode ermittelt. In unserem Beispiel wird die *select:*-Methode an ein *Array* geschickt. Das Ergebnis dieses Aufrufs ist wieder ein *Array*, in dem die Exemplare aus dem Empfänger-Exemplar eingetragen wurden, für die der Block als Wert *true* liefert. Die *Symbol*-Exemplare *#Nachricht* und *#Klingeln* werden nacheinander dem Block über den Blockparameter *aktion* zur Verfügung gestellt. Der Ausdruck *self paneAt: aktion asString* liefert als Ergebnis die *CheckBox*-Exemplare für die Aktionen, denen jeweils die Nachricht *selection* geschickt wird. Diese Nachricht liefert den Zustand der *CheckBox* als booleschen Wert zurück. Somit kann die gesamte Anweisung zur Ermittlung der Aktionen verwendet werden.

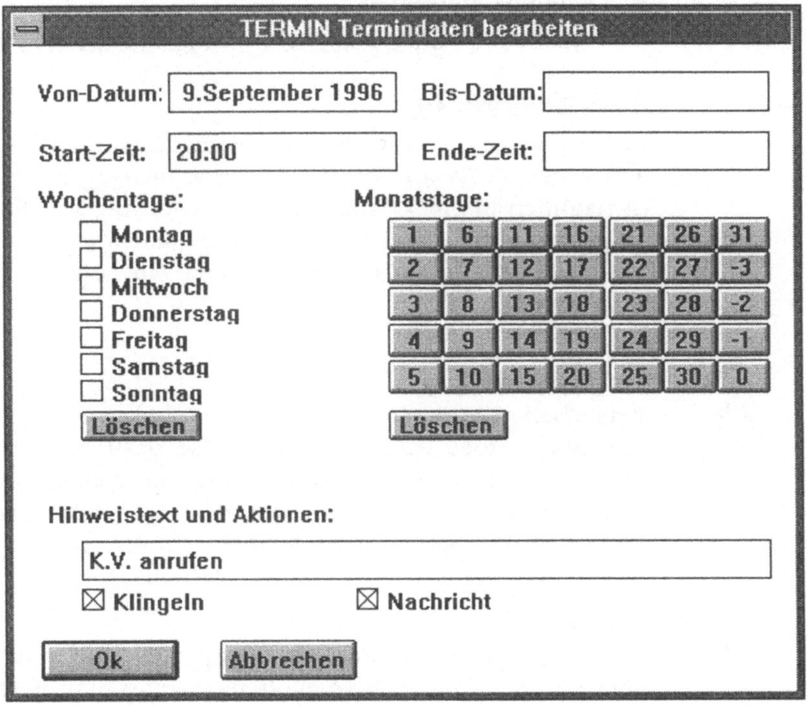

Bild 6.5: Dialog zur Spezifikation eines Termins. Am 9.9.96 soll um 20 Uhr ein Signal ertönen und ein Fenster mit der Nachricht „K.V. anrufen" erscheinen.

Zum Spezifizieren von Terminobjekten steht dem Benutzer jetzt ein Dialog zur Verfügung, wie er in Bild 6.5 dargestellt wird.

Mit dem letzten Dialog sind die Oberflächen für unsere Beispielanwendung fertig programmiert und einsatzbereit. Um aus diesem Programm, das bislang nur im Rahmen des Entwicklungssystems eingesetzt wurde, eine komplette Anwendung zu machen, sind noch ein paar weitere Programmierschritte notwendig. Diese Schritte werden im nächsten Abschnitt einzeln erläutert.

6.3   Laufzeitversion erstellen

In den vorangegangenen zwei Abschnitten wurden das Modell und der Sichtenanteil des Kalenderbeispiels realisiert. Alle Tests und Programmabläufe erfolgten dabei im Rahmen des Entwicklungssystems. Zur Erstellung einer Laufzeitversion sind nur wenige Maßnahmen notwendig:

- Starten der Anwendung,
- Verzeichnis ermitteln,
- Parameter auswerten,
- Verlassen des Images nach dem Schließen des Übersichtsfensters.

6.3.1   Anwendung starten

Bislang wurde unsere Beispielanwendung durch Evaluieren des Ausdrucks *TVTerminUebersichtsFenster new oeffnen* gestartet. Dieses ist natürlich in einer Laufzeitversion nicht möglich. Soll unser Übersichtsfenster als echtes Programm gestartet werden, so muß an einer geeigneten Stelle im Smalltalk-System eine entsprechende Anweisung stehen.

Aufgabenstellung:
Versuchen Sie doch einmal herauszubekommen, wo sich diese „geeignete Stelle" befindet. Gehen Sie dazu mit dem *ClassHierarchyBrowser* von der Methode *launch* der Klasse *SystemDictionary* aus. Arbeiten Sie sich mit dem *ClassHierarchyBrowser* und dem *Senders*- bzw. *Implementors-Browser* schrittweise ans Ziel.

Lösung:
Durch geeignete Kombination der jeweils gefundenen Methoden über die Menüpunke *Senders, Implementors* und *Methods* sollten Sie

in die Klasse *SessionModel* gekommen sein. Hier gibt es die Methode *startUpApplication*. Diese Methode enthält voreingestellten Programmcode zum Anbinden von Objekt-Bibliotheken. Da wir aus unserem Programm aber keine Objekt-Bibliothek erzeugt haben, ersetzen wir den Inhalt der Methode vollkommen durch die Zeile *TVTerminUebersichtsFenster oeffnen* und übersetzen die Methode.

Die Start-Methode in der Klasse *SessionModel* hat somit folgendes Aussehen:

```
startUpApplication
    "Öffnet das Anwendungsfenster"

    TVTerminUebersichtsFenster oeffnen.
```

In der Klasse *TVTerminUebersichtsFenster* wird eine Klassenmethode mit dem Namen *oeffnen* implementiert. Eine der letzten Anweisungen in dieser Methode öffnet das Übersichtsfenster über den Ausdruck *TVTerminUebersichtsFenster new oeffnen*.

Natürlich hätte man auch über den Menüpunkt *Save Image As...* des *Transcript*-Fensters gehen können, um die Stelle zum Starten des Fensters zu finden. In diesem Dialog kann das aktuelle Image gleichzeitig mit einem neuen Dateinamen und einem neuen Icon versehen werden.

6.3.2   Verzeichnis ermitteln

Unterscheidet sich das Arbeitsverzeichnis vom Laufzeitverzeichnis, in dem das Anwendungsprogramm mit seinen Systemdateien steht, so muß letzteres ermittelt werden. Das Arbeitsverzeichnis steht immer in der globalen Variablen *Disk*. Das Laufzeitverzeichnis soll in die globale Variable *TVLaufzeitVerzeichnis*, der Pfad in die globale Variable *TVLaufzeitPfad* eingetragen werden.

Aufgabenstellung:
Schreiben Sie einen Algorithmus, der die beiden globalen Variablen *TVLaufzeitVerzeichnis* und *TVLaufzeitPfad* setzt.

Lösung:
Über den Ausdruck *SessionModel current imageName* erhält man den Dateinamen des Anwendungsprogramms. Ist das Entwicklungssystem aktiv, so liefert die Methode *imageName* den Namen der

Imagedatei ohne die zugehörige Pfadangabe. In der Laufzeitversion wird der Dateiname mit dem zugehörigen Pfad einschließlich des zugehörigen Laufwerks zurückgeliefert.

Zu Ermittlung des Verzeichnisses wurde folgende Klassenmethode in der Klasse *TVTerminUebersichtsFenster* implementiert:

```
ermittleLaufzeitPfadVon: aString
    "Ermittelt den Laufzeitpfad von aString"


    | felder |


    felder := File splitPath: aString in: Disk.
    TVLaufzeitPfad := ((String with: (felder first) with: $:),
        (felder at: 2)) asUpperCase.
    TVLaufzeitVerzeichnis :=
            Directory pathName: TVLaufzeitPfad.
```

Der Parameter *aString* ist das Ergebnis des Aufrufs des Ausdrucks *SessionModel current imageName*. In der lokalen Variablen *felder* wird ein *Array* mit drei Einträgen abgelegt, die respektive den Laufwerksbuchstaben, den Pfad und einen Dateinamen enthalten. Diese Angaben wurden aus dem Parameter *aString* und dem Arbeitsverzeichnis mit Hilfe der Klassenmethode *splitPath:in:* der Klasse *File* ermittelt. Diese Methode ergänzt die Informationen aus *aString* eventuell mit solchen des Arbeitsverzeichnisses. Ist kein Dateiname angegeben, so enthält der letzte Eintrag einen leeren *String*. Der Laufzeitpfad ergibt sich aus dem ersten und zweiten Feldeintrag von *felder*. Das Laufzeitverzeichnis ist ein Exemplar der Klasse *Directory* mit dem Laufzeitpfad.

6.3.3   Parameter auswerten

Zum komfortablen Arbeiten können an das Anwendungsprogramm Parameter übergeben werden. Diese Parameter sollten auch beachtet werden, wenn mit dem Entwicklungssystem gearbeitet wird. Zwei Angaben sind möglich:

1. Die zu ladende Termindatei. Hierbei handelt es sich um einen Dateinamen <u>einschließlich</u> der Dateierweiterung *TVD*. Eine Pfadangabe ist möglich. Diese Pfadangabe ist immer relativ zum Arbeitsverzeichnis.

2. Angaben zur Sprache, in der die Anwendung ihre Texte ausgeben soll. Das Format für diesen Parameter ist */L=XXX* wobei *XXX* eine Kennung von drei Zeichen ist. Zu dieser Kennung sollte eine Datei im Laufzeitverzeichnis existieren, die das Format

TV-XXX.LNG hat. In dieser Datei stehen Zuordnungen von Texten zu den entsprechenden Poolvariablen des Pooldictionarys *TVSprachKonstanten.*

Ausschnitt aus einer Sprachdatei für englische Texte:

...

TvEndeDatum=End-Date

TvEndeZeit=End-Time

TvFebruar=February

TvFreitag=Friday

TvHinweistext=Messagetext and Actions

TvInformation=Information

...

Aufgabenstellung:
Schreiben Sie einen Algorithmus zum Ermitteln der Parameter. Der Programmname soll nicht Bestandteil der Parameterliste sein. Gehen Sie dabei von der Methode Exemplarmethode *getCommandLine* in der Klasse *SessionModel* aus.

Lösung:
Als Ergebnis des Aufrufs *SessionModel current getCommandLine* wird ein Array zurückgeliefert. Es muß außerdem zwischen dem Entwicklungssystem und der Laufzeitversion unterschieden werden.

Ist das Ergebnis des *getCommandLine*-Aufrufs ein String, so wird dieser mit Hilfe der Nachricht *asArrayOfSubstrings* an den Leerzeichen in ein *Array* zerlegt. Zum Ermitteln, wo in diesem *Array* die Parameter beginnen, wird eine Klassen-Methode *ermittleStartwert* implementiert. Diese hat folgendes Aussehen:

```
ermittleStartwert
    "ermittelt den Startwert, der für verschiedene
    Smalltalk-Versionen zum Ermitteln der WIRKLICHEN
    Parameter benötigt wird."

    Smalltalk isRunTime
        ifTrue: [ ^2 ]
        ifFalse: [ ^3 ]
```

Diese Methode liefert einen Wert zwischen 1 und 3, der angibt, wo die Parameter in dem ermittelten Parameter-*Array* beginnen. Dazu wird auch die Nachricht *isRunTime* an die globale Variable *Smalltalk* geschickt. Diese liefert als Ergebnis *false* oder *true*, je nachdem, ob diese Anweisung im Entwicklungssystem (*false*) oder im Anwendungsprogramm (*true*) ausgeführt wird. Von der ermittelten Startposition wird das Array der Parameter dann analysiert.

Die Analyse erfolgt in der Klassenmethode *oeffnen* in der Klasse *TVTerminUebersichtsFenster*. Wird ein Parameter mit der Zeichenfolge */L=* erkannt, so werden die folgenden Buchstaben als Sprachkennung in der lokalen Variablen *sprache* zwischengespeichert. Mit diesem Wert wird dann die Klassenmethode *initialisiereSprache:* in der Klassen *TVTerminUebersichtsFenster* versorgt. In dieser Methode wird eine neue Sprache geladen.

Hat ein Parameter nicht die Sprachkennung, so wird er als Dateiname für eine Termindatei angesehen. Dieser Name wird in der lokalen Variablen *datei* abgelegt. Nach dem Öffnen des Fensters wird dieser als Parameter der Nachricht *ladeTermin:* an das Fenster geschickt.

Um allen Fenstern einen gemeinsamen Präfix zu geben, wird die globale Variable *WindowLabelPrefix* auf die Sprachkonstante *TvAnwendungsLabel* zugewiesen.

Die vollständige *oeffnen*-Methode:

```
oeffnen
        "Liefert ein Exemplar dieser Klasse.
        Die Kommandozeite wird überprüft, und
        eventuell die Parameter ausgewertet"
        | fenster werte sprache datei startWert imageName |

        WindowLabelPrefix := TvAnwendungsLabel.

        imageName := SessionModel current imageName.
        self ermittleLaufzeitPfadVon: imageName.
        werte :=  SessionModel current getCommandLine.
        werte isArray
            ifFalse: [ werte := werte asArrayOfSubstrings. ].
        (werte copyFrom: self ermittleStartwert to: werte size)
          do: [ :param |
            (( param size > 4) and:
            [ (param copyFrom: 1 to: 3)
                                equalsIgnoreCase: '/L=' ] )
              ifTrue: [
                  sprache := param copyFrom: 4 to: param size ]
              ifFalse: [
                  datei := param. ].
```

```
        ].
    sprache isNil
            ifFalse:[self initialisiereSprache: sprache].
    fenster := self new oeffnen.
    datei isNil ifFalse: [ fenster ladeTermine: datei ].
    ^fenster
```

Die Methode zum Umschalten auf eine neue Sprache hat folgenden
Programmcode:

```
initialisiereSprache: eineSprachKennung
    "Initialisieren der Poolvariablen mit neuen
    Spracheinträgen"

    | key value readStream datei dateiName |

    dateiName := 'TV-'.eineSprachKennung.'.LNG'.
    (File exists:  dateiName in: TVLaufzeitVerzeichnis)
        ifFalse: [ ^self ].

    datei := File pathName: dateiName
                    in: TVLaufzeitVerzeichnis.
    [datei atEnd]
        whileFalse: [
            readStream := datei nextLine
                                    trimBlanks asStream.
            key := readStream upTo: $=.
            value := readStream upTo: nil.
            (TVSprachKonstanten
                associationAt: key
                ifAbsent: [ Association new ]) value: value .
        ].

    datei close.
```

Als Parameter dieser Methode werden die Zeichen hinter der
Sprachkennung */L=* verwendet, also die Zeichen *ENG* für den Parameter */L=ENG*. Existiert keine Datei im Laufzeitverzeichnis, so wird
keine neue Sprache geladen. Ansonsten wird die Datei, die in der
lokalen Variablen *datei* gespeichert wird, zeilenweise abgearbeitet
(*datei nextLine*). Der Teil bis zum ersten Gleichheitszeichen entspricht dem Namen der Poolvariablen, der restliche Teil wird der
neue Text. Zum Lesen des Textes wird die Nachricht *upTo:* mit dem
Parameter *nil* verwendet. Da das „Zeichen" *nil* niemals im *Read-
Stream* gefunden wird, wird bis zum Ende des *ReadStreams* gelesen.
Ist eine Poolvariable nicht im Pooldictionary *TVSprachKonstanten*
gespeichert, so erfolgt die Zuweisung mit der Nachricht *value:* auf
ein Hilfsobjekt der Klasse *Association*. Ist diese Methode abgearbei-

tet, so wird an allen Stellen im Programm, wo eine Sprachkonstante verwendet wurde, der neue Text angezeigt.

6.3.4   Beenden der Anwendung

Das Schließen des Übersichtsfensters alleine führt noch nicht zum Entfernen des Smalltalk-Programms aus dem Speicher des Computers! Es muß daher eine Anweisung erfolgen, die zur Freigabe des Speichers führt.

Aufgabenstellung:
Ermitteln Sie die Methode, die zur vollständigen Beendigung des Smalltalk-System ausgeführt werden muß. Gehen Sie dazu von der Methode für das *File*-Menü des *Transcripts* aus. Sollten Sie eine mögliche Anweisung gefunden haben, dann seien Sie vorsichtig bei der Ausführung! Beachten Sie, daß eventuell noch Abschlußarbeiten durchzuführen sind.

Lösung:
Die Methode zum Verlassen des Progamms heißt *exit* und steht in der Klasse *SystemDictionary*. Durch Ausführen des Ausdrucks *Smalltalk exit* wird sowohl das Entwicklungssystem als auch ein Anwendungsprogramm beendet. Sollten Sie diesen Ausdruck im Entwicklungssystem evaluieren, ohne vorher die Änderungen gespeichert zu haben, so sind diese verloren und müssen mit Hilfe des CHANGE.LOGs wieder hergestellt werden. Damit zwischen Entwicklungssystem und Laufzeitversion unterschieden werden kann, wird wieder die Anweisung *Smalltalk isRunTime* verwendet.

In der Klasse *TVTerminUebersichtsFenster* wird die Exemplarmethode *schliessen:* mit Funktionalität versehen. Dazu wird an das Fenster die Nachricht *aenderungenVorhanden* geschickt, die als Ergebnis *true* oder *false* zurückliefert. Abhängig von diesem Ergebnis wird dem *rahmenFenster* die Nachricht *abortClose* geschickt, die den Schließvorgang abbricht. Soll die Anwendung jedoch geschlossen werden, muß noch der Zeitgeber gestoppt werden:

```
schliessen: rahmenFenster
    "Fenster schließen"

    self aenderungenVorhanden
        ifTrue: [ ^rahmenFenster abortClose ].
    Time stopTimer: 1 forWindow: rahmenFenster.
```

Wenn das Anwendungsfenster geschlossen wurde, so wird noch die Methode *geschlossen:* ausgeführt. In dieser wird nun durch die Anweisung *Smalltalk isRunTime* geprüft, ob das Entwicklungssystem aktiv ist. Ist das Entwicklungssystem nicht geladen, so wird die Anwendung verlassen und aus dem Speicher des Computers entfernt:

```
geschlossen: rahmenFenster
    "Das Fenster wurde geschlossen. Jetzt muß
    in der Laufzeitversion noch das System
    verlassen werden."

    Smalltalk isRunTime ifTrue: [ Smalltalk exit ]
```

Bei der Arbeit im Entwicklungssystem wird die Anweisung zum Verlassen des Images nicht ausgeführt.

6.3.6 Begrüßungsfenster und Fenstersymbol

Zum Abschluß dieses Beispiels erfolgen noch zwei Maßnahmen zur optischen Aufwertung der Anwendung. Bei vielen Programmen ist es üblich, daß vor dem Anzeigen des eigentlichen Programmfensters ein Begrüßungsbildschirm erscheint.

Wird Smalltalk als Entwicklungssystem gestartet, so erscheint ein Fenster, das den Benutzer auf das Entwicklungssystem hinweist. Wird die Laufzeitversion gestartet, so erscheint kein Begrüßungsbildschirm. Dieses kann jedoch einfach geändert werden. Erstellen Sie einfach eine Bitmap, die in einer Datei gespeichert wird und den gleichen Namen wie Ihr Anwendungsprogramm hat. Die Datei muß die Dateikennung *BMP* haben. Jetzt wird beim Starten der Anwendung die Bitmap angezeigt und nach dem vollständigen Laden wieder vom Bildschirm entfernt.

Damit Ihr Programm beim Minimieren auf dem Bildschirm als eigenes Symbol erscheint und nicht als Smalltalk-Symbol, können sie im *File*-Menü des *Transcript*-Fensters den Eintrag *Save Image As...* auswählen und der Anwendung ein neues Symbol zuordnen (Siehe Kapitel 3). Jetzt erhält Ihr Übersichtsfenster beim Minimieren das neue Symbol.

6.4	**Zusammenfassung**

In diesem Kapitel wurde die Beispiel-Anwendung *Terminplaner* erstellt. Die Programmierung erfolgte in drei Abschnitten.

Im ersten Abschnitt wurden die Modell-Klassen und Methoden implementiert und erläutert.

Die Fenster zur Bedienung des Programms wurden im zweiten Abschnitt, getrennt von den Modell-Klassen, in eigenen Klassen realisiert. Begleitet wurden beide Abschnitte von der Erstellung eines Pooldictionarys, das zur Aufnahme von Sprachkonstanten verwendet wurde.

Die Klassen der ersten beiden Abschnitte wurden in Teilen implementiert und getestet und nach der Fertigstellung zu einer Anwendung zusammengefügt.

Im dritten Abschnitt dieses Kapitels wurden die Programmschritte erläutert, die zum Erstellen einer voll funktionstüchtigen Laufzeitversion nötig sind. Dabei wurde erneut auf die Verwendung des Pooldictionarys eingegangen, um die Texte der Anwendung mehrsprachig zu gestalten. Es wurde im dritten Abschnitt der gesamte Zyklus vom Starten der Anwendung bis zu ihrem Verlassen durchlaufen.

Vervollständigt wurde die Anwendung durch das Hinzufügen eines Begrüßungsbildschirmes sowie eines eigenen Programmsymbols.

7 Fazit und Ausblick

Im Verlauf von sechs Kapiteln haben wir Kenntnisse über die Grundlagen der Objektorientierung vermittelt, die Syntax der Sprache Smalltalk und die Entwicklungsumgebung des Smalltalk-Systems erläutert, die Zusammenhänge zwischen den einzelnen Komponenten des System sowie das Vorgehen beim Programmieren in Smalltalk beschrieben, und schließlich anhand eines konkreten Beispiels eine Problemanalyse mit objektorientierter Modellierung und anschließender Implementierung durchgeführt.

Sie verfügen damit jetzt über das grundlegende Wissen zur Einschätzung des Smalltalk-Systems für den Einsatz in der Anwendungsentwicklung sowie über die Fähigkeit, selbst Softwareprojekte in Smalltalk durchzuführen.

Gleichzeitig hoffen wir, daß eine Erkenntnis, die wir Ihnen vermittelt haben, die ist, daß Smalltalk keine schwierige Programmiersprache ist, sondern im Gegenteil, nach einiger Eingewöhnung in die objektorientierte Denkweise und etwas Überblick über die vorhandene Bibliothek, sich als relativ leicht zu beherrschende Sprache darstellt. Speziell bei der Klassen- und Methodenbibliothek denken wir, die wir ja selbst auch einmal mit Smalltalk angefangen haben, immer an das Eingewöhnen beim Umzug in eine neue Stadt: Es gibt viele Straßen und Plätze, Häuser, Geschäfte, und Menschen, die alle zunächst unbekannt sind. Je mehr man sich aber in der Stadt bewegt, desto mehr lernt man kennen, und vieles davon schätzt man dann auch recht schnell und möchte es nicht mehr missen.

Eine weitere Erkenntnis ist sicher auch, daß Smalltalk mittlerweile „erwachsen" geworden ist und mit den nunmehr in die Entwicklungsumgebung integrierten Konzepten und Werkzeugen für Teamarbeit auch den professionellen Ansprüchen nicht nur kleiner Projekte genügt.

Dies sieht man auch daran, daß Smalltalk nicht mehr alleine steht, denn rund um das Basissystem – und nur mit dem Basissystem haben wir uns ja in diesem Buch intensiver beschäftigt – sind außer der Teamumgebung auch die *Parts-Workbench* integriert. Als weitere Zusätze sind verschiedene Produkte unterschiedlichster Hersteller verfügbar, die das Smalltalk-System in bestimmten Aspekten noch weiter vervollständigen oder die Arbeit mit dem System nochmals komfortabler machen. So gibt es objektorientierte Datenbanken, in die Objekte, also sowohl Klassen als auch Exemplare, ausgelagert werden können, und so nicht nur innerhalb des *Image*, in dem sie ursprünglich entstanden sind, zur Verfügung stehen, sondern mit datenbanküblichen Zugriffskontrollmechanismen zwischen mehreren *Images*, auch in einem Netzwerk, geteilt werden können. Weitere Beispiele für zusätzliche Produkte sind Interfaces zu relationalen Datenbanksystemen, um vorhandene Datenbanken mit moderner Software zu nutzen, Interfaces zur Analyse und Wartung von Programmen, die in COBOL geschrieben wurden, oder die Möglichkeit, Anwendungen für das Internet zu schreiben.

So entstanden und entstehen aber nicht nur zusätzliche Produkte rund um Smalltalk, es fand auch eine Verbreitung der Hardware- und Betriebssystembasis statt, auf der Smalltalk-Systeme ablauffähig sind, so daß die notwendigen technischen Voraussetzungen mittlerweile auch jeder etwas besser ausgestattete Heim-PC erfüllt. Gleichzeitig sind neue Smalltalk-Systeme auf dem Markt erschienen, wie *IBM* mit dem Produkt *VisualAge for Smalltalk* und haben sich bestehende Hersteller zusammengeschlossen, wie *ParcPlace*, Hersteller von *VisualWorks*, und *Digitalk*. Bedauerlich ist, daß es heute kein Smalltalk-System von den kommerziellen Anbietern gibt, das für private Anwender erschwinglich ist. Lediglich das auf Basis des *Linux*-Betriebssystems laufende, sehr gute *Smalltalk/X* wurde noch von seinem Hersteller für die private Nutzung zu Lernzwecken kostenlos angeboten.

Dadurch daß Smalltalk-Versionen für Großrechner erscheinen, die bisher vorwiegend in Assembler und COBOL programmiert wurden, wird Smalltalk teilweise sogar als „successor to COBOL", also als Nachfolger von COBOL bezeichnet. In solchen Szenarien würden die Datenbanken auf dem Großrechner, das Anwendungs-Modell auf Großrechner und/oder PCs und die Sicht darauf auf PCs implementiert werden. So ist eine durchgängige Programmierung in Smalltalk möglich, die genau den aktuellen, verteilten Client-Server-Architekturen entspricht.

Alles das überzeugt uns davon, daß Smalltalk der richtige Weg für die Entwicklung zukünftiger Anwendungssysteme ist!

8 Anhang A

In diesem Anhang finden Sie Informationen zu der beigefügten Diskette. Die Diskette ist mit einer Speicherkapazität von 1.44MB formatiert. Auf ihr befinden sich drei Verzeichnisse: INSTALL, PROG_TXT und TERMINER. Außerdem befindet sich in jedem der Verzeichnisse eine Datei LIESMICH.TXT mit weiteren Informationen.

Verzeichnis INSTALL

In diesem Verzeichnis finden Sie den vollständigen Programmcode, wie er für die Beispielanwendung aus den Kapiteln 5 und 6 verwendet wurde. Der Programmcode liegt in der Form vor, daß Sie ihn über die Datei INSTALL.ST importieren können. Führen Sie dazu den Inhalt der Datei INSTALL.ST in einem *Workspace*-Fenster aus oder benutzen Sie den Menüeintrag *File It In* aus dem *Smalltalk*-Menü. War das Installieren erfolgreich, so wird dieses durch ein Hinweisfenster angezeigt, und im *Transcript*-Fenster wird eine Zeile ausgegeben, mit der Sie das Übersichtsfenster aufrufen können.

Speichern Sie das *Image* ohne ein geöffnetes Übersichtsfenster. Sie haben danach die Möglichkeit, die so entstandenen *Image*-Datei als Laufzeitversion zu starten. Geben Sie der *Image*-Datei den Namen TERMINER.EXE durch Umbenennen der Datei V.EXE.

Beachten Sie die Datei LIESMICH.TXT für weitere Informationen.

Verzeichnis PROG_TXT

Das Verzeichnis PROG_TXT enthält ebenfalls den Programmcode für die Beispielanwendung. Der Code ist jetzt aber kapitelweise in den drei Dateien KAP6.1, KAP6.2 und KAP6.3 abgelegt. Innerhalb dieser Dateien sind die einzelnen Definitionen der Klassen und Methoden in der gleichen Reihenfolge aufgeführt, wie sie auch im jeweiligen Abschnitt des Buches verwendet werden. Sie haben damit die Möglichkeit, parallel zum Buch die einzelnen Programmieraktivitäten nachzuvollziehen, ohne selbst viel Programmcode schreiben zu müssen.

Die einzelnen Methoden und Klassendefinitionen sind zu Gruppen zusammengefaßt, wenn sie inhaltlich zusammengehören. Sie liegen dabei im *Chunk*-Format vor. Die Gruppen sind jeweils durch kurze Kommentare getrennt, um Ihnen die Orientierung zu erleichtern.

Öffnen Sie ein *Workspace*-Fenster auf einer der drei Dateien. Sie können immer nur den Programmcode einer vollständigen Gruppe importieren. Verwenden Sie dazu den Menüeintrag *File It In* aus dem *Smalltalk*-Menü nachdem Sie den gesamten Programmcode <u>einer</u> Gruppe vollständig markiert haben.

In der Datei TVABOUT.SRC finden Sie den im Buch nicht abgedruckten Programmcode der Klasse *TVAboutDialog*.

In der Datei GLOBALS.SMT stehen die verwendeten globalen Variablen, ebenfalls im *Chunk*-Format. Diese Datei sollten Sie vor der Arbeit mit den Kapitel-Dateien importieren.

Beachten Sie die Datei LIESMICH.TXT für weitere Informationen.

Verzeichnis TERMINER

Im Verzeichnis TERMINER finden Sie die vollständige Beispielanwendung. Wir haben ihr den Namen TERMINER.EXE gegeben. Um Ihnen die Möglichkeit zu geben, auch unter genügsamen Hardware-Anforderungen Ihres Computers in Verbindung mit Windows 3.1 die Anwendung zu verwenden, liegt das Programm in der 16-Bit-Version von *Smalltalk/V 2.0* für Windows vor. Leider müssen Sie dadurch auf den Begrüßungsbildschirm verzichten, wie er in Kapitel 6.3 beschrieben wurde. Ebenfalls verfügt diese Version über kein eigenes Icon. Zur Darstellung des Programms in einer Programmgruppe befindet sich in der Datei TERMINER.ICO ein passendes Icon. Die Funktionalität ist mit der hier im Buch beschriebenen ansonsten vollständig identisch (Hinweis: Menüeintrag *Information...* im Datei-Menü des Übersichtsfensters und ein Mausklick auf die Grafik).

Im Unterverzeichnis **DLLS** finden Sie die notwendigen DLLs für das Programm TERMINER.EXE. Kopieren Sie den Inhalt von **DLLS** in das Verzeichnis, in das Sie auch die Dateien aus dem TERMINER-Verzeichnis kopiert haben, und führen Sie dort das Programm DLLS.BAT aus. Dieses entpackt die notwendigen DLLS. Die Anwendung steht Ihnen danach zur Verfügung.

9 Anhang B

In diesem Anhang finden Sie die Namen der Poolvariablen für die Sprachkonstanten mit ihren deutschen Werten.

Beachten Sie, daß im Gegensatz zu den Klassennamen und Namen der globalen Variablen der Präfix aus dem Großbuchstaben *T* und dem Kleinbuchstaben *v* besteht und nicht aus *TV*. Dadurch werden Schwierigkeiten bei der Identifizierung von Sprachkonstanten vermieden.

```
TvAbbruch                   Abbrechen
TvAendern                   Ändern
TvAenderungenvorhanden      Änderungen vorhanden!
TvAnwendungsLabel           TERMIN
TvAnzeige                   Zeitraum
TvApril                     April
TvAugust                    August
TvBearbeiten                ~Bearbeiten
TvBestaetigeLoeschen        Soll der selektierte Eintrag gelöscht werden?
TvBestaetigeSichern         Sollen die Änderungen gesichert werden?
TvDateiMenuTitle            ~Datei
TvDezember                  Dezember
TvDienstag                  Dienstag
TvDonnerstag                Donnerstag
TvDrucken                   ~Drucken
TvEinfuegen                 Einfügen
TvEndeDatum                 Ende-Datum
TvEndeZeit                  Ende-Zeit
TvFebruar                   Februar
TvFreitag                   Freitag
TvHinweistext               Hinweistext und Aktionen
TvInformation               Information
TvJanuar                    Januar
TvJuli                      Juli
TvJuni                      Juni
TvKalender                  Kalender anzeigen
TvKeineTermineGeladen       Es wurden keine Termine geladen!!
TvKlingeln                  Klingeln
TvLaden                     ~Laden
TvLoeschen                  Löschen
TvMaerz                     März
TvMai                       Mai
TvMittwoch                  Mittwoch
TvMonatstag0                letzter Monatstag
```

TvMonatstag1	vorletzter Monatstag:
TvMonatstag2	drittletzter Monatstag:
TvMonatstag3	viertletzter Monatstag:
TvMonatstage	Monatstage
TvMontag	Montag
TvNachricht	Nachricht
TvNeueDatei	Neue Termindatei
TvNeuerTerminLabel	Termindaten bearbeiten
TvNovember	November
TvOk	OK
TvOktober	Oktober
TvSamstag	Samstag
TvSchliessen	Schliessen
TvSeptember	September
TvSichern	~Sichern
TvSichernAls	Sichern ~als
TvSonntag	Sonntag
TvStartDatum	Start-Datum
TvStartZeit	Start-Zeit
TvStrg	Strg
TvTermineBearbeiten	~Termine bearbeiten
TvTermineBearbeitenLabel	Termine bearbeiten
TvUebersichtsFensterLabel	Übersicht
TvUhrzeitUndDatum	Uhrzeit und Datum
TvWochentage	Wochentage
TvZeitraum	angezeigter Zeitraum
TvZeitraumFestlegen	~Zeitraum festlegen
TvZeitraumLabel	Zeitraum festlegen

10 Glossar

Die wichtigsten, allgemeinen Begriffe aus der Objektorientierung und Smalltalk finden Sie in diesem Glossar. Nicht enthalten sind spezielle Details, wie beispielsweise bestimmte Klassen. Bei einigen Begriffen sind zusätzlich die englischen Bezeichnungen mit aufgeführt.

Abstrakte Klasse	Abstrakte Klassen sind Klassen, von denen keine Exemplare erzeugt werden sollen. Abstrakte Klassen dienen dazu die Funktionalität zusammenzufassen die ihren Unterklassen – von denen Exemplare erzeugt werden – gemeinsam ist.
Applikatorische Klasse	Applikatorische Klassen sind ein Teil des Anwendungsmodells. Sie definieren die Anwendungslogik, in der festgelegt wird wie die Datenklassen zu verarbeiten sind.
Binäre Nachricht	Binäre Nachrichten sind Nachrichten mit einem Parameter, bei denen nicht ein Schlüsselwort das Zielobjekt und den Parameter trennt, sondern ein einzelnes, spezielles Zeichen. Ein Beispiel sind arithmetische Operatoren wie in 1 + 2.
Block	Eine spezielle Art von ausführbarem Programmcode, ähnlich wie eine Methode, die in eckigen Klammern eingeschlossen ist. Es ist möglich, Blöcke auszuführen, beispielsweise durch Senden der Nachricht *value* an den Block.

Blockvariable	Blockvariablen sind innerhalb eines Blockes deklarierte, lokale Variablen. Sie werden benutzt um Parameter an einen Block zu übergeben.
Browser	Ein Software-Werkzeug das es ermöglicht, Strukturen grafisch zu durchsuchen und ihre Zusammenhänge zu veranschaulichen.
CHANGE.LOG	Eine Datei in der jede Art von Programmcodeänderung und Programmausführung aus einem Image protokolliert wird.
Chunk-Format	Ein spezielles Dateiformat, in dem das CHANGE.LOG und Smalltalk-Programmdateien geschrieben werden. Dateien im Chunk-Format können zum automatischen Einlesen von Programmcode ins Image verwendet werden.
ClassHierarchyBrowser	Ein Software-Werkzeug, mit dem die Klassenbibliothek durchsucht und die Zusammenhänge in ihr visualisiert werden können.
Cluster	Die Zusammenfassung eines oder mehrerer *Packages* oder anderer *Cluster* zu einer zusammengehörigen Einheit (beispielsweise einer Anwendung) in *Visual Smalltalk Enterprise*.
Datenklasse	Datenklassen sind ein Teil des Anwendungsmodells. Sie definieren die Objekte der realen Welt, die in der Anwendung verarbeitet werden sollen. Die Verarbeitung der Datenklassen erfolgt durch die applikatorischen Klassen.

Debugger	Ein Software-Werkzeug, das zur Fehlersuche und Fehlerbehebung im Programmcode dient. Der Debugger im Smalltalk-System ist hochintegriert in das Gesamtsystem und besitzt daher umfangreiche Funktionalität und Möglichkeiten.
DiskBrowser	Ein Software-Werkzeug, das zur Bearbeitung des Dateisystems dient. Er besitzt einen Großteil der Funktionalität bekannter Dateimanager.
Empfänger **(receiver)**	In der Smalltalk-Syntax das Objekt, an das eine Nachricht geschickt wird.
Entwicklungssystem	Das Smalltalk-Entwicklungssystem umfaßt alle Software-Werkzeuge, die zum Bearbeiten des Smalltalk-Systems, zur Erzeugung von Anwendungen, und zum Speichern der Änderungen im Image benötigt werden.
Ereignis **(event)**	Ein Verfahren, das Objekte nutzen, um über Veränderungen zu informieren, die andere Objekte möglicherweise betreffen.
Exemplar **(instance)**	Exemplare sind die einzelnen Objekte einer Klasse.
Exemplarmethode **(instance method)**	Exemplarmethoden sind Methoden die für Exemplare einer Klasse definiert werden und durch das Senden von Nachrichten an diese Exemplare aufgerufen werden.
Exemplarvariable **(instance variable)**	Exemplarvariablen sind Variablen, die als Teil eines Exemplars deklariert sind und exemplarindividuelle Informationen aufnehmen.
Globale Variable	Globale Variablen werden explizit definiert und stehen im gesamten Smalltalk-System zur Verfügung.

Image	Das Smalltalk-System mit allen Objekten, die es enthält. Das Image wird beim Starten des Smalltalk-Systems von Datei in den Hauptspeicher geladen und kann beim Beenden des Systems auf Datei gespeichert werden.
Inspector	Ein Software-Werkzeug, das das Untersuchen und Ändern von Objekten ermöglicht.
Instanz	siehe Exemplar
Instanzmethode	siehe Exemplarmethode
Instanzvariable	siehe Exemplarvariable
Kapselung (encapsulation)	Die Zusammenfassung von Objektdaten (Variablen) und Funktionalität (Methoden) mit klar definiertem Zugriffsmechanismus auf das Objekt.
Kaskadierung	Die Hintereinanderschaltung von Nachrichten, bei der alle Nachrichten an das ursprüngliche Objekt geschickt werden.
Klasse	Eine Klasse faßt eine Menge gleichartiger Objekte, die Exemplare der Klasse, zusammen. Als Programmierkonstrukt ist eine Klasse ein abstrakter Datentyp, der Aufbau und Funktionalität generell festlegt.
Klassenbibliothek	Eine Menge vordefinierter Klassen, meist strukturiert als eine Hierachie aufeinander aufbauender Klassen.
Klassenexemplarvariable	Klassenexemplarvariablen sind Variablen, die in einer Klasse und in jeder ihrer Unterklassen einen anderen Wert haben kann.
Klassenmethode	Klassenmethoden sind Methoden die für Klassen definiert sind und durch Senden einer Nachricht an die Klasse aufgerufen werden.

Klassenvariable	Klassenvariablen sind Variablen, die in einer Klasse und jeder ihrer Unterklassen denselben Wert haben.
Laufzeitversion	In der Laufzeitversion eines Smalltalk-Systems besteht keine Möglichkeit zum Bearbeiten des Smalltalk-Systems oder zur Speicherung von Änderungen im Image. Bei Start einer Laufzeitversion wird eine bestimmte Anwendung gestartet. In dieser Anwendung muß dafür gesorgt werden, daß eingegebene Daten gespeichert werden.
Lokale Variable	Lokale Variablen sind Variablen die innerhalb einer Methode definiert werden und nur während der Ausführung der Methode in dieser Methode bekannt sind.
Mehrfachvererbung	Bei Mehrfachvererbung erbt eine Unterklasse nicht nur von genau einer direkten Oberklasse, sondern von mehreren direkten Oberklassen.
Methode	Ein Stück Smalltalk-Code, der zur Ausführung einer bestimmten Funktionalität dient. Eine Methode besteht selbst aus Nachrichten, die ihrerseits wieder als Methoden implementiert sind. Insgesamt vergleichbar mit Prozeduren in anderen Programmiersprachen.
Model-/View-Konzept	Konzept, das eine Trennung zwischen der Verarbeitung der Daten, dem Modell, und der Präsentation dieser Daten, der View, vorsieht.
Nachricht (message)	Der Mechanismus zum Aufrufen von Methoden: Eine Nachricht wird an ein Objekt geschickt, und dadurch wird die Methode ausgeführt.

Nachrichtenkette	Eine Folge von Nachrichten, bei der an einen Empfänger eine Nachricht geschickt wird, an das Ergebnisobjekt dieser Nachricht eine weitere Nachricht, und so weiter.
Oberklasse (superclass)	Eine Oberklasse einer Klasse ist eine Klasse, von der diese Klasse Variablen und Methoden erbt. Bei einer mehrstufigen Vererbung besitzt eine Klasse eine Reihe von Oberklassen. Die ihr direkt übergeordnete Oberklasse wird dabei als direkte Oberklasse bezeichnet.
Objekt	Die Basis der Objektorientierung. Üblicherweise ist ein Objekt ein Modell eines „Dinges" aus der realen Welt, das durch eine Klasse modelliert wird. Von dieser Klasse können dann Exemplare erzeugt werden, gewissermaßen als die „einzelnen" Objekte.
Package	Die Zusammenfassung einer oder mehrerer kompletter Klassen oder Klassenerweiterungen zu einer zusammengehörigen Einheit (beispielsweise einer Teilanwendung) in *Visual Smalltalk Enterprise*.
PackageBrowser	Ein Software-Werkzeug zum Erzeugen, Zusammenstellen und Verwalten von *Clustern* und *Packages*.
Part	Ein Softwarebaustein, der genau definierte Funktionalität besitzt und durch ein Icon repräsentiert wird.
Parts-Katalog	Ein Software-Werkzeug, in dem die vorhandenen *Parts* angezeigt und ausgewählt werden können.
Parts-Workbench	Ein Software-Werkzeug zum visuellen Programmieren einer Anwendung aus *Parts*.

Polymorphismus	Die Möglichkeit, in unterschiedlichen Klassen Methoden gleichen Namens anzulegen. Welche Methode beim Senden einer Nachricht verwendet wird, wird durch das Empfängerobjekt bestimmt, für das eine Methode entsprechenden Namens vorhanden sein muß.
Pooldictionary	Eine Datenstruktur, die als globale Variable definiert ist und eine Reihe von Variablen enthält, die im wesentlichen als Konstanten verwendet werden.
Poolvariable	Ein Eintrag in einem Pooldictionary.
Pseudovariable	Einige im System vordefinierte Variablen mit speziellem Wert oder spezieller Funktionalität.
Redefinition	Das Formulieren einer Methode, die bereits in einer Oberklasse existiert. Durch die Redefinition betsimmter Methoden können Teile ererbter Funktionalität modifiziert werden.
Repository	Eine Datenbank in Visual Smalltalk Enterprise, in der Smalltalk-Code eingestellt, versioniert und verteilt werden kann. Durch diese Programmcode-Datenbank wird Teamarbeit möglich.
RepositoryBrowser	Ein Software-Werkzeug zur Bearbeitung zum Einstellen, Versionieren und Verteilen von Programmcode ins Repository.
Schlüsselwortnachricht	Schlüsselwortnachrichten sind Nachrichten mit einem oder mehreren Parametern, die aus einzelnen, vom Entwickler beim Schreiben der entsprechenden Methode selbst bestimmbaren Schlüsselworten bestehen.

Sichtklassen	Alle Klassen, die eine Sicht auf das Modell (applikatorische Klassen und Datenklassen) der Anwendung realisieren.
Speicherverwaltung	Die Verwaltung des Arbeitsspeichers eines Programms. Anders als viele andere Programmiersysteme verfügt Smalltalk über eine automatische Speicherverwaltung mit Speicherfreigabe und Speicherbereinigung (Garbage Collection), so daß sich der Entwickler um die üblicherweise mühsam zu programmierende Speicherverwaltung nicht kümmern muß.
Transcript	Das Basisfenster eines Smalltalk-Systems. Über die Menüs können weitere Software-Werkzeuge gestartet werden. Obwohl im Textbereich die Eingabe und Ausführung von Programmcode möglich ist, sollte das Transcript nur zur Ausgabe von Systemmeldungen verwendet werden.
Unäre Nachricht	Unäre Nachrichten sind Nachrichten, die keinen Parameter besitzen. Sie bestehen aus einem einzelnen, vom Entwickler beim Schreiben der entsprechenden Methode selbst bestimmbaren Wort.
Unterklasse (subclass)	Eine Klasse, die logisch als weitere Spezialisierung einer anderen Klasse anzusehen ist, wird als Unterklasse dieser Klasse definiert und erbt deren gesamte Funktionalität.

Vererbung

Ein Mechanismus, der eine Wiederverwendung in Klassen bestehender Datenstrukturen und Funktionen dadurch erlaubt, daß neue Klassen aufgrund bestehender Klassen definiert werden. Dabei ererbt eine neue Unterklasse als Basis die Struktur und Funktionalität ihrer Oberklasse.

Version

Ein bestimmter Stand der Fertigstellung eines Produkts, in *Visual Smalltalk Enterprise* von Software.

Virtuelle Maschine

Die nicht in Smalltalk implementierte Softwareschicht, die die Verbindung zur Hardware so repräsentiert, daß das Smalltalk-System darauf aufsetzen kann.

Visuelle Programmierung

Die Erstellung einer Anwendung aus durch Icons repräsentierten Softwarebausteinen (*Parts*) und den Interaktionen zwischen diesen *Parts* mit Hilfe grafischer Aktionen mit der Maus.

Walkback

Ein *Walkback*-Fenster öffnet sich, wenn sich ein Fehler ereignet. Der *Walkback* gibt einen ersten Hinweis auf den Fehler und die Möglichkeit, einen *Debugger* zu öffnen.

Workspace

Ein Fenster mit einem Textbereich, in dem Smalltalk-Programmcode editiert, ausgeführt, auf Datei geschrieben und von Datei geladen werden kann.

Zugriffsmethode

Methoden die ausschließlich zum Lesen und Schreiben von Klassen- und Exemplarvariablen ohne weitere, verarbeitende Funktionalität dienen. Durch die Kapselung der Datenstruktur einer Klasse ist ein Zugriff auf die Variablen nur über die Definition von Methoden möglich.

Sachwortverzeichnis

Find-Menüpunkt 77
FindReplaceDialog 144
FixedSizeCollection 142
fixedSystemFont 276
Fließkommazahl 140
Float 140
Font 276
Font-Menüpunkt 67
forkAt: 265
Fraction 28; 47; 140
Freigabe 123; 128; 131; 137
Funktionalität 6
Funktionsaufruf 34; 36
Funktionstaste 269

—G—

Garbage-Collection 137
getCommandLine 345
Globale Variable 9; 44; 149; 154; 172;
    266
Global-Menü 126; 128
Go-Menü 97
Grafiken 146
GraphicsConstants 150
GraphPane 101; 146
Größenänderung 275
GroupBox 146
GroupPane 146
Grundschema einer Nachricht 27

—H—

halt 91; 94; 96; 97; 155
height 272; 276
HelpManager 150
Help-Menü 68; 114
Hide/Show-Menüpunkt 76; 84
Hide-All-Links-Menüpunkt 111
Hide-Labels-Menüpunkt 111
Hierarchie 17
Hop-Knopf 97
How-to-use-Help-Menüpunkt 69

Icon 275
ifFalse: 39; 175
ifFalse:ifTrue: 175
ifTrue: 39; 175
ifTrue:ifFalse: 175
Image 55; 58; 65; 69; 120; 151; 166;
    200; 201
Image verlassen 167; 342
Image-Datei 135; 151
imageName 343
Implementors-Browser 77; 81; 85; 96
Implementors-Menüpunkt 81; 88; 96
importieren 154
Import-Part-Menüpunkt 110
IndexedCollection 142
inDialogUnits: 303
Indizierte Variable 37
initWindowSize 272
Insert-New-Page-Menüpunkt 103
Insert-Part-File-Menüpunkt 103
inspect 88; 95; 155
Inspect-It-Menüpunkt 64
Inspect-Menü 97
Inspect-Menüpunkt 88; 90; 114; 205
Inspector 88; 93; 114; 159; 183
    Dictionary- 88; 89
Inspector, Dictionary- 205
Install-Menüpunkt 56
instance 6
Instanz 6
Instanzvariable 6
Integer 50
Interval 142
isEmpty 210
isNil 148
isRunTime 157
Iterationen 41

Jahreszahl 303
Jump-Knopf 98

—W—

—Y—

—Z—

Sonderzeichen